Panorama of Mathematics

数 学 概 览

10.5

U0352182

SHUXUE DE SHIJIE V

数学的世界　V

从阿默士到爱因斯坦
数学文献小型图书馆

—— J.R. 纽曼　编

—— 李培廉　译

高等教育出版社·北京

图书在版编目（CIP）数据

数学的世界 . 5 / （美）纽曼（Newman, J. R.）编；
李培廉译 . -- 北京：高等教育出版社，2018.7
书名原文：The World of Mathematics
ISBN 978-7-04-049364-1

Ⅰ.①数… Ⅱ.①纽… ②李… Ⅲ.①数学－普及读
物 Ⅳ.① O1-49

中国版本图书馆 CIP 数据核字（2018）第 018468 号

策划编辑	王丽萍	责任编辑	李　鹏　李华英		封面设计	王　琰	
版式设计	杜微言	责任校对	刘　莉		责任印制	韩　刚	

出版发行	高等教育出版社	咨询电话	400-810-0598
社　　址	北京市西城区德外大街4号	网　址	http://www.hep.edu.cn
邮政编码	100120		http://www.hep.com.cn
印　　刷	唐山市润丰印务有限公司	网上订购	http://www.hepmall.com.cn
			http://www.hepmall.com
开　　本	787mm×1092mm 1/16		http://www.hepmall.cn
印　　张	28.25	版　次	2018 年 7 月第 1 版
字　　数	440 千字	印　次	2018 年 7 月第 1 次印刷
购书热线	010-58581118	定　价	79.00元

《数学概览》编委会

主编: 严加安　　季理真

编委: 丁　玖　　李文林

　　　林开亮　　曲安京

　　　王善平　　徐　佩

　　　姚一隽

《数学概览》序言

当你使用卫星定位系统 (GPS) 引导汽车在城市中行驶, 或对医院的计算机层析成像深信不疑时, 你是否意识到其中用到什么数学? 当你兴致勃勃地在网上购物时, 你是否意识到是数学保证了网上交易的安全性? 数学从来就没有像现在这样与我们日常生活有如此密切的联系。的确, 数学无处不在, 但什么是数学, 一个貌似简单的问题, 却不易回答。伽利略说: "数学是上帝用来描述宇宙的语言。" 伽利略的话并没有解释什么是数学, 但他告诉我们, 解释自然界纷繁复杂的现象就要依赖数学。因此, 数学是人类文化的重要组成部分, 对数学本身以及对数学在人类文明发展中的角色的理解, 是我们每一个人应该接受的基本教育。

到 19 世纪中叶, 数学已经发展成为一门高深的理论。如今数学更是一门大学科, 每门子学科又包括很多分支。例如, 现代几何学就包括解析几何、微分几何、代数几何、射影几何、仿射几何、算术几何、谱几何、非交换几何、双曲几何、辛几何、复几何等众多分支。老的学科融入新学科, 新理论用来解决老问题。例如, 经典的费马大定理就是利用现代伽罗瓦表示论和自守形式得以攻破; 拓扑学领域中著名的庞加莱猜想就是用微分几何和硬分析得以证明。不同学科越来越相互交融, 2010 年国际数学家大会 4 个菲尔兹奖获得者的工作就是明证。

现代数学及其未来是那么神秘, 吸引我们不断地探索。借用希尔伯特的一句话: "有谁不想揭开数学未来的面纱, 探索新世纪里我们这门科学发展的前景和奥秘呢? 我们下一代的主要数学思潮将追求什么样的特殊目标? 在广阔而丰富的数学思想领域, 新世纪将会带来什么样的新方法和新成就? "

中国有句古话: 老马识途。为了探索这个复杂而又迷人的神秘数学世界, 我们需要数学大师们的经典论著来指点迷津。想象一下, 如果有机会倾听像希尔伯特或克莱因这些大师们的报告是多么激动人心的事情。这样的机会当然不多, 但是我们可以通过阅读数学大师们的高端科普读物来提升自己的数学素养。

作为本丛书的前几卷, 我们精心挑选了一些数学大师写的经典著作。例如, 希尔伯特的《直观几何》成书于他正给数学建立现代公理化系统的时期; 克莱因的《数学讲座》是他在 19 世纪末访问美国芝加哥世界博览会时在西北大学所做的系列通俗报告基础上整理而成的, 他的报告与当时的数学前沿密切相关, 对美国数学的发展起了巨大的推动作用; 李特尔伍德的《数学随笔集》收集了他对数学的精辟见解; 拉普拉斯不仅对天体力学有很大的贡献, 而且还是分析概率论的奠基人, 他的《概率哲学随笔》讲述了他对概率论的哲学思考。这些著作历久弥新, 写作风格堪称一流。我们希望这些著作能够传递这样一个重要观点, 良好的表述和沟通在数学上如同在人文学科中一样重要。

数学是一个整体, 数学的各个领域从来就是不可分割的, 我们要以整体的眼光看待数学的各个分支, 这样我们才能更好地理解数学的起源、发展和未来。除了大师们的经典的数学著作之外, 我们还将有计划地选择在数学重要领域有影响的现代数学专著翻译出版, 希望本译丛能够尽可能覆盖数学的各个领域。我们选书的唯一标准就是: 该书必须是对一些重要的理论或问题进行深入浅出的讨论, 具有历史价值, 有趣且易懂, 它们应当能够激励读者学习更多的数学。

作为人类文化一部分的数学, 它不仅具有科学性, 并且也具有艺术性。罗素说: "数学, 如果正确地看, 不但拥有真理, 而且也具有至高无上的美。" 数学家维纳认为"数学是一门精美的艺术"。数学的美主要在于它的抽象性、简洁性、对称性和雅致性, 数学的美还表现在它内部的和谐和统一。最基本的数学美是和谐美、对称美和简洁美, 它应该可以而且能够被我们理解和欣赏。怎么来培养数学的美感? 阅读数学大师们的经典论著和现代数学精品是一个有效途径。我们希望这套数学概览译丛能够成为在我们学习和欣赏数学的旅途中的良师益友。

严加安、季理真

2012 年秋于北京

在这个古代与现代研究相冲突的时期, 对某一个研究必定会有一些事情要谈论, 它不是从毕达哥拉斯开始, 也不是以爱因斯坦结束, 而是包括了所有最年老的和最年轻的.

哈代 (一个数学家的辩白)

引 言

引言既是问候, 也是告别. 我致力于本书如此之久, 以致难以割舍. 从我搜集选集的素材开始至今已经十五载有余, 这些素材要使人领略到数学的多样性、实用性和优美. 起初似乎感到任务不会太艰巨, 耗时也不会过分漫长, 因为我对本书所涉主题的一般文献还算熟悉, 再说我也不打算编纂一部庞大的原始资料集. 不久我发现我的估计错了. 关于数学的本质、用途和历史的通俗读物并没有带来我所期望的多样性. 于是我必须在浩如烟海的技术和学术文献中搜寻数学思想的范例, 使普通读者能够理解和喜欢. 关于数学的基础和哲学、数学同艺术和音乐的关系以及数学对于社会和经济问题的应用等容易理解的短文难以发现. 还有, 我并未计划对选集的每篇文章写引言, 但在工作的进展过程中, 显现出许多文章在结合其背景阅读时是发人深省的, 但是当单独阅读时却意味锐减. 因此必须对相关文章提供背景资料, 解释写它的动机以及它在数学思想的发展中的地位. 于是我原本打算两年完成的工作却延续了二十年中的大部分时光; 所设想的适度大小的篇幅最终呈现的规模即使是不够自我约束的作者也不得不承认是大大膨胀了.

我试图在本书中体现数学的广博、数学思想的丰富以及其层面的复杂. 数学是一个工具, 一种语言和一幅图像; 它是一件艺术作品, 是自身的终结; 它是对于完美的酷爱的实现过程. 它似乎被视为讽刺的对象, 或是幽默的元素和辩论的话题; 又似激发聪明才智的马刺和启发说书人想象力的酵母; 它使人们狂热并给大家带来愉悦. 普遍认为它是由人类所创建的但独立于人类单独存在的知识体. 我希望在这部选集中你能找到适合各种品位和接受力的素材.

选入本书的文章有许多篇幅较长, 这源于我厌恶残缺不全或支离破碎. 理解数学逻辑或相对论, 并不是有教养的人所必需的特质. 但是如果一个人希望了解这些科目的某些方面, 他就必须学习一些内容. 精通基本的语言, 掌握一项技术, 一步步地跟踪一个典型的推理序列, 以及理解一个问题的来龙去脉, 付出这种努力的读者将不会失望. 固然本选集中有些文章是难懂的, 但是令人感兴趣的是有多少文章即使没有超常才能或特殊训练也能够被理解. 自然, 那些有足够勇气挑战更加艰难主题的人将会赢得特殊的回报, 这有点像理解了某个论证和得到了证明后所获得的满足感. 对于每一个人这都是一种创造性活动, 就像他做出了此前从未有过的发现; 从而陶冶了人们的情操.

选集是颇具个人偏见的一类著作, 即使主题是数学, 也不见得比诗歌或小说这种个人偏见来得少. 例如我厌烦幻方, 但我从不厌烦概率论. 我更喜欢几何而非代数, 喜欢物理而非化学, 喜欢逻辑而非经济, 喜欢无穷数学而非数论. 我回避了某些主题, 淡化一些主题, 却对另外一些主题表现出了很高的热情. 我不为这些偏见愧疚; 我自认缺乏数学才能, 但我自由地介绍我所钟爱的数学.

许多人对本书的编纂提供了帮助. 对于我的朋友和过去的同事罗伯特·哈赤 (Robert Hatch) 在编辑方面的建议, 我难以表达我万分的感激. 这种帮助并非是无关紧要的或者仅仅是形式上的, 而是本书在本质上和风格上就接受了他的意见. 我的老师及朋友欧内斯特·内格尔 (Ernest Nagel) 不仅给出了不少建议和批评, 还特为本书提供了关于符号逻辑的精彩随笔. 萨姆·罗森堡 (Sam Rosenberg) 阅读了我所写的内容, 并且发挥他的智慧改善了它. 我的妻子以一如既往的聪明智慧和宽容大度鼓励我工作. Rutgers 大学文献学教授和农业系的前图书馆管理员拉尔夫·肖 (Ralph Shaw) 博士, 在原稿的准备中给了非常宝贵的帮助. 我还感谢我的出版者 —— 特别是杰克·古德曼 (Jack Goodman)、汤姆·托尔·贝文斯 (Tom Torre Bevans) 和彼得·施维德 (Peter Schwed) 的贡献 —— 他们的宽容, 本预定 1942 年出版的书一直等到了 1956 年, 以及他们在艰难的设计和制作工作中表现出的想象力和才能.

J. R. N.

目 录

第 22 部分*

数学与物理世界

---

*原书第 V 部分.

伽利略 · 伽利莱

现代科学是那些比他们的前人提出了更多的探索性问题的人所奠基的. 16 和 17 世纪科学革命的本质与其说是一连串的发明, 不如说是人类精神面貌的改变, 伽利略对这一改变所做的贡献比任何其他单个思想家都大.

伽利略被认为是现代科学的第一人. "当我们阅读他的著作的时候, 我们本能地感到自由自在; 我们知道我们已经学会物理科学仍然还在使用的方法."[1] 伽利略的主要兴趣是在发掘事物是如何 (how), 而不是为何 (why), 工作的. 他并不轻视理论的作用, 他自己在构建大胆的假设上就是无与伦比的. 但是他认识到理论必须与观察的结果相一致, 认识到自然的模式不是为了易于为我们理解而构造成的. "自然全不在意," 他说, "它的运作的深奥的理由和方法是否能为人们能力所完全理解." 他坚持主张 "不肯让步又顽固不化的事实" 的至高无上权力, 不论它们看起来是如何 "不可理喻".[2] "我十分了解," 伽利略在其所著的《关于两大世界体系的对话》(*Dialogues Concerning the Two Principal Systems of the World*) 一书中, 借助于一个代表他本人的假想人物萨尔维亚蒂 (Salviati) 这样说道, "只要一个实验, 或者决定性的演示, 产生了反面的结果, 就足以把 …… 一千个 …… 可能的论点, 打倒在地."

当然, 现代科学的源头还可以向以前追寻得更远 —— 至少可以追寻到 13 和 14 世纪的哲学家, 罗伯特 · 葛洛瑟特斯特 (Robert Grosseteste), 亚当 · 马尔希 (Adam Marsh), 尼可耳 · 奥瑞斯姆 (Nicole Oresme), 阿尔贝特斯 · 马努斯

---

[1] Sir William Dampier, *A History of Science, and Its Relations with Philosophy and Religion* (科学史及其与哲学和宗教的关系), Fourth Edition, Cambridge (England), 1949, p. 129.

[2] 正如怀特黑德 (Whitehead) 所指出的, "认为这一历史性的革命是诉诸理性的结果, 是一个大大的错误, 相反, 它自始至终都是一个反理性主义者的运动. 它是向深思无情的事实的回归; 它是以对中世纪僵化理性思维的反叛为基础的." *Science and the Modern World* (科学与现代世界), 第一章.

(Albertus Magnus), 奥卡姆的威廉 (William of Occam).[3] 新近的历史研究加深了我们对科学思想进化的认识, 并且有助于推翻正在摇摇欲坠的神话, 即中世纪的科学无非是一些评注和枯燥无味的解说.[4] 然而这一扩大了的视野一点也不会降低我们对伽利略所获得的巨大成就的赞美. 他那丰富的想象力就是在他处理运动的问题的方法中得到了最惊人的体现. 让我们来简短地考察一下, 为了创造一个理性的力学他所颠覆的观念以及他所创始的体系. 按照亚里士多德, 所有重的物体都有一个趋向宇宙中心的 "自然的" 运动, 对于中世纪的思想家们来说它就是地球的中心. 所有其他的运动都是 "由暴力所致的" 运动, 因为它需要有持续的推动力, 而且也因为它违反了物体向其自然位置下沉的趋势. 下落物体的加速是用这样的理由来解释的, 有点儿好像一匹马 —— 越来越靠近家时就跑得越来越 "欢快". 行星球体, 看起来不受这种 "自然" 趋势的约束, 是受到一个伟大的智者 (sublime Intelligence), 或者原始推动者 (Prime Mover) 的推力才保持在它们的大圆弧上不停地转动. 除了下落物体之外, 物体只有在消耗外力以保持运动期间才会运动. 当推动者使劲推时, 它们就跑得快; 它们的运动会受到摩擦力的阻碍; 推动者停止推动它们就会停下来. 对于天体的运动亚里士多德脑子里是以马拉车为例的; 他的力学在天体领域内 "已经为灵魂打开了半扇门".

总的来说亚里士多德的运动理论与日常经验非常符合, 他的教导盛行了 15 个世纪还多. 然而人们逐渐开始发现亚里士多德的教条与实验数据之间有一些小小的、但是令人困惑的不合. 射出去的箭头运动就有反常, 因为按照马拉车的运动观念, 当箭头刚一脱离与弓弦的接触就会掉到地上来. 落体加速度的传统解释也不是永远受到轻信而不会遭遇到反对. 在每次遇到这种矛盾的情况时人们就用对被接受体系的一种巧妙的修正来对付 (用柏拉图的一句著名的话来说, 这叫作 "挽救现象"); 可是每一次这种修剪, 不论

---

[3]例如, 参阅 Herbert Butterfield, *The Origins of Modern Science* (现代科学的源头), London, 1949; A. C. Crombie, *Robert Grosseteste and the Origins of Experimental Science*, Oxford, 1953; A. C. Crombie, *Augustine to Galileo, the History of Science, A. D. 400—1650* (从奥古斯丁到伽利略, 从公元 400 年至 1650 年科学的历史), London, 1952; A. R. Hall, *The Scientific Revolution, 1500—1800* (从 1500 年到 1800 年的科学革命), London, 1954.

[4]在这个讨论中我利用了我发表在《科学美国人》(*Scientific American*) 杂志上的一些文章中的材料; 特别是对上面附注中所引用的柏特菲尔德 (Butterfield) 的书的评述文章 (*Scientific American*, 1950 年 7 月, p. 56 及以后). 我从《现代科学的源头》(*The Origins of Modern Science*) 一书对在上述时期内所做的充分的陈述获益匪浅, 对此我深表谢意.

如何巧妙, 总是引起争议之源, 并且会对亚里士多德的所有教导的正确性引起新的怀疑.

在 14 世纪巴黎大学的让 · 布日丹 (Jean Buridan) 及其他学者发展了一种 "冲击理论", 它被证明是推翻亚里士多德力学宝座的主要力量. 这个理论, 后来被列奥纳多 · 达 · 芬奇重新拾起, 认为抛物体能保持运动是靠着 "物体本身内部的" 某种东西, 这是它一开始时就获得的. 落体的被加速是因为 "冲击" 在不断地叠加到由原来的重量所产生的持续的下落上所致. 这一理论的重要性就在于这样的事实, 即人们由此第一次面对了运动作为由初始冲击产生的持续后效的观念. 这是抵达由伽利略所清楚地提出的运动的现代观点的中途站, 这就是, 物体 "继续保持在原有直线上运动, 直至某种外物介入迫使它停止, 或减慢, 或使之偏转".

要完成这一旅程需要我们的思想做一个非比寻常的转换, 从实在到想象的转换. 柏拉图和毕达哥拉斯的幽灵胜利地返回来指点出路. 现代力学成功地描述了在真实的世界中真实的物体如何行动; 然而它的原理和定律是得自一个纯粹的、干净的、空洞的、无界的欧氏空间这个并不存在的概念世界, 完美的几何物体在其中画出完美的几何图形. 直到那些伟大的思想家, 用柏特菲尔德的话来说, 那些 "在当代思想的边缘上" 操作的思想家, 能够得以建立这个理想的柏拉图世界的数学假设并推导出其数学结论之前, 对他们来说, 不可能构造一个能够应用于经验的物理世界的理性的力学科学. 这要求想象的一个向前大跃进 —— 以不平常的眼光观察平常的事物, 去观察那些实际上所看到的东西, 而不是去看某个经典作家和中世纪作家所写过应该看到的东西. 布日丹、尼可耳 · 奥瑞斯姆和萨克森的阿尔伯特 (Albert of Saxony) 以他们的冲击理论; 伽利略以其对日常的力学现象所做的漂亮的系统总结和他描绘完美的球体在完全光滑水平平面上运动情形的能力; 第谷 · 布拉赫 (Tycho Brahe) 以其在天文中大量极有价值的观测劳作; 哥白尼以其《天体运行论》(De Revolutionibus Orbium) 和他的日心学说; 开普勒以其行星运动定律以及对天体运行的和谐和 "球状结构" 的激情探索; 笛卡儿以其在方法上的谈话, 以其要求所有的科学像数学一样地紧密地连接在一起的决定, 以其将几何与代数相联姻; 惠更斯以其对圆周运动和离心力所做的数学分析; 吉伯特 (Gilbert) 以其地磁学 (terella), 以其在磁性和引力上的理论; 韦达 (Viète)、斯蒂文 (Stevin) 和纳皮尔 (Napier) 以他们在协助简化数学记号和运算方面的工作: 每一个人都在这场不仅是对物理科学, 而且也是对整个外部世界的思考方式的伟大革新中各有一份贡献. 他们使得 17 世纪的智力创造终于有可能达到其顶峰, 于是在像钟表一样地工作的牛顿宇宙中, 大理石和行星的滚动都是由于万有引力有次序地相互作用的结果, 在其中运动和静止一样地 "自然", 在其中上帝只要一次把发条上紧, 就没有别的事要做了.

在这场思想变革的大剧中, 伽利略是一个主要角色.[5] 他是理解了加速度概念在动力学中的重要性的第一人. 加速度意味着速度的改变, 包括大小和方向的改变. 伽利略不同意亚里士多德认为运动需要力来维持的观点, 提出需要外力作用的不是运动, 而是运动的 "创始和消灭", 或者是运动方向的改变 —— 即, 加速度. 他发现了落体运动的定律. 这个定律, 正如罗素 (Bertrand Russell) 所指出的, 在有了 "加速度" 概念的情况下, 是属于 "最简单的一种."[6] 如果没有空气的阻力, 落体就将以恒定的加速度运动. 在开始时伽利略设想落体的速度与它下落中所经过的距离成正比. 当发现这个假设不能令人满意时, 他把它修正为速度与下落的时间成正比. 他能够部分地用实验来证实这个假设的数学结论.

由于自由落体所获得的速度已超出了那时所能得到的测量仪器的能力, 伽利略就用 "稀释" 重力的作用的实验来解决这个检验问题. 他证明了, 从已给定高度的斜面上滑下的物体所获得的速度与斜面的倾斜角无关, 它到达终点时的速度与从相同垂直高度落下时所获得的速度是一样的. 就这样在斜面上的实验证实了他的定律. 有关他从比萨塔上扔下不同重量的物体以证实亚里士多德的、认为重的物体比轻的物体下落得更快的论点是错误的故事, 可能不是真有其事; 但是从伽利略的定律可以推知, 所有物体, 不论是重的还是轻的, 都得到相同的加速度. 他本人对此深信不疑 —— 不论他是否真的用实验去验证过这个原理 —— 不过还是一直要等到他去世、在发明了

[5]"就其在整个力学中的成就而言, 我们必须承认, 在从前伽利略时代到后牛顿时代的整个进步旅程中, 伽利略的贡献绝非仅止步于中途. 而且必须牢记, 他是先驱. 牛顿说得好, 当他宣称他看得比别人更远, 那是因为他站在巨人的肩上. 在这方面伽利略可没有巨人的肩膀好攀登; 他唯一遇到的巨人, 就是那些在任何观点成为可能前就给毁灭了的那些人." Herbert Dingle, *The Scientific Adventure* (科学的奇遇) ("Galileo Galilei (1564—1642)"), London, 1952, p. 106.

[6]Bertrand Russell, *A History of Western Philosophy* (西方哲学史), New York, 1945, p. 532.

空气泵之后, 依靠让物体在真空中下落才给出了一个对此的完全验证.

通过用摆的实验伽利略还得到了支持 "运动的持续性" 原理的进一步的证据. 吊在摆上来回摆动的小球好比是一个从斜面上滑下的物体. 从一个斜面上滚下的球, 假设摩擦可以忽略不计, 就会爬上另一个斜面达到等于它在原来起点的高度. 正如伽利略所发现的, 吊在摆上的小球也是这样. 如果将它从某一水平高度 C 释放 (见图), 它就会升到同样的高度 DC, 不论它是沿弧线 BD 运动, 还是, 当吊线钉住在 E 或 F 点时, 沿更陡的弧线 BG 或 BI.[7] 从他在运动的持续性上的工作到牛顿的第一运动定律, 也叫作运动惯性定律, 只是短短的一小步.

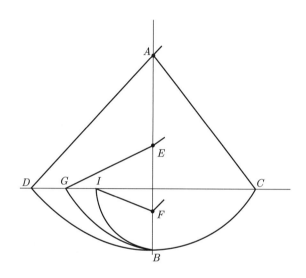

伽利略在动力学上的另一个重要的方向来自他对抛物体运动轨迹的研究. 炮弹向前运动, 显然也在往下掉. 但这两个运动如何组合一直不清楚. 伽利略证明了, 抛物体的运动轨迹可以分解为两个同时的运动: 一个为水平的运动, 其运动速度 (在忽略很小的空气阻力下) 保持不变, 另一个为垂直方向的运动, 它遵守落体运动的规律, 即, 在第一秒内下降 16 英尺, 在第二秒内下降 48 英尺, 在第三秒内下降 80 英尺, 如此等等. 这两个运动的合成造成一条抛物线. 伽利略的运动持续性原理和他的分解复合运动的方法令人兴奋地解决了由那些反对哥白尼体系的人提出来的表观反常现象. 现在可以解释了, 为什么从船的桅杆上释放下一个物体会落在桅杆的脚下, 而不会因为

---

[7]见 Crombie (*Augustine to Galileo* (从奥古斯丁到伽利略)), 前引文献, pp. 299–300.

船的运动落到桅杆的后面去; 为什么从塔顶释放下一块石头会落在塔的底座上, 而不会落到塔的西边去, 尽管在石头下落期间转动着的地球已经朝东面挪动了. 正如伽利略所觉察到的, 石头分享了地球转动的速度, 而且在下落的过程中一直保有着它.[8]

是伽利略在从假设到推导出实验的结论的路上来回穿行: 在他之前没有谁能够达到有能与他相比的、将各种实验与数学抽象融合起来的能力. 他在所有的研究中所采用的步骤在弗朗西斯 · 培根 (Francis Bacon) 的一段话中做了很好的概括: "从经验进行推断并形成公理 …… 再从这些公理进行演绎并引出新的实验 …… 因为我们的道路不在一个水平面上, 一会儿向上攀, 一会儿又向下降; 首先向上攀到公理, 然后下降到工作." 他深信真正的柏拉图传统, 那些把他引向观测的数学模型是 "位于现象之下的物质, 是那不朽的实在".[9]

他在其争辩性的论文 *Il Saggiatore* 中这样写道: "哲学是写在那本永远呈现在我们眼前的大书上的, 这本大书我的意思是指宇宙; 这本大书只有在我们学会了书写它的语言和熟悉它所使用的符号后才能读懂. 它是用数学语言写成的, 它的文字就是三角形、圆周和各种几何图形, 要没有这些就意味着人类对它一个字也不能理解."

*　*　*　*　*

伽利略的生活实际情况大家都知道, 我只限于做一个简单的概述. 他生

---

[8] "实际上, 如果塔足够高, 那么就会有与哥白尼的反对者所预料的相反的效应. 由于塔顶比塔的底部离地心更远, 运动得比底部更快, 因此石头应该落在塔底稍稍偏东一点的地方. 不过这个效应太小, 测不出来." Russell, 前引文献, p. 534.

[9] "伽利略的柏拉图主义与那个引向在 16 世纪被称为 "柏拉图哲学家" 的阿基米德的思想是同一类型的, 而且借助于伽利略, 数学抽象靠着作为特殊物理问题的解取得了它们表述大自然的合法地位. 利用这种从直接经验进行抽象的方法, 以及借助于数学关系将所观察到的事件关联起来, 而这种关联本身是观察不到的, 所有这些把他带到那些用老的常识经验是想象不到的实验上. 他在摆上的研究就是这方面的一个好的例子.

"把在这种情形中的无关紧要的东西, '空气、绳子的阻力或一些其他意外的东西', 抽离出去, 他得以证明单摆定律, 即振荡的周期与摆动弧度的大小无关, 就简单地正比于摆长的平方根. 在证明了这一点之后, 他就可以重新引入那些先前被排除的因素. 例如, 他证明了, 一个摆绳不是无重量的真实的摆为什么会归于静止, 不单是由于空气的阻力, 而且也是因为绳上的每一个点都起着一个小的摆的作用. 由于它们离开悬挂点的距离不同, 它们振荡的频率也不同, 所以相互阻止起来." Crombie, 前引文献, (*Augustine to Galileo*), pp. 295–296.

于 1564 年, 正好是米开朗基罗去世的那一年, 去世于 1642 年, 正好是牛顿诞生的那一年. ("我提起这些事," 罗素这样讲, "是讲给那些 (如果还有的话) 还仍然相信有灵魂转世的人听的.") 他的父亲是佛罗伦萨地方的一个贵族, 伽利略受到过很好的教育, 起先在比萨大学学医, 后来又学数学和物理. 他的最早的发现之一是摆的等时性. 在他 17 岁的时候看见比萨大教堂一个灯座的来回振荡 —— 当时他用自己的脉搏做了测量 —— 激起了他的这个猜测的灵感. 他的另一个早年的工作就是发明了流体静压平衡. 他担任帕都亚 (Padua) 大学数学教席有 18 年之久 (1592—1610). 他是一个深受公众喜爱的演说家, 他演讲的魅力 "达到这样的程度, 以致要安排一个大到足以容纳 2000 位听众参加的大厅, 以便接纳被这种演讲所吸引而涌来的听众." [10] 伽利略对流体静力学、流体力学以及声学的贡献都是第一流的. 设计第一台摆钟的是他, 发明第一支温度计 (一支带有一个玻璃球的玻管, 其中充满空气和水, 将其开口的一端浸入一盆水中) 的也是他, 而且他还从他自己所具有的有关光折射的知识出发, 构造了最早的望远镜之一和一台有复合镜片的显微镜. [11] 尽管他早年就受到哥白尼体系的吸引, 但是还是要等到 1604 年出现了一颗新星之后, 他才公开宣布拒绝亚里士多德的 "天体的不朽性" 的公理; 一段短的时间之后他就彻底放弃了托勒密的原理. 在将他的第一台望远镜做了极大的改进之后, 伽利略做出了一系列发现, 由此打开了天文学上的一个新纪元. 他观察到了月球上的山脉, 并粗略地测量了其高度; 他用地球返照解释了 "旧月在新月的怀抱中" 的景观; [12] 他发现了土星的 11 个卫

---

[10] *Encyclopaedia Britannica* (大英百科全书), Eleventh Edition, 谈伽利略的条目.

[11] 通常将发明这种仪器的优先权归于荷兰人 Jan Lippershey (1600). 见 H. C. King, *The History of the Telescope* (望远镜的历史) , Cambridge, 1955.

我们略微来谈一谈伽利略在显微镜方面的工作也许会得到读者的赞许. "当法国人让·塔第 (Jean Tarde) 在 1614 年访问伽利略时, 他说, '伽利略告诉我, 用于观察星体的望远镜, 其镜筒长度不超过 2 英尺; 但是要想很好地看清非常近的物体, 而且由于它们很小而难以用肉眼看清时, 镜筒的长度必须增大两到三倍. 他告诉我, 用这样长的镜筒他看到的苍蝇大到好像一头山羊, 遍体布满了毛发, 还有非常尖的脚趾甲, 就是依靠这种指甲它们能够在玻璃上爬行, 尽管它们的脚是倒挂在上面的.'" *Galileo, Opera, Ed. Naz.*, Vol. 19, p. 589, 转引自 Crombie, 前引文献, p. 352.

[12] Sir Oliver Lodge, *Pioneers of Science* (科学的先驱们), London, 1928, p. 100.

星中的 4 个,[13) 他还发现了无数的恒星和星云, 太阳斑点, 哥白尼所预言的金星的相位, 月球的天平动.

　　1615 年, 在伽利略再次从帕多瓦返回到佛罗伦萨之后, 他对哥白尼学说的倡导使他与教会发生了冲突. 开始的警告还是比较温和的. 高级教士狄尼阁下这样对他讲, "可以自由地写, 但是别进到圣器室里面去." 他两次访问罗马, 去解释他的强有力的论辩和完美地写成的杰作《关于两大世界体系的对话》, 其中评价了新旧两种天体运动理论优越性的相互比较, "其中不无夹杂着恶评," 导致与宗教裁判所的正面冲突.[14) 伽利略被召到罗马, 接受异端裁判. 在他的心灵破碎之前他这样评论道, "肯定没有人怀疑这些和其他的立场, 但是神圣教皇陛下总是具有承认或给它们判罪的绝对权力; 可是使它们为对还是错不是人的力量做得到的, 而是决定于大自然本身, 实际上它们是对的." 长时期的拷问 —— 虽然不一定施加了肉体的折磨 —— 使他屈服了. 他被迫宣布放弃自己的主张, 当众宣读悔过书, 并被判决余生软禁在家中. 他退隐到靠近佛罗伦萨的 Arcetri 的山村里, 在那里尽管他已经极其衰弱和孤独, 还仍然在继续写作和思考. 1637 年他双目失明, 因此囚禁的严酷程度有所放松, 让他接受来访者. 据说在来访者中有约翰·弥尔顿 (John Milton). 他去世时享年 78 岁.

　　我从《关于两门新科学的对话》(Dialogues Concerning Two New Sciences) (Discorsi e Dimonstriazioni Matematiche Intorno a due nuove Scienze)[15) 中节选了部分重要内容, 这是一本在 1637 年完成的著作. 它代表了他对力学科学最后的成熟的思考, 是科学文献中的一座丰碑. 在伽利略自己的那本《关于两大世界体系的对话》一书的页边空白处出现了他用手写的一段笔记, 总结了

　　[13)要想用简单地让人看到来向哲学家们证明某种事物的存在, 不一定总是能够做到. 帕多瓦的哲学教授 "拒绝通过伽利略的望远镜去观看, 而他在比萨的同事则用逻辑论点在大公爵面前喋喋不休地说, '这就好像是用奇异的巫术把行星引诱出到天空中来.'" Dampier, 前引文献, p. 130.

　　[14)在 1953 年出现了对话的两个新的优秀版本, 最后由 Sir Thomas Salusbury 于 1661 年译成的英文本: (1) Galileo's Dialogue on the Great World Systems, edited by Giorgio de Santillana, Chicago, 1953 (以 Salusbury 的译文为基础); (2) Galileo Galilei—Dialogue Concerning the Two Chief World Systems—Ptolemaic and Copernican, translated by Stillman Drake, Foreword by Albert Einstein, Berkeley and Los Angeles, 1953, 有关伽利略与教会冲突和异端裁判的最详尽和探索最深入的现代叙述, 见 Giorgio de Santillana, The Crime of Galileo, Chicago, 1955.

　　[15)它的标准英译本是: Henry Crew and Alfonso de Salvio, The Macmillan Company, New York, 1914. 最近 (1952 年) 由 Dover Publications, Inc., New York 出版了其重印本.

他在反对威权的理性斗争中做出的长达一生、激动人心而又勇敢的贡献:

"在引进新事物的问题上,当由上帝自由创造的大脑被迫奴隶般地屈服于外部意志时会造成怎样最坏的混乱?当我们被告知要否定我们的意识,接受别人的胡思乱想时会造成怎样最坏的混乱?当一群白丁被任命为专家们的裁判,并被授予随意处置他们的权力时,又会造成怎样最坏的混乱?就是这种新事物很容易导致公众利益的毁灭,国家的颠覆."

[我的叔叔托比 (Toby)] 在伽利略和托里拆利 (Torricelli) 之后着手利用一些几何方法做了正确地确定, 他发现准确的部分是一段 "抛物线" —— 要不就是一段 "双曲线", 而所说路径的圆锥截线的参数, 或者说 "正焦弦", 与该量及振幅所成的比例, 就像整个直线与二倍关联角的正弦所成的比例一样, 而这个角就是炮尾对水平线的夹角; 而那个半参数, 停! 我亲爱的老叔 —— 停!

—— 劳伦斯·斯特恩 (Lawrence Sterne)

在科学的问题中, 一千个人的权威抵不过单独一个人的谦逊的道理.

—— 伽利略·伽利莱 (Galileo Galilei)

1 运动的数学

伽利略·伽利莱

第三天

位置的改变 [*De Motu Locali*]

我的目标是提出一门新的科学, 处理有关非常古老的课题. 也许在自然中没有什么课题比运动还要更古老了, 由哲学家们所写的有关它的书籍, 既不少, 也不小; 可是我通过实验发现它的有些值得我们知道的性质, 却至今不是没有被观察到过, 就是没有被证明过. 人们做过一些表面的观察, 例如, 像一个下落的重物的自由运动 [*naturalem motum* (自然运动)] 是不断地被加速着的;[1] 但是这个加速度到底有多大至今没有人宣布; 因为, 就我所知, 至今还没有人指出过, 一个从静止下落的物体在相等的时间段内相继所通过的距离之比, 恰好和从 1 开始的各个奇数间之比是一样的.[2]

---

[1] 作者的 "自然运动" 在这里已经被译为 "自由运动" —— 因为这个术语已经被用来区分用于与文艺复兴时期的 "激烈 (violent)" 运动相对比的 "自然 (natural)" 运动. —— 英译者注

[2] 这是将在推论 I 中证明的一个定理. —— 英译者注

我们大家都观察到过, 发射物和抛射体划过某种弯曲的路径; 但是还没有指出过这条路径就是一条抛物线. 但是我已经证明了这一点, 还有其他一些事实, 数量既不少, 也并非毫无价值; 而且我认为更重要的是, 通向这一广阔而又卓越的科学的大门已经洞开, 我在这方面的工作还只不过是一个开始, 那些比我更敏锐的大脑将会用各种方式方法来研究它的每一个深远的角落.……

自然地加速的运动

匀速运动的性质已经在前一节中研究过了, 但是加速运动还有待于讨论.

看来首先要找出并说明最适合自然现象的定义. 因为任何人都可以发明一种运动并且来讨论它的性质; 举例来说, 就有人设想过有某种描绘螺旋线和蚌线的运动, 这在自然界是遇不到的, 而且非常值得赞扬地确立了这些曲线按照它们的定义所具有的性质; 但是我们决定要研究的是, 物体以在自然中实际发生的一样的加速度下降的现象, 并使这样定义的加速运动呈现所观察到的加速运动的主要特征. 并且, 在最后, 在经过反复的努力之后, 我们相信我们已经成功地做到了. 我们相信, 我们得到了证实, 主要是考虑到实验的结果与我们已经一个接一个地证明了的性质完全吻合. 最后, 在对自然界的加速运动研究中, 我们好像是被手牵引着, 在自然的各种其他过程中, 跟随着自然本身的习惯, 只采用那样一些方法, 它们最普通, 做简单, 最容易.

因为我认为, 无人相信, 我们能够游得, 或者飞得, 比鱼或者飞鸟的本能还要更简单, 或是更容易.

于是, 当我观察一块在高处的石头从静止开始下落, 并且不断地获得新的速度增量, 我为什么不能相信这种增加的方式对每个人来说都是非常简单而又相当明显的事呢? 如果我们现在来仔细考察这件事, 那么我们就会发现, 没有哪种增加会比只是以相同的方式进行重复来得更简单了. 这一点在考虑时间与运动之间的紧密关系时, 我们立刻就会理解到; 因为运动的均匀性正好就是定义为, 和设想成, 在相同时间内通过相同的距离 (于是我们把在相等的时间段内通过相同距离的运动称为匀速运动), 因此我们也可以以相同的方式, 设想通过相同的时段有速度的简单地相加发生; 于是我们就可以这样在我们的脑子里设想这样一个均匀地不断地加速运动的图像, 在任何相等的时间段中速度都会得到相同的增量. 于是如果经过了不论在何时的一段相同的时间, 从它由静止开始下降算起, 在头两个时间段内所获得的速度就会是仅在头一个时间段内所获得的速度的二倍; 所以在三个这样的时间段内所增加的量就会是三倍, 在四个时间段内就会增加四倍. 把它说得更清楚一些, 如果一个物体以它在第一个时间段内所获得速度继续运动, 并保持这一均匀速度, 那么它的运动速度就会是那个在头两个时间段内所获得的速度的二分之一.

这样一来, 如果我们认为速度的增量正比于时间的增量就不会太错; 因此我们要讨论的运动的定义就可以叙述如下: 一个运动, 如果从静止开始, 在相同的时间段内获得相同的速度增量, 就说是匀加速运动.

沙格列多 (Sagredo): 尽管我对此提不出什么反对的理由, 或者说, 实际上我对任何其他不论是什么样的作者所设计的任何其他的定义也提不出, 因为所有的定义都是随意的, 我没有任何反对的理由来怀疑像上面这样以抽象的方式所建立的定义, 是否对应于和是否能够描述我们在大自然的自由落体的情形中所遇到的那种加速运动. 而由于作者显然坚持在他的定义中所描绘的运动就是自由落体运动, 我想弄清楚其中某些难点, 以便我今后自己能够更加认真地对待这些命题和它们的证实.

萨尔维亚蒂 (Salviati): 你和辛普利丘 (Simplicio)[3] 提出这些难点很好. 我想, 在我最初看到这部著作时我也产生过这些困惑, 这些困惑有的在与作者的讨论中得到了解决, 有的就是靠我自己动脑筋解决的.

沙: 当我设想一个重物从静止开始下落, 就是说开始的速度为零, 然后从运动开始获得与时间成正比的速度; 这样一个运动, 比如说, 会在脉搏的八次搏动中得到八度的速度; 在第四次搏动结束时得到的是四度的速度; 在第二次结束时得到二度, 在第一次结束时得到一度; 而由于时间的分割是无止境的, 根据所有这些考虑得知, 如果在前些时候物体的速度以一个固定的比例小于现在的速度, 那么不论速度的度数是多么小 (或者说不论慢到什么程度), 这个物体在从无限慢开始, 也就是说从静止开始, 总会在某个时刻以这个速度运动. 所以, 如果说, 以在脉搏的第四拍结束时的速度保持不变做匀速运动会在一小时内走过两英里, 那么, 如果保持以在第二拍结束时的速度做匀速运动就会在一小时内走过一英里, 我们就能肯定地说, 在越来越靠

---

[3]以下这三人分别简称为沙、萨和辛. —— 译注

近开始的时刻, 这个物体就会运动得越慢, 以至于, 如果保持在这个速率下, 在一小时之内, 或者在一天之内, 或者这一年之内, 或者甚至在一千年之内也走不了一英里; 实际上, 它甚至在更长的时间内也走不过一拃 (span)⁴⁾的距离; 这是一个要求有想象力的现象, 而我们的感觉却向我们显示, 一个下落的重物突然间就得到了很大的速度.

萨: 这也是我一开始感受到的困难之一, 但是在不久之后我就把它排除了; 而排除它的恰好就是给你带来困难的那个实验. 你说那个实验似乎表明在重物刚从静止开始时就立即获得了一个相当可观的速度; 而我要说, 就是这个实验清楚地表明了这样的事实, 即, 一个下落的物体, 不管它多重, 一开始时的运动都是非常慢而又缓和的. 把一块重物放在一块柔顺的材料上, 除了它自己的重量之外不加任何别的压力; 显然, 如果我们将此重物提起一到两个肘尺 (cubit),⁵⁾ 让它落在这同样的材料上, 它就会带着这一冲击, 作用其上一个比仅作用其重量所引起的要更大的新压力; 这个效果是由下落物体 [的重量] 连同它在下落时所获得的速度带来的, 这一效果会随着这一下落高度的增大而增大, 这是由于落体的速度随高度的增大而越来越大了. 这样一来我们就可以从落下时打击的强度估计出落体的速度. 但是, 先生, 请告诉我, 如果将一重物从四肘尺高落下砸在一根桩柱上, 扎进土地中, 比如说, 四指深, 而从两肘尺高落下把桩柱扎入的距离就会小得多, 那么从一肘尺落下扎入的距离就会更加小, 这难道不是真的吗? 最后, 如果这重物只提起了一指高, 那么它比只直接放在桩上而没有敲打又会加深多少呢? 肯定是非常小. 如果只提起了一片树叶的厚度, 那么其效果肯定就会根本看不出来. 由于打击的效果有赖于这个打击物体的速度, 那么在这个 [打击] 效果看不出来时, 还会有人怀疑这个运动非常慢, 速度非常小吗? 这就是真理的力量; 就是这个实验, 初看起来似乎只表明了一件事, 仔细考察, 却并非如此.

上面的实验无疑是有结论性的意义, 但是我不想只依赖于它, 在我看来, 仅靠推理来确立这样的事实应该也没有困难. 设想有一块很重的石头被举起静止在空中; 然后将支撑物移去, 将重物自由释放; 那么由于它比空气要重, 它就开始下落, 但不是以匀速运动, 而是缓慢地开始, 并做持续不断的加速运动. 由于速度的增减是不受限制的, 那么有什么理由认为, 这样一个从无

---

⁴⁾一种长度单位, 相当于手掌张开时大拇指的指尖到中指 (或小指) 指尖之间的距离, 约为 9 英寸或 23 厘米. —— 译注

⁵⁾cubit, 这是一种古代的长度单位, 自肘至中指尖, 长约 18 至 22 英寸. —— 译注

限慢的速度, 即从静止开始运动的物体立即就得到了十度的速度, 而不是四度, 或者二度, 或者一度, 或者二分之一度, 或者是百分之一度呢? 或者, 说实在的, 为什么不是无限小的 [速度] 呢? 请注意, 我想你总不至于会拒绝承认, 一块从静止卜落的石头获得速度的序列是和这块石头被某个强迫力以此相同的速度抛到原先的高度的过程中速度的减小和损失中所经历的速度序列是一样的: 但是, 即使你不承认这一点, 我也看不出你有什么理由能够怀疑, 这块上升的石头, 在速度减小的过程中, 在静止前会经过慢于开始速度的所有可能的速度.

辛: 但是如果越来越慢的速度的度数的数目是无限的, 它们就会不可穷尽, 这样一来上升的物体就不会达到静止, 而是会以不断减慢的速度继续不断地运动下去; 但是观察到的事实并非如此.

萨: 辛普利丘, 如果运动的物体在速度的每一个度上能够维持其速度一段任意长的时间, 那么这种情况是会发生的; 但是物体通过每一点的停留不会超过一瞬间, 而由于任意一段时间, 不论如何小, 都可以分成无限多个瞬间, 这些足以对应于速度减小过程中的无限多个度.

至于这样的一个上升的重物不会在任何速度的度数下维持任何长的一段时间, 可以从以下看出: 因为如果设有一段时间已经指定了, 这个物体在这一段时间的第一瞬时和在这一段时间的最后一瞬时的速度相同, 它可以以相同的方式第二次上升通过这一相同的高度, 就正如从第一次到第二次, 根据同样的理由也就有从第二次过渡到第三次, 以致最终永远继续以匀速运动. ⋯⋯

萨: 目前看来还不是开始来研究自然运动加速的原因的合适时机, 关于这一点各式各样的哲学家们已经表达了各种不同的意见, 有的用向一个中心吸引来解释, 有的用物体的非常小的部分之间的排斥来说明, 而还有人把这个原因归之于周围介质的某种应力, 它们跟着落体之后包围进来, 并将它从一个位置拉到另一个位置. 所有这些想象, 还有别的, 现在都应加以审视; 但现在还不是时候. 当前我们的作者的目的还只是研究并证实加速运动的若干性质 (而不管引起加速度的原因为何) —— 从而意味着这样的运动, 其速度的动量 [*i momenti della sua velocità*] 从离开静止后就不断地增加, 与时间简单地成正比, 这等于说, 物体在相等的时间段内获得了相等的速度增量; 而如果我们发现 [加速运动的] 性质会在自由下落并加速的物体中实现, 这将在后面证实, 我们就可以做出结论说, 所作的定义包括了这种下落物体的运动, 而它们的速度在运动的持续期间随着时间的增加不断地增加 [*accelerazione*].

沙: 到现在为止我所理解的这个定义, 也许不用改变基本的观念就可以这样来讲, 会更清楚一些, 就是说, 匀加速运动是这样一种运动, 它的速度增加与所经过的距离成正比; 从而, 比如说, 物体在落下四肘尺所获得的速度是落下两肘尺时的二倍, 而后者又是落下一肘尺时的二倍. 因为一个从六肘尺的高度落下的重物无疑会有, 并以一个二倍于经过三肘尺后所得到的动量 [*impeto*], 以一个三倍于经过一肘尺后所得到的动量, 进行撞击.

萨: 有你这么一个犯错误的同伴我很惬意; 我还要告诉你, 你的命题看来是如此地有可能成立, 以致当我把我的意见告诉他时, 我们的作者自己也承认, 他有一段时间也犯有相同的错误. 但是令我感到惊讶的是, 看到这样两个内在就有可能成立的, 以致它会令每一个面对它的人表示同意的结论, 居然用几句简单的话就能证明, 它不仅是错误的, 而且根本不可能.

辛: 我是那些接受这个命题者中的一个, 而且我相信, 一个下落的物体在其下降的过程中得到了力 [*vires*] 的作用, 它的速度按正比于所通过的距离增加, 而且如果物体从两倍高的地方落下, 其动量 [*momento*] 就会为两倍; 这些结论应该毫不迟疑地得到承认, 没有什么好争议的.

萨: 然而它们还被认为是错误的, 是不可能的, 就像认为运动应该是瞬时完成的一样; 而这里有它的一个非常清晰的证实. 如果速度与所经过的, 或者将要经过的距离成正比, 那么这些距离就会是在相等的时间间隔内经过的; 这样一来, 一个落体经过八英尺所获得的速度就会是另一个经过前四英尺 (前者正好是后者的两倍) 所得到的速度的两倍, 那么这两个物体的运动所需的时间是一样的. 但是对同一个物体来说, 下落八英尺要和下落四英尺用相同的时间只有在瞬时 (instantaneous) [discontinuous (不连续的)] 运动的情形下才有可能; 但是观察告诉我们, 落体运动要占用时间, 不会有走四英尺所花的时间跟走八英尺所花的一样; 可见速度的增加与距离成正比是不真实的.

其他命题的错误也可以同样清楚地加以证明. 例如, 如果我们考虑一单个打击物体, 它在打击中的动量的不同只能依赖于速度的不同; 由于如果打击体从高两倍的地方落下会提供两倍动量的打击, 该物体就必须以两倍的速度进行打击; 但是用这个加倍了的速度就会在相同的时间段内走过加倍的距离; 可是观察表明从较高的地方落下需要较长的时间.

沙: 你把这些艰难晦涩的东西讲得非常明显和易懂; 这一巨大的便利还不如它们用更深奥难懂的方式呈现出来更容易受到赞赏. 因为, 在我看来, 人们对那些不用花太多力气就能获得的知识, 总是比对那些要花长时间的难懂的讨论才能获得的知识, 看得更轻.

萨: 如果有人以简洁而又清晰的方式证明了某些普及的想法的错误, 会受到轻视而不是感激, 这种伤害还是很容易忍受; 可是另一种情况是, 看到有人声称自己在某某研究领域内是某某的对头, 做出的一些结论后来很快就被别人很容易地证明是错误的, 这就叫人很不高兴和感到困扰了. 我不想把这种情绪看成是一种嫉妒, 嫉妒很快就会退化为对发现这种错误的人的仇恨和愤怒; 我想把它说成是一种维持老的错误而不想接受新发现的真理的强烈意愿. 这种意愿有时会激起他们联合起来反对这些真理, 尽管他们在内心相信它们, 其目的只不过是为了降低那些不肯动脑筋的群众对它的评价. 实际上我从我们的科学院的院士那里听到过许多把这种很容易驳倒的错误当成真理的事情; 有些我还记忆犹新.

沙: 你不必阻止他们和我们接触, 但是, 在适当的时候, 告诉我们有关他们的情况, 即使有必要召开一次额外的会议. 但是现在还是继续来延续我们谈话的线索吧, 看来到目前为止, 我们已经确立了匀加速运动的定义, 它可以表述如下:

一个运动, 如果从静止开始, 它的动量 (*celeritatis momenta*) 在相同的时间内接受到相同的增量.

萨: 在确立了这个定义之后, 作者做了一个假设, 即,

同一个物体在不同的倾斜度的平面上向下运动, 在这些平面的高度相同时, 所获得的速度都相同.

所谓一个斜面的高度是指从斜面顶端下垂至同一平面的底端的水平线的垂直高度. 于是这样来画, 画水平线 AB, 令平面 CA 和 CD 与之斜交; 于是作者把垂线 CB 称为平面 CA 和 CD 的 "高度"; 他假设同一个物体沿斜面 CA 和 CD 下降到端点 A 和 D 时所获得的速度相同, 因为这两个斜面的高度相同, 都是 CB; 而且还必须知道, 这个速度就是该物体从 C 落到 B 时所获得的速度.

沙: 你的假设在我看来是这样合理, 毫无问题应该得到承认, 当然要假

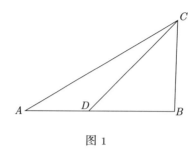

图 1

设没有外界阻力, 平面应该硬而光滑, 而且运动物体的外形应该是十分圆的, 不论是平面还是运动物体都很光滑. 所有的阻力都给清除掉了, 我的理智就立即告诉我, 十分光滑的重球沿着直线 CA, CD, CB 降下来抵达 A, D, B 点时的动量应该相等 [impeti eguali].

萨: 你的话十分有理; 但是我还想用实验来增加其可能性, 以致我们不会缺少强有力的证明.

设想这张纸代表一面垂直的墙, 将一枚钉子钉在上面, 再将一颗重为一或两个盎司的铅弹用一条四到六英尺长的细线 AB 绑住, 垂直挂在钉子上, 在此墙上拉一条水平直线 DC, 与垂直细线 AB 成直角, 离开墙面约两指宽. 现在把细线 AB 连同缚在其上的铅球拉到位置 AC 后释放; 那么我们首先会观察到它沿 CBD 弧线下降, 经过 B 点, 然后再沿弧线 BD 运动, 差不多会一直达到水平线 CD, 稍稍差一点点是由于空气和线的阻力造成的; 由此我们可以正确地认为, 球在沿弧 CB 下降到 B 的过程中所获得的动量 [impeto] 足以将它经过类似的弧 BD 带到相同的高度. 在重复这个实验多次之后, 我们再来把另一个钉子钉到靠垂线 AB 很近的地方, 比如说在 E 或 F 处, 凸出来五或六个指宽, 以便吊线, 还能带着这个弹头经过弧线 CB, 在子弹头抵达 B 时, 打击到钉子 E, 并从而迫使它经历一段以 E 为中心的圆弧 BG. 由此我们可以看到, 这与原先那个把相同的物体从同一个 B 点开始经过大弧 BD 带到水平面 CD 一样的动量能够做什么. 现在, 先生们, 你们将会高兴地观察到, 球会荡到水平面上的 G 点, 而且你还会看到, 如果把障碍物挪到稍稍下面一点点, 比如说, 挪到 F 点, 有相同的事发生, 球会画出一段弧 BI, 球总是会准确地上升到直线 CD. 但是如果钉子位置太低, 以致在它之下所余下这段细线够不到 CD 的高度 (这种情况在钉子放在靠 B 的距离比靠 AB 与水平线 CD 的交点的距离更近时出现), 这时细线就会越过 B 点绕在钉子上.

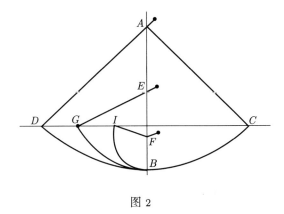

图 2

这个实验对我们的推测的真实性再没有留下任何可以怀疑的余地; 因为由于 CB 和 DB 这两段弧相等, 且放置的位置也类似, 经过 CB 弧下落而获得的动量 [momento] 与经过 DB 弧下落而获得的动量是一样的; 但是由于经历 CB 弧下落而在 B 所获得的动量 [momento] 能够把同样的这个物体经历 BD 弧举起到 D, 因此在 BD 的下落中所获得的动量等于把同一物体沿同一段弧从 B 移到 D 所需的动量; 因此, 一般来说, 经过一段弧所获得的动量等于能够将同一物体提升过同一段弧的动量. 但是, 正如实验所显示的, 所有那些促使经历圆弧 BD, BG 和 BI 上升的动量都相等, 因为它们都是由通过 CB 的降落所获得的同一动量所达成的. 因此所有通过圆弧 DB, GB, IB 的降落所获得的动量都相等.

沙: 这一论据在我看来是这样结论性的, 而且实验又是这样适合于确立所提出的假设, 以至于我们可以认为它的确是得到了证明.

萨: 沙格列多, 我不想在这种事情上给自己找太多的麻烦, 因为我们主要是想把这个原理应用到平面上的运动, 而不是用来研究曲面上的运动, 因为这种运动的加速度和在平面上的大不相同.

所以, 尽管上述实验向我们表明了, 运动物体沿 CB 弧的下降给予它的动量 [momento] 恰好足够把它沿 BD, BG, BI 中的任意一条弧带到相同的高度, 我们用同样的方法还不能够证明这一事件就等同于完全圆的球, 沿其倾斜度分别与这几段弧的弦的斜度相同的平面降下时是一样的. 另一方面, 由于这些平面在 B 点形成了夹角, 它们将对沿 CB 弦下降, 并将开始沿 BD, BG, BI 的弦上升的球形成一个障碍.

在撞击这些平面时, 会损失一部分动量 [impeto], 于是就不可能达到直线 CD 的高度; 但是一旦这个干扰实验的障碍排除了, 那么显然这时的动量 [impeto] (它会随着下降而增强) 能够把这个物体带到相同的高度. 那么让我们暂时把这当成一条假设, 它的绝对真实性在我们发现由它所导出的结果与实验完全对应并一致时就会确立起来. 这位作者在假设了这个唯一的原理之后, 接着就过渡到他清清楚楚加以证明的一些命题; 其中第一个如下:

定理 I, 命题 I

一个从静止开始并以匀加速运动的物体, 经历任何一段距离所花的时间, 等于该物体以一个匀速度走过这同一段距离所花的时间, 这个匀速度等于前面那个物体的最高速度与其开始加速前的速度的平均值.

我们用直线 AB 代表静止于 C 开始做匀加速的物体经历一段距离 CD 所花的时间; 用与 AB 正交的线段 EB 表示物体在 AB 这一段时间内最后所获得的, 也是最大的, 速度; 作直线 AE, 那么从 AB 上到等距离分割点所作的平行于 BE 的所有直线段就代表自瞬时 A 开始后的速度的增量. 令 F 为直线 EB 的等分点; 作 FG 平行于 BA, GA 平行于 FB, 这样形成一个平行四边形 ABFG, 由于边 GF 在点 I 处等分边 AE, 所以它在面积上与三角形 AEB 的相等; 因为如果将三角形 AEB 中的平行线延长到 GI, 那么包含在平行四边形内的所有平行线之和就等于那些包含在三角形 AEB 中的平行线之和; 因为那些包含在三角形 IEF 中的平行线等于那些包含在三角形 GIA 中的平行线, 而那些包含在梯形 ABFI 中的是二者所共有的. 由于在时间段 AB 内的每一个时刻都在直线 AB 上有其对应点, 从这些点上作限制在三角形 AEB 的范围内的平行线, 就代表不断增长着的速度的增加值, 而由于包含在矩形内的平行线代表速度的值没有增加, 而是常数, 看来运动物体所具有的动量 [momenti], 在加速运动的情况下, 也可以用三角形 AEB 中的不断增长的平行线来表示, 而在匀速运动的情况下, 由矩形 GB 中的平行线来代表. 因为在加速运动的头一部分内所缺部分 (这一动量的短缺由三角形 AGI 中的平行线代表) 由三角形 IEF 中的平行线所代表的动量补上.

由此可见, 这样的两个物体在相同的时间内所跨过的距离是一样的, 其中一个从静止开始以匀加速运动, 而另一个物体, 做匀速运动, 其动量是那个做加速运动物体的最大动量的一半.　　　　　　　　　　　Q. E. D.

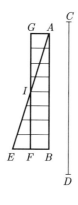

图 3

定理 II, 命题 II

一个从静止开始以匀加速下落的物体 [在不同时间段内] 所经历的距离各自与经历此距离所用的时间的平方成正比.

设从任意时刻 A 开始的时间用直线 AB 表示, 在其中取两个时间段 AD 和 AE. 令 HI 表示物体在 H 从静止开始以匀加速下降所经过的距离. 如用 HL 表示在时间段 AD 内所经过的距离, HM 表示在时间段 AE 内所经过的距离, 那么距离 MH 与距离 LH 之比就等于时间 AE 与时间 AD 之比的平方; 或者我们可以干脆说距离 HM 与 HL 之间的关系就是 AE 的平方与 AD 的平方之间的关系.

作一条与直线 AB 有任何交角的直线 AC; 并从点 D 和 E 作平行线 DO 和 EP; 这两条线中, DO 代表在 AD 时间段内所获得的最大的速度, 而 EP 代表在 AE 时间段内所获得的最大的速度. 但是我们刚才已经证明过, 仅就经过的距离而论, 它恰好就是和一个从静止开始下落的物体在相同的时间段内所经历过的距离一样, 或者也是一个以这个加速运动的最大速度的一半做匀速运动的物体, 在相同的时段内走过的距离. 于是由此得知, 距离 HM 与距离 HL 就分别和两个匀速运动在时间段 AE 和 AD 所走过的一样, 这两个匀速运动的速度分别是由 DO 和 EP 所代表的一半. 因此, 如果我们能够证明距离 HM 与 HL 之比正好是时间段 AE 与时间段 AD 的平方之比, 我们的命题由此得证.

但是在第一册书的第四个命题中已经证明了, 两个粒子在匀速运动中所走过的距离相互之间的比例, 等于两个物体的速度之比与所经历的时间

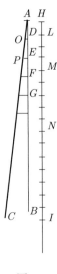

图 4

之比的乘积. 可是在这个事例中速度之比与时间段之比是一样的 (因为 AE 比 AD, 和 $\frac{1}{2}EP$ 比 $\frac{1}{2}DO$, 或 EP 比 DO 是一样的). 因此走过的距离之比就和时间段之比的平方一样.　　　　　　　　　　　　　　　　Q. E. D.

于是距离之比显然就是末速之比的平方, 即为线段 EP 与 DO 之比, 因为这二者各自都与 AE 比 AD 一样.

推论 I

因此显然有, 如果我们取从运动开始后的任意的相等的时段, 例如 AD, DE, EF, FG, 在这些时段内所经历过的距离分别为 HL, LM, MN, NI, 这些距离之间的比例和奇数数列 1, 3, 5, 7 之间的比例一样; 因为这些比例正好是这些 [代表时间的] 线段的平方差之比, 这些差值一个比一个大过一个相同的量, 这一超过的余量等于最小的线段 [即代表单独一个时间段]: 或者我们也可以说 [这些是] 从一开始的自然数的平方之差 [的比值].

这样一来可以说, 当速度在相等的时间段里按自然数的增大方式增大之时, 在这相同的时间段里所走过的距离相互之间的关系就如同从一开始的奇数之间的相互关系. ……

辛: 我承认, 一旦接受了匀加速运动的这个定义, 事情就的确如所描述的那样. 但是至于这个加速度运动是否真的就是我们在自然中所遇到的落体运动的情形, 我仍有疑虑; 在我看来, 这不仅是为了我自己, 也是为了那些和我有同样想法的人, 现在是引进那些实验中的一个的时候了 —— 我知道, 这样的实验有很多 —— 它们用多种方式说明了所达到的结论.

萨: 你, 作为一个科学人, 提出的这个要求是一个非常合理的要求; 因为这是在那种将数学证明应用于自然现象的科学中的惯例 —— 这也应该是如此, 这也正如在透视学、天文学、力学、音乐以及其他一些学科中所看到的, 其中的原理一旦被适当地选择的实验确立之后, 就成为整个超结构 (superstructure) 的基础. 所以我希望, 如果我花比较长的时间来讨论这些第一原理和最重要的问题, 不会被认为是在浪费时间, 因为许许多多的结论都与此有关, 而这些结论作者在本书中只谈了一小部分, 这位作者为打开通向至今还关闭着的爱思考的大脑的蹊径, 已经做了这么多. 至于谈到实验, 作者并没有忽视它们; 而且, 在他的陪伴下我还试图以下面的方式确保, 下落物体所经受到的加速度的确就是上面所讲的.

取一块木模或一小块木板, 长约 12 肘尺, 宽为半肘尺, 三指的厚度; 在它的边上割开一条比一指稍宽一点点的槽; 把这条槽刻得非常直、平整和光滑, 在它上面衬上羊皮纸, 也尽可能地平整, 光滑, 我们将一个硬的光滑青铜球放在上面滚动. 在把这块平板放到倾斜的位置后, 靠着将其一端提起使之高于另一端一或两个肘尺, 再将球放在上面刚刚讲过的槽内滚动, 以我们马上就会描绘的方式, 记下滚下斜面所需的时间. 多次重复做这个实验, 以便使测量时间的精度能够达到使两次测量之间的差别不会超过一次脉搏跳动的十分之一. 在做了这一操作, 并做到确保其精度之后, 我们就将球滚过槽的四分之一长度; 而且在测得其下降所花的时间之后, 发现它精确地等于前者的一半. 接下来我们再试其他的距离, 将滚过全长的时间与滚过半长, 或滚过三分之二长, 或滚过四分之三长, 或者实际上可以与滚过任何部分长度所花的时间相比较; 这样的实验重复了整整一百次, 我们总是发现所经过的距离相互之间与所花的时间的平方一样, 而且这一点对斜面的, 也即球沿之滚动的凹槽的各种倾斜度都一样成立. 我们还观察到, 对不同倾斜度的平面, 这个下降时间相互之间的比例, 准确地等于这位作者所预言和证明了的, 这一点我们以后将会看到.

为了测量时间, 我们采用了一大盆水, 放在高处; 在这个盆的底部焊接了一根口径很小的管子, 让一束细水流射出, 在每一次下降实验时, 不论是降下整个槽的长度, 还只是降下它的一部分, 我们都把射出的水用一个小的玻璃杯收集起来; 把在每一次下降实验这样收集起来的水用一台非常精密的天平来称重; 这些重量的差别和比例就是小球运动所花的时间的差别和比例, 而且其精度是这样高, 以致即使这样操作许多许多次, 结果之间都没有明显的差异.

辛: 我真想亲自参与这些实验; 但是考虑到有你的参与以及对你叙述它们的信任, 我相信并承认它们是真实可靠的.

萨: 那么我们就不必再讨论了.

推论 II

其次, 由此可知, 从任一起始点开始, 如果我们取在任何时间段里走过的两段距离, 这些时间段之间的比和这些距离之一与这两个距离的比例中项之比一样.

因为如果我们取从起始点 S 算起的两段距离 ST 与 SY, 它们的比例中项为 SX, 落下通过 ST 的时间与落下通过 SY 的时间之比和 ST 与 SX 之比一样; 或者我们也可以说, 落下通过 SY 的时间与落下通过 ST 的时间之比和 SY 与 SX 之比一样. 于是, 由于我们已经证明了, 通过的距离之比与所花时间的平方之比一样, 此外还由于距离 SY 与距离 ST 之比是 SY 与 SX 之比的平方, 由此得知, 下落经过 SY 和 ST 的所花时间之比等于对应的距离 SY 与 SX 之比.

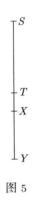

图 5

附注

上述推论已经对垂直下落的情形做了证明; 但是它对任何倾斜度的平

面也能成立; 因为可以认为速度沿这些平面以相同的比例增加, 即, 正比于时间, 或者说, 你也可以这样讲, 像自然数序列那样增长.

定理 III, 命题 III

如果同一个物体, 从静止开始, 沿一倾斜平面下落, 又沿一垂直平面下落, 二者的高度一样, 下降的时间之比和斜面的长度与垂直高度之比一样.

令 AC 为斜面, AB 为垂直平面, 二者在水平面之上的高度一样, 即, 为 BA; 那么我要讲, 同一个物体沿平面 AC 下降的时间与沿垂直面 AB 下降的时间之比, 和 AC 的长度与 AB 的长度之比一样. 令 DG, EI 和 LF 为与水平面 CB 平行的任何直线; 那么由刚才所说的从 A 开始运动的物体在 G 和在 D 会得到相同的速度, 因为在每一种情况下在垂直方向的下降是一样的; 根据同样理由, 在 I 和 E 的速度也是一样的, 在 L 和 F 的速度也如此. 总的来说, 从 AB 上的任一点画一条交 AC 于一相应点的平行线, 它的两端点上的速度会相等.

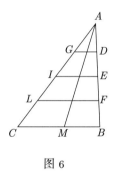

图 6

于是 AC 和 AB 这两段距离是以相同的速度通过的. 但是我们已经证明了, 如果两段距离由以相同的速度运动的物体所经过, 那么下降时间之比就会是距离之比本身; 这一沿 AC 下降所花的时间与沿 AB 下降所花的时间之比, 就和平面 AC 的长度与垂直距离 AB 之比一样. Q. E. D.

沙: 在我看来上面的结果还可在已经证明的命题的基础上证明得更清楚而又简洁, 这个已经证明了的命题就是, 在沿 AC 或 AB 做加速运动的情形中所走过的距离, 和一个以最大速度 CB 的一半, 做匀速运动所走过的距离是一样的; 由命题 I, 即下降时间相互之间之比和距离一样, 显然可知两个距离 AC 和 AB 是以相同的匀速度通过的.

推论

因此我们可以认为, 沿不同倾斜度, 但垂直高度相同的平面上下落的时间相互之间的比例与其斜面的长度值的比例相同. 因为如果考虑一斜面 AM 从 A 点伸展到水平面 CB, 那么可以以相同的方式证明, 沿 AM 下降的时间与沿 AB 下降的时间之比, 和长度 AM 与长度 AB 之比相同; 但是由于沿 AB 的时间与沿 AC 的时间之比, 和长度 AB 与长度 AC 之比一样, 由此得知, *ex aequali*, 正如 AM 与 AC 之比一样, 也等于沿 AM 下降的时间与沿 AC 下降的时间之比.

定理 IV, 命题 IV

沿长度相同、但倾斜度不同的斜面下降所花的时间相互之间与它们的高度的平方根成反比.

从一个孤立的点 B 画平面 BA 和 BC, 它们具有相同的长度, 但是倾斜度不同; 以 AE 和 CD 表示与垂线 BD 正交的水平线; 再以 BE 表示平面 AB 的高度, 以 BD 表示 BC 的高度; 再令 BI 为 BD 和 BE 的比例中项; 那么 BD 与 BI 之比就等于 BD 与 BE 之比的平方根. 现在, 我要说, 沿 BA 和 BC 下降的时间之比等于 BD 与 BI 之比; 因此沿 BA 下降的时间与其他斜面 BC 的高度, 即 BD, 之间的关系, 就像沿 BC 下降的时间与 BI 的高度的关系一样. 现在要证明的是, 沿 BA 下降的时间与沿 BC 下降的时间之比就是长度 BD 与长度 BI 之比.

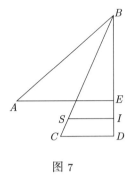

图 7

作与 DC 平行的 IS; 而且由于已经证明了沿 BA 下降的时间与沿垂线 BE 下降的时间之比和 BA 与 BE 之比一样, 以及还有沿 BE 下降的时间与沿 BD 下降的时间之比, 等于 BE 比 BI, 同样还有沿 BD 下降的时间与沿 BC

下降的时间之比, 和 BD 与 BC 之比一样, 或者说和 BI 与 BS 之比一样; 由此得知, *ex aequali*, 沿 BA 下降的时间与沿 BC 下降时间之比和 BA 比 BS, 或者说和 BC 比 BS 一样. 然而, BC 比 BS 与 BD 比 BI 一样, 我们的命题由此得证.

定理 V, 命题 V

从不同长度、斜率和高度的斜面上下落的时间相互之间的比例, 等于长度的比例与它们的高度的反比的平方根的乘积.

作具有不同倾斜度、不同长度和高度的斜面 AB 和 AC. 那么此定理就是说, 沿 AC 下降的时间与沿 AB 下降的时间之比, 等于 AC 与 AB 之比乘以它们高度的反比的平方根.

为此, 令 AD 为垂线, 通过它作水平线 BG 和 CD; 再令 AL 为高度 AG 和 AD 的比例中项; 从点 L 作水平线交 AC 于 F; 于是 AF 就会是 AC 和 AE 的比例中项. 可是既然沿 AC 下降的时间与沿 AE 下降是时间之比和长度 AF 与长度 AE 之比一样, 而且还由于沿 AE 的时间与沿 AB 的时间之比和 AE 比 AB 一样, 显然, 沿 AC 的时间与沿 AB 的时间之比等于 AF 比 AB.

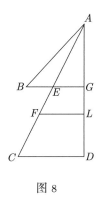

图 8

这样一来, 余下的就只要证明, AF 与 AB 之比等于 AC 与 AB 之比乘以 AG 与 AL 之比, 它就是高度 DA 与 GA 的平方根的反比. 到此, 如果我们考虑线段 AC, 连同 AF 和 AB, AF 与 AC 之比和 AL 与 AD 之比, 或者 AG 与 AL 之比是一样的, 它就是高度 AG 与 AD 之比的平方根; 但是 AC 与 AB 之比就是长度自身之比. 定理由此得证.

定理 VI, 命题 VI

如果从一个垂直放置的圆的最高点或最低点画一任意与圆周相交的斜面, 那么沿这些弦下落的时间互相相等.

在水平直线 GH 上作一垂直的圆. 从它的最低点 —— 即与水平线相切的切点 —— 画一条直径 FA, 再从最高点 A, 作斜面分别交于圆周上的任何两点 B 和 C; 那么沿这种斜面下降的时间相等. 作垂直于直径的 BD 和 CE; 令 AI 为两斜面高度 AE 和 AD 的比例中项; 而且由于矩形 FA·AE 和矩形 FA·AD 分别等于正方形 AC 和 AB, 而矩形 FA·AB 与矩形 FA·AD 之比正好等于 AE 与 AD 之比, 由此得知, 正方形 AC 与正方形 AB 之比正好等于长度 AE 与长度 AD 之比. 但是由于长度 AE 与长度 AD 之比正好是正方形 AI 与正方形 AD 之比, 由此得出, 分别以 AC 和 AB 为边的正方形之间的关系, 就好像以 AI 和 AD 为边的正方形之间的关系, 因此长度 AC 与长度 AB 之比, 就正好为 AI 与 AD 之比. 但是在前面我们已经证明了, 沿 AC 下降的时间与沿 AB 下降的时间之比等于 AC 比 AB 与 AD 比 AI 的乘积; 但是最后这一比值正好等于 AB 比 AC. 这样一来, 沿 AC 下降的时间与沿 AB 下降的时间之比, 为两个比值的乘积, 一个是 AC 比 AB, 还有一个是 AB 比 AC. 于是这些时间的比值等于 1. 因此得出我们的命题.

通过利用力学原理 [ex mechanicis] 我们可以得到相同的结果. ……

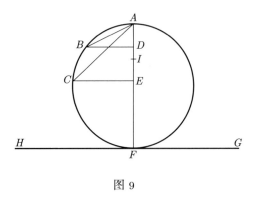

图 9

附注

我们要指出, 任何速度一旦传递给了一个运动物体, 只要导致加速或减速的外部因素被移去, 就会顽固地保持着, 这是一个只在水平面上才会有的情况; 因为在平面倾斜向下的情况下已经有了加速度因素存在, 而在倾斜平面上向上运动的情况下就会有减速; 由此得出, 沿水平面的运动就会是永恒的; 因为, 如果速度是均匀的, 它就不能被降低或被熄灭, 更不会被毁灭. 此外, 尽管一个物体通过自然下降所获得的任何速度, 就其自己的本性而言 [suapte natura], 会得到永久的维持, 可是必须记住, 如果在沿一向下倾斜的平面下降之后物体被迫转向向上倾斜的平面, 那么在后一平面上已经存在了推慢的作用; 因为在任何这种平面内这同一个物体会受到一个自然向下的加速度. 相应地我们在这里就有了两个不同的运动状态的叠加, 即, 在前面的下降中所获得的速度, 如果只有它的单独作用, 就会把物体以匀速带到无限远, 还有一个就是所有物体都共有的自然的向下的加速运动. 因此看来, 如果我们想跟踪一个沿一斜面降下来, 接着又被转折攀上另一斜面向上运动的物体, 对于我们来说就完全有理由认为, 在下降时所获得的最大速度在随后的上升中始终保持着. 不过在随后的上升过程中伴随着有一个自然向下的倾向, 即, 这样一个运动, 它从静止开始以通常的加速度运动. 如果这一讨论还有点晦涩, 那么下面的图形会使得它更清楚一些.

假设下降是沿着一向下的斜面 AB, 在物体到达底部时折转沿着斜面 BC 继续向上运动. 起初令这两块平面长度相等, 而且安放得与水平线 GH 的夹角也相等. 众所周知的是, 一个在 A 点从静止开始沿 AB 下降的物体所获得的速度会与时间成正比, 在 B 点达到最大, 而且在所有导致加速或减速的因素都被排除之后的情况下, 会保持这个速度不变; 我所讲的加速度是指, 如果物体继续沿着 AB 的延长线运动时会有的加速度, 而所说的减速是指其运动被折向沿向上倾斜的平面 BC 运动时会遭遇到的减速度; 但是在水平面 GH 上物体会维持做匀速运动, 其速度等于它从 A 点到达 B 点时所获得的速度; 此外, 这个速度正好可使得, 在物体经 AB 下落到 B 的这一段时间内, 物体在水平面上可以运动到两倍 AB 的距离. 现在我们来设想这同一个物体, 以相同的匀速沿 BC 斜面运动, 那么这时在经过等于沿 AB 下降的时间段内就会沿 BC 走过二倍于 AB 的距离; 但是让我们假设, 在物体开始爬升的这一瞬时, 按照事物的本性, 它就会受到在它从 A 点沿 AB 下降时包围着它的影响, 即它会以与在 AB 上时起作用的同样的加速度从静止下降, 并且会在相同的时间段内沿此第二个斜面走过和在 AB 上走过的相同的距离; 显然, 在一个物体上将这样一个匀速向上的运动与一个加速下降的运动叠加起来, 就会把它沿斜面 BC 带到远至 C 点, 在这点这两个速度相等.

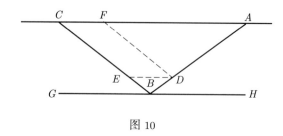

图 10

　　如果现在假设有两点 D 和 E, 它们与顶点 B 的距离相等, 那么我们就可以认为沿 BD 下降的时间, 与沿 BE 上升的时间相等. 作与 BC 平行的 DF; 我们知道, 在沿 AD 下降之后让物体沿 DF 上升, 或者, 在到达 D 时再让物体沿水平面 DE 运动, 那么它到达 E 时的动量 [impetus] 就和它离开 D 时的一样; 此后它会从 E 升至 C, 证明在 E 的速度和在 D 时的速度一样.

　　由此我们可以合乎逻辑地认为, 沿任一斜面下降并接着沿一斜面向上运动的物体, 由于获得的动量, 升至水平面以上和原来一样的高度; 所以, 如果下降是沿着 AB, 那么物体就会在斜面 BC 上带到远至水平线 ACD; 而且不论这些斜面的倾斜度是否相同, 例如在斜面 AB 和 BD 的情形, 结果都一样. 但是根据前面的假设, 物体沿垂直高度相同的不同斜面落下时所获得的速度是一样的. 因此如果斜面 EB 和 BD 的斜率相同, 从 EB 的下降就可以将物体推到 D 这么远; 而由于这个推理来自到达 B 点时的速度, 由此得知 B 点时的这个速度, 无论物体是沿 AB 还是沿 EB 下降得到的, 是一样的. 于是, 不论下降是沿 AB 还是沿 EB, 物体显然会被带上 BD. 开始沿 BD 上升的时间大于沿 BC 上升的时间, 这就正如沿 EB 下降所占用的时间要大于沿 AB 下降的时间; 此外, 已经证明了, 这些时间段的长度之比和斜面长度之比是一样的 ……

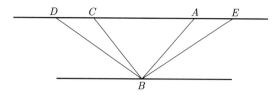

图 11

第四天

萨: 辛普利丘再次按时到来了; 那么让我们立即毫不迟疑地来谈运动的问题. 我们的作者的文本是这样的:

抛射体的运动

最前面我们已经讨论了匀速运动的性质, 以及沿各种不同倾斜度的斜面的自然加速运动的性质. 现在我提议来阐明那种由两种运动复合而成的运动的性质, 其中一种为匀速运动, 另一种为自然加速运动; 这些性质很值得知道, 我提议用严格的方式来证明. 这就是在抛射体的运动中所见到一种运动; 其缘起我设想如下:

设想将一个粒子沿一没有摩擦的平面抛射出去, 那么从前面已经做了充分解释的道理得知, 这个粒子会沿着这个平面做永恒的匀速运动, 只要这个平面是无限的. 但是如果这个平面是有限的, 并且抬高了, 那么这个运动粒子, 我们设想它是一个很重的粒子, 在越过这个平面的边界之后, 就会在它原先有的永恒的匀速运动之外, 由于其本身的重量, 获得了一个向下的倾向; 所导致的运动我把它叫作抛物运动 [projectio], 它是由两个运动合成的, 一个是匀速水平的运动, 另一个是垂直和自然地加速的运动. 我们接下来证明它的若干性质, 其中第一个如下:

定理 I, 命题 I

一个抛射体, 具有一个匀速水平的运动再复合上垂直方向上的自然加速的运动, 描绘一条半抛物线的路径.

沙: 萨尔维亚蒂, 为了我的缘故, 而且我相信, 也是为了有利于辛普利丘, 必须在这里停一下, 因为情况是这样, 我在学习阿波罗尼奥斯 (Apollonius) 的著作上不是很深入, 只知道他研究了抛物线和其他的圆锥曲线, 而不理解它们我就几乎不能想象如何能够跟随其他依赖于它们的命题的证明. 由于即使是在第一个漂亮的定理中, 作者就发现必须证明, 抛射体的轨迹是一条抛物线, 而且还因为, 我想, 我们将只与这种曲线打交道, 我们就必须对它有一个彻底的认识, 如果说不是熟悉阿波罗尼奥斯已经证明了的这些图形的全部性质, 那也至少要对当下的讨论所必需的知识有一个彻底的认识.

萨: 你也太谦虚了点, 装着不懂那些你不久前还承认已经很好地懂得了

的知识 —— 我是指我们讨论材料的强度,需要用到某个阿波罗尼奥斯定理,并没有给你带来任何麻烦.

沙: 我也可能碰巧知道那一点,也可能就是因为做那个讨论有必要,就承认了那个结果; 但是现在我们要追随有关这种曲线的全部证明,我们就不应该,正如人们常说的,囫囵吞枣,这样会浪费时间和精力.

辛: 即使沙格列多,正如我所相信的,配备了所有他所必需的知识,我可是甚至连基本的术语都不懂; 因为尽管我们的哲学家们处理过抛射运动,我可不记得他们具体描绘过抛射体的轨迹,只不过是说过它必定是一条曲线,除非它是垂直向上的抛射. 但是如果在我们上次讨论后我所学过的小本的欧几里得几何学不能让我跟随下面要做的证明,那么我就只好被迫依靠相信和接受这些定理,不会完全理解它们.

萨: 相反,我想你应该直接从作者本人那里来理解它们,当他允许我来看他的这本著作的时候,由于我正好手头没有阿波罗尼奥斯的书,他还好意地为我证明了抛物线的两条主要性质. 这两条性质是我们在目前的讨论中必须用到的,他在证明它们时,用不着你有预备知识. 这两条性质的确是由阿波罗尼奥斯给出的,但是在经历了许多前人之后,要追随他们需要很长的时间,我想简化我们的任务,只想纯粹地从产生抛物线的方式来简单地推导它的第一个性质,而第二个性质就立即可以从第一个得出.

现在我们从第一个来开始,设想有一个正圆锥,立在基底圆 *ibkc* 上. 由平行于边 *lk* 的平面所切出的截面的边界曲线就称为抛物线 (*parabola*). 这条抛物线的底线 *bc* 与基底圆 *ibkc* 的直径 *ik* 垂直相交,它的轴 *ad* 平行于圆锥的棱边 *lk*; 在曲线段 *bfa* 上任取一点 *f*,作直线 *fe* 平行于 *bd*; 那么,我说,*bd* 的平方与 *fe* 的平方之比正好就和轴 *ad* 与其一部分 *ae* 之比一样. 通过点 *e* 作一平面平行于底圆 *ibkc*,在锥体中产生一个圆形截面,其直径为直线 *geh*. 由于在圆 *ibkc* 中 *bd* 与 *ik* 成直角,*bd* 的平方等于由 *id* 和 *dk* 形成的矩形; 因而在上面那个通过点 *gfh* 的圆中的 *fe* 的平方等于由 *ge* 和 *eh* 形成的矩形; 因此 *bd* 的平方与 *fe* 的平方之比,就和矩形 *id* · *dk* 与矩形 *ge* · *eh* 之比相同. 而由于直线 *ed* 与 *hk* 平行,直线 *eh* 由于与 *dk* 平行,就与之相等; 这样一来,矩形 *id* · *dk* 与矩形 *ge* · *eh* 之比就和 *id* 比 *ge* 一样,就是说,与 *da* 比 *ae* 一样; 因而矩形 *id* · *dk* 与矩形 *ge* · *eh* 之比,就是说,矩形 *bd* 与矩形 *fe* 之比就和轴 *da* 与其部分 *ae* 之比一样.   Q. E. D.

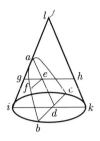

图 12

为此讨论所必需的另一个命题我们可以证明如下. 作一条抛物线, 并将其轴 ca 向上延长到一点 d; 从任意一点 b 作一条平行于抛物线底的直线 bc; 如果选择 d, 使得有 $da = ca$, 那么, 通过点 b 和 d 所作的直线就会与抛物线相切于 b. 因为如果我们设想这条直线有可能与抛物线相交于上面一点点, 或者其延长线与之相交于下面一点点, 再通过其中任一点 g 作一条直线 fge. 由于正方形 fe 大于正方形 ge, 那么正方形 fe 与正方形 bc 之比就会大于正方形 ge 与正方形 bc 之比; 再根据上述命题, 正方形 fe 与正方形 bc 之比就是线段 ea 与线段 ca 之比, 由此得知线段 ea 与线段 ca 之比大于正方形 ge 与正方形 bc 之比, 或者说, 大于正方形 ed 与正方形 cd 之比 (三角形 deg 与三角形 dcb 成比例). 但是线段 ea 与线段 ca 之比, 或者与 da 之比, 正好是矩形 $ea \cdot ad$ 的四倍与正方形 ad 的四倍之比, 或者可以一样地说是, 与正方形 cd 之比, 因为它是正方形 ad 的四倍; 因此矩形 $ea \cdot ad$ 的四倍与正方形 cd 之比大于正方形 ed 与正方形 cd 之比; 但是这就会使得矩形 $ea \cdot ad$ 的四倍大于正方形 ed; 而这是错误的, 事实正好相反, 因为线段 ed 的两部分 ea 与 ad 是不相等的. 这样一来, 直线 db 与抛物线相切, 而不是与它相割. Q. E. D.

辛: 你的证明进行得太快了. 在我看来, 你一直把欧几里得的所有定理都认为对我来说好像对前面几个公理一样, 都是已经熟知的了, 而这实际上远非如此. 现在你突然把这样的事实告诉我们, 说矩形 $ea \cdot ad$ 的四倍比正方形 de 还要小, 是因为线段 de 的两部分 ea 和 ad 不相等, 这可叫我脑子有点转不过弯来, 让我沉浸在悬念中.

萨: 的确, 所有真正的数学家都会假设读者至少对欧几里得几何的初步非常熟悉; 在你这种情况下只要复习一下第二卷中的一个命题, 他在该命题中证明了, 在一根线段被分割成相等以及不相等的两段时, 由不相等的两段

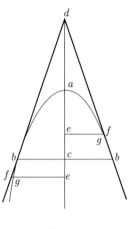

图 13

形成的矩形小于由相等的两段形成的矩形 (即小于由线段的一半形成的正方形), 其差值是由相等部分与不等部分的差值组成的正方形.[6] 由此可见整条线段的正方形, 它等于其一半组成的正方形的四倍, 大于由不相等的两段组成的矩形的四倍. 为了理解本文以下部分, 必须记住我们刚才证明了的有关圆锥截线的两个基本定理; 作者实际上用到的也就是这两个定理. 现在我们可以重新接下来讲课文, 来看一看他是怎样来证明他的第一个命题的, 他在这个命题中表明了, 一个由水平匀速运动与自然加速下落 [*naturale descendente*] 运动所复合成的下落的物体, 画出一条半抛物线 (semi-parabola).

设想有一条抬高了的水平直线或平面 ab, 有一个物体沿着它做从 a 到 b 的匀速运动. 再假设这个平面在 b 点突然中断; 那么在这点这个物体由其重量会得到一个沿垂线 bn 向下的自然运动. 沿平面 ba 画一条直线 be 来代表, 或者说来度量时间的流逝; 将这条直线分割成一些等分段 bc, cd, de, 用以代表时间的相等间隔; 再从这些点作平行于垂线 bn 的下垂线. 在这些线中的第一条向下任何距离作 ci, 在第二条向下四倍上述距离作 df, 在第三条向下九倍上述距离作 eh; 由此类推, 与 cb, db, eb 的平方成正比, 或者也可以说, 与这些线段的平方成正比. 相应地我们可以看到, 在物体从 b 到 c 做匀

---

[6]这句写得比较晦涩, 现补充几句. 设此线段长为 l, 分成相等的两部分, 则每一部分长为 $l/2$, 分成不等的两部分时, 如一段为 x, 另一段即为 $l-x$, 这里文中所指的这个正方形的边长即指 $l/2-x$. 于是这个正方形的面积为 $\left(\dfrac{l}{2}-x\right)^2$, 接下来的结论, 读者不妨自行证明之. —— 译注

速运动的过程中, 它也垂直下降通过了一段距离 ci, 从而在时间段 bc 的终了时处于 i 点. 同样地, 在时间段 bd 终了时, 这时是时间段 bc 的二倍, 垂直下落的距离就会是第一段距离 ci 的四倍; 因为在前面的讨论中我们已经证明了, 自由下落的物体所经过的距离与时间的平方成正比, 同样地在时间段 be 内所通过的距离将会是 ci 的九倍; 于是显然就会有, 距离 eh, df, ci 相互之间的比例就会和线段 be, bd, bc 的平方之间的比例一样. 现在再从点 i, f, h 作平行于 be 的直线 io, fg, hl; 这些线段 hl, fg, io 的长度分别等于 eb, db, cb 的长度; 所以也就有线段 bo, bg, bl 分别等于 ci, df, eh. hl 的平方与 fg 的平方之比, 等于线段 lb 与线段 bg 之比; fg 的平方与 io 的平方之比, 等于线段 gb 与线段 bo 之比; 这样一来, i, f, h 这几个点就在同一条抛物线上. 同样地可以证明, 如果我们取不论多大的相同的时间间隔, 而且如果我们设想, 粒子按相同组合的运动方式运动, 那么这个粒子在这些时间区段的端点上的位置就会在和这相同的一条抛物线上. Q. E. D.

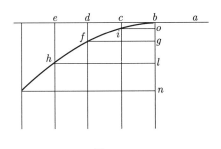

图 14

萨: 这个结论可以从上面给出的两个命题的第一个的逆命题得到. 因为, 在作出通过点 b 和 h 的抛物线之后, 任何不在抛物线上的两点 f 和 i, 要么在其内, 要么在其外, 从而直线段 fg 比连接到抛物线上的点的线段要么更长, 要么更短. 这样一来 hl 的平方与 fg 的平方之比就会和线段 lb 与线段 bg 之比不一样, 不是较大, 就是较小, 可是事实上 hl 与 fg 的平方之比就是与之相同. 因此点 f 确实就在抛物线上, 所以其他点也是这样.

沙: 不可否认这个论证是新鲜、巧妙和有说服力的, 作为它的基础的是这样的一个假设, 即, 水平运动保持为匀速运动, 而垂直运动则仍然为向下加速的、与时间的平方成正比的运动, 而且这两个运动在保持不变、相互没有干扰或彼此阻碍的情况下结合起来,[7] 所以在运动进行当中, 抛射体的轨迹不会转变成其他的曲线: 但是这一点, 在我看来, 不大可能. 因为我们设想下落物体的自然运动是沿着抛物线的轴, 它与水平面垂直, 终止于地球的中心; 而由于抛物线越来越偏离其轴线, 抛物体永远也到达不了地球的中心, 或者, 如果它到达到了, 因为看来必须是这样, 那么抛物体的轨迹就必须转变成另一种, 与抛物线差别较大的曲线.

辛: 在这些困难之外我还可以加上另外一些困难. 其中之一就是, 我们认为水平面, 它的斜率既不向上也不向下, 要用一条直线来表示, 似乎在这条直线上的每一点离开中心都是等距离的, 实际不是这样; 因为如果有人从 [这条线的] 中点出发离向远方, 无论走向哪一头, 他都会离开 [地球的中心越来越远, 从而不断地向上爬]. 由此得出, 运动不论走多远都不可能保持为匀速, 而是必定会不断地减速. 此外, 我还看不出怎么有可能去避免周围介质的阻力, 而这种阻力必定会破坏水平运动的匀速性, 同时还会改变下落物体的加速规律. 这些各式各样的困难会使得由这样不可靠的假设导出的结果在实际上还能成立是极不可能的.

萨: 你提出来的所有这些难点和反对意见是这样地有理由, 以致不可能把它们排除掉; 对我来说, 我准备完全接受它们, 我认为我们的作者也会是这样. 我承认, 这些在摘要中证明了的结论当应用于具体事物时会有所不同, 而且会错误到这样的程度, 即水平运动不会是匀速的, 自然的加速也不会是所假定的比例, 抛物体的轨迹也不会是一条抛物线, 如此等等. 但是另一方面, 我请求你不要因为其他有名的人物也有不是严格对的时候而对我们的作者有所姑息. 只有阿基米德的权威能让每一个人信服. 在他的力学以及在他对抛物线的最初的求积中认定了, 天平或杆秤的梁是直线, 它的每一点对所有物体的公共中心都是等距离的, 而且吊起重物的弦线都互相平行.

有的人认为这个假设是可以接受的, 因为在实际中我们的仪器和所涉及的距离与到地球中心的距离相比太小, 以致我们可以认为在地球的一个大圆上的一段小弧可以看成是一段直线, 把从两个端头引向下的垂线看成是平行线. 因为如果在实际中我们要考虑的都是这种小量, 那么就有必要首先来评判那些建筑师们, 他们相信, 靠着利用垂线可以建造具有平行边缘的高塔. 我还可以进一步说, 阿基米德以及其他一些人, 在他们所有的讨论中

---

[7] 与牛顿的第二运动定律非常接近. —— 英译者注

认为他们离开地球的中心无限远, 在这种情况下, 他们的假设就没有错, 从而他们的结论就是绝对正确的. 在我们想把我们证明了的结论应用于讨论距离虽然不是无限大、但也是非常大的时候, 我们就必须, 在已经证明的结论的基础上做山推断, 对离开地球中心的距离实际上还不是无限大、只是与我们的尺寸较小的仪器来比非常大的情况下, 要做怎样的修正. 这种距离中最大的应该就是在抛射体的射程 —— 而且在这里我们只需考虑大炮 —— 然而, 它不论多大, 总不会超过我们离开地心距离的四倍; 而且由于这些其终点落在地球表面上的轨迹, 它们的抛物线的形状不会有多大的改变发生, 而如果终止在地心上, 那么大家都承认, 就会有巨大的改变.

至于谈到由于介质的阻力所产生的扰动, 那就要更为显著, 而且由于形式多种多样, 并不遵守确切的规律, 也没有准确的描述公式. 这样一来, 如果我们只考虑空气对我们所研究的运动的影响, 你们就会看到空气对它们全都有影响, 对应于抛物体的形状、重量和速度的千差万别, 干扰的形式也是千差万别. 因为就以速度来讲, 速度越大, 空气产生的阻力也就越大; 还有一种是, 物体密度越小 [men gravi] 就会产生越大的阻力. 所以尽管落体走过的距离与运动持续的时间的平方成正比, 可是无论物体怎么重, 如果它从很高的高度落下, 空气的阻力就会阻止速度的无止境地增加, 以致它最后会做匀速运动; 而且随着物体密度的减小, 这个均匀的速度就会更快地在下落一段更短的时间后达到. 甚至水平运动, 如果不给以推动, 由于受到空气的阻力会均匀不断地改变直至最后停下来; 而且再次有, 密度越小 [piu leggiero] 的物体这个过程进行得越快. 对这些性质 [accidenti], 对重量, 对速度, 还有对形状 [figura], 有无限多种, 不可能给出精确的描述; 因此, 为了以科学的方式处理这种事情, 必须摆脱这些困难; 在发现并且证明了在不存在阻力的情况时的定理之后, 我们就把它们当作有一定局限性的经验给我们的教训来用. 这种方法的好处不可小觑; 抛射体的材料和形状可以选得尽可能密实和圆滑, 从而使得在介质中所受到的阻力为最小. 距离和速度一般来说也别太大, 但是我们也要能够很容易地对它们做精密的修正.

在我们所用的那些抛射物是用密实的材料做成圆的形状的情况下, 或者是由较轻的材料做成圆柱的形状, 比如箭杆, 由投射器或石弓射出时, 飞行的轨迹与精确的抛物线的差别很难觉察得出来. 的确是这样, 如果你能给我更大一点的自由, 我可以用两个实验向你证明, 由于我们的装置太小, 以致这些外部的和偶发的阻力, 其中介质的阻力是最主要的, 几乎难以观察到.

我现在来讨论通过空气的运动, 因为这是我们目前特别关心的; 空气的阻力以两种方式呈现: 第一种表现为对密度较小的物体有较大的阻尼, 第二种表现为对较快的物体的阻力大于对同一物体运动较慢时的阻力.

关于第一种情况, 考虑有相同尺寸的两个球, 其中一个比另一个重十到十二倍的情况, 比如说, 一个是铅球, 另一个是橡木球, 令二者从一高度为 150 到 200 肘尺的地方落下.

实验表明, 它们落在地上时的速度只有微小的差别, 表明在这两种情况下由空气造成的推迟很小; 因为如果这两个球在同一时刻从同一高度开始, 而且如果铅球受到的阻力较小, 木球受到的较大, 那么前者落地的时间就会比后者大大提前, 因为它重十倍. 但是这情况并没有发生; 实际上, 一个比另一个在距离的提前上不超过整个下落距离的百分之一. 而在用一个重量只是铅球的三分之一或一半的石头球的情况下, 它们抵达地面的时间之差几乎觉察不出来. 而由于一个从 200 肘尺高落下的铅球所获得的速度 [impeto] 是这样大, 如果保持这个速度匀速运动, 那么在与下落时间相同的时间内, 就会通过 400 肘尺, 而且由于这一速度与其他一些利用弓箭或别的机器, 武器除外, 所产生的抛物体的速度相比大得多, 由此可知, 我们可以这样认为而不会有太大的误差, 即, 那些我们就要去证明的命题可以认为是绝对正确而不必去考虑介质的阻力.

现在转来谈第二种情况, 在这里我们要证明, 空气对一个快速运动物体的阻力不会比对一个缓慢运动物体的阻力大很多, 下面的实验给出充足的证明. 在两根相同长度 —— 比如说五分之四码 —— 的绳上绑着相同的铅球, 把它们挂在天花板上; 现在把它们拉起来, 使之偏离垂直位置, 一个拉开 80° 甚至更多的角度, 另一个拉开不超过 4°—5°; 这样把它们释放, 其中一个落下, 在经过垂直位置后, 描绘出一个大的, 但是是由 160°, 150°, 140° 等的逐渐慢慢减小的弧长; 另一个荡过一个小角, 也慢慢从 10°, 8°, 6° 等的角度逐渐减小.

首先我们必须注意到, 在一个摆通过 180°, 160° 等角度之时, 另一个也摆过 10°, 8°, 等等, 由此可知, 第一个球的速度是第二个球的 16 倍, 18 倍. 相应地, 如果空气对高速运动物体的阻力大于对低速运动的物体的阻力, 那么以 180° 或 160° 的大弧度振动的频率就应该比以 10°, 8°, 4° 的小弧度振动的频率要小, 而比振动弧度为 $2°$ 或 $1°$ 时的还要更小; 但是这一预言没有得到实验的验证; 因为如果两个人开始计数振荡的次数, 其中一个计数那个振幅大的, 一个计数小的, 他们就会发现, 在经过计数了几十甚至几百次振动之后, 这二者的振动次数相差不到一次, 甚至相差不到一次的一个分数.

这一观察证实了下述两个结论, 即振幅非常大和非常小的振动都具有相同的时间 [指周期相同], 还有就是, 空气的阻力对高速度运动的影响不会比对低速运动的更大. 这和迄今为止普遍持有的看法是相反的.

沙: 相反, 由于我们不能否定空气对这两个运动都有阻碍, 它们都变慢了, 并且最终都消失掉了, 我们不得不承认, 在这两种情形下减慢以相同的比例发生. 但是这是怎么发生的呢? 的确, 除非给予运动快的物体的动量和速度 [*impeto e velocità*] 比给予运动慢的物体的更多, 那么对一个物体的阻力怎么能够比对另一个的更大呢? 而且, 如果是这样, 一个物体的运动速度立即就会成为它所遇到的阻力的原因和度量 [*cagione e misura*]. 因此, 所有的运动, 无论是快的还是慢的, 以相同的比例受到阻力和减慢; 对我来说这也是一个重要性不小的结果.

萨: 这样一来, 我们在这第二种情况中可以说, 在我们要来证明的结果中的误差, 忽略那些偶然误差不计, 在我们的机器中所采用的速度常常是非常大, 而且距离与地球的半径或者它的一个大圆相比可忽略不计时的情形中, 是很小的.

辛: 我很想听听你对火枪, 即那些用火药来抛射的物体的看法, 由于它们受到空气的阻力而发生的改变不同, 它们与用弓、投石器和石弓发出的抛射体是不同的另一类抛射体.

萨: 由于这种抛物体以超强的, 以及, 这样说吧, 超自然的猛烈力量发射, 我就得出这样的看法; 因为, 说实在的, 在我看来, 可以毫不夸张地说, 无论是从一支火枪, 还是从一门大炮发出的弹头都是超自然的. 因为这样的一个弹头如果从非常高的高处落下, 由于空气的阻力, 它的速度不会无限制地增加, 那种比重较小的物体通过较短的距离会发生的事情 —— 我这里是指它们的运动会归结为匀速运动 —— 对一个铁球或铅球在它们落下几千肘尺后也会发生; 这个最终的速度 [*terminata velocità*] 是一个重物在经过空气下落时自然能够得到的最大值. 我估计这个速度比火药给予球的速度小得多.

一个适当的实验可以证实这一事实. 从一个一百多肘尺的高处发射装有一颗铅弹的枪 [archibuso], 垂直地向下射到一条铺有石头的路上; 用同样的枪射到只有一到两肘尺远的同样的一块石头上, 再来观察这两个弹头哪一个更平. 如果从较大高度落下的弹头是这两个中给压平得较少的那个, 这就表明, 空气已经阻碍并减小了火药给予弹头的速度, 而且空气不会允许子弹获得比这更大的速度, 无论它从多高落下; 因为火药给予弹头的速度超不过它自由下落 [naturalmente] 所获得的速度, 那么向下发射就应该更大, 而不是更小.

我没有做过这个实验, 因为我有这样的看法, 一颗火枪子弹或一颗炮弹, 从尽可能高的高处落下, 所产生的打击强度达不到它直接射向只有几肘尺远的一堵墙的强度, 即这样短的射程内空气的阻力还不足以剥夺射击中火药给予它的超自然的强大力量.

这种猛烈射击的巨大动量 [impeto] 有可能引起轨迹的某种变形, 使得抛物线在开始时变平, 比在末端弯曲得要小一些; 但是就以我们的作者来说, 这是在实际操作中的小小的结果, 主要的成果是准备了一张各种不同高度的射程表, 给出了弹头所达到的距离作为提升角的函数; 由于这些弹头是从用火药量不多的迫击炮 [mortari] 发射出来的, 给予的不是超自然的动量 [impeto sopranaturale], 它们非常准确地沿着预定的轨迹.

但是现在让我们来进行这位作者邀请我们来研究的物体的一种运动 [impeto del mobile], 这种运动是由两个其他的运动合成的; 在第一种情况中这两个运动都是匀速的, 一个水平, 另一个垂直.

定理 II, 命题 II

当物体的运动是由两个匀速运动——其中一个为水平运动, 另一个为垂直运动——合成时, 合成动量的平方等于这两个分动量的平方之和.

设想有某一物体受到两个匀速运动的迫使, 令 ab 代表垂直位移, bc 代表在同一时间间隔内水平方向的位移. 那么如果在相同时间段内以匀速运动经历了 ab 和 bc 之后, 相应的动量之间的关系就会像距离 ab 和 bc 之间的关系一样; 但是同时受到这两个运动推动的物体就会描绘对角线 ac; 它的动量正比于 ac. ac 的平方也等于 ab 和 bc 的平方之和. 因此合成动量的平方也就等于 ab 和 bc 两个动量的平方之和.　　　　　　　　　　Q. E. D.

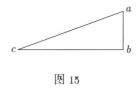

图 15

辛: 在这一点上只有一个小小的困难还需要弄清楚; 因为在我看来刚才得到的结论与前面一个命题相抵触, 这个命题是说, 从 a 到 b 运动的物体的速度 [*impeto*] 等于从 a 到 c 的速度; 而你现在的结论是, 在 c 处的速度 [*impeto*] 大于在 b 处的速度.

萨: 辛普利丘, 这两个命题都对, 可是它们之间有个很大的不同. 我们在这里讲的是一个物体被迫做单个运动, 这个运动可是两个匀速运动的合成, 而在那里我们说的是两个物体各自被迫做自然加速运动, 一个沿垂线 ab, 一个沿斜面 ac. 此外时间间隔没有假设是相等, 而是沿斜面 ac 的时间会大于沿垂线 ab 的时间, 但是我们现在谈的那些沿 $ab,\ bc,\ ac$ 的运动都是匀速运动而且是在同一时段内进行的.

辛: 很抱歉, 我现在懂了; 请接着讲.

萨: 我们的作者接下来解释, 当物体被迫做复合运动, 其中一个是水平匀速运动, 另一个是在垂直方向做自然加速运动; 由这两个分运动将得出抛射体 (projectile) 的轨迹, 它恰好是抛物线 (parabola). 问题是要确定这个抛射体在每一点处的速度 [*impeto*]. 考虑到这个目的, 我们的作者提出以下的方式, 或者说是方法更好, 来量度这种重物从静止开始, 以自然加速度做下降运动的轨迹上的每一点处的速度 [*impeto*].

定理 III, 命题 III

设运动在 a 点从静止开始按直线 ab 进行, 并在此线上任取一点 c. 设以 ac 代表物体下落经过一段距离 ac 所需要的时间, 或者代表这一段时间的度量, 同时还令 ac 代表在下落通过 ac 这一段距离后在 c 点所获得的速度 [*impetus seu momentum*]. 在直线 ab 中任选其他一点 b. 现在的问题是, 确定一物体在下落的过程中通过距离 ab 后在 b 点所获得的速度, 并将此速度用在 c 点的速度表示出来, 它由长度 ac 来度量. 取 as 为 ac 与 ab 之间的比例中项. 我们要来证明, 在 b 点的速度与在 c 点的速度之比等于长度 as 与长度 ac 之比. 作长度为 ac 二倍的水平线 cd, 作长度为 ba 二倍的水平线 be. 那么由前面的定理可以推知, 物体下落通过距离 ac, 然后转向沿水平线 cd, 以到达 c 时所获得的速度做匀速运动, 在持续一段等于从 a 到 c 的加速运动所花的时间后, 会走过一段距离 cd. 同样地, be 是指在与经历 ba 所花的相同时间内走过的距离. 但是下落经过 ab 所花的时间为 as; 因此水平距离 be 也是在时间 as 内所经过的距离. 取一点 l 使得时间 as 与时间 ac 之比和 be 与 bl 之比一样; 由于沿 be 的运动为匀速, 如果距离 bl 是以在 b 处所获得的速度通过的, 则所花的时间会是 ac; 但是在这同一段时间 ac 内, 距离 cd 是以在 c 处所获得的速度通过的. 可是这两个速度相互之间的比例就和它们在相同时间间隔内所通过的距离之比一样. 因此在 c 点的速度与在 b 点的速度之比就和 cd 与 bl 之比一样. 但是由于 dc 与 be 之比与它们的一半之比是一样的, 即与 ca 比 ba 一样, 同时由于 be 比 bl 和 ba 比 sa 一样, 由此得知 dc 比 bl 和 ca 比 sa 一样. 换言之, 在 c 点的速度与在 b 点的速度之比和 ca 比 sa 一样, 就是说, 和下落通过 ab 的时间一样.

度量一个物体沿其下落的方向的速度由此就很清楚了; 假设了速度与时间成正比地增加. ……

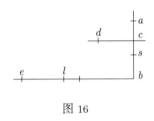

图 16

问题 I, 命题 IV

萨: 关于运动和它们的速度或动量 [*movimenti e lor velocità o impeti*], 不论是匀速的还是自然加速的, 只有在我们确立了这种速度以及时间的度量之后, 我们才能够来确切地谈论它们. 至于时间我们已经广泛地采用了小时、第一分钟、第二分钟来表示. 所以对于速度, 正如对于时间间隔, 我们需要有一个为人人理解和接受的共同标准, 而且应该对大家是一样的. 正如我们已经讲过的, 我们的作者认为自由下落物体的速度适合这个目的, 因为这个速度在全世界各地都按同一个规律增加. 例如, 重一磅的铅球从静止开始垂直下落, 在经过, 比如说, 一支矛的长度所获得的速度, 在各个地方都是一样的; 因此它特别适宜于用来表示在自然地下落的情形中所获得的动量 [*impeto*].

现在我们还要做的就是找到一个方法来度量做匀速运动情形时的动量, 使得所有讨论这个题目的人们, 对其大小和速度 [*grandezza e velocità*] 形成相同的观念. 这样就可以避免让一个人把它设想得比它实际要大, 又让另一个人把它设想得比实际要小; 从而在将一个给定的匀速运动与一个加速运动合成时, 不同的人不至于会得出不同的合成结果. 为了确定并表示这样的动量和特定的速度 [*impeto e velocità particolare*] 我们的作者发现最好不过的办法就是, 应用一个做自然加速运动所获得的动量. 以这种方式获得动量的物体不论其速度大小如何, 当转变成匀速运动时, 都会准确地保持这个速度, 而且在物体下降的时间间隔内所走过的距离等于下降距离的二倍. 但是由于这一点是在我们的讨论中的一个基本点, 我们最好再用一个特殊的例子把它彻底说清楚.

设我们将一个物体下落经过一定的高度, 比如说, 一矛 [*picca*] 高, 所获得的速度和动量在必要时用作度量其他速度和动量的标准; 假设, 比如, 这样一个下落的时间为四秒 [*minuti secondi d'ora*]; 为了度量从任何其他高度落下所获得的速度, 不论这个高度是更大还是更小, 我们切勿认为这些速度相互之间的比例关系就和下落的高度之间的比例关系一样; 举例来说, 通过一给定高度的四倍下落所赋予物体的速度, 会是通过这一给定高度下落物体所获得的速度的四倍的说法, 是不对的, 因为自然加速运动的速度[8]并不随时间成正比地变化. 正如上面已经证明过了的, 距离之比等于时间之比的平方.

那么, 如果像平常做的那样, 为了简短起见, 我们取同一根长度有限的直线既作为速度的度量, 又作为时间的度量, 还作为在该段时间内经过的距离的度量, 由此得知这同一物体在通过另一个任意距离时所获得的速度和下落所持续的时间, 不是由这第二段距离来表示, 而是要由这两个距离间的比例中值来表示. 这一点可以用一个例子来更好地说明. 在垂直直线 *ac* 上画出一部分 *ab* 代表一个物体以加速度自由下落所经过的距离: 下落的时间可以用任意一段有限的直线来代表, 但是为了简单起见, 就用这同一段长度的直线 *ab* 来代表; 这一长度也可用来度量在运动中所获得的动量和速度; 简言之, 用 *ab* 来度量进入这一讨论中的各个物理量.

---

[8]这里原文为 speed, 疑为 space (在本文中表示距离) 之误, 因为在本文中, 自然加速运动即指匀加速运动, 在匀加速运动中速度变化是与时间成正比的. —— 译注

图 17

在用 *ab* 来度量这三个不同量, 即距离、时间和动量上, 达成一致之后, 我们下一步的工作就是, 求出下落一给定垂直距离 *ac* 所需要的时间, 还有在终点 *c* 所获得的动量, 二者都要用由 *ab* 所代表的时间和动量来表示. 这两个量可以由画出 *ab* 和 *ac* 的比例中值 *ad* 来得到; 换言之, 从 *a* 落到 *c* 所花的时间可以用 *ad* 来代表, 但是其上的标度是这样规定的, 使得从 *a* 降到 *b* 所花的时间应该用 *ab* 来代表. 同样的理由, 我们可以说, 在 *c* 点所获得的动量 [*impeto o grado di velocità*] 与在 *b* 点所获得的动量之间的关系, 和线段 *ad* 与线段 *ab* 的关系一样, 由于速度与时间成正比, 那个在命题Ⅲ中被采用作为公理的结论, 在这里被我们的作者扩大了.

这一点弄清楚了并很好地确立之后, 我们来讨论两个合成运动情形中的动量 [*impeto*], 其中一个合成运动是由一个水平匀速运动和一个垂直匀速运动合成的, 而另一个则是由一个水平匀速运动和一个垂直方向上的自然加速运动合成的. 如果两个分运动都是匀速的, 而且二者相互成直角, 那么我们已经看见, 合成运动 [动量] 的平方由分运动 [动量] 的平方相加而成, 这可由下述作图明显看出来.

设想有一个物体以均匀的等于 3 的动量 [*impeto*] 沿垂直方向 *ab* 运动, 在向 *b* 运动的过程中同时水平地以等于 4 的动量 [*velocità ed impeto*] 向 *c* 运动, 所以在这同一段时间内它会沿垂直方向通过 3 肘尺, 沿水平方向通过 4 肘尺. 但是一个以合成速度 [*velocità*] 运动的粒子会在相同的时间内, 沿对角线运动, 其长度不是 7 肘尺 —— *ab* (3) 与 *bc* (4) 之和 —— 而是 5 肘尺, 它是在平方上等于 3 和 4 之和, 就是说, 3 和 4 的平方加起来等于 25, 这就是 *ac* 的平方, 等于 *ab* 的平方与 *bc* 的平方之和. 因此 *ac* 就由一面积为 25 的矩形的对角线 —— 或者说 25 的平方根 —— 即 5, 来表示.

作为获得由两个匀速运动动量 —— 一个垂直, 另一个水平 —— 所合成

图 18

的动量的确定的规则, 我们有下述结论: 取每一个的平方, 然后相加, 再取其和的平方根, 这就是这两个运动的合成运动的动量. 这样一来, 这上面的例子中, 这个物体由于垂直方向的运动会以大小为 3 的动量 [forza] 打到水平面上, 而又由于水平方向的运动会以大小为 4 的动量打在 c 点上; 但是如果物体以这两个运动的合成运动的动量进行打击, 那么其打击量就会是一个动量 [velocità e forza] 为 5 的数量; 而这样一个打击量在对角线 ac 的各点上都是一样的, 这是因为它的分量始终是一样的, 决不会增加或减少.

现在我们来讨论一个水平运动与一个从静止开始做自由下落的垂直运动的合成. 我们立即就可以看到, 代表这两个运动合成的对角线不是一条直线, 而是, 正如已经证明了的, 一条半抛物线, 在它的运动中动量 [impeto], 由于垂直分量的速度 [velocità] 始终在增大, 也就在不断地增大. 这样一来, 为了确定在对角抛物线上任意一给定点处的动量 [impeto], 首先必须确定水平匀速运动的动量 [impeto], 然后再把物体当作自由下落的物体来处理, 求出它在给定点处垂直动量; 后者只要考虑下落所持续的时间就可以确定, 这一点在合成两个匀速运动时是不会出现的, 在那里速度和动量始终是一样的; 但是在这里, 其中一个分运动速度开始为零, 然后再与时间成正比地增大, 由此可知, 由时间就必定可以确定在指定点处的速度 [velocità]. 现在剩下来的就是要来求得由这两个分运动合成的动量 (就像在两个匀速运动时的情况一样), 办法就是令合成运动的动量的平方等于两个分运动动量的平方之和. ……

伯努利家族

在巴赫 (Bach) 家族的八代里面至少产生了有两打之多的出色的音乐家并且好几打有足够的声誉寻求自己的进入音乐词典之路. 他们是如此之多而又这么出色, 按照《大英百科全书》, 以致在埃尔福 (Erfurt) 当已不再有这个家族的任何成员在这个城市时, 还有许多音乐家以 "巴赫家族" 自居. 伯努利家族之于科学, 就正如巴赫家族之于音乐. 在一个世纪的过程中这个家族的成员中有八个人进行数学研究, 有几个在这个科学的各个不同的分支以及相关学科领域内取得了最高层级的荣誉. 从这一家族中走出了 "一群后代, 其中大约有一半人的天赋都在平均之上, 而且几乎他们的全部, 包括直到今天的后代都是上层人士".[1]

伯努利家族是一个新教徒的家族, 在 16 世纪的后四分之一世纪由于受到宗教迫害从安特维普 (Antwerp) 迁出. 1583 年他们到法兰克福 (Frankfurt) 寻求避难; 几年之后他们迁往瑞士的巴塞尔 (Basel). 尼古拉·伯努利 (Nicolaus Bernoulli) (1623—1708) 是一个富商, 还是市议员. 这本身还算不得是什么大成就; 他被人们记住倒不如说是由于他的三个儿子雅各 (Jacob)、尼古

---

[1] E. T. Bell, *Men of Mathematics*, N. Y., 1937, p. 131. "在这个数学伯努利家族后代家谱中, 有不少于 120 个后人被跟踪研究, 在这个相当庞大的后代中大部分都很优异 —— 有的达到了出色的程度 —— 有的是在法律界, 有的是在学术界、科学界、文学界、需要高深学问的业界、行政事务和艺术界. 每一个都是成功人士."

拉 (Nicolaus) 和约翰 (John), 以及他们的后代.[2] 奇怪的是, 对于嫁给伯努利家族的女人没有任何记载; 她们起码为此贡献了卓越的卵子.

雅各 (I), 在巴塞尔做了 18 年的教授, 在他的父亲的坚持下是以一个神学家出道, 但是很快就屈服在他对科学的热情之下. 他成了微积分学的大师, 发展了它, 并成功地将它应用到相当多的问题上去. 在他的比较有名气的研究中有, 对那种被称为悬链线的曲线的性质的研究 (悬链线是由沉重的链条在其两个端点自由地悬挂起而成), 还有等周图形 (那些具有相同的周长、包含的面积最大的图形) 和各式各样的螺旋线的研究. 他在其他方面的工作还包括, 一本论概率的巨著, 即《猜测的技艺》(*Ars Conjectandi*), 一本《给盲人教数学的方法》(*A Method of Teaching Mathematics to the Blind*), 该书是以他在日内瓦给一个盲女孩讲科学初步的经验为基础编写的, 还有许多以拉丁文、德文和法文写成的文章, 在当时都被看成是"一流的", 但是现在都被遗忘了. 根据弗兰西斯·加顿 (Francis Galton) 的说法, 雅各受到"坏脾气和抑郁气质"的折磨;[3] 他的弟弟约翰也没有什么办法. 约翰也是一个非常出色的数学家. 他比雅各更加多产, 做出了许多独立的而又重要的数学发现, 扩大了在化学、物理学和天文学中的科学知识. 加顿说, 伯努里家族"是一个最爱吵架和难以接近的" 家族; 约翰就是一个突出的例子. 他是一个暴躁、爱骂人和有嫉妒心的人, 而且, 在必要时, 还会是一个不诚实的人. 他要求在雅各已经提出过一个解的等周问题上获奖. 雅各提出的解是错的; 他等到雅各去世后才发表另一个解, 这个解他知道也是错的——他在 17 年后承认了这一事实. 他的儿子丹尼尔, 也是一个出色的数学家, 有着一股蛮勇要想获得他父

---

[2] 关于伯努利的家谱会有一个混淆, 这可以理解, 还有一个不太好理解的, 就是关于他们的名字, 例如, Jacob, 有时会写成 Jakob, Jacques 和 James; 把 Johannes 写成 Johann, John 和 Jean. 我将采用下表所表示的常见形式:

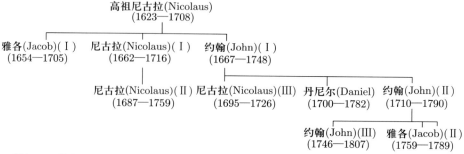

[3] Francis Galton, *Hereditary Genius*; London, reprint of 1950, p. 195.

亲曾经追求过的法国科学院奖. 约翰给了他一个特殊的奖, 这就是把他轰出了家门.[4] 正如心理分析学家所认为的, 这种可以接受的脾气还是可以"活过去", 从而并没有缩短约翰的生命. 他在 80 岁过世, 至死还保持着他的能力和粗野.

我们在这里主要关心的是丹尼尔·伯努利. 他是约翰的第二个儿子, 1700 年生于格罗林根 (Groningen), 他父亲那时正在那里做数学教授. 他的父亲尽了一切努力想把他从数学研究中拽出来. 他的办法是, 在丹尼尔还是一个孩子的时候, 粗暴地对待他, 摧毁他的自信心, 以及后来力图迫使他进入商业. 当他还是 11 岁的时候, 丹尼尔从他的哥哥那里得到了几何方面的教育.[5] 他研究过医学, 成了一个医生, 最后在他 25 岁的时候接受了在圣彼得堡科学院的数学教授的任命. 1733 年他回到巴塞尔做了解剖学和植物学教授, 后来成了 "实验和思考哲学" 教授, 即物理学教授. 差不多快到 80 岁他还一直留在这个位置上, 发表了大量论物理的论文, 并且在概率论、微积分、微分方程以及相关领域内做出了一流的工作. 他曾经获得或与他人平均分享了由法国科学院所设立的奖金有十次之多, 包括曾经如此激怒了他的父亲的那一项奖. 在晚年他特别喜欢回忆起在他年轻的时候, 有一次一位陌生人这样来回应他的自我介绍, "我是丹尼尔·伯努利," 这位陌生人以 "一种怀疑和嘲笑的口气"说道, "而我是牛顿."

伯努利最负盛名的著作就是他的《流体力学》(*Hydrodynamica*), 他在其中为流体力学中的像"平衡、压强、反作用和各种速度" 这样一些概念奠定了理论和实用的基础.《流体力学》一书还因其首次提出了气体的动力理论而备受关注, 这是现代物理的一个基石. 伯努利在这里证明了, 如果把气体设想成由 "非常小的粒子", "个数实际上为无限多, "以极快的速度被驱使得到处运动", 它们之间的相互碰撞以及对包含它们的容器的壁的打击就可以解释压强的现象. 此外, 如果容器的体积由于一端可以像活塞那样移动而缓慢减小, 气体将被压缩, 单位时间内粒子的碰撞数将增加, 压强也就会增加.

---

[4] E. T. Bell, 前引著作, p. 134.

[5] 尼古拉·伯努利 (1695—1726) 作为非同一般的伯努利家族的一员一点也不例外. 在 8 岁的时候他就能讲德语、荷兰语、法语和拉丁语; 在 16 岁的时候取得了巴塞尔大学的哲学博士学位; 他和丹尼尔同时被任命为圣彼得堡科学院的数学教授. 他因早年死亡 (死于一种 "迁延热" 病) 妨碍了他施展他的才华. 作为长子的他在父亲那里得到了比对丹尼尔更好的对待; 不管怎么说, 他被允许, 甚至被鼓励, 去研究数学. 在他 21 岁时, 他的父亲宣称他 "值得从他的手中接过科学的火炬".

加热气体也会引起相同的效果; 热, 在伯努利看来, 不是别的, 只不过是 "不断增长着的粒子的内部运动." 这一 "实际上超前了 110 年的对物理状态的惊人预见" (主要是由焦耳, 他计算了大量分子的碰撞的统计平均值, 从而由碰撞定律导出了波义耳定律——压强 × 容积 = 常数) 得到了伯努利的异乎寻常的实验和理论工作的支持.[6] 他提出了碰撞与压强之间的关系的一个代数表述; 他甚至计算了压强由于体积的减小而增加的数量, 并发现它相当于波义耳已经用实验证实了的假设, 即 "压强与膨胀成反比."[7]

下面的选段包含了这些论题; 它选自《流体力学》(1738 年) 的第十节.

[6] Lloyd W. Taylor, *Physics——The Pioneer Science*, Boston, 1941, p. 109.

[7] "伯努利实际上在思想上做出了两个巨大的跳跃, 他那个时代的气氛还没有为此做好准备有三代之久; 第一个是热与能量的等价性, 第二个是这样的思想, 一个像波义耳的简单定律这样的确定的关系可以由粒子的随机运动的混沌图像导出." Gerald Holton, *Introduction to Concepts and Theories in Physical Science*, Cambridge (Mass.), 1952, p. 376.

丹尼尔·伯努利曾被誉为数学物理之父.

—— 贝尔 (Eric Temple Bell)

物质, 特别是当它们处于气体形式的时候, 它们有如此之多的性质可以从以下的假设推导出来, 这就是假设它们的细小的组成部分处于迅速的运动之中, 其速度随温度的升高而增长, 从而这种运动确切的本质就成了合理的好奇心所关注的一个课题. 丹尼尔·伯努利、赫勒帕思 (Herapath)、焦耳、克勒尼希 (Krönig)、克劳修斯 (Clausius) 等人已经证明了, 理想气体的温度、压强和密度之间的关系可以通过假设粒子以匀速做直线运动, 撞击包装容器的四壁从而产生压强这样地来解释.

—— 麦克斯韦 (James Clerk Maxwell) (《气体动力理论的例证》)

2　气体动力理论

丹尼尔·伯努利

1. 在对弹性流体的研究中我们可以赋予它们这样一种组成, 使得它不仅能与流体已知的种种质性相协调, 还能使我们能去研究它们的一些其他的、至今尚未得到充分研究的性质. 弹性流体的特殊性质如下: 1. 它们都是有重量的; 2. 它们将向各个方向膨胀开来, 直到受到限制为止; 还有 3. 当压缩的力增加时, 它们将会不断地被压缩得越来越厉害. 空气就是这样一种物体, 本研究工作就是特别针对它的.

2. 研究一垂直放置的柱状容器 *ABCD* (如下图), 容器内有一可移动的活塞 *EF*, 在它的上面放了一个重物 *P*: 令空腔 *ECDF* 内装有很多细小的粒子, 它们被驱使得以非常高的速度到处乱跑; 所以当这些粒子以不断地重复对活塞的碰撞来支撑它时, 就形成了一种弹性流体, 如果挪走 *P* 或者减轻其重量, 它就会自行膨胀, 而在 *P* 的重量增加时它们就会收缩, 并且还被吸向水平底面 *CD*, 就好像没给它们赋予弹性能力一样: 由于不论粒子是处于静止还是受到激发, 它们都不会失去其重量, 所以底面不仅要支撑流体的重量, 还要支撑流体的弹力. 于是我们就用这样一种流体来替代空气. 这种流体具有我们已经对弹性流体所设定的性质, 并且还将用它们来解释在空气体中其他一些已经为人们所知的性质, 同时我们还要指出其他一些至今尚未得到充分研究的性质.

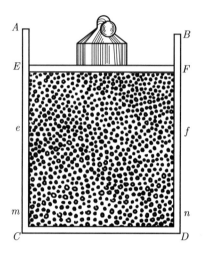

3. 我们认为包含在柱形空腔中的粒子的数目实际上是无限的, 假设它们在所占据的空间 ECDF 中构成普通的空气, 我们的一切测量就是以它们为标准的: 所以压住活塞, 维持它位于 EF 处的重量 P 无异于其上层空间的大气的压力, 在下面我们就将这个压力记为 P.

应该指出的是, 这个压力并不如至今多数作者在未经深思熟虑之下就认为的那样, 准确地等于位于活塞 EF 上方那部分直立圆柱形容器内空气的重量: 更确切地还不如说它是第四项比例于地球的面积、活塞面积的大小以及全部地球表面上的大气的重量.[1]

4. 现在我们要来研究那足以将 ECDF 中的空气压缩到 eCDf 中去的重量, 依据的假设是, 粒子的速度在自然状态和在压缩状态这两种情况下是一样的[2]. 令 $EC = 1, eC = s$. 在活塞 EF 被推到 ef 位置时, 流体对活塞的作用力会增大, 理由有二: 首先, 因为粒子数与包容它们的空间体积之比增大了, 其次, 因为粒子的重复碰撞更加频繁了. 为了能够适当地计算由于第一种原因所引起的流体对活塞作用力的增加, 我们不妨把粒子看成是处于静止. 设

---

[1] x is "the fourth proportional to A, to B, and to C" (x 为第四项比例于 A, B, C), 就是指, x 为下述比例式的第四项: "$A : B = C : x$". 具体到我们这里, 即有: "地球面积: 活塞面积 = 全部大气重量: x". 由此得 x = 全部大气重量·活塞面积/地球面积. —— 译注

[2] 这里作者隐含假设了这两种情况下的温度是一样的. —— 译注

它们之中与活塞 EF 接近的粒子数 $= n$; 那么当活塞处于 ef 位置时, 同样接近活塞的粒子数将 $= n : \left(\dfrac{eC}{EC}\right)^{\frac{2}{3}}$ 或 $= n : s^{\frac{2}{3}}$.

必须指出的是, 在容器下部的流体并不比上部的流体压缩得更多, 这是因为重量 P 远比流体本身的重量大得多. 因此, 由于这个原因就很清楚, 流体对活塞的压力就是数 n 与数 $n : s^{\frac{2}{3}}$ 之比, 也即 $s^{\frac{2}{3}}$ 与 1 之比. 现在来谈由于第二种原因所引起的作用力的增加, 这可以通过研究粒子的运动来求得, 而且看来, 由于粒子越来越相互靠近, 它们的碰撞会变得越来越频繁: 这样一来碰撞的数目会反比于粒子表面之间的平均距离, 而这些平均距离可以这样来确定.

我们假定这些粒子都是一些小球. 用 D 表示当活塞位于 EF 位置时这些小球中心之间的平均距离, 再用 d 来表示这些球的直径. 那么这些小球的表面之间的平均距离就会是 $D - d$. 但是当活塞位于 ef 时球心之间的距离显然应 $= D\sqrt[3]{s}$, 因而球的表面之间的距离 $= D\sqrt[3]{s} - d$. 于是, 对第二种情况来说, 在 $ECDF$ 中的自然空气的压力与在 $eCDf$ 中的被压缩的空气的压力之比就像 $\dfrac{1}{D-d}$ 比 $\dfrac{1}{D\sqrt[3]{s}-d}$ 一样, 或者说, 和 $D\sqrt[3]{s} - d$ 比 $D-d$ 一样. 当把这两种原因合起来考虑时, 预计二者压力之比将会和 $s^{\frac{2}{3}} \times (D\sqrt[3]{s} - d)$ 比 $D - d$ 一样.

至于 D 与 d 之比我们可以用一个较易于理解的式子来代替: 因为如果我们设想活塞受到一个极其大的压力的压缩, 以至于被压到位置 mn, 这时所有的粒子都互相接触, 如果用 m 来表示 mC, 那么我们就会有 D 比 d 等于 1 比 $\sqrt[3]{m}$. 如果我们将此结果代入上述比例式, 我们就将发现在 $ECDF$ 中的自然空气的压力与在 $eCDf$ 中的压缩空气的压力之比等于 $s^{\frac{2}{3}} \times (\sqrt[3]{s} - \sqrt[3]{m})$ 比 $1 - \sqrt[3]{m}$, 或者说, 等于 $s - \sqrt[3]{mss}$ 比 $1 - \sqrt[3]{m}$. 于是就得到 $\pi = \dfrac{1 - \sqrt[3]{m}}{s - \sqrt[3]{mss}} \times P$.

5. 我们从所有已知的事实可以得出这样的结论, 即, 自然空气可以压缩得非常非常小, 可以压到实际上的无限小的空间; 所以可以令 $m = 0$, 从而有 $\pi = P/s$; 因此, 在空气受到各种不同的重量压缩时, 加压的重量就差不多与压缩空气所占据的空间成反比. 这条定律已被许多实验所证实. 它肯定可以应用于比自然空气更加稀薄的气体; 至于它是否能够应用于比自然空气稠密得多的空气, 我还没有做过充分的研究; 在这种情况下能够达到必需的精确程度的实验至今尚未被提出来过. 特别需要有一个能得出 m 的数值的实验, 但是这个实验必须以很高的精度来进行, 而且所用的空气在很高的压力之下, 在对空气进行压缩时其温度必须细心地保持不变.

6. 空气的弹性不仅会在被压缩后增大, 而且在受热后也会增大. 既然我们承认加热就是增加粒子的内部运动, 由此就可得知, 如果空气的弹性在其体积没有改变时增大了, 那就表示空气粒子中的内部运动更为强烈了; 这与我们的假设是十分吻合的; 因为很清楚的是, 当空气粒子被激发而有更大的速度时, 则要将空气维持在 $ECDF$ 的体积中, 就需要相应更大一些的重量 P. 不难看出, 重量 P 双重正比于这个速度[3], 因为当速度增加时, 不仅碰撞的次数, 而且每一次碰撞的强度都同等地增加了, 而重量 P 与这二者都成正比.

这样一来, 如果将粒子的速度记为 v, 足以支撑活塞处于 EF 位置的重量记为 vvP, 则将活塞维持在 ef 位置时的重量 $= \dfrac{1 - \sqrt[3]{m}}{s - \sqrt[3]{mss}} \times vvP$, 或者说近似地 $= \dfrac{vvP}{s}$, 因为正如我们所知道的, 数 m 与 1 或与数 s 相比非常小.

7. 我在上节所提出的这个定理, 其中表明, 在固定温度下任意密度的气体, 其弹性与密度成正比, 此外还有, 由于温度的相同的变化所导致的弹性的增加也与密度成正比, 我要说, 它是阿孟通斯 (D. Amontons) 在实验中发现的, 并于 1702 年提交给了《巴黎皇家科学院纪要》.

·

---

[3] 原文为: "in the duplicate ratio of this velocity", 意即与速度的平方成正比. —— 译注

一项大奖、一个受长期折磨的发明家和第一台准确的时钟

纬度 —— 在地球表面赤道上的一点向北或向南的距离 —— 的推算, 古时候的人就已经知道得很清楚了. 由于每日的整个夜晚北极星几乎都是在天空上的同一位置, 而且还由于早期的水手们观察到了, 当他们向南航行时它会向水平线下沉, 他们还利用星盘, 直角仪, 或者其他测量角度的设备, 测量了它与地平线的夹角 (它的高度), 从而这样来确定他们相对于赤道的位置. 几百年来这些古老的方法得到了修正和改进, 但是它们的基本特征被航海和航空人员一直保留至今.[1]

经度是指从任意一条经线向东或向西的距离, 计算的难度更大, 直至 18 世纪都未能精确的计算. 这是一个重要的问题, 许多有关地图的科学制图、海湾导航和系统的探索和发现都与此有关, 为了解决这个问题, 需要联合天文学家、物理学家、数学家以及时钟制造者的共同努力. 十分奇怪的是, 在哥伦布都已完成了他的 "发现新大陆之旅" 的几乎一个半世纪之久以后才有人把确定经度与可靠又可携带的计时器的构造联系起来. 时钟与经度的关系无疑对许多读者来说都是很明显的, 但是为了保险起见我还是要来解释一下这里所涉及的东西. 经度实际上是通过将空间转化为时间来测定的. 取通过某一地点的一条经线 (通过南北两极点的一个大圆的一半) 作为基线, 以它为起点来测量东 – 西向的距离, 现代约定将此点固定在格林尼治天文

---

[1] "四分仪、六分仪和八分仪, 经过几个世纪的发展, 已经不再只是古时候星盘的一部分了, 已经更精确了, 适宜于满足测量员和航海者的特殊需求. 现代的航海历书 (Nautical Almanac), 以其复杂而又多种多样的图表, 使得我们有可能找到在白天或夜晚的一小时内的纬度, 也不过就是所有经过天文仪器, 包括望远镜等的完善和一体化的古代占星术而已." Lloyd A. Brown, *The Story of Maps*, Boston, 1949, p. 180.

台. 将这条线记为零度经线, 或起始经线, 并设想其余的经线在地球上每隔 15° 画一条. 因为地球每隔二十四小时转过一整圈 360°, 每一条经线可以看成是与其东侧和西侧紧邻的经线相差一小时. 于是要想找出你的经度就 "只不过是与格林尼治的中午进行比较. 你离开格林尼治的距离正好就是你的中午时间离开格林尼治的中午时间有多久."[2] 今天格林尼治的午时已经由无线电信号来确定, 但是一台调整得和格林尼治时间一致的时钟也能起相同的作用. 在开始远航的时候, 你取一套计时器, 调到与格林尼治时间一致, 在你向西航行了几天之后你观察到, 让我们这样假设, 当太阳在你的头顶的正上方时 (中午 12 点), 你的格林尼治计时器指的时间是下午 3 点. 这意味着, 太阳从在格林尼治的正上方 "运动到" 你现在所在地点的正上方需要花三个小时. 这样你现在所在的地点是西经 15° 的三倍. 再举另外一个例子, 如你现在正好是在中午, 而这时格林尼治正好是在午夜, 那你就在地球上走了半圈, 走过经度 180°.

　　因此, 很容易看出, 为了计算经度需要精密的时钟. 寻求一种记录在海面上的时间的可靠方法, 产生了一系列既富于幻想又合乎情理的倡议. 例如, 柯内姆·狄格拜 (Kenelm Digby) 发明了一种 "感应粉末 (powder of sympathy)", 依靠一种方法, 这我不打算在这里重复, 可以促使在船甲板上的狗 "准点吠叫". 这还不是对问题的最后解答. 约翰·哈里森 (John Harrison), 约克郡的一位木匠, 他做得更好, 他所做的著名的第 4 号计时器, 在四十年的海上试验中每月只走慢了一秒. 国会曾经为可靠的计时器提供了一个 20000 英镑的奖项, 哈里森 —— 一位现代人这样称呼他: "这个足智多谋的而又朴实的人" —— 毫无悬念地获得了这笔奖赏. 他由此成了科学家们和政治家们一系列共同无情攻击的牺牲品. 他是得到了他的奖赏, 但是是在经历了一场国会危机, 并且是在国王的直接干预下才获得的. "经度" 这个故事, 这个载入科学、政治、数学、人类决心和出色技艺的史册的故事, 是劳埃德·布朗 (Lloyd A. Brown), 一位地图绘制的领军人物, 在他的《地图的故事》一书中告诉我们的. 下面的材料选自他的这本书.

---

[2] David Greenhood, *Down to Earth: Mapping for Everybody*, New York, 1951, p. 15.

航海的艺术要靠解决这个问题来完善. 求出在任一时刻海上某一处的经度. 公开许诺为此发现颁发奖励. 谁要是能够做到就让他来领奖.

—— 伯恩哈德·瓦伦纽斯 (Bernhard Varenius) (*Geographia Generalis*, 1650)

3 经度

劳埃德·A. 布朗

科学的制图术诞生在路易十四 (1638—1715) 统治的法国, 是天文学和数学的产儿. 其原理和方法已经应用和谈论了两千多年而未曾改变; 希帕凯斯 (Hipparchus) 和托勒密 (Ptolemy) 的理想是, 科学地根据其纬度和经度来确定地球上每一处的位置, 这仍然是当下的理想. 但是在两件设备 —— 望远镜和计时器 —— 的形式中, 在这个图像中引进了某些新的东西. 结果是在地图制作中的一场革命, 并开始迈向精确的地球图像. 借助于这两件机械的发明才第一次有了可能来解决这个如何既能在陆地上, 又能在大海上, 确定经度的问题. 经度, 就是地球上的一个地方从东面或是从西面离开一给定地方的距离. 早就得到了历史上有文化的航海者和地图制绘者的充分重视, 但是对于如何得到经度的问题, 各人反应则各不相同, 有的漠不关心, 有的则完全灰心丧气. 皮伽菲塔 (Pigafetta), 他曾和麦哲伦 (Magellan) 一起航行, 说过, 伟大的探索者花了许多时间来研究经度, "但是," 他这样写道, "舵手们满足于他们对纬度的知识, 而且他们 [为此自以为是] 感到骄傲, 对谈论经度的事听都不要听." 许多研究时间的人感觉也是如此, 与其给他们平添数学上的负担和观测的麻烦, 他们宁愿满足于撒手不管. 但是, 一个早期的作者这样写道, "总会有爱好探索的人会得到一种获取经度的方法, 但是对水手们来说太麻烦了, 因为它要求有深入的天文学知识, 因此我就不知道有谁认为可以在海面上用某种仪器来测出经度; 所以别再让水手们为这种事麻烦他们自己了, 但是让他们 (按照他们自己习惯的方式) 保持他们的想法和他们对船只的航迹的推算." 他的意思是, 让他们保持用来回移动的板 (traverse board) 做呆板的计算, 定下船只每日航行的速度及其航线.[1]

就像长生不老药和金豆荚一样, 经度好像是捉摸不定的鬼火, 大多数人拒绝去追寻, 还有些人谈起来就感到敬畏. 理查德·伊登 (Richard Eden) 这样写道, "确有有识之士深知, 经度之知识殊可获得, 此诚为吾人之深所欲知者, 然迄今仍未得悉, 纵塞巴斯蒂安·卡博 (Sebastian Cabot) 于其病榻之上临终之前语吾曰, 彼由天启对此有所获知, 然彼不欲告知任何他人." 伊登接着以轻蔑的口吻补充说道, "吾思彼一善良长者, 于此耄耋之年, 几近昏聩, 于临终之际仍未完全摆脱虚荣."[2]

不管是悲观主义还是漠不关心, 需要有一个方法来求出经度很快就变得迫切起来. 真正的麻烦开始于 1493 年, 比哥伦布第一次详细航行回到西班牙早两个月. 在那年的 5 月 4 日教皇亚历山大六世 (Alexander VI) 发出国界划分教皇诏书, 以解决西班牙和葡萄牙这两个欧洲最重要的靠海对手的纠纷. 以完美的沉着, 神圣教皇陛下在西部海洋的地图上从离开亚速尔群岛 100 里格[3])的地方画一条南极到北极的经线. 把在这条线以西已经发现或将被发现、尚未属于任何其他克里斯蒂安王子的土地划归西班牙, 而把这条线以东所有已经发现的部分划归葡萄牙; 这是外交手段的巧妙一笔, 只不过没人知道这根线落在哪儿. 自然这两个国家做了最坏的准备, 而且在以后的协商中, 每一个国家都谴责另一个把这条线向错误的方向挪动了一点点. 对实际目的来说, "亚速尔群岛以西 100 里格" 这样的话毫无意义, 因为在新世界中的国界划分线以及其他经线都是以旧世界里的经线做参考画下的.

与此同时武装运输船只满载着印度的财富, 就它们的经度来说, 等于是在完全的黑暗中在海上奋力前行. 每一次装载的货物就其价值, 所有的冒险都值了, 但是, 太多的船都消失了. 沿途有数不清的耽搁, 因为领航员根本就不知道是否已经越过了某个岛屿, 也不知道是否有可能在深夜抵达, 以致遇到未能做好登陆准备的危险. 可怕的不确定性随时都在. 1598 年西班牙的

---

[1])W. R. Martin, 在 *Encyclopaedia Britannica* (大英百科全书), 第 11 版中的条目 "Navigation".

[2])见 Richard Eden's "Epistle Dedicatory", 在他对 John Taisnier 的 *A very necessarie and profitable book concerning nauigation...*, London, 1579(?) 的译文中. (引自 *Bibliotheca Americana. A catalogue of books ... in the library of the late John Carter Brown.* Providence, 1875, Part I, No. 310.)

[3])league—— 旧时长度单位, 约为 3 海里. —— 译注

菲利普三世 (Philip III) 对 "找出经度" 颁布了一项 6000 达克特 (ducat)[4]的永久奖项, 还有一项永久的 2000 达克特的生活年金, 再外加 1000 达克特的赏金. 此外, 对提供有助于求得经度的有价值的想法以及对有可能带来有价值结果的、只是部分完成的发明, 没有别的要求, 都预先给予较小的奖励. 这是呼唤各式各样怪念头的一声号角, 大陆上疯子般的知识浅薄的发明家, 开始研究 "这个固定点 (the fixed point)", 或者按当时的说法, 这个 "东和西的导航". 在一个短时期内西班牙政府就被这些疯狂而又不切实际的方案给淹没了, 菲利普也给整个事情弄得烦恼不堪, 以致当一个叫作伽利略的意大利人在 1616 年向宫廷写信谈到另一个想法时, 国王没有注意. 在经过了长达 16 年中零零星星写信之后, 伽利略终于勉强地放弃了向西班牙宫廷兜售他的这个方案的想法.[5]

葡萄牙和威尼斯宣布了奖励, 也引来了一批各色能人, 结果也和在西班牙一样. 荷兰为能可靠地求得海上经度的发明者提供一笔 30000 斯库多 (scudi) 金币的奖金, 地图发行者维兰·布罗 (Willem Blaeu) 被议会选为专家之一来审查所有这些发明. 在 1636 年 8 月伽利略再次前来, 向荷兰提出他的计划, 这次他是通过他在巴黎的朋友狄奥达迪 (Diodati), 因为他不怕他的通信被宗教裁判所审查. 他告诉荷兰当局, 他在几年前依靠望远镜观察了一颗可以作为天体计时器的独特的星体 —— 木星. 是他, 伽利略, 第一个看到它有四颗卫星, 即 "Cosmian Stars"(他把它们叫作 *Sidera Medicea*), 并且研究了它们的运动. 它们不断地转动, 先是在这颗行星的一侧, 然后在另一侧, 这会儿消失了, 过一会儿又冒出来了. 在 1612 年, 就是在他第一次看到它们后的第二年, 他列下了许多表格, 画下了这些卫星在夜晚上不同钟点的位置. 这样, 他发现, 可以提前好几个月就能画好, 而且可以立即确定两个不同地点的平均时间. 从此以后, 他花了 24 年的时间来完善他的卫星表格, 现在他准备把它们提交给荷兰, 并附上小小的应用指南, 以便那些想求得海上或陆地上经度的人使用.[6]

---

[4]曾在欧洲多个国家通用的一种金币. —— 译注

[5]J. J. Fahie, *Galileo. His life and work*, New York, 1903. pp. 172, 372 及以后; Rupert T. Gould, *The marine chronometer—Its history and development*, London, 1923, pp. 11, 12.

[6]J. J. Fahie, 前引文献, pp. 372 及以后. 伽利略把木星的卫星以 Cosmo Medici (图斯卡尼 (Tuscany) 的大公爵 Cosmo II) 命名, 称之为 "Cosmian Stars". 见伽利略的 *Opere*, edited by Eugenio Alberi, 16 vols., Firenze, 1842—1856. Tome III 包含了他的 "Sydereus Nuncius", pp. 59–99, 其中描绘了他对木星卫星的观察以及他对将它们应用于确定经度的建议.

议会和被指定审查伽利略建议的价值的四名特派员对此印象深刻, 要求了解更多的细节. 他们授予他一条金锁链, 以表示尊敬, 并且选派四名特派员之一的霍腾修乌斯 (Hortensius) 前去意大利, 以便与伽利略面对面地讨论此事. 但是异端裁判所风闻此事, 这次访问就被取消了. 1641 年, 在经过了 3 年之后, 荷兰科学家惠更斯重新提出了一个新的协议, 但是伽利略不久之后就去世了, 利用木星卫星的想法就被搁置到一边.[7]

为了解决经度的问题, 在两千年的探索中, 认为关键在于计时器的运输, 这个结论从未过时. 但是相信解决的办法终究会找到的乐观人士, 都认为解决的办法将来自星体, 特别是对于在海上的经度来说, 因为这里看不到任何别的东西. 在这里能看到的就只是星星, 或者某些与地面现象相联系星体. 然而对所有关心这个问题的人士来说有些基本原理是很明显的. 假设地球是一个完整的球体, 为方便起见分成 360 度, 一个平均太阳日的 24 小时相当于 360 度的弧长, 太阳日的 1 小时相当于 15 度的弧长, 或者说经度的 15 度. 类似地经度的 1 度相当于时间上的 4 分钟. 对时间和经度越来越精密的测量 (时间的分和秒, 弧长的分和秒) 是几百年来人们的梦想. 按从东到西的方向来测量地球, 以里格、英里或其他线性尺度的单位, 除非能转化为度量地球周长的分数部分的度和分, 就毫无意义. 可是地球到底有多大?

艾拉托色尼 (Eratosthenes) 和其他等人曾经算出过地球的周长和 1 度的长度 (地球周长的 1/360), 但是所得数值很值得怀疑. 希帕凯斯曾经算出过一平均太阳日与一恒星日 (一恒星两次相继通过一子午线之间的时间) 之间的差异, 他还制作了一张有 44 个星座的表格, 这些星座分布横跨整个天空, 它们准确的升起时间间隔相继精确地相差一小时, 它们中的一个或几个会位于每一个恒星小时的开始处的经线上. 他还更进一步, 采取一条通过罗德斯 (Rhodes) 的经线, 提出其他地方相对于他的这根原始经线的经度可以通过观察月食来确定. 这个提议假设了有一个可靠的计时器, 而这在当时无疑并不存在.

求得经度的最普及的理论方法, 是由哥伦布、卡博、麦哲伦、塔斯曼 (Tasman) 以及其他探险者的航行所提供的, 办法就是画下罗盘指针与正北的偏差的变化. 这种变化可以通过对准北极星, 记下在带刻度的罗盘卡上的指针偏向北极星的东或西的正点、半点和四分之一点的读数 (弧长的度

---

[7] J. J. Fahie, 前引文献, pp. 373–375.

和分). 哥伦布在他第一次航行时注意到罗盘变化的这种改变, 后来的航海者们都肯定了存在通过南北极的 "无改变线", 以及在其两侧改变方向变化的事实. 既然如此, 再假设这种变化以匀速随经度的改变而改变, 那么假设这里至少是对整个问题的一个解答, 就是顺理成章的事了. 你所要做的切就是将在你观察的地方的变化量与其经度已经确定了的地方所列出的变化量进行对比. 就是这个热切而又不大可能实现的愿望, 促使埃德蒙·哈雷 (Edmund Halley) 以及其他人编纂了精细的图来表示通过全世界的假想等变更线. 然而这绝不是像格里布兰德 (Gellibrand) 所认为的那么简单. 变更并不随经度的改变而均匀地改变; 同样地变更的改变进行得非常慢, 实际上慢到准确地东－西测量, 特别是在海上, 很不实际. 而且, 人们还发现等变更线并不总是沿北和南的方向. 有的接近东和西的方向. 然而, 尽管错误一个接一个逐渐积累, 这个方法还是在多年中有坚定的支持者, 但是最后还是苟延残喘地、痛苦地死去.[8]

除了发现木星的卫星之外, 伽利略还通过对摆及其行为的研究, 对解决经度的问题做出了第二个重大的贡献, 因为将重物的摆动应用于时钟机构是走向精确计时器的发展的第一步.[9] 时间的迁移古人就注意到了, 而且他们的天文观察的 "计时" 使用日晷、沙漏和水钟, 但是对后者当时是如何调节的所知甚微. 伯纳德·沃尔特 (Bernard Walther), 雷吉奥蒙塔努斯 (Regiomontanus) 的一个学生, 似乎是第一个用由重物带动的时钟来记录他观察的时间. 他在 1484 年 1 月 16 日说, 他观察到行星水星的升起, 就立即把重物挂到一台有 56 个齿的小时轮上. 在太阳升起时, 1 小时和 37 个齿转过去了, 所以根据他的计算, 所经历的时间为 1 小时 37 分. 在计时器的发展中接下去重要的一步, 就是附加上一个摆锤作为推动力. 这种钟是由克里斯蒂安·惠更斯创始的, 他是荷兰物理学家和天文学家康斯坦丁·惠更斯的儿子. 他在 1656 年为了增进他的天文观测的精度建造了第一台这样的时钟, 后来他在 1657 年 6 月 16 日把它提交给荷兰的议会. 在下一年他发表了对他的计时器机构的工作原理以及控制摆的运动的物理定律的详细描述. 就是这一经典著作奠

---

[8] R. T. Gould, 前引文献, pp. 4 和 4n.

[9] 见 *Dialogues concerning two new sciences, by Galileo Galilei*, 由 Henry Crew 和 Alfonso de Salvio 翻译 [成英语], 由 Antonio Favaro 作序, New York, 1914, pp. 84, 95, 170, 254.

定了惠更斯作为当时欧洲科学界的领军人物之一的地位.[10]

到了 1666 年已经有了许多有能耐的科学家散布在欧洲各地. 他们的活动已经遍及物理、化学、天文、数学以及自然历史的全部领域, 无论是实验的还是应用的都包括了. 他们大多数都是独立工作, 他们的兴趣也极其广泛. 有时各种学术性的学会也会对在国外一些值得尊敬的同事授予荣誉会员的称号, 而且他们会把在各种不同学会上宣读的论文会与在国外的科学家同伴交换. 为地图制图从技艺转化为科学的阶段开始了. 设备就在手头, 只待人们来使用.

力求改进地图和测绘图的托马斯 · 布尔讷 (Thomas Burnet) 在当时的普通商用地图出版与他所认为的未来的地图制造者的目标之间, 做出了一个有益的划分. "我不怀疑," 他这样写道, "但是既有地球的自然地图 …… 又有民用的. …… 我把我们普通的地图称为民用的 (Civil), 它标记出不同的国家, 不同的城市, 表示的是一个经人加工过的地球 (Artificial Earth), 一个有人居住的、开化了的地球. 但是自然地图所有这些都不画, 只画出似乎从来没有一个居民在上面居住过的地球, 让我来这样说吧, 就只是地球的骨架带上它的各个部分的位置. 我还想, 每一个君主对他的国家和领地都应该有这样一幅草图, 来看一看土地是如何分布在其中的各部分的, 哪个地方最高, 哪个地方最低, 它们之间关系如何, 它们与海洋的关系如何; 河流是如何流动的, 又是为何这样流动; 山脉如何分布, 还有灌木丛生的荒原, 国界处的情况如何. 这样的一幅地图或测绘图无论在战时还是在平时都非常有用, 而且用它还可以做出许多有用的观察, 不仅有益于自然历史和哲学, 而且有助于对国家的改进."[11]

对于 "自然" 地图的这份思想观点得到了法兰西当局的充分理解和欣赏, 他们打算对此有所作为. 所需要的就是要有一个机构来担负起服务的责任, 领导起可以得到的科技人才的工作, 还要有人来负担费用. 这个机构就由成立皇家科学院来承担, 而那个站出来准备来为了更好的地图负担费用的人就是皇帝陛下, 法兰西国王路易十四.

路易十四于 5 岁时即位, 但是要等到 16 年之后才真正掌权. 他只得坐在后面瞅着国家事务由母后和他的大臣卡尔迪诺 · 马扎林 (Cardinal Mazarin)

---

[10] 见 John L. E. Dreyer 在 "*Encyclopaedia Britannica*, 11th edition, pp. 983d, 984a" 上的条目 "Time, Measurement of".

[11] Thomas Burnet: *The theory of the earth...*, London, 1684, p. 144.

来处理. 他眼看着皇室的权威由于内部的纷争和三十年战争 (Thirty years' War) 而日益式微. 在经历了一次又一次的蒙羞而不能有所作为后, 当他到达 21 岁之时, 他决定在法国进行直接的统治. 他要做自己的首相. 在他的很少的几个受信任的顾问中, 最受信任的是内务部长让·巴蒂斯特·科尔贝尔 (Jean Baptiste Colbert), 他很快就成为王权背后的主要力量. 科尔贝尔是一个具有广泛兴趣、有抱负且很勤奋的人, 以至于在增加他的王朝的荣誉和高度境界的同时, 竟然把自己弄到沉迷于文学和艺术铺张的程度. 至于在他所掌控的内政事务上, 由于两桩特别的事, 使得科尔贝尔在法国的历史上占有一个重要的位置. 第一件事就是建立一支在一位不太关心海外开拓、也不太关心在他的王国的成长和保卫中海军力量的重要性的君王下的法国海军; 第二件事就是在 1666 年建立了皇家科学院, 现在叫法兰西学院.[12]

　　皇家科学院是科尔贝尔的得意计划. 作为一个科学爱好者, 他认识到一个靠近王室的出色的科学团体的潜在价值, 而且借助于他那不一般的才能和似乎是用不完的款项, 他着手要使法兰西在科学领域, 就像在艺术和战争的艺术中那样, 超前出色 (pre-eminent). 他走遍欧洲为了寻求每一科学中的顶尖人物. 他对像德国哲学家和数学家莱布尼茨 (Gottfried Wilhelm von Leibnitz)、荷兰的博物学家和光学家尼克拉斯·哈特索克 (Niklaas Hartsoeker)、德国数学家和光学棱镜与面镜制作者埃伦弗利德·冯·奇恩豪森 (Ehrenfried von Tschirnhausen)、欧洲最重要的天文学家之一约翰·埃维流斯 (Joannes Hévélius)、意大利数学家和工程师温琴佐·维维亚尼 (Vincenzo Viviani), 还有英国初露头角的数学天才牛顿, 这样的一些人物发出个人邀请函. 随邀请提出的年金是史无先例的, 其慷慨程度超过了红衣主教里舍利月 (Richelieu) 所创建的法兰西科学院给予其院士的程度, 也超过了查理二世为伦敦皇家学会所提供的. 还有给予研究的附加款项, 对那些愿意在巴黎工作的科学家, 安全和舒适可以得到保证, 巴黎周围布满了在欧洲最漂亮的庭院别墅. 科尔贝尔想把法兰西建成在科学上最先进的国家的野心得到了实现, 虽然有些邀请被有礼貌地谢绝. 克里斯蒂安·惠更斯在 1666 年加入了科学院, 并且每年得到 6000 里弗尔 (livre)[13], 一直到 1681 年他返回荷兰为止. 荷兰天文

---

[12] 见 Charles J. E. Wolf, *Histoire de l'observatoire de Paris de sa fondation à 1793*, Paris, 1902; 以及 *L'Institut de France* by Gaston Darboux, Henry Roujon and George Picot, Paris, 1907 ("Les Grandes Institutions de France").

[13] 法国当时的一种货币单位, 相当于当时一斤银子的价值.—— 译注

学家奥劳斯·罗默 (Olaus Römer) 也接受了邀请. 随这些名流之后来到的是马林·德·拉·尚布尔 (Marin de la Chambre), 他后来成了路易十四的医生; 还有化学家萨缪尔·杜克洛斯 (Samuel Duclos) 和克劳德·布尔德林 (Claude Bourdelin); 解剖学家让·佩克 (Jean Pecquet) 和路易斯·伽央 (Louis Gayant); 植物学家尼古拉·马尔相 (Nicholas Marchant).[14]

尽管其活动范围非常宽广, 但是建立皇家科学院的公开目的, 按照陛下的意思是, 校正和改进地图和航行图. 而且一些有关计时、地理和导航的主要问题, 它们的实际重要性是无可争辩的, 就位于天文学的进一步的研究和运用之中.[15] 为此目的, 科学院在 1667 年 1 月开始进行天文观测, 并召开了会议. 阿贝·让·皮卡 (Abbé Jean Picard)、艾德里安·奥佐 (Adrian Auzout)、雅克·布奥 (Jacques Buot) 和克利斯蒂安·惠更斯 (Christian Huygens) 被暂时安置在靠近柯尔德里尔 (Cordeliers) 的一所房屋内, 它的花园被用来做天文观察. 科学家们在那里安装了一台巨大的象限仪, 一台巨大的六分仪和一架精度很高的、改进型的日晷. 他们还确立了一条子午线. 有时观察会在卢浮宫的花园里进行. 总的来说, 用于天文研究的设施远非尽善尽美, 在院士们之间有相当多的抱怨.

早在 1665 年科学院成立以前, 奥佐就给科尔贝尔写了一封充满热情的备忘录, 要求建立一所天文观测台, 提醒他, 要是没有这样一所观测台, 法国的天文学的进步就什么也不是. 当科尔贝尔终于在 1667 年下定决心, 国王也保证了拨款, 事情就进行得很快. 观测台的地点选择在了圣·雅各郊区, 深入乡村, 远离巴黎的炫光与噪声的骚扰. 科尔贝尔决心要让巴黎的天文观测台在漂亮和实用上都超过当时已有的任何一所天文台, 甚至那些建在丹麦、英国和中国的天文台, 他要建造一所能够反映一个爱好大手笔的国王的雄心壮志的天文台. 他把曾经设计过能够容纳 6000 位客人的凡尔赛宫的克劳德·佩罗 (Claude Perrault) 招来, 告诉他, 他和他的科学院有什么要求. 大厦应该很宽敞, 应该有充裕的实验室空间和舒适的生活区域, 以便天文学家和他们的家属居住.[16]

在 1667 年 6 月 21 日, 这年的夏至, 科学院的院士们聚集在郊区圣·雅各, 以巨大的盛况和仪式, 进行了确定新观测台的 "定位" 和确立通过其中心

[14]C. J. E. Wolf, 前引文献, pp. 5 及以后.
[15]*Mémoires de l'Académie Royale des Sciences*, Vol. VIII, Paris, 1730.
[16]C. J. E. Wolf, 前引文献, p. 4.

的子午线的观测, 这条线将成为巴黎的官方子午线. 该建筑要有两个八角形的塔, 位于正南面的两侧, 而八个方位角经过仔细地计算, 使得这两座塔既有在天文选择上的意义, 又有在建筑学上的价值. 于是没有等到新的住地的建成, 这些驻会院士们就会来工作, 研究许许多多的没有解决的难题, 有物理上的, 自然历史上的, 还有天文学上以及数学上的. 他们对作为天文学工具的望远镜做了重大的改进; 解决了与摆有关的力学问题和物理问题, 弄清楚了重力的影响, 协助惠更斯找出了他的单摆时钟中遗留下来的很少几个"缺陷 (bugs)". 他们集中研究了地球, 研究它的大小、形状和在宇宙中的位置; 他们还研究了月亮以及其他天体的性质和行为; 他们朝向为所有的国家建立标准经度子午线而努力, 巴黎的子午线通过他们的观测台的中心. 他们研究了建立经度线性值的问题, 这是一个可以被普遍接受的常量. 在所有这些事情中, 皇家科学院有幸具有法国宫廷的丰富的资源任其处理, 还得到了路易十四本人的赞助.

　　确定经度的精确方法首次提上了皇家科学院的日程, 因为不找到这种方法, 地图和航海图就不可能得到明显的重大改进. 像西班牙、尼德兰 [Netherlands, 即荷兰地区]、法国都准备给解决这个问题的人巨大的荣誉和报酬. 1667 年, 一个不知名的德国发明家给路易十四写信, 说他能解决这个确定海上经度的问题. 路易十四, 未经核对就立即答应为他的发明颁给专利权 (brevet—— 荣誉称号), 付给他 60000 里弗尔现金. 除此之外, 陛下还约定对这个发明家在他的余生中, 每年付给 8000 里弗尔 (惠更斯才只得到 6000!), 还有, 对运进采用了这种新设备的船只每一吨货物付给他四个苏 (sou), 并为他保留这个权利直到从中取得 100000 里弗尔为止. 所有这些陛下都认可了, 但是有一个条件, 这就是发明者必须在科尔贝尔、海军中将亚伯拉罕·迪凯纳 (Abraham Duquesne), 以及皇家科学院的惠更斯、卡尔卡维 (Carcavi)、罗伯瓦尔 (Roberval)、毕卡 (Picard) 和奥佐等诸位先生面前演示他的发明.[17]

　　结果证明这个发明也就不过是旧办法的一个变种, 是由水轮和一个塞到在船的龙骨上钻出的一个孔中的里程计巧妙地结合起来. 在龙骨下水的流过会转动水轮, 而在一给定时期内船所走过的距离由里程计记录下来. 发明者还宣称, 依靠某种只有他自己才知道得很清楚的奇特装置, 他的机器可以对潮汐和各式各样逆流做必要的补偿; 它的确可以说是对精度问题一个

---

[17] *Histoire de l'Académie Royale des Sciences*, Vol. 1, pp. 45–46.

理想的、完美的解答. 皇家审查者们研究了这个装置, 称赞他的匠心, 然后向国王提交他们的报告, 其中这样写道: 除了一些别的事情以外, 他们还平静地指出, 如果船遇到了洋流, 那么它很可能与龙骨下面的水保持尽可能接近相对静止, 而船本身被带走了相当大的一段经度, 水轮这时还保持没动. 相反, 如果船是逆流而行, 那么里程计就会记录相当大的数字, 而船本身可能动都没有动. 这个德国发明家离开巴黎时增加了 60000 里弗尔的财富, 而院士们又回到自己的工作岗位上.[18]

　　经过三年的集中研究之后, 在 1669 年, 皇家科学院的科学家们收集了有关天体的相当多的数据, 并且研究了为确定经度所提出的各种方法. 测量月球离开星体和太阳的距离, 由于涉及的数学太复杂, 被认为是不实际的. 月食也许能行, 只是这一现象出现的经常性不够, 而且月食进行得也太慢, 这会增加观察中误差的机会. 此外, 月食在海上完全不实用. 月球的子午线迁移也试过, 价值也不大. 天文学家想寻求的是这样的一个天体, 它与地球之间的距离是这样大, 从地球上不同地点去观察它, 外观都是一样的. 还要求这个天体的运动总是以一种可预测的方式运行, 同时呈现一种可以观察得到的变化图像, 定时做到同时从地球的不同地点出现. 这样一种星体就是木星, 它的四个由伽利略所发现的卫星, 已经被天文学家们发现和研究过了. 真正认真考虑用木星来作为解决经度问题的一种可能性的, 是一位叫作卡西尼 (Cassini) 的意大利人, 他在 1668 年发表的一篇文章中提到了这个想法. 而这时科学院的院士们在继续研究木星卫星的, 同时还兼及利用它们经常发生卫星食这一点来作为确定经度的一种方法. 科尔贝尔研究了吸引卡西尼到巴黎来的可能性.

　　吉奥万尼 · 多米尼柯 · 卡西尼 (Giovanni Domenico Cassini) 于 1625 年 6 月 8 日生于佩里纳尔多 (Perinaldo) 尼斯 (Nice) 的一个伯爵的领地, 是意大利一位绅士的儿子. 在完成了初等教育之后, 他在导师的指导下学习神学和在

---

[18] 在 Justin Winsor, *Narrative and Critical History of America*, Boston, 1889, Vol. II, pp. 98–99 上有一个关于 "log (航行记录)" 在趣的记载. 在 Pigafetta's Journal (January, 1521) 上, 提到在麦哲伦的船队的尾部用一根拖着的链条来测速度的事. 我们知道, "航行记录" 是在 Bourne 的 *Regiment of the Sea*, 1573 中描述的, 据说是 Humphrey Cole 发明的. 在 Eden 所译的 *Taisnier* 一书中他谈到一种技巧 "尚未公开, 位于船的装饰部, 是水要追逐的地方, 被船的运动用轮子和重物所推开, 能够准确地表明船所经过的空间". 见在 *Encyclopaedia Britannica*, 9th edition 中的条目 "Navigation". 关于航行记录的历史的进一步评述可见 L. C. Wroth, *The Way of a Ship*, Portland, Maine, 1937, pp. 72–74.

热那亚的耶稣会士的指导下学习法律, 并以优等成绩毕业. 他培育了对书籍的坚定爱好, 当他在图书馆中浏览时, 有一天他偶然看到了一本讲星占学的书. 他对这本书发生了兴趣, 在研究了它之后他会用预测未来的事件来逗他的朋友们开心. 他作为一个星占家的表面成功, 加上他理性上的诚实, 使得人们对他新确立的才能和他立即放弃那种故弄玄虚的占星术, 而改向不那么惹人瞩目的天文学的研究, 觉得非常可疑. 他取得了如此之大的成功并拥有如此之出色的才华, 以致在 1650 年, 在他还只有 25 岁的时候就被博洛尼亚 (Bologna) 的元老院选来填补大学天文学的首席位置, 这个位置在著名的数学家波那文图拉 · 卡瓦列里 (Bonaventura Cavalieri) 去世后一直空着. 元老院从未为这个选择后悔过.[19)]

　　卡西尼的最初的几个任务之一就是, 作为教会科学顾问来准确地确定圣日, 这是时序排列和经度的一个重要应用. 他追溯了由伊格纳基奥 · 但丁 (Ignazio Dante) 在 1575 年所建立的圣 · 佩特罗尼乌斯 (Saint Petronius) 大教堂处的子午线, 追加了一台巨大的墙壁上的四象仪, 这花了他两年才建好. 在 1655 年完工时, 他邀请全意大利的天文学家来观察冬至和考察太阳的新表, 利用它, 那些二分点 、夏至或冬至点, 以及各个圣日, 都可以准确地确定下来了.

　　接下来卡西尼被博洛尼亚元老院和教皇亚历山大七世指派去确定博洛尼亚和费拉拉 (Ferrara) 之间的水平高度差, 这与珀河 (Po) 和雷诺河 (Reno) 的航行有关. 他不仅做了仔细的测量, 还撰写了有关这两条河及其特点的详细报告. 接下来教皇聘请卡西尼, 作为一个水利工程师, 来排解他本人与图斯卡尼 (Tuscany) 公爵之间的一个老的有关齐安纳河 (Chiana) 的宝贵的水资源的分流的争议, 这条河是阿尔诺河 (Arno) 与第伯尔河 (Tiber) 的另一条支流. 在使争议双方都得到满意的结果之后, 他又被指派去测量在佩鲁吉亚 (Perugia) 、蓬菲里克斯 (Pont Felix) 和乌比诺要塞 (Fort Urbino) 等地的防御工事, 并被任命为珀河水资源的主管, 珀河是一条对国家兴盛与生死存亡至关重要的河. 在闲暇的时候卡西尼喜欢忙于研究昆虫, 带着好奇心多次重复将血液从一只动物输送到另一只动物身上的实验, 这是一个大胆的手术, 在科学家中引起了极大地骚动. 但是他的主要爱好还是天文学, 他爱好的行星就是木星. 在他为齐安纳河工作期间他在皮埃夫 (Piève) 市的许许多多的晚

---

19) *Oeuvres de Fontenelle. Eloges*, Paris, 1825, Vol. I, p. 254.

上都在观察木星的卫星. 他用的望远镜比伽利略的更好, 利用它他还做出了一些新的发现. 他注意到了卫星的旋转平面是这样的, 就是卫星的轨道平面与木星相交的圆盘靠近木星的赤道; 他还指出了每一个卫星轨道的大小. 他还肯定地说他能够看到木星环上一系列的固定的点, 而且凭借他的这些发现, 他开始利用一台相当可靠的摆钟来计时木星及其卫星的转动.[20]

经过 16 年的辛苦劳累和持续不断的观察之后, 卡西尼在 1668 年发表了他的木星卫星食的图表 (*Ephemerides*), 在其中一页上给出了该行星被一群卫星围绕着的图像, 而周期反面则给出了每一颗卫星的木卫食的掩始的时间, 以时、分、秒计, 以及每一复现的时间.[21]

卡西尼, 这时 43 岁, 已经是一个名声远扬的学者和天文学家, 当一本他所写的 *Ephemerides* 传到巴黎时, 科尔贝尔决定, 他必须为天文观测台和皇家科学院得到他, 可是在这个事例中, 要想得到这个人得花相当大的外交交涉成本和金钱, 因为那时卡西尼正被教皇克莱蒙 (Clement) 九世聘用, 无论是路易十四, 还是科尔贝尔都不愿意冒犯, 或是让教皇陛下不悦, 三位杰出的学者外兰 (Vaillant)、奥佐和格拉吉安尼 (Graziani) 伯爵被选去与教皇和博洛尼亚元老院谈判临时借用卡西尼的事宜, 卡西尼在留在法国期间将接受每年 9000 里弗尔的薪资. 安排终于完成了, 卡西尼于 1669 年 4 月 4 日抵达巴黎, 两天后受到国王的接见. 尽管卡西尼没有无限待下去的意图, 科尔贝尔坚持要他留下, 尽管有教皇和博洛尼亚元老院的抗议, 卡西尼还是在 1673 年成为法兰西的归化公民, 随后改名为让 · 多米尼克 · 卡西尼 (Jean Domenique Cassini).[22]

当卡西尼在皇家科学院与那些在力学上的、物理上的以及数学上的专家们为伍之时天文观测正搞得热火朝天. 惠更斯和奥佐建立了新的棱镜和面镜, 为观测建造了经过巨大改进的望远镜. 利用这些新的仪器惠更斯已经做出了一些非比寻常的发现. 他观察到了土星的旋转周期, 发现了土星环及其第一批卫星. 奥佐建造了一些其他的仪器, 并将在视界里刻有细线的测微仪用到这些仪器上, 这种测微仪自从大约在 1639 年被伽斯克瓦涅 (Gascoyne) 发

---

[20] 见 Joseph François Michaud: *Biographie Universelle,* Paris, 1854–1865. Cassini 给出木星的转动周期为 9 小时 56 分. 正确的时间至今未能可靠地知道. 用不同的标志所得略有不同. 9 小时 55 分这个数值是在现代教材中所常用的数值.

[21] 卡西尼的著作的第一版是以如下信息出版的: *Ephemerides Bononiensés Mediceorvm sydervm ex hypothesibvs, et tabvlis Io: Dominici Cassini ...*, Bononiae [Bologne], 1668.

[22] C. J. E. Wolf, 前引文献, p. 6.

明以来几乎完全被人遗忘. 皇家科学院在卡西尼来到之后订购了更多设备, 包括在欧洲所能得到的最好的望远镜, 它是由在意大利的康潘尼 (Campani) 建造的.[23]

作为朝向校正地图和航海图的最初的重要几步之一的就是, 重新测量地球的周长, 并为一度弧长的线性尺度建立了一个新的值. 关于地球的大小仍有很大的不确定性, 天文学家们不愿意把他们的新数据放在这样一个基本值上, 它有可能否定以它为参照的所有观察. 在钻研了希帕凯斯、波西东尼乌斯 (Poseidonius)、托勒密以及后来的权威, 像斯内尔 (Snell) 这样的人的著作, 并在研究了这些人所采用的方法之后, 科学院制定出了一个测量地球的详细计划, 并于 1669 年指定让 · 皮卡 (Jean Picard) 来执行.

在赤道处从东到西测量地球是毫无疑问的; 没有令人满意的方法这是大家都知道的. 皮卡于是选取了艾拉托色尼用过的方法, 但是有几个重要的改进, 并且所用的设备是古代的人做梦也想不到的. 皮卡打算用三角测量的方法来测量在两端点之间、接近从北到南的一条直线的长度; 于是他就要通过天文观测测量这两点之间的弧长 (即纬度差). 在经过对巴黎郊区的视察之后, 皮卡决定这条线可以选为在皮卡迪 (Picardy) 附近的一条接近朝北的直线, 不会遇到像密林、高山这样的一些严重的障碍.[24]

皮卡选巴黎附近马尔瓦辛 (Malvoisine) 处的一个 "亭子的尖顶" 作为第一个端点; 作为第二个端点, 他选了靠近亚眠 (Amiens) 的苏东 (Sourdon) 中的一座钟塔, 二者之间的距离大约为 32 法国里格. 在这两点之间测量了 13 个大三角形, 为此皮卡利用了牢牢地加固了的铁质的象限仪, 半径有 38 英寸, 固定在一个沉重的支柱上. 通常瞄准用的针孔照准仪换成了两台带有叉丝目镜的望远镜, 这是对第谷 · 布拉赫 (Tycho Brahe) 在丹麦用过的仪器的一个改进设计. 在象限仪的肢体上用截线刻上了分与秒的刻度. 由于测定星体的高度牵涉到相当尖锐的角度, 皮卡应用了由铜和铁做成的一个高高的天顶扇区, 其夹角约为 18°. 此扇区的一条半径联系着 10 英尺长的望远镜. 他的设备还有一部分是两台摆钟, 一台以一秒为一节拍, 另一台以半秒为一

[23] 要详细盘点由皇家科学院所建造和购置的设备, 见 C. J. E. Wolf, 前引文献.

[24] 对皮卡测量地球的全面叙述, 包括数据表和历史总结可见 *Mémoires de l'Académie Royale des Sciences*, Vol. VII, Pt. I, Paris, 1729. 还可以参见: "Earth, Figure of the" by Alexander Ross Clarke and Frederick Robert Helmert in the *Encyclopaedia Britannica*, 11th edition, p. 801.

节拍. 对于一般的观测和对于木星卫星的观测, 他用了三台望远镜, 一台小的约 5 英尺长, 两台大的分别为 14 英尺和 18 英尺长. 皮卡对他的设备非常满意. 在描述他的特别适用的象限仪时, 他说它的工作是这样地精确, 以致在两年中用它来测量子午线的弧长时, 在整个水平周长上测量的任意角度的弧长从未有过一分弧度的误差, 而且在许多情形下检验仪器的精确度时, 发现它都是绝对准确的. 至于他所用的摆钟, 皮卡高兴地告诉我们, 它们 "所标记的秒的精确度大于大多数的钟所标记的半小时的精确度".[25]

　　当将皮卡的结果进行列表时, 他测得两个端点间的距离为 68430 突瓦斯[26] 3 法尺[27]. 它们之间的纬度差的测定不是取太阳在这两端点的地平高度 (altitude), 而是靠测量天顶与仙后星座的膝盖骨处的一颗星之间的夹角, 第一次在马尔瓦辛, 第二次在苏东. 差值为 $1°11'57''$. 由这些数字算得经度 1 度的值为 57064 突瓦斯 3 法尺. 但是从第二条校验基线做检验, 以与第一次一样的一般方向进行测量, 这个值修正为 57060 突瓦斯, 地球的直径则被宣布为 6538594 突瓦斯. 由皇家科学院所做的有关经度的全部测量都是以这个值为基础的, 相当于 7801 英里, 非常出色地接近的结果.[28]

　　1676 年, 在天文学家们对他的 1668 年的 *Ephemerides* 做了修订和扩充之后, 卡西尼提出, 这些校正过后的数据现在可以用来确定经度, 而木星则可以试着用来作为天体时钟. 这些想法得到了他的同事们的赞同, 于是, 他们以观测台所发展的技术以及新近远赴卡延 (Cayenne) [位于法属圭亚那] 观测火星所获得的经验为基础, 开始进行实验观测. 科学家们在开始工作时异乎寻常地乐观, 其中有一位以少有的热情爆发, 这样写道, "如果这不是经度的真正秘密, 至少也已经非常接近 (*Si ce n'est pas –là le véritable secret des Longitudes, au-moins en approche-t-il de bien près*)."

　　由于他的巨大精力、才能和耐心, 卡西尼在此期间取得了在观测台里的领导地位, 尽管他并没有主任的头衔. 他与其他国家的天文学家们保持着广泛的通信联络, 特别是与意大利的天文学家们, 那里能得到最好的仪器, 而

---

[25] *Mémoires de l'Académie Royale des Sciences*, Vol. VII, Pt. I. 在这套书中不同版本的页码标注不同.

[26] toise, 法国的古长度单位, 相当于 1949 米.——译注

[27] pied, 法国的古长度单位, 相当于 325 毫米.——译注

[28] 同前, pp. 306–307 中给出了一张线性测量表, 被皮卡用来进行他的计算. 测量在天顶与仙后星座的膝盖骨处的一颗星之间进行, 这颗星可能是 δ 星 (Al Rukbah). 见 *Mémoires de l'Académie Royale des Sciences*, Vol. VII, Pt. II, Paris, 1730, p. 305.

且他和他的工作也众所周知. 国外的天文学家们在得悉在巴黎天文观测台所做的工作后, 都以极大的热情回应. 新的数据开始倾注而至, 使得驻台的天文学家们来不及赞美和登记造表. 利用望远镜和木星的卫星, 几百座城市和城镇相对于初始子午线的位置以及相互之间的位置第一次确定了下来. 欧洲所有的标准地图似乎都得撕碎.[29)]

　　有这么多的信息可以获得, 卡西尼开始构思编撰一部大型的世界地图 (Planisphere [球体平面投影图]), 可以在它上面放上经过校正的、来自世界各地的地理信息, 特别是那些至今未知或者是根本错误的、不同地点的经度的信息. 为此, 观测台西楼的第三层被选来从事此事. 这里有大量的空间, 在奠定这个建筑的基础时就考虑到了在室内的八角形的墙壁用罗盘和象限仪来定向. 以北极为中心在某一方位角上投影的球体平面投影图, 在卡西尼的亲眼观察下, 由塞蒂洛 (Sédileau) 和德·夏泽尔 (de Chazelles) 用墨水画在塔楼的天花板上. 这个圆形地图直径为 24 英尺, 子午线从中心发出辐射到圆的周边, 就像一个轮子的辐条, 间隔为 10°. 经度的初始子午线 (通过费罗 (Ferro) 岛) 是从中心以任何角由 "塔楼的两个南窗正半处" 到等分地图周边的一点. 地图沿圆周按逆时针方向分成从 0° 到 360°. 纬度的平行线以同心圆的方式每隔 10° 画出, 零度从赤道开始, 向两个方向计数. 为了方便和给各个地方 "定点", 卡西尼将一根弦绑在固定于地图中心的针头上, 上面放一个游码, 使得在将弦转到指定的经度, 再将游码上下移到指定的纬度, 地点就可以很快地被指定.

　　在这个巨大的球体平面投影图上, 地面当然是变形得很厉害, 但是这没有关系. 科学院感兴趣的是它们的精确的位置 (location [指位于何处]), 是地球表面一些重要地方、一些可以在将来用作测量操作基础的地方的经度和纬度. 因为这个原因就必须给少数广泛分布的、具有战略地位的重要城市按照经度命名, 这比把大量科学上不重要的城市包括进来重要得多. 同样的道理, 大多数以天文观测台而自豪的城市和小镇, 不管多渺小都画在了地图上.

　　所有看到球体平面投影图的人都赞不绝口. 国王在科尔贝尔及宫廷全体人员的陪同下来参观. 陛下有礼貌地请卡西尼、皮卡和德·拉·希尔 (de la Hire) 来演示科学院的院士们在研究天体和用遥控来决定经度时所用到的

[29)] 关于卡西尼在皇家科学院中的地位, 见 C. J. E. Wolf, 前引文献.

各种天文仪器. 他们向他演示了巨大的球体平面投影图, 解说了如何在从外部世界所获得的数据的基础上改正了不同地点的定位. 这就足以甚至令路易为之驻足.[30]

国王的到访对未来的发展有何影响很难评估, 但是在接下来的几年中大量的测量得以完成. 从观测台派出了测量远征队, 天文学家们不断地离家远行. 让 · 里歇 (Jean Richer) 带领一支远征队去卡延, 让 · 马修 · 德 · 夏泽尔 (Jean Mathieu de Chazelles) 去了埃及. 耶稣会的传教士们到马达加斯加 (Madagascar) 并在暹罗 (Siam [即今泰国]) 进行观察. 埃德蒙 · 哈雷 (Edmund Halley), 他与在法国进行的工作有密切接触, 在好望角 (Cape of Good Hope) 做了一系列的观察. 历史学家和探险家特维诺 (Thevenot) 发布了在果阿 (Goa) 观察到的月食的数据. 大约在此时, 一个耶稣会士, 路易斯 – 阿贝尔 · 丰特奈 (Louis-Abel Fontenay), 大路易斯 (Louis le Grand) 学院的一位数学教授, 准备去中国, 听说了卡西尼和他的同事们的工作, 丰特奈自愿做尽可能多的观察而不影响他的传教使命. 卡西尼对他进行了训练, 为派他去获得东方的经度数据做准备. 这样一来, 重新绘制世界地图的重要性以及由皇家科学院所设计的方法的可行性开始使欧洲的学者们明白, 而且很多外国人也纷纷志愿提供数据. 这时科尔贝尔提供了更多的资金, 卡西尼也就派出了更多的人进入野外.

由皇家科学院所组织的最长也是最困难的远征之一, 就是由瓦兰 (Varin) 和德 · 海斯 (des Hayes), 陛下的两位水文地理工程师, 所领导的远赴古雷 (Gorée) 岛和西印度的远征. 这也是为了确定西半球的经度的最重要的远征, 这里包括了远渡大西洋这样大的一个广度, 其中对经度的测量犯下了最多的大错误. 卡西尼原来经过国王批准的计划是, 令远征从费罗 (Ferro) 启程, 到卡纳里 (Canary) 群岛的最西南面, 这个岛常常被地图制作者用来作为经度的起始子午线. 但是由于为远征队获得通过允许有一定的困难, 所以他们决定从古雷, 非洲西海岸上的韦尔德 (Verde) 角的一个小岛出发, 在那里非

---

[30]同前, pp. 62–65. 有关这个巨大的球体平面投影图, 可见 *Histoire de l'Académie Royale des Sciences*, Vol. I, pp. 225–226; C. J. E. Wolf, 前引文献. 这一地图印刷版之一的一个缩小了的摹真本发表在 Christian Sandler's *Die Reformation der Kartographie um 1700*, Munich, 1905; 第二个彩色版的, 由 Michigan 大学于 1941 年出版, 所采用的原本在 William L. Clements 图书馆中. 有关地图出版的文献记录, 请参见 L. A. Brown, *Jean Domenique Cassini ...*, pp. 62–73.

洲皇家公司新近建立了法国殖民部.[31]

在他们离开赴任前, 瓦兰和德·海斯花了相当多的时间在观测台, 在那里他们得到了卡西尼的彻底的训练, 他们在那里还可以做试探性观测以完善他们的技术. 他们在 1681 年晚期接受了最后的培训之后, 启程前往鲁昂 (Rouen), 随身携带的装备有一台 2 英尺半的象限仪、一台摆钟和一台 19 英尺的望远镜. 他们带的小型设备有一支温度计、一台气压计和一个罗盘. 他们从鲁昂去到迪耶普 (Dieppe), 在那里他们受到了暴风雨和逆风的阻挡, 耽搁了一个多月. 他们利用这段时间做了一系列的观测来确定该城市的纬度和经度. 这两个人终于在 1682 年 3 月抵达了古雷. 他们在那里与 M. 德·格洛斯 (de Glos) 会合, 这个年轻人是卡西尼培训过并向他们推荐的. 德·格洛斯随身带了一台 6 英尺的六象仪、一台 18 英尺的望远镜和一台小型的天顶象限仪 (zenith sector)、一台天文环 (astronomical ring) 和另一台摆钟. 尽管远征最初的目的是通过观测木卫的卫星食来确定经度, 这三个人也有任务观察在他们的旅途中每一地点罗盘的变化, 特别是在海洋的行程中, 并在可能时进行温度和大气压的观察; 简言之, 他们要收集一路上所有可能的科学数据. 远征从古雷出发, 航行到瓜德罗普岛 (Guadeloupe) 和马提尼克岛 (Martinique) [均在南美洲], 以便为下一年做出广泛的观测. 这三个人于 1683 年 3 月回到巴黎.[32]

卡西尼对这部分人员的训词是写好送去的. 它们对 17 世纪最好的研究方法提供了一个清晰的图像, 同时也说明了地球的经度是如何通过记录木星卫星的卫星食时间来确定的. 任务非常简单: 求出了初始子午线处, 比如费罗岛或巴黎处与第二处, 比如瓜德罗普岛处的平均 (mean) 时间或地区 (local) 时间之差, 就等于求出了经度差. 将两台要在远征时带走的摆钟, 在带走前先在观测台仔细调整好. 第一台摆钟调节到记录平均时间, 就是说, 一天 24 小时. 第二台摆钟则调节到记录恒星时 (一天为 23 小时 56 分 4 秒).[33] 对两台计时器的走时率仔细地列表记录一个长的时期, 这样观察者可以事

---

[31] 费罗岛, 这个卡纳里群岛中最西南面的岛, 一直到 1880 年都是在地图制作者们中间一个共同的初始子午线. 它被认为是东半球和西半球之间的分界线! (见 Lippincott's *A complete pronouncing gazetteer or geographical dictionary of the world*, Philadelphia, 1883.)

[32] L. A. Brown, *Jean Domenique Cassini...*, pp. 42–44.

[33] 卡西尼建议了两种方法来把一台时钟调整到平均时. 第一种办法是, 对 (相同高度的) 太阳做一系列的观察, 然后用等时表来对它们进行校正; 第二种办法是, 通过观测一颗星的依次经过来调节一台钟保持恒星时, 然后再用它来校正第二台.

先知道, 当温度, 比如说, 在一个 24 小时的周期内上升或下降 10 度时, 会如何. 调节的办法就是靠提升或降低摆锤来实现时钟的走快或减慢. 在做完必要的调整之后, 摆锤在摆杆上的位置做上记号, 钟就可以取走装船托运.

在抵达要进行观测的地点之后, 天文学家们就选择一个适当的、没有障碍的空间安装他们的仪器. 他们把摆锤固定到位, 把时钟调整到接近当日的时间. 接下来一步就是确立在观察地点的一条从正北到正南的子午线. 用几种不同的方法做这件事, 每一种方法都用来作为其他方法准确度的鉴定. 第一件事就是对太阳在一系列相同高度的观察. 这一过程也可以用来检验记录平均时的时钟的精确度. 为此要在正午大约 3 (或 4) 小时前用四象限仪或六象限仪测太阳的高度. 在看到的时候立即把当时的时、分、秒记录到日志簿内. 当太阳在下午降到与上午观察记录的相同角度的时候再次进行观察. 再次把观察的时间记录下来. 这两次观测的时间之差除以二, 加上上午观察的时刻, 所得就正好是表观正午时刻的时、分、秒. 这样的观察在相继的两天内重复进行, 将这两天内由时钟所记录的分时和秒时之差 (由于太阳的倾斜这二者肯定是不同的) 除以二, 再加到第一个上, 就得出时钟在 24 小时内的差; 换言之, 它给出的是平均时. 当太阳到达子午线时, 鉴定表观正午是否到达的一个简单办法就是, 从第一象限垂下一条铅垂线, 时刻注意它在地面上的影子. 这些观察天天要重复, 这样观察者总能知道他们的当地时.

第二台摆钟的调节就简单得多. 全部要做的就是在子午线的平面内安装好一台望远镜, 将它对准一颗固定的恒星, 记下该星相继两次通过的时间. 如果这台摆钟调节到这两次相继通过所经历的时间为 23 小时 56 分 4 秒时, 那就调好了. 观察地点纬度的确定同样非常简单. 用象限仪测得在表观正午时分太阳的高度, 参照赤纬表的角度就给出观察者的纬度. 在晚上观察北极星的高度可以对纬度做出鉴定.

在子午线确定之后, 而且有一台钟也调节到记录平均时之后, 接下来就是要观察并记录木星卫星食的时间, 每日至少有两个木星卫星会有卫星食. 正如卡西尼指出的, 这件事并不简单, 因为不是所有的木卫食都能在同一地点看到, 还有, 恶劣的天气会破坏观察. 观察要求有非常不怕麻烦的精神和技术.

在卡西尼看来, 观察木星的最佳时刻是在第一颗卫星出没之际. 卫星食的六个时相应该定在: 在卫星没入时 (1) 当卫星离开木星的一翼等于它自身的直径时; (2) 当卫星正好接触到木星时; (3) 当它首次完全被木星的光盘所挡住时. 在卫星显露时 (4) 当卫星刚开始重新显露时; (5) 当它刚脱离木星的光盘时; (6) 当它离开木星的距离等于它自己的直径时. 观察和记下这些时相的时刻是要两个人的配合工作: 一个人观察, 另一个人以分和秒记录所观察到的时刻. 如果只有一个观察者单独工作, 卡西尼建议采用 "眼与耳" 的记录观测时间的方法, 至今这仍然是很好的观察实际手段. 在卫星食开始一瞬间, 观察者开始时大声数数 "1-5-100, 2-5-100, 3-5-100", 等等, 他接着数数, 一直到他能够看到时钟并记下时间. 然后从时钟的读数再减去他所数的数, 他就得到了他观察到木星食开始的时间.

卡西尼警告说, 卫星显露时刻总是要非常小心地观测, 因为在你等待它时你什么也看不到. 当你在卫星应该重现的区域有微弱的光线出现时, 你就应该开始计数, 一刻也不要离开望远镜, 直至你确信你真正看到了卫星的显露. 在你真正看到前, 你可能会有几次做出错误的判断. 根据卡西尼的看法, 还有其他值得一试的观测方法, 是在两颗向相反方向运行的卫星同时发生的情况. 同时发生的情况是指两颗卫星的中心在一条直的垂直线上. 在所有要求很大的精确度的观测上, 卡西尼推荐在前一天进行彩排, 而且在同一个时辰, 这样如果仪器出事了, 或者是发现星体处于困难位置, 所有必须做的调整就可以在事先做好.[34]

除了要做确定经度的观测之外, 从巴黎观测台派出的远征队还被告知, 要注意他们的摆钟功能的任何变化. 这不是指由于温度改变而引起的正常变化. 这种变化可以通过检测摆的金属事先预测: 测定这种金属在各种温度下的膨胀系数. 他们想要寻求的是由于重力的改变引起的变化. 这里牵涉到的理由有二, 一个是实际方面的, 一个是理论方面的. 摆是一个十分重要的机器, 因为它是那时候应用着的最好的时钟的推动力. 而且还有, 引力整个题目, 它的倡导者的领袖人物是克利斯蒂安·惠更斯、艾萨克·牛顿和罗伯特·胡克, 在科学世界引起了骚动. 用单摆来对引力做实验研究的思想是来自胡克, 而牛顿和惠更斯的理论可以很好地用在野外的一系列实验来证实或否定. 没有人想到的是, 这些野外实验导致发现了, 地球不是一个完美的球形, 而是一个扁平的球体, 一个在南北两极稍稍压平了一点点的球体.

---

[34]卡西尼的 "操作指南" 完整地印在 *Mémoires de l'Académie Royale des Sciences*, Vol. VIII, Paris, 1730 上. 其英译本见 L. A. Brown, *Jean Domenique Cassini...*, pp. 48–60.

图示木星第一个卫星的六个位置, 它们是 17 世纪的天文学家们用来确定两个地点的精度差的工具

　　如果温度没有改变, 纬度的变化对摆的振动所产生的影响, 如果有的话, 会如何呢? 许多科学家说没有影响, 而且实验似乎也证实了这一点. 科学院的院士曾经把计时器运到哥本哈根 (Copenhagen) 和海牙 (Hague), 放到不同纬度做实验, 而且在伦敦也已经做了一系列的实验, 结果全都是没有影响, 在每一个地方, 一给定长度 (39.1 英寸) 的摆一秒摆一次, 或者说在一小时内振动 3600 次. 倒是有一个例外. 1672 年让 · 里歇长途远征到卡延 (4°56′5″N) 去观察火星冲 (opposition of Mars). 总的来说这次远征很成功, 但是里歇在他的计时器上遇到了麻烦. 尽管在出航前他的摆的长度在天文台做过仔细的校正, 里歇发现他的钟在卡延每天大约慢了两分半, 而为了它保持平均时要把摆长缩短 (把摆球向上提) 大约一 "法分 (ligne)" (大约一英寸的 1/12). 这一切都使卡西尼感到很难受, 因为他是一个很细致的观察者. 他写道, "我猜想这个结果来自观察中的某种错误." 要不是因为他是一个有教养的人, 又是一位学者, 它就会直接说里歇根本就是错了.[35]

　　接下来一年, 1673 年, 惠更斯发表了他的论摆的振动的杰作, 他在其中第一次确立了论离心力的正确理论, 以及后来被牛顿应用于对地球的理论

---

[35] L. A. Brown, *Jean Domenique Cassini...*, p. 57.

研究的原理.[36]确认里歇对其计时器的观测上错误的机会, 第一次来自瓦兰和德·海斯去马提尼克岛 (14°48′N) 和瓜德罗普岛 (在 15°47′N 和 16°30′N 之间) 的远航. 卡西尼告诫他们要用最大的耐心检查他们的摆, 他们也的确这样做了. 但是, 遗憾的是, 他们的钟很糟糕, 而且, 为了使他们的钟按平均时来走时, 他们不得不缩短他们的摆. 卡西尼仍然半信半疑, 可是牛顿不. 他在他的《原理》(Principia) 的第三卷中这样来做结论, 他认为摆钟在赤道附近的这种变化必定, 要么是由于地球在赤道胀大而引起重力的减小, 要么就是由于在这个区域内的离心力起了强大的反作用.[37]

由皇家科学院所做出的发现, 加快了科学世界中的步伐, 也指出朝向许多其他领域的方向. 借助于木星卫星的卫星食来求出经度的方法证明是可行的, 而且是准确的, 但是不经过奋斗, 外国也是不会接受的. 木星卫星的表格终于被英国的《航海历书》所收入, 而且以完整的形式与月球距离表以及其他与求得经度的对手的方法相联系的星球数据, 共同收录在其中多年. 可是普遍认为木星不适于求得海面上的经度, 尽管伽利略持相反的观点. 除了这个伟大的意大利人之外的许许多多的发明家带来了形形色色的巧妙的、可是完全不实用的装置来, 为在船上提供一个稳定的平台, 用以进行天文观察. 但是结果还是, 对于天文学家和他们的设备来说, 大海是太狂暴了, 太不可预测了.

英国的查理二世, 为了推进航海和航行天文学, 命令在格林尼治公园建造皇家观测台, 天文台俯视泰晤士河和埃塞克斯 (Essex) 平原.[38] 在英国, 事情开始进展得很缓慢, 但是毕竟是动起来了. 国王做出了决定, 要有水手们使用的、校正过后的天体表, 并于 1675 年 3 月 4 日用皇家授权的方式指派约翰·弗兰姆斯蒂德 (John Flamsteed) 为 "天文观测官", 他有相当优越的年薪, 100 英镑, 其中他要付 10 英镑作为税收. 他得自己准备仪器, 还要对他可能有的伟大的幻觉做额外的检验. 他还受命要培训来自基督医院两个男孩. 强大的需求使得他还要带几个私人学生. 尽管受到疾病和来自公共服务所通常都会有的烦恼的缠绕, 但是弗兰姆斯蒂德还是受到了牛顿、哈雷、胡克

---

[36] Christian Huygens, *Horologivm oscillatorivm; sive de motu pendulorvm ad horologia aptato demonstrationes geometricae*, Paris, 1673.

[37] Isaac Newton, *Philosophiae Naturalis Principia Mathematica*, 3 vols., London, 1687.

[38] R. T. Gould, 前引文献, p. 9; 还有 Henry S. Richardson's *Greenwich: its history, antiquities, improvements and public buildings*, London, 1834.

等学术界和与皇家科学院的科学家们的通信的鼓舞. 弗兰姆斯蒂德, 这个一流的完美主义者, 由于不愿意在还没有机会检验他的发现的正确之前发表他的发现, 注定要过一种不幸的生活. 对于弗兰姆斯蒂德来说, 没有什么比证明这种科学越界的合理性更加迫切的了.

弗兰姆斯蒂德经常在压力下工作. 似乎人人都需要这种或那种数据. 而且要得还很急. 牛顿需要有 "月球的地点" 的充分信息, 以便完善他的月球理论. 英国科学家, 作为一个群体把求经度的法国方法, 和所有其他需要应用在海上持续观测的方法, 搁在一边. 他们从另一个角度来研究这个问题, 需要有月球距离的完整表格和一颗星球位置的完整的编目. 弗兰姆斯蒂德做别人告诉他去做的, 15 年 (1869—1704) 来, 他把大部分的时间都花在这种平淡的工作上: 编辑了第一部格林尼治星体目录表和月球表, 同时勉强地向特定的不耐烦的同事发放少量他认为, 如果不说是不精确的话, 也是不完整的数据.[39]

要求信息叫得最凶的喊声来自海军司令部和码头区. 1689 年与法国的战事爆发. 在 1690 年 (6 月 30 日) 英国舰队在比奇滩头 (Beachy Head) 战役中被法国打败. 勋爵托林顿 (Torrington), 英国海军司令, 在军事法庭受审, 并被宣告无罪, 但是还是被革职了. 1691 年几条战船在普利茅斯由于领航员误把戴德曼 (Deadman) 当作贝里滩头 (Berry Head) 走丢了. 1707 年克劳德斯利·肖维尔 (Cloudesley Shovel) 爵士, 与他的舰队从吉布拉达 (Gibraltar) 返回, 遇到了恶劣天气. 在经历了在大雾中摸索了 12 天之后, 所有的水手都搞不清舰队的位置. 舰队司令征求导航员的意见, 除了一人之外, 大家都一致认为舰队肯定在乌尚 (Ushant) 的西面, 离开布里坦尼 (Brittany) 半岛不远. 舰队停住了, 但是那天晚上舰队开进了离开英国西南海岸不远的希利 (Scilly) 群岛. 有四条船和两千个人失踪, 包括舰队司令. 很久以后, 有一个故事流传, 说在旗舰上有位水手用他自己的死办法推算, 估计出舰队处于一个危险的位置. 他鲁莽地向他的上级指出这一点, 这位上级立即以叛乱罪将他绞死在桅杆上. 经度必须找到![40]

英国从不缺少有发明能力的天才, 有许多创造力丰富的大脑都被吸引到寻求海上经度的问题上来了. 1687 年有一个不出名的发明家提出了两个

---

[39] 见 Francis Baily's *Account of the Rev. John Flamsteed,* London, 1835.

[40] R. T. Gould, 前引文献, p. 2.

建议, 它们至少可以说是新颖的. 他发现, 一只玻璃杯, 把水装满到口边, 在新月或满月到来之时, 水就会溢出, 所以经度在一个月内至少有两次可以精确地确定. 他的第二个方法远比第一个优越, 他的想法包括利用一种普通的万应药, 由柯内姆·狄格拜 (Kenelm Digby) 爵士所炮制的, 叫作 "感应粉末 (powder of sympathy)". 这种神奇的治疗药能够医治所有的外伤, 但是与所有的低级品牌的药物不同的是, 感应粉末不是用到伤处, 而是用到造成伤害的武器上. 狄格拜经常会描述他是怎样只是靠把患者伤处的包扎带浸入一盆含有他的治疗粉末的水中, 就使他的一个患者感应地跳起来. 发明人建议用狄格拜的粉末作为导航的辅助, 建议在出航前每一只船上都配备一条受伤的狗. 一位可靠的观察者在岸上, 备配一台标准的钟和一条包过狗伤的绷带, 并做接下来的事. 每一个小时正点的时候, 他把包狗伤的绷带浸入感应粉末的溶液中, 在船甲板上的狗就会在这个时刻叫起来.[41]

　　另一个认真的建议是由一位牧师威廉·惠斯顿 (William Whiston) 和一位数学家汉弗莱·狄顿 (Humphrey Ditton) 于 1714 年提出的. 这两个人建议, 横跨大西洋将一系列的灯船沿着主航道相隔有规则的间距锚泊. 这些灯船每隔一固定的时间定时发射信号弹到 6440 英尺. 海军上尉只要通过定出闪光和报告之间的时间间隔, 就可以很容易地算出它们离最近的灯船的距离. 他们指出, 这个系统在北大西洋会非常方便, 因为那里的深度永远不会超过 300 英寻[42]! 由于明显的理由, 惠斯顿和狄顿的提议未得到实施. 但是他们开始做了一些事. 他们的计划被发表了, 感谢出版界, 它被好几份期刊接受了, 在 1714 年 3 月 25 日一份申请提交到国会, 提交申请的是 "皇家船队的几位船长、伦敦的外贸批发商人和商船船长", 他们指出求出经度的极端重要性, 请求给提出求得经度实用方法的人以公开奖励.[43] 不仅是这个请求, 还有惠斯顿和狄顿的提议也提交到委员会, 会员会又向许多著名的科学家, 包括牛顿和哈雷, 咨询.

---

[41] 见 *Curious Enquiries*, London, 1687; R. T. Gould, 前引文献, p. 11. Sir Kenelm Digby 的著名著作既有法文版, 也有英文版, 其书名是 *A late discourse ...touching the cure of wounds by the powder of sympathy: with instructions how to make the said powder...*, Second edition, augmented, London, 1658.

[42] 主要用于测量水深的单位, 为 6 英尺, 约合 1.829 米.—— 译注

[43] 见 Whiston and Ditton's *A new method for discovering the longitude*, London, 1714. 申请发表在各种期刊上: *The Guardian*, July 14; *The Englishman*, Dec. 19, 1713 (R. T. Gould, 前引文献, p. 13).

　　就在这一年牛顿准备了一份向委员会宣读的声明. 他说, "对于确定海上经度这件事, 已经有了好几个方案, 在理论上都是正确的, 但是很难实行." 牛顿并不赞赏用木星卫星食的方法, 至于由惠斯顿和狄顿所提议的方法, 如果经度在任何时候会丢失的话, 那么这种方法, "与其说它是求出海上经度的方法, 还不如说是对海上经度的一种保持方法". 在那些难于实施的方法之中, 他接着说, "有一个, 就是用钟表精确地计时的方法: 但是由于船的运动, 热与冷, 干燥与潮湿的变化, 以及在不同纬度重力的差异, 这样一种精确的钟表还没有造出来." 麻烦就在这里: 这样一种钟表还没有造出来.[44]

　　为了求得经度而来移动计时器的想法不是什么新想法, 这种办法不管用也早就知道了. 对于古人来说这只不过是一个梦. 当热玛·菲里修乌斯 (Gemma Frisius) 在 1530 年提出这个建议时已经有了机械钟, 但是当时它还是相当新的发明, 制作得很粗糙, 这就使得这个想法可能性不大, 如果不是说根本不可能. [45]携带着 "某种准确的计时器或者钟表, 在旅行中很容易, 作为星盘来说就要校对 ……" 这个想法再次被布伦德维耶 (Blundeville) 于 1622 年提出, 但是还是没有准确到足以用来确定经度的 "精确" 钟表.[46] 如果答案就在计时器, 那么它就的确必须是非常精确. 根据皮卡的数据, 经度的 1 度在赤道处大约等于 68 英里, 或者, 用时间来计, 为 4 分钟. 1 分钟意味着 17 英里 —— 离开或者靠近危险. 如果在一次六周的航程中, 导航员要把他的经度保持在半度 (34 英里) 以内, 那么他的计时器的走时快慢在 42 天内不得超过 2 分钟, 或者说不得超过每天 3 秒.

　　这些计算意味着不可能, 在他以及委员会报告的大力支持下, 国会通过了一个 "为能确定经度的个人或集体提供一笔奖金" 的法案 (1714 年). 这是有史以来提供过的最大的一笔奖金, 对任何实际的发明将做如下的奖励:[47]

　　对任何能将经度确定到 1 度以内的装置奖励 10000 英镑.

　　对任何能将经度确定到 40 分以内的装置奖励 15000 英镑.

　　对任何能将经度确定到 30 分以内 (在时间上相当于 2 分钟, 或者说, 在距离上相当于 34 英里) 的装置奖励 20000 英镑.

　　尽管觉察到了他们的条件的荒诞, 国会还是批准成立一个永久的委员

[44] R. T. Gould, 前引文献, p. 13.

[45] Gemma Frisius: *De principiis astronomiae et cosmographiae*, Antwerp, 1530.

[46] Thomas Blundeville, *M. Blundeville his exercises ...*, Sixth Edition, London, 1622, p. 390.

[47] 12 Anne, Cap. 15; R. T. Gould, 前引文献, p. 13.

会 —— 经度委员会 —— 并授权该委员会对任何提出的方法在经其委员会的多数成员认为可行和有实用价值, 能够保证航船在 80 英里的危险地带内安全的情况下, 授予上述各个奖项的任何一个的一半. 任一奖项的其他一半, 一旦航船利用其装置可以从英国抵达西印度群岛的一个港口而不会在经度上产生超过规定的误差后, 就立即付给. 此外, 委员会还被授权给不太精确的方法颁发一笔较小的奖项, 只要这个方法实用, 并且可以在可能导致有用发明的实验上, 使用一笔不超过 2000 英镑的经费.

50 年来这笔相当可观的奖金保持未动, 成了一笔动不了的奖项, 成了英国幽默作家和讽刺文人的笑柄. 杂志和报纸把它当作陈词滥调的库存. 经度委员会没能看到这些笑话. 日复一日他们被一些傻瓜和骗子追逐着, 发明永动机的小伙子, 还有那些能够化圆为方和三等分角的天才们. 为了对付来势像潮水一般的疯子, 他们雇了一位秘书, 对那些老一套的建议发出老一套的回复. 委员会的成员每一年在海军部会面三次, 对国王尽心尽责. 他们对所承担的职责严肃认真, 经常会约请一些顾问来帮助他们评估有前途的发明. 他们对具有有价值思想的努力奋斗的发明家在资助方面是非常慷慨的, 但是他们所要求的是结果.[48] 无论是委员会的成员, 还是任何其他人, 都不能确切地说清楚要求取得的是什么, 但是大家都知道, 这个精度问题把欧洲最杰出的大脑, 包括牛顿、哈雷、惠更斯、莱布尼茨, 以及所有其他的人, 都给难住了. 它最终被一个装在盒子里滴答滴答响的小机器解决了, 这是由约克郡的一个没有受过教育的木匠约翰·哈里森 (John Harrison) 发明的. 这个装置就是航运计时器.

早期的时钟分成两大类: 由一下垂重物带动的固定计时器, 和可携带的计时器, 比如台钟, 粗制的表, 它们由一卷起来的弹簧来推动. 热玛·菲里修乌斯建议在海上用后者, 但是有保留. 因为知道由弹簧推动的计时器不可靠的特性, 他允许将沙钟和水钟一道带去, 以便检验由弹簧推动的时钟的误差. 在西班牙, 在由国王菲利普二世统治的时代, 能够在一天内准确地走 24 小时的时钟是被征求的对象, 有各式各样的时钟被发明出来. 根据阿隆索·德·桑塔·克鲁兹 (Alonso de Santa Cruz), "有带钢质的齿轮、链条和重锤的,

---

[48] R. T. Gould, 前引文献, p. 16. 根据 1712 年的法案, 委员会由下述人员组成: "海军部最高首长, 或海军部第一部长; 下议院的发言人; 海军第一特派员; 商业部第一特派员; 红、白、蓝海军中队的舰队司令; 三一学院的院长; 皇家学会的主席; 皇家天文学家; 萨维廉、卢卡斯和普鲁米数学教授席位的教授."

有的带肠线和钢制作的链条的; 还有的用沙, 比如在沙漏中; 还有的用水来代替沙, 而且用各种不同的方式来设计; 还有的也用充有水银的花瓶或大的玻璃管; 最后, 还有最巧妙的, 用风力来推动的, 由风来推动重物, 从而带动时钟的链条, 或者还有由弱饱和油气的火焰推动的; 所有这些都调节到每日准确等于 24 小时." [49]

　　大约在惠更斯完善他的摆钟的时候, 罗伯特·胡克对改进可携带的、可用于海上的计时器发生了兴趣. 作为所有时代最能干的科学家和发明家之一, 他是少有的机械天才之一, 写作的天分同样高. 在研究了现有计时器的缺点以及建造一台更准确的计时器的可能性之后, 他偷偷摸摸地写了一份他的研究的总结, 公开宣告, 他是完全认输和泄气了. 他说, "所有我得到的就是一张困难的目录表, 第一是在制作上的困难, 第二是把它用到公共事务上的困难, 第三是利用它的困难. 困难来自气候、空气、热与冷、弹簧的温度, 等等的变化, 还有振动的本性、材料的磨损、船的运动和许多其他因素." 他总结说, "即使有可能做出可靠的计时器, 要想付诸实用也难, 因为水手们已经知道去任何港口的路径 ……" 至于奖金: "经度奖", 从来就没有发过, 他以轻蔑的口吻反驳说, "没有哪个国王或国家会为它付一个子[50]."

　　尽管他故作沮丧, 胡克还是在 1664 年做了关于应用弹簧去做表的平衡以使振动更均匀的讲学, 并且用模型演示了做到这一点的 20 种不同的方式. 同时他还承认他还暗中藏有两种其他的方法, 他希望将来某个时候能用它来获利. 和在那个时代的许多科学家一样, 胡克用拉丁变位词 (anagram) 来表述平衡弹簧的原理; 粗略地就是: *Ut tensio, sic vis,* "张紧得怎么样, 力就怎么样," 或者这样说, "弹簧所作用的力正比于被拉伸的程度." [51]

　　特别为在海上应用而设计的第一台计时器是由克里斯蒂安·惠更斯在 1660 年制作的. 擒纵机构是由摆, 而不是由平衡弹簧来控制的, 和后来的许多钟一样, 除非在平坦和宁静的条件下, 它没有用. 它的走时快慢没法预测; 当它在海上颠簸时, 它要不走起来抖动, 要不就干脆停摆. 摆的长度会随温度改变, 而且走时的快慢在不同的纬度也会改变, 可能是由于某种神秘的原因, 至今也搞不清楚. 但是到了 1715 年, 构造精确的计时器所必须考虑到的

---

[49] 同前, p. 20; 这里的译文摘自杜罗 (Duro) 在他的 *Disquisiciones Nauticas* 中的意译.

[50] "子", 这里原文为 farthing—— 法寻, 为旧时四分之一便士的币值. —— 译注

[51] 同前, p. 25. 这种变位词通常用于当时最好的科学圈子, 用以确立发明或发现的优先权, 而不必实际宣布任何东西, 以免被嫉妒的同行窃取.

物理原理和力学原理, 钟表制造者也都已经知道了. 所有留下还要做的就是, 消除一台好的时钟与一台几乎完美无缺的时钟之间的间隙. 这也不过就是经度的半度, 两分钟的时间, 它就意味着征服与失败之间的差距, 意味着20000 英镑与另 ·个计时器之间的差距.[52]

　　横跨在制表家与这笔奖金之间最大的障碍之一是天气: 温度与湿度. 还有一些人把大气压也包括进来. 无疑, 气候的改变对钟和表都有影响, 有许多建议是在将来如何克服麻烦的来源之类. 钟表制作者斯蒂芬·普朗克 (Stephen Plank) 和威廉·帕尔默 (William Palmer) 提议将计时器保持与火靠近, 这样来避免由于温度变化所带来的误差. 普朗克建议将表保存在一个放在炉子上的黄铜的盒子里, 这样可总是保持在热状态下. 他声称有一个秘密的方法可以使火的温度均匀. 杰里米·撒克尔 (Jeremy Thacker), 发明家和钟表制造者, 出版了一本讲经度的书, 在其中他对他的同时代的人所做的努力提出了一点谨慎的忠告.[53] 他的一个同事, 想检测他的钟在海上的运行, 他建议他首先应安排在 6 月两个相邻的日子, 在当天每个小时都是同样地热. 另一个同事, 就记为 Br...e 先生吧, 姑且把他称为月球运动的校正者. 撒克尔以更为严格的风格做了几个有关物理定律的明智的观察, 这几个定律是钟表制造者们为之奋斗的. 他验证了, 螺旋弹簧在受热后会失去弹性强度, 而在冷却后又会得到弹性. 他把自己的表放在一种连接到抽气泵的钟罩内, 这样它可以在部分真空中运行. 他还设计了一个辅助弹簧, 以使钟在主弹簧拧紧之际还能走. 这两个弹簧都在钟罩外用通过盒子的杆来旋紧, 使得无论是真空还是时钟的机构都不至于受到干扰. 尽管有这样和那样的装置, 制表人仍处于黑暗之中, 一直等到约翰·哈里森 (John Harrison) 出来研究了它们背后的物理定律之前, 他们的问题一直没有得到解决. 这之后, 这些问题似

---

[52]同前, pp. 27–30; 惠更斯在他的 *Horologium Oscillatorium, Paris, 1673* 一书中描述了他的摆钟.

[53]同前, pp. 32, 33; Jeremy Thacker 写了一篇聪明的文章, 题目是: *The Longitudes Examined, beginning with a short epistle to the Longitudinarians and ending with the description of a smart, pretty Machine of my Own which I am (almost) sure will do for the Longitude and procure me The Twenty Thousand Pounds*, By Jeremy Thacker, of Beverly in Yorkshire. "...*quid non mortalia pectora cogis Auri sacra Fames...*", London. Printed for J. Roberts at the Oxford Arms in Warwick Lane, 1714. Price Sixpence.

乎不那么困难了.[54]

哈里森于 1693 年 5 月生于约克郡的拉格拜 (Wragby) 堂区的福尔比 (Foulby). 父亲是一位木匠和为诺斯特尔 (Nostell) 小堂区的罗兰·温 (Rowland Winn) 爵士服务的细木工. 约翰是一个大家庭中的长子. 他在 6 岁的时候得了天花病, 在养病期间, 他把时间花在观察放在他枕边的一只表的机构、并且聆听它发出的滴滴答答的声音上. 当他的家庭迁往林肯郡 (Lincoln) 的巴罗 (Barrow) 的时候, 约翰正好 7 岁. 他在这里学习他父亲的买卖, 并和他在一起干了几年的活. 间或里他还会去做测绘和丈量土地的事来赚点钱, 但是他更加喜欢力学, 把晚间都用于学习尼古拉斯·桑德尔森 (Nicholas Saunderson) 出版的讲力学和数学和物理的讲义. 他直接抄录这些讲义, 包括其中所有的插图. 他还学习了钟和表的机构, 学习如何修理它们和如何来有可能改进它们. 在 1715 年, 在他 22 岁的时候, 他造了他的第一台落地式的大摆钟, 或者说 "调节器 (regulator)". 这个机器唯一的特点是, 除了擒纵轮之外, 全都是用橡木做成的, 轮齿是单独刻出来的, 安装在边缘的槽内.[55]

哈里森看到他周围的钟和表中的许多毛病都是由在其结构中所用的金属的膨胀和收缩引起的. 例如, 钟摆通常都是由钢或铁质的杆, 在其底端系上铅球组成. 在冬天钢杆收缩, 钟就变快, 在夏天钢杆膨胀, 钟就会走慢. 哈里森对时钟制作的第一个贡献就是发展了一种 "格状结构 (gridiron)" 的摆, 这样称呼是因为它的外形所致. 他知道, 黄铜和钢, 在一给定的温度升高之下的膨胀比例为三比二 (100 比 62). 于是他制作了一支由九根交替钢杆与铜杆组成的摆, 这样地铰接在一起, 使得由温度的变化所导致的伸长和缩短被

---

[54] "维持动力" 的发明曾错误地归到哈里森的名下. 见 R. T. Gould, 前引文献, p. 34, 他说撒克尔在发明辅助弹簧以使机器在被旋紧时仍然能维持运行上比哈里森早了 20 年. 尽管哈里森的成就巨大, 巴黎的发明天才皮埃尔·勒·罗伊 (Pierre Le Roy) 创造了一个现代计时器的原型. 正如鲁珀特·古尔德 (Rupert Gould) 所指出, 哈里森的 4 号 (Number Four, No. 4) 是一台异常出色的机构, "令人满意的航海用计时器, 也是一台永久有用而且必要时可以复制的计时器. 但是 4 号, 尽管表现出色, 机构漂亮, 就其效率和设计而言, 还是不能与勒·罗伊的惊人的机器相比. 这个法国人, 对于他的先行者借鉴不多, 对他的同代人根本没有任何借助, 纯粹靠天才的力量发展出了一种计时器, 它包含了现代计时器的一切要素机制." (见 R. T. Gould, 前引文献, p. 65.)

[55] 关于哈里森的生平速写, 见 R. T. Gould, 前引文献, pp. 40 及以后. 桑德尔森 (1682—1739) 是剑桥卢卡斯 (Lucas) 讲席的数学教授. 哈里森的第一台 "调节器" 现在在伦敦钟表制造者世家博物馆. "术语 '调节器' 是用来指任何高级的摆钟, 其设计只是为了精确地测量时间, 不带像报时敲响机构、日历等这样一些东西." (Gould, p. 42 n.)

消除, 不同质地的杆相互抵消.[56]

　　时钟的精度由擒纵机构的效率来决定, 这个机构在一秒钟的或多或少之内释放推动动力, 这种动力是储存在悬挂着的重物或旋紧的主弹簧中的. 一天哈里森被叫出去修理一台停摆了的塔钟. 在检查之后他发现, 只要给擒纵机构的棘爪上点油就行了. 他给这个机构上完了油, 在不久之后他就设计出来一种不需要加油的擒纵机构. 结果就是巧妙的 "蝗虫 (grasshopper)" 擒纵机构. 它几乎接近没有摩擦, 也没有噪声. 可是, 它极其巧妙, 没有必要这样, 而且很容易会受到灰尘和不必要的油污的干扰. 单就是这两件改进部件就几乎足以促使制钟工业产生革命性的变革. 他所造的最初两台落地式大摆钟之一就配备了他的改良摆和蝗虫擒纵机构, 在 14 年的运转中每月走快或走慢不超过一秒钟.

　　当国会为确定海上经度的可靠方法提出 20000 英镑的时候哈里森 21 岁. 那时他还没有完成他的第一台钟, 他是否认真想过去追求这种幸运, 很值得怀疑, 但是可以肯定的是, 没有哪个青年发明家有过这么惊人的追求目标, 或者说, 这么狭隘的竞争. 可是哈里森绝不急于求成, 即使形势对他来说是已经很明显, 他已经到了几乎够得着这个奖金的地步了. 相反, 他的真正目标是, 完善他的航海用的计时器, 使它成为精确仪器和一件美丽的物品.

　　他的头两台落地式的大摆钟完成于 1726 年, 那时他已经是 33 岁了, 他于 1728 年来到伦敦, 带着他的格状结构的摆和蝗虫式擒纵机构的全尺寸模型, 还有他想建造的航海用时钟的工作图纸, 看看是否能够从经度委员会寻求到经济资助. 他拜访了埃德蒙·哈雷, 皇家天文学家, 他也是这个委员会的一个成员. 哈雷劝他不要依靠经度委员会, 但是可以去找乔治·格雷厄姆谈, 他是英国钟表制造术的领袖人物.[57] 哈里森在一天的上午 10 点去拜访格雷厄姆, 他们在一起谈了摆、擒纵机构、上条装置和弹簧, 直到晚上 8 点, 哈里森快快乐乐地离开. 格雷厄姆劝他先造好一台钟, 然后向经度委员会提出申请. 他答应给哈里森贷款去建造这台钟, 而且不愿谈任何有关利息和担保的事. 哈里森回到在巴罗的家中, 花了接下来的 7 年时间造出来他的第一台航

---

[56]同前, pp. 40–41. 格雷厄姆 (Graham) 曾经用格状结构摆做过实验, 而且在 1725 年制作了一条摆, 用一小瓶的水银与摆球相接触, 用这种办法来抵消摆杆由于温度的上升所导致的膨胀.

[57]同前, pp. 42, 43. 格雷厄姆和汤皮翁 (Tompion) 是埋葬在威斯敏斯特墓的仅有的两个钟表制造家.

海用计时器, 它后来即被叫作他的 "1 号 (Number One)".

　　除了热与冷这些所有制钟者的首要敌人之外, 他还集中精力于消除每一个运动部件的摩擦, 或者把它降到最低, 设计了许多巧妙的方法来做到这一点; 其中有些已经从根本上离开了传统的制表实践. 放弃了使用在海上不实用的摆, 哈里森设计了两个巨大的平衡轮, 每个重约五磅, 用金属丝连接, 横跨过铜弧, 使得它们的运动始终是相反的. 这样一来, 任何由于船的运动所产生的效应都可以相互抵消. 他对 "蝗虫式" 的擒纵机构作了修改和简化, 并且在分开的鼓上安装了两个主弹簧. 时钟于 1735 年完成.

　　哈里森的 1 号一点也不漂亮, 更不雅致. 它重 72 磅, 看上去就是一台古怪而又笨拙的机器. 可是每一个看过它、研究过它的机构的人都宣称它是一台天才的作品, 而它的性能肯定使其外表微不足道. 哈里森把它的盒体安装在像万向接头那样的平衡环上, 并且放在洪波河 (Humber River) 上的一条驳船上, 非正式地测验了一个时期. 然后他把它带到伦敦, 他在那里曾经享受过第一次短暂的胜利. 皇家学会的五位成员考察了这台钟, 研究了它的机构, 然后给了哈里森一纸证书, 上面说道, 这台计时器的工作原理保证了它具有足够的准确度, 可以满足交付安娜皇后法案审理的要求. 这一历史性的文件为哈里森打开了经度委员会的大门, 由哈雷、史密斯、布拉德利 (Bradley)、马钦 (Machin) 和格雷厄姆签署.

　　在这份证书的支持下, 哈里森向经度委员会申请做海上的试验, 并于 1736 年被送往里斯本的皇家海军军官普罗克托尔 (Proctor) 处. 他有一封海事法庭第一长官查尔斯·瓦格 (Charles Wager) 爵士的短信, 请求普罗克托尔给予持信人一切便利, 据最了解他的人说, 该人 "是一个非常灵巧又非常认真的一个人". 哈里森被许可开船, 他的计时器就放在船长的座舱内, 他在那里可以不受干扰地观察他的时钟, 给它旋紧发条. 普罗克托尔非常有礼貌, 但是也非常怀疑. 他这样写道, "真实地测量时间太难了, 有这么多的大大小小的振动和运动不利于它, 真让我为这个老实人担心, 也让我感到, 他是在试图做办不到的事."[58]

　　在航行中这台钟运行的情况如何没有记录, 但是, 在返回之后, 皇家海军服务处的罗伯特·曼 (Robert Man) 所做的记录表明, 哈里森被授予了一张由船长 (即导航员) 所签署的证书, 上面说: "当我们到达陆地时, 所说的陆地,

[58]同前, pp. 45—46.

按照我的航迹推算 (还有别人的), 应该就是我们起初要到的地方; 但是在我们知道它到底是何处之前, 约翰·哈里森却对我和船上其余同伴宣称, 根据他用他的机器所做的观察, 应该是里扎 (Lizard) —— 的确, 结果就是这个地方, 他的观察表明, 船已经比我按照用航迹的推算向西走了 1 度和 26 英里以上." 这个报告尽管简单, 却令人印象深刻, 而去里斯本并返回实际上要在向北向东的方向; 这几乎是以最戏剧的方式表明了这台钟的最佳品质. 然而应该指出, 在这条众所周知的贸易航道上, 海船上的导航人在着陆点上有个 90 英里的误差不算什么丑事.

1737 年 6 月 30 日哈里森首次在权威的经度委员会露面. 根据正式的记录, "约翰·哈里森先生根据时钟工作的原理, 制作了一种新发明的机器, 能够记录海上的时间, 其精度超过了迄今为止所有其他仪器或方法所能达到的水平 …… 并且提出可以在两年内造出另一台尺寸较小的机器, 并同时努力改正在现在已做好的机器中所发现的某些缺点, 以使之更加完善 …… " 委员会通过投票决定给予 500 英镑以帮助他支付费用, 其中一半立即交付, 另一半在他完成第二台时钟时交付, 同时还将相同数量的款项供给一位皇家海军舰艇的舰长.[59]

哈里森的 2 号包含了若干机械上小的改进, 而且这次所有的轮子都改用铜做, 没有用木材. 从某些方面来讲比 1 号要累赘些, 重达 103 磅. 它的外盒和平衡环另重 62 磅, 2 号完成于 1739 年, 但是在交付给由委员会所指定的海军舰长之前, 哈里森把它放在 "高温和激烈的运动" 条件之下考验了接近两年. 2 号从未送到海上, 因为在它完成的时候英国正好在与西班牙交战, 海军部不想让西班牙人有抢走它的机会.

1741 年 1 月哈里森致信委员会, 告知他已开始做 3 号, 预期它会远比头两台优越. 他们投票决定再给他 500 英镑. 哈里森为这台时钟奋斗了好几个月, 但是似乎对平衡机构的 "惯性矩" 算错了. 他以为他能让它在 1741 年 8 月 1 日走起来, 并且做好了两年后在海上做试验的准备. 但是在五年以后委员会得知 "至于它不能很好地运行, 在目前, 不能如他所期待的那样, 他明明白白地看到它目前的不完善, 在于它的某个部分 [平衡机构] 和其他两台的相应部分不同, 又从没有事先试验过". 哈里森在 3 号中做了一些改进, 并且把 2 号中用过的相同抗摩擦措施加进去了, 但是时钟还是相当庞大, 它的各

---

[59]同前, p. 47.

部分远不能说是精致的; 机器重达 66 磅, 钟的外壳和平衡环另有 35 磅.[60]

即使委员会多次提前给他预付款以使他的工作能够继续, 哈里森再次感到有点紧迫, 因为在 1746 年当他报告他的 3 号时, 他在委员会前展示了一份醒目的证词, 是由皇家学会的会员签名的, 其中包括了主席马丁 · 福尔克斯 (Martin Folkes)、布拉德利、格雷厄姆、哈雷和卡文迪什 (Cavendish), 证实他的发明在解决经度问题上的重要性和实际价值. 据推测这样做的姿态就是为了保证得到经度委员会的财政资助. 然而委员会不需要推动. 三年之后皇家学会未经别人的推荐自行决定, 授予哈里森柯普利 (Copley) 奖章, 这是它能够颁发的最高荣誉. 他的谦逊、坚忍不拔的精神和才能, 使他们忘却了, 至少是暂时地忘却了, 他完全没有学术背景, 而这是这个庄严的团体如此高度看重的.[61]

在确信 3 号不能令他满意之后, 哈里森, 甚至没有等到 3 号到海上的试验, 就提出做另两台计时器. 一台应该是袖珍型的, 另一台稍微大一点. 委员会同意了这个计划, 于是哈里森继续执行. 在放弃那个袖珍型计时器的计划之后, 哈里森决定把力量集中到那个较大一点的时钟上面, 这可以适应他所设计的精致的机构而不至于牺牲精确度. 在 1757 年他开始制作 4 号, 这台机器 "由于它的美丽、精确及其历史意义这样一些原因, 必将取得有史以来的, 甚至是将来制造出来的, 所有最著名的计时器中骄傲的地位." 它于 1759 年完成.[62]

4 号像一台巨大的 "双盒" 表, 直径约为 5 英寸, 还补充了一个吊架, 似乎怕它会用坏似的. 钟表盘是白色珐琅质的, 带有黑色装饰花纹的设计. 时针与分针是由蓝色的钢材制成的, 秒针则是抛光了的. 哈里森对平衡环的吊装不太信任, 这次他改用一块软垫放在平底盒子里来支撑钟. 一个可调节的外盒安装上了分开的弧, 这样不论船如何停泊, 计时器都能处于相同的位置 (让吊架总是稍稍高于水平位置). 当 4 号完成之时, 他对这一个位置进行了调整, 所以在它的第一次航行中要小心地照顾. 这个表每秒振动 5 次, 不用重新旋紧就可以走 30 个小时. 支点处的孔装上了宝石, 一直到第三级轮用

---

[60] 同前, pp. 47–49 中有关于在 2 号和 3 号中所做的技术改进的细节.

[61] 同前, p. 49. 若干年之后他还被授予皇家学会的会员的荣誉, 但是他谢绝了, 以有利于他的儿子威廉.

[62] 同前, pp. 50, 53; 对 4 号的全面描述, 请参阅 H. M. Frodsham 在 *Horological Journal* 的 1878 年的 5 月号上的文章 —— 附有擒纵机构、轮系和上条装置, 取自由 Larcum Kendall 对 4 号的复制品.

的是红宝石, 末端的宝石用的是金刚钻. 在顶部的平板上刻有 "约翰·哈里森父子, 公元 1759 年 (John Harrison & Son, A. D. 1759)" 的字样. 有一套世界上从未见过的机构, 为了躲避窥探的眼睛, 狡猾地隐蔽在平板的下面; 每一个小齿杆和轴承, 每一个弹簧和轮子都是精心计划、精确的测量和精巧的手艺的终极产品. 在深入机构的过程中, "不断地自我否定, 不停地辛苦劳作和永无休止的集中精力的 50 年过去了". 对哈里森来说, 他的目标的单一性使得他能够完成不可完成的事业, 4 号是经过一生的努力得到的一个令人满意的巅峰之作. 他为这台计时器而自豪, 以少有的流利语言爆发出自己的心声, 他写道, "我想, 我可以大胆地说, 这个世界上再也没有任何其他机械的或数学的东西能比我的测量经度的钟表或计时器在实质上更优美或更稀奇了.⋯⋯ 我衷心感谢全能的上帝, 让我能活这么长久, 足以使我能够在有生之年来完成它."[63]

　　在用摆钟对他的 4 号做了接近两年的检验和调整之后, 哈里森在 1761 年 3 月向经度委员会提出报告, 讲到 4 号和 3 号一样好, 它的表现大大地超过了他的预期. 他请求进行海上的试验. 他的要求得到了许可, 于是在 1761 年 4 月, 威廉·哈里森, 他的儿子和左右手, 把 3 号带往朴次茅斯 (Portsmouth) 港. 父亲则在稍后带 4 号赶到. 他们在朴次茅斯遇到了各式各样的延宕, 一直等到 10 月小哈里森才终于被安排登上杜德勒·迪格斯 (Dudley Digges) 的皇家海军舰艇德普特福德 (*Deptford*) 号开往牙买加 (Jamaica). 约翰·哈里森这时已经是 68 岁的人了, 决定自己不亲自参加长途海航; 而且他还决定要为 4 号的性能承担一切, 所以不打算把 3 号和 4 号两台都送出去. 德普特福德号最后在 1761 年 11 月 18 日带着护航船从斯皮特黑德 (Spithead) 出发, 开始抵达波特兰 (Portland) 和普利茅斯 (Plymouth). 海上试验开始进行了.

　　4 号安装在一个盒子里, 上了四把锁, 这四把钥匙分别交给威廉·哈里森, 牙买加政府首长利特勒顿 (Lyttleton), 他正好在德普特福德号船上, 迪格斯船长和他的大副. 为了打开这个盒子, 即使是为了上旋, 四个人必须在场. 经度委员会还在试验之前就安排了通过一系列对木星卫星的观察来重新 (*de novo*) 测定牙买加的经度, 但是由于季节较晚, 还是决定采用先前已认定的最佳值. 在朴次茅斯和在牙买加的当地时, 以及与哈里森的计时器的时间之差, 都要在太阳的相同高度处测定.

---

[63] 同前, p. 63.

　　和通常一样, 在前往牙买加途中, 计划访问的第一个港口是马德拉群岛 (Madeira). 这个特殊的航程中, 德普特福德号船上所有的水手都非常担心在第一次靠近时能否找到岛. 对威廉·哈里森来说他关心的是 4 号第一次关键性的检测; 对迪格斯船长来说, 这意味着能否鉴定对一个他没有信心的机械装置的死不认可; 但是船舶公司在这场试验中关心的不单是科学的内容. 他们担心根本找不到马德拉, "这样的结果可就麻烦了". 所有的水手害怕的是, 有一千多加仑的啤酒变质了, 人们已经不得不只喝水了. 从普利茅斯出来后已经过了 9 天, 船的经度按死办法计算应该是格林尼治西 13°50′, 但是按照 4 号和威廉·哈里森应该是西 15°19′. 迪格斯船长当然赞同他的死计算方法, 但是哈里森顽固地坚持 4 号是对的, 而且如果马德拉在地图上标记得是正确的话, 他们明天就能看到. 尽管迪格斯以五比一和与哈里森打赌后者会错, 他仍按原路线, 结果在第二天早晨 6 点向前看去就看到了波多桑托 (Porto Santo), 马德拉群岛西北面正前方的一个岛.

　　德普特福德号船上的官员们被哈里森对整个航程的预测刻下了深深的印象. 印象尤为深刻的是, 他们抵达牙买加的时间比皇家海军军舰比弗 (Beaver) 号早到了 3 天, 而后者开往牙买加的时间还比他们早了 10 天. 在抵达之后, 4 号就立即被搬上了岸进行检查. 在把它的走时率的误差 (比在朴次茅斯每日慢 $2\frac{2}{3}$ 秒) 考虑之后, 发现慢了 5 秒, 折算到经度的误差仅为 $1\frac{1}{4}$ 秒, 或者说, 只有 $1\frac{1}{4}$ 海里.[64]

　　正式的官方实验在牙买加结束了. 在梅林 (Merlin) 做好了哈里森返回的航程 (使用单桅杆的小帆船) 后, 船长迪格斯爆发出极大的热情提出要订购准备要出卖的第一台哈里森的计时器. 返回英国的航线对 4 号来说是个严峻的考验. 天气极其恶劣, 而计时器, 仍然被哈里森精心地维护着, 要搬到艉楼上去, 这是船上唯一不湿的地方, 它在那里不断地被无情地碰撞, "接受了一系列猛烈的振动". 然而当它在朴次茅斯再次鉴定时, 在 5 个月航行中, 经历过热和冷、好天气和恶劣的气候之后的总误差 (包括走时误差在内) 仅为 1 分 $53\frac{1}{2}$ 秒, 或者说, 经度的误差为 $28\frac{1}{2}$ 秒 ($28\frac{1}{2}$ 海里). 这个结果已经可靠地在由安娜皇后法案所规定的半度范围之内. 约翰·哈里森和他的儿子已经赢得了巨大的 20000 英镑的奖金.

---

[64] 同前, pp. 55–56 以及 56 n.

海上试验结束了, 但是对约翰·哈里森的考验才刚开始. 在他的 69 岁年纪上, 约翰·哈里森开始感到学术背景的不足. 他是一个单纯的人; 他不懂外交辞令, 也不懂旁敲侧击和回避这样的绅士作风. 他掌握了经度, 却不知道如何来与皇家学会或经度委员会打交道. 他已经赢得了奖金, 现在他所要的就只是他的金钱. 金钱可不是唾手可得的.

既不是经度委员会, 也不是作为它的顾问的科学家们, 在任何时候有对待哈里森不诚实的地方; 他们都只不过是人. 20000 英镑可是一笔巨大的财富, 然而对一个制表人发放生活费不超过 500 英镑, 使得他能对某件事或其他公共事务做出贡献, 是一回事; 但是整笔地付出 20000 英镑给一个人, 而且这个人出身低下, 则是另一回事, 这太出格了. 此外, 在委员会中有人, 在皇家学会也有会员, 他们自己就有在这个奖项上的设计, 至少是与它有交集. 詹姆斯·布拉德利 (James Bradley) 和约翰·托拜厄斯·梅耶 (Johann Tobias Mayer) 二人都为编撰准确的月球表而长期艰苦地工作过. 梅耶的遗孀由于梅耶对经度方面的工作被授予了 3000 英镑, 而且在 1761 年布拉德利告诉哈里森, 他和梅耶要在他们之间分享奖金中的 10000 英镑, 还不就是为了他的那只被毁坏的表. 哈雷为了用罗盘的变化来解决经度测定做过长时期和坚定的奋斗, 也从未忽略获得这 20000 英镑中的一个份额. 法师内维尔·马斯克莱恩 (Nevil Maskelyne), 皇家天文学家, 《航海历书》 的编撰者, 是一个顽固而又没有前途的用 "月球距离" 来求经度的鼓吹者, 而且拒绝接受任何其他办法. 他既不喜欢哈里森, 也不喜欢他的表. 考虑到有这么一些, 还有其他一些无名的, 追求者, 委员会只得断定, 哈里森的计时器的惊人表现是一种巧合. 他们从未被允许考察其机构, 他们还指出, 如果有一大堆表在相同的条件下带往牙买加, 其中的一个可能工作得同样地好, 至少在一次航行中. 于是在对他的计时器做进一步的实验或进一步的多次试验之前, 他们拒绝给哈里森颁发证书, 证实他已经满足了法案所提出的条件, 与此同时他们却同意给他总和为 2500 英镑作为临时奖励, 因为他的机器已经证明是一台相当奇妙的有用的装置, 妙不可言. 国会的一个法案 (1763 年 2 月) 提出, 只要他公开他的发明的秘密, 他就马上可以获得 5000 英镑, 而由于委员会的不合理的硬性条件也变成了无效的东西. 他最终还是被允许做新的海上试验.[65]

---

[65]同前, pp. 57 及以后在 1762 年 8 月 17 日委员会拒绝给哈里森颁发证书, 证明他已经符合安娜女王法案所提出的条款.

为新试验定下的规则非常详尽和苛刻. 朴次茅斯和牙买加的精度差要通过观察木星卫星来重新确定. 4 号要在格林尼治出发前调整好快慢, 但是哈里森有点犹豫了, 说 "他从未选择过让它离开他的手, 除非这样能收获某些益处". 不过, 他同意将他自己的额定值密封好, 在试验开始前送到海军部秘书处. 经历过无穷无尽的延宕, 试验终于安排在朴次茅斯与巴巴多斯 (Barbados) 之间, 而不是与牙买加之间, 进行, 而威廉 · 哈里森于 1764 年 2 月 14 日在诺尔 (Nore) 登上了皇家海军舰船他塔号 (Tartar), 船长为约翰 · 林赛 (John Lindsay). 他塔号开往朴次茅斯, 哈里森在那里用安装在临时观测台里的调节器校验 4 号的走时速率. 1764 年 3 月 28 日他塔号自朴次茅斯开出, 第二次试验又开始了.

情节又再次重演. 在 4 月 18 日, 出发后的第 21 天, 哈里森取了两个太阳高度, 对约翰爵士宣称, 他们现在是在波多桑托以东 43 海里的地方. 于是约翰爵士操纵航向直接对着它, 在第二天凌晨的 1 点就看到了这个岛, "它准确地与上面所说的距离一致". 他们于 5 月 13 日抵达巴巴多斯, "哈里森先生在航程的一路中一直在宣告, 根据由此所确定的最好角度, 他离开该岛还有多远. 在他们抵达的前一天, 他宣布了这个距离: 约翰爵士就按照这个宣告来航行, 直到晚上 11 点, 漆黑让他考虑最好就地停下来. 这时哈里森先生宣称他们离大陆不会超过 9 英里, 于是他们在天亮时就从远处看到了它." [66]

当哈里森带着 4 号上岸时, 他发现, 事先送来用观察木星卫星来检验经度的人只有马斯克莱恩和一位助手格林 (Green). 此外, 马斯克莱恩曾经大声宣讲他自己求经度的方法, 即利用月球距离的方法, 的优越性. 当哈里森听说了正在做什么的时候, 他拼命反对, 向约翰爵士指出, 马斯克莱恩不但是一个有兴趣的参与者, 也是一个积极和劲头十足的竞争者, 不应该跟试验有任何关系. 一个妥协方案安排好了, 但是马斯克莱恩突然身体不适, 不能够进行观察了.

经过将所得到的数据与哈里森的计时器所得数据比较之后, 4 号所表现出的误差, 在 7 周内为 38.4 秒, 或者说在朴次茅斯与巴巴多斯之间的距离上有 9.6 英里的经度差 (在赤道处). 而且在 156 天之后再在朴次茅斯检验该钟的时差的结果表明, 顾及走时率, 总共快了 54 秒. 如果再考虑由于温度变化

---

[66]同前, pp. 59; 还可以参阅 *A narrative of the proceedings relative to the discovery of the longitude at sea by Mr. John Harrison's time-keeper...*[By James Short], London: 为作者印刷, 1765, pp. 7, 8.

所导致的走时率的误差, 由哈里森事先提出的信息, 4 号走时率的误差将减少到 5 个月中慢 15 秒, 或者说一天内不会超过 1 秒的 1/10.[67]

　　有利于哈里森的计时器的证据是压倒性的, 再也不能被忽视, 或弃之不顾. 但是这在经度委员会还是通不过. 在 1765 年的决定中, 他们　致认为, "所说的计时器走时足够准确, 在从朴次茅斯到巴巴多斯的航程中超出了安娜王后第 12 法案所要求的最接近的极限, 而且甚至是相当一致." 接着, 他们说, 现在哈里森要做的就是要讲清楚它的机制, 说明它的构造. "根据其中的这些方法其他类似的计时器可以构造出来, 它们在求得海上的经度时具有充分的精确性.…… " 为了获得头 10000 英镑, 哈里森必须宣誓, 提供 4 号真实的全套工作图纸; 阐明并解说清楚每一部分的作用, 包括对弹簧的回火处理过程; 最后还要把前三台计时器连同 4 号, 一起交给委员会.[68]

　　任何一个外国人在这样一个节点上都会承认失败, 但哈里森不会, 再说他还是一个英国人, 一个约克郡人, "我不得不想," 在听到委员会这样苛刻的条款后, 他给委员会写信说, "我被这些绅士先生们给极度地利用了, 本来我以为他们不会是这样……, 必须承认, 我的这种情况非常艰苦, 但是我希望, 我是第一个, 为了我的国家, 我还希望, 这也是最后一个, 由于笃信英国国会的法案而受难的人." "哈里森经度" 案开始向公众传遍, 他的好几个朋友发起了一场反对委员会和反对国会的临时的公众运动. 委员会终于放宽了他们的条款, 哈里森很不情愿地把他的时钟从家里取出来开导一个由委员会指定的六人组成的委员会; 其中三人托马斯·穆奇 (Thomas Mudge)、威廉·马修斯 (William Mathews) 和拉康·肯达尔 (Larcum Kendall) 是时钟制作人. 于是哈里森收到了委员会 (1765 年 10 月 28 日) 指名给他的 7500 英镑, 或者说是作为他的奖金的头一半的结余. 另一半可就来得不那么容易了.

　　4 号现在放在经度委员会的手上了, 为英国人民的利益而托管. 于是它被精心地保护着, 以防有人, 即使是委员会的委员, 偷看和乱动. 然而, 这个有学问的集体做得还是极为谦逊. 首先, 他们着手尽可能广泛地公开其机构. 不可能把这个东西拆开, 他们要依靠哈里森自己的图纸, 这些被重新绘制过, 而且细心地刻下来了. 至于可以说是全面的文字描述则是由法师内维尔·马斯克莱恩写就, 并以附有插图的书籍形式印制: 哈里森先生计时器的原理及

---

[67] R. T. Gould, 前引文献, pp. 59, 60.

[68] 同前, pp. 60 及以后; Act of Parliament 5 George III, Cap. 20; 还可见 James Short, 前引文献, p. 15.

其插图. 伦敦, 1767. 其实这本书丝毫没有什么害处, 因为没有人能够从内维尔·马斯克莱恩所做的描述中把这台时钟复制出来. 对哈里森来说, 这是另一个要咽下的苦果. 他这样写道, "他们自从发表了我们所有图纸之后, 就不再给我奖金的最后一部分份额了, 甚至我和我的孩子的作为普通机械工人的工时钱都不给了; 这样残忍和不公正的事例, 在一个有教养的公民国家里从来没有过." 还有其他的令人苦恼的事接踵而至.[69]

4 号以空前的盛况和仪式送往皇家格林尼治天文观测台. 它按计划要在皇家天文学家、法师内维尔·马斯克莱恩的领导下经受长期的、耗尽精力的一系列考验. 我们还不能说马斯克莱恩逃避责任, 由于计时器总是被锁在盒子里, 除非有格林尼治天文台的主任派出的官员在场做见证, 他甚至连开动计时器都不行. 毕竟 4 号是一台价值 10000 英镑的计时器. 检验进行了 2 个月, 马斯克莱恩在各个不同的、未曾经历过的情形上进行考验, 旋快, 又旋慢, 然后有 10 个月是放在水平位置、旋快下进行测试的. 委员会发表了一份有关测试结果的详尽的报告, 由马斯克莱恩写了序言, 他在其中写出了他的研究意见: "哈里森先生的钟表, 在 6 个月的西印度航程之中, 不能保证维持测定经度在 1 度以内, 而在多于两个星期之内不能保证经度测量的精度在半度之内, 而且还必须放置在温度计始终在冰点以上的同一温度之下." (还有 10000 英镑奖金的未付款.)[70]

经度委员会接下来任命钟表制作人拉康·肯达尔制造 4 号的一个复制品. 同时他们还要求哈里森必须造出 5 号和 6 号, 并在海上对它们进行试验, 明白表示, 否则就不会给予那另一半奖金. 当哈里森问到, 他是否可以利用 4 号一段时间, 以帮助他建造那两台复制品时, 他被告知, 这不可能, 肯达尔要用它来工作. 哈里森尽了他可能尽的一切努力, 而委员会却为 5 号和 6 号计划了一系列让人精疲力尽的试验. 他们提到要把它们送到哈德森 (Hudson) 海湾, 让它们在宽阔的海上摇摆颠簸一到两个月; 还要把它们送到西印度群岛去.

在经过 3 年之后 (1767—1770), 5 号完工了. 在 1771 年, 正当哈里森父子完成对钟的最后调整之际, 他们听说库克船长正准备第二次探险巡航, 而且

---

[69] R. T. Gould, 前引文献, pp. 61–62; 62 n; 发表未经授权的哈里森的制图, 由法师马斯克莱恩作序, *The principles of Mr. Harrison's time-keeper, with plates of the same*, London, 1767.

[70] R. T. Gould, 前引文献, p. 63; 还可以参见 Nevil Maskelyne's *An account of the going of Mr. John Harrison's watch...*, London, 1767.

委员会正计划把肯达尔所做的 4 号的复制品随他一起送上去. 哈里森向他们请求送 4 号和 5 号作为替代, 告诉他们, 他愿意以对他的奖金的余额申索为其工作性能打赌, 或者接受 "任何形式的试验, 由那些证明没有偏向的人来做, 这样对其实质就会得到确切的结论". 这个人现在比任何时刻都着急把事情一劳永逸地搞妥帖. 但是事情却并非如此. 委员会告诉他, 他们认为把 4 号带出国不合适, 他们也看不出更改原定试验方式有什么理由.

约翰·哈里森这时已经 78 岁了. 他的视力已经下降, 他的那双巧手也再不像从前那样稳当了, 但是他的心仍然很坚强, 仍然还有许多斗争在等待着. 在有力地支持他的朋友和称赞者中, 有国王乔治三世陛下 (His Majesty King George the Third), 他曾经答应过哈里森和他的儿子, 在历史性的他塔号航行完成之后来听他们的汇报. 现在哈里森要来向国王寻求保护, 而在 "农夫乔治" 从头到尾听完了这个案子之后, 他再也忍不住了. 他吼了起来, "天哪, 哈里森, 我会让你得到公正." 他就真这样做了. 5 号就放在陛下在丘 (Kew) 的私人观测台中进行试验. 国王每日亲自参加对时钟的性能测试, 高兴地观察着计时器的运转, 它的总误差, 在超过 10 周的时间内为 $4\frac{1}{2}$ 秒.[71]

1772 年 11 月 28 日哈里森向经度委员会提交了一份备忘录, 详细地描述了在丘 (Kew) 所做试验的情况和结果. 作为回答, 委员会通过了一个决议, 指出他们对这个试验一点也不感兴趣; 他们看不到有什么理由要改变他们所提出来了的试验方式, 而且对在任何其他条件下所做的试验将不予理睬. 在绝望中哈里森决定打出他的最后一张牌 —— 国王. 有着国王陛下个人在这个过程中的兴趣作支持, 哈里森向国会提交了一份申请, 他做了如下的宣布: "诺斯 (North) 勋爵大人, 根据陛下的指令, 通知国会, 陛下已经得知所述申请的内容, 推荐国会予以考虑." 福克斯立即对此申请给以全力支持, 而且国王也愿意, 如果必要的话, 以较低的头衔到国会法庭为哈里森作证. 同时哈里森还分发了一份猛烈抨击, 约翰·哈里森案, 提出了对奖金的第二部分的声索.[72]

经度委员会开始感到局促不安了. 公众的义愤迅速上升, 国会发言人通知委员会, 对申请的考虑将推迟, 直至他们有机会修改他们关于哈里森先生的做法. 六个海事法庭的秘书开始抄录委员会关于哈里森的决定. 正当他们

---

[71] R. T. Gould, 前引文献, pp. 64–65.
[72] 同前, p. 66; 还可见 *Journal of the House of Commons*, 6, 5, 1772.

夜以继日地工作已完成其任务时, 委员会做了最后一次绝望的挣扎. 他们把威廉·哈里森召唤到他们跟前; 但是时间已经晚了. 他们推给他一套问答, 试图想使他同意新的试验和新的条件. 哈里森非常坚决, 拒绝他们可能提出的任何提议. 这时国会适时地签署了一项法案; 国王点了头, 于是就通过了. 哈里森父子取得了斗争的胜利.

约翰·库奇·亚当斯

1846 年海王星的发现是数学和天文学上的一个壮丽而又极富戏剧性的成就. 太阳系这个新成员的存在本身及其精确的位置是用铅笔和纸张来证明的; 给观察者留下的工作仅仅是例行的事务, 把他们的望远镜对准数学家们所标记的位置. 不难理解约翰·赫谢尔 (John Herschel) 爵士对此热情的赞扬, 他在皇家天文学会授予勒韦里埃 (Leverrier) 和亚当斯 (Adams) 金质奖章的时候这样说, 他们对海王星的共同发现 "从可理解和合理的方法上来讲, 超越了最大胆的洞察力."[1]

早在 1820 年左右人们就已经认识到在天王星运动中的不规则性, 观察到它的轨道与其计算得到的位置之间的偏差只能用受到外部干扰力来解释. 德国天文学家贝塞尔 (Bessel) 在那时对洪堡 (Humboldt) 指出, "天王星的秘密" 会 "被发现一颗新的行星来解决".[2] 这个问题被两个天文学家完全相互独立地解决了: 一个是巴黎天文观测台的台长乌班·让·勒韦里埃 (Urban Jean Leverrier), 另一个是剑桥大学圣约翰学院的 26 岁的小伙子约翰·库奇·亚当斯 (John Couch Adams). 征服这个错综复杂、劳动量大得不可思议的 "逆微扰" 问题 —— 即, 给出微扰, 找出行星 —— 是一件巨大智力功绩, 值得说是 "卓越的"; 但是各式各样的参与到这一事件中来的个人表现却缺乏这种卓越性. 这件事以混淆和不负责任, 以学究式的吹毛求疵和高卢人的背后说坏话, 以自以为是、嫉妒以及普遍存在的缺乏识别能力为其标志. 哈罗德·斯潘塞·琼斯 (Harold Spencer Jones) 做出过一个公平的陈述; 作为一位在职的皇家天文学家, 可以理解他会对乔治·艾里 (George Airy) 爵士宽厚大度, 在亚当斯时期的皇家天文学家, 他们几乎都成功地 —— 或多或少是无意

---

[1] *Nature*, Vol. XXXIV, p. 565.
[2] Giorgio Abetti, *The History of Astronomy*, 1952, New York, p. 214.

识地 —— 做到了对亚当斯工作的适当的承认.

我再补充有关亚当斯生平的几个细节, 这是在琼斯的讲稿中没有谈到的. 虽然海王星的发现是他的最负盛名的成就, 但这只是他对天文与数学所做长期而又出色的服务的开端. 亚当斯是著名的代数学家乔治 · 皮科克 (George Peacock) 的继任人, 成为剑桥大学的天文学和几何学教授. 这个位置, 还有作为彭布洛克 (Pembroke) 学院的数学专业的研究员 (fellowship), 他一直拥有到去世. 他的研究的代表性工作有, 论月球的运动, 论行星扰动对某些流星的轨道与周期的影响, 还有讨论各式各样的纯数学问题. 亚当斯在他的数学工作中是一个典型的匠人; 即使是在参加有奖竞赛的考试问题上都因其完善而受到赞美. 和欧拉与高斯一样, 他非常喜欢做巨量的数值计算, 以完美无缺的精确度算出结果. 但是他不会被这个特长所束缚. 他广泛地阅读历史、生物、地质和一般文学的著作; 对政治也有深入的兴趣. 在普法战争期间, 他是如此激动, "以致不能工作和睡觉".[3] 亚当斯是一个腼腆、文雅而又真挚的人. 1847 年他拒绝了骑士身份, 正如他拒绝卷入谁是第一个发现海王星的激烈争议. 这个荣誉是以一个愚蠢的企图提出来解决一个愚蠢的问题. 整个争议不在亚当斯的话下. "他没有抱怨, 也不申索优先权; 勒韦里埃没有得到更热烈的赞扬."[4] 他于 1892 年 1 月 21 日在久病之后去世.[5]

---

[3] J. W. L. Glaisher, biographical memoir in *The Scientific Papers of John Couch Adams*, ed. by William Grylls Adams, Cambridge, 1896, p. XLIV.

[4] *The Dictionary of National Biography;* Vol. XXII, *Supplement,* article on Adams, p. 16.

[5] 关于亚当斯 – 艾里事件进一步的报道, 可见 J. E. Littlewood, *A Mathematician's Miscellany*, London, 1953, pp. 116–134. [或参见其中译本: Littlewood 数学随笔集, 高等教育出版社, 北京, 2014, pp. 102–112. —— 译注]

头上有七扇窗户，两个鼻孔，两只眼睛，两只耳朵，一张嘴；所以在天上有两个可爱的、两个吉祥的、两个发光的星体，和一个单独的、不确定和无关紧要的水星. 由此以及自然界的许许多多的其他类似现象，比如七种金属等，细数起来太啰嗦，我们收集到行星的数目必定是十个,

—— 弗朗西斯科·西齐 (Francesco Sizzi) (驳斥伽利略发现木星卫星的论据)

---

4 约翰·库奇·亚当斯和海王星的发现

哈罗德·斯潘塞·琼斯

在 1781 年 3 月 13 日的夜晚，威廉·赫谢尔 (William Herschel)，一个职业音乐家，但是在其业余时间是一个勤奋的天空观察者，做出过给他带来名声的发现. 他曾经有一段时间用他自制的 7 英寸的望远镜对整个天空做系统的详细的观测；他仔细地注视着任何看起来不平常的现象. 在那个出事的夜晚，用他自己的话来说：

"在观察双子星座 H 附近的小星体时，我看到了一颗看起来似乎比其余的都要大的星体，被它的不寻常的外观所触动，我把它与双子星座 H 以及与在御夫星座 (Auriga) 和双子星座之间的方照 (quartile) 中的小星体相比较，发现比它们二者都大得多，我猜想它是一颗彗星."

大多数的观察者都会略过这个对象，不会注意到它有什么与众不同之处，因为这个小圆盘直径大约只有 4 秒. 这一发现只有靠着赫谢尔望远镜的优越性能和他在做观察时的极其细心才有可能.

这一发现的结果比赫谢尔所想象的重要得多，因为他所发现的不是一颗彗星，而是一颗新的行星，它以接近圆的轨道绕太阳旋转，其平均距离几乎准确地接近土星的 2 倍；它是唯一的，因为以前从未发现过这样的行星；已知的行星都是肉眼很容易看到的，用不着去发现.

　　这颗新的行星后来就叫作天王星, 在它被发现之后就确定了, 它早就作为一颗星体被观察过, 而且它的位置在以前起码被记录过几十次以上. 在这些观察中最早的是由在格林尼治的弗拉姆斯蒂德 (Flamsteed) 于 1690 年做出的. 1769 年勒莫尼埃 (Lemonnier) 在 9 天中观察到它 6 次通过, 要是他把这些观察做了相互比较, 他就不会失去在赫谢尔之前发现它的机会. 由于天王星 84 年才绕太阳转一圈, 这些早期观察对于研究其轨道具有特殊的价值.

　　利用由德兰贝尔 (Delambre) 所构造的表格计算出的行星的位置很快就显示出与观察不符合, 而且随着时间的流逝差别越来越大. 由于德兰贝尔的理论和表格可能有错误或不完善, 布瓦德 (Bouvard) 承担起了改进的任务, 他的行星表在 1821 年发表. 布瓦德发现, 如果将天王星的运动所受的每一个扰动都考虑进来, 那就不可能将弗拉姆斯蒂德、勒莫尼埃、布拉德利以及梅耶等人的老的观察与在 1781 年发现这颗行星之后的观察协调起来.

　　布瓦德说: "那么, 表格的构造包含了这个代替方案: 如果我们将古时候的观察与现代的观察结合起来, 那么前者就会以超级精度所要求的准确性得到充分好的表示, 但是后者就不会是这样; 另一方面, 如果我们干脆将古代的观察扔到一边, 只保留现代的, 那么所得表格就会与现代的观察完全一致, 但是就会非常不适于表示更古代的. 由于必须在二者之间做出取舍, 我决定采取后者, 其理由是, 它能以最大多数的可能性结合起来以利于得到真实情况, 至于弄清楚这两个系统调和起来的困难究竟是与古时候的观察有关, 还是由于有某种外来的、尚未看到的原因作用在这个行星上, 我把这个问题留到将来去解决."

　　对天王星的进一步的观察在一段时间里发现, 它可以由布瓦德的表很好地来表示, 但是观察与这些表格之间的系统的不符, 逐渐开始显现出来了. 随着时间的流逝, 观察结果不断地越来越偏离表格. 开始有人怀疑, 是不是可能有个遥远的行星存在, 它的引力的作用扰乱了天王星的运动. 另一个想法是, 引力的平方反比定律在天王星与太阳之间的距离上已经不是严格地成立.

　　计算一颗行星的运动受到另一颗运动行星的扰动的问题, 在该行星未受微扰的轨道及质量为已知的情况下是相当直截了当的, 虽然数学上有一点复杂. 可是逆问题, 就是分析一颗行星的运动以便导出产生这些扰动的那颗行星的位置、轨迹和质量, 可就要难得多和复杂得多了. 我想, 稍稍考虑一下就能表明, 为什么必定会是这样. 如果一颗行星只受到太阳的影响, 它的轨道就应该是一个椭圆. 其他行星的引力会干扰它的运动, 促使它一会儿偏到这个椭圆的这一边, 一会儿又偏到这个椭圆的那一边. 为了从所观察到的行星的位置来确定椭圆轨道的参数, 首先必须计算由其他行星所产生的扰动, 将它们从观察到的位置中减掉.

行星在这个轨道中任何时刻由未受扰动的运动所确定的位置可以算得; 如果再把其他行星的扰动算出来加上去, 就得到了行星的真实位置. 整个过程实际上就归结为一组表格. 但是天王星是受到一颗遥远的未知行星的扰动, 从观察到的位置减去已知行星引起的微扰, 还不是实际椭圆轨道的位置, 未知行星的微扰还没有考虑进去. 因此, 当来分析改正后的位置以便确定椭圆轨道的参数时, 所得参数会出错. 由像布瓦德这样的表格算出的天王星的位置会是错误的, 理由有二: 第一个是, 因为它们是以错误的椭圆轨道参数为基础的; 第二个是, 由于未知行星的扰动还没有加上去. 这两个错误的原因有一个共同的根源, 而且相互纠结在一起打不开, 所以不可能一个独立于另一个地来研究. 这样一来, 尽管有许多天文学家设想, 天王星可能是受到了一颗尚未发现的行星的扰动, 但他们无法证明这一点. 为解决这个所谓的逆微扰问题, 这就要从已受微扰的位置出发, 从它们导出起扰动作用的物体位置和运动.

这个复杂问题的第一个解是由一个英国剑桥大学的年轻数学家约翰·库奇·亚当斯 (John Couch Adams) 提出的. 当亚当斯还是一个小孩在小学的时候, 他就表现出令人侧目的数学才华和对天文学的兴趣, 以及在数值计算上的才能和准确性. 在 16 岁的年纪上他就计算了在他的兄弟居住的、靠近朗塞斯顿 (Launceston) 可以从里德柯特 (Lidcot) 看到的年度日食. 他在 1839 年 10 月 20 岁的时候进入圣约翰学院, 并且在 1843 年以数学荣誉考试高级荣誉获得者 (Senior Wrangler) 毕业, 以优异的成绩获得了第二名高级荣誉获得者 (Second Wrangler). 同一年他成了斯密斯 (Smith) 奖的第一个获奖者, 并被选为他的学院的研究员.

当他还没有毕业时他就注意到了天王星的运动的不规则性. 他去世后, 在他的遗稿中发现了他在第二个长假中所写的有关这方面的备忘录:

"1841 年 7 月 3 日. 本周开始之际, 在我取得学位之后就尽快地形成了一个研究天王星运动的不规则性的计划, 这一不规则性目前尚未得到考虑;

Memoranda.

1841. July 3. Formed a design, in the beginning of this week, of investigating, as soon as possible after taking my degree, the irregularities in the motion of Uranus, wh were yet unaccounted for; in order to find whether they may be attributed to the action of an undiscovered planet beyond it; and if possible hence to determine the elements of its orbit, &c. approximately, wd wd probably lead to its discovery.

要求出它们是否可以归结为一个在其外边的、尚未发现的行星作用的结果, 而且如果是这样, 就近似地确定它的轨道的参数, 等等, 这就有可能导致发现它."

当他获得学位之后, 他立即试图对这个问题做第一个粗略的解答, 对这个未知行星采用在天王星轨道平面上的一个圆周上运动的简化假设, 并且设它与太阳之间的距离为天王星的平均距离的二倍, 这是按照博德 (Bode) 经验定律所预期的距离. 这个初步解对在天王星的修正理论与观察之间的一致性给出了充分的改进, 鼓励他去做进一步的研究. 为了使观测数据更加完整, 普鲁姆 (Plum) 天文学教授查理斯 (Challis) 在 1844 年 2 月向皇家天文台台长艾里 (Airy) 为改正天王星在 1818—1826 年经度的错误提出申请. 查理斯解释说他是为他的一个年轻朋友、圣约翰学院的亚当斯先生申请的, 他正在研究天王星的理论. 在回信时, 艾里不仅仅送去了 1812—1826 年的格林尼治的数据, 而是送去了 1754—1830 年的数据.

现在亚当斯求出了这个问题的一个新的解, 仍然假设未知行星的平均距离是天王星的二倍, 但是不再假设轨道是一个圆. 他在这一学期时间 (term-time) 内没有太多的机会来进行他的研究, 大多数的研究工作都要放在假期内. 在 1845 年 9 月, 他完成了这个问题的解, 交给查理斯一篇文章, 其中有这颗行星的轨道的参数, 以及它的质量和 1845 年 10 月 1 日的位置. 由亚当斯所指出的位置实际上是在天王星那时的位置的 2° 以内. 在这个位置附近进行仔细的搜索应该会导致海王星的发现. 观察与理论的比较非常符合, 而且亚当斯, 由于对引力定律的信任以及对自己的数学计算的信任, 把它叫作 "一颗新行星".

查理斯给了亚当斯一封写给艾里的介绍信, 他在其中写道 "从他作为一个数学家的性格以及计算的实际能力, 从他的引言我必须认为这一推导是以可靠的方式做的". 但是当亚当斯访问格林尼治天文台的时候, 这位皇家天文学家正好在法国. 艾里在他回来的时候就立即给查理斯写信说: "您是否可以告诉亚当斯先生, 我对他所研究的课题非常感兴趣, 而且我会非常高兴, 如果我能从他的来信中看到它们?"

在接近 10 月末的时候亚当斯造访格林尼治, 在他从德文郡 (Devonshire) 去往剑桥的途中, 有见到这位皇家天文学家的机会. 大约在那时艾里几乎每天都在忙于参加铁路规范委员会会议而在亚当斯来访时他正好在伦敦. 亚当斯留下自己的名片, 并且说, 他还会再来. 名片是交给了艾里夫人, 但是亚当斯没有告诉她稍后还会来访的意图. 当亚当斯第二次来访时, 他被告知皇家天文学家正好在用午餐, 也没有给他留下什么话, 于是带着受伤害的感觉离开了. 不幸的是艾里当时不知道有这第二次来访. 亚当斯留下了一篇文章, 总结了他所得到的结果, 给出了在考虑了这颗新行星的扰动作用后的天王星的平均经度的残差的一张表格. 误差小得令人满意, 只有弗拉姆斯蒂德在 1690 年第一次观察除外. 几天之后艾里给亚当斯回信承认收到了那篇文章, 询问扰动是否能够解释天王星矢径的误差以及经度的误差; 根据格林尼治天文台的观测的总结, 艾里已经证明, 不仅天王星的经度, 还有它与太阳之间的距离 (称之为矢径) 都显示与所表列数值不一致. 艾里在后来说, 他非常焦急地等待着对这一询问的回答, 他把这看成是决定性的实验结果 (*experimentum crucis*), 而如果亚当斯做了肯定的答复, 那么他就会以他的全部影响力促成发表亚当斯的理论. 应该强调指出的是, 无论是查理斯, 还是艾里, 都对亚当斯研究的详情毫无所知. 亚当斯是在完全无助和没有任何指导之下攻克这个难题的. 在对自己数学能力的充分自信下, 他没有寻求任何帮助, 也不需要任何帮助.

亚当斯从未回答这个皇家天文学家的询问, 但是就是这个未作回答, 几乎很可能就可以使他能够独享发现海王星的荣誉. 艾里和亚当斯是从不同的观点来看待这同一个问题的, 亚当斯是如此地充分相信, 天王星的理论与观测之间的不一致是由于一颗未知行星扰动的结果, 以致对别的假设他一概不加考虑; 可是艾里却不一样, 他不排除引力定律在距离很大时不能精确地成立的可能性. 他的提问的目的, 他把这看得很重要, 就是要在这两种可能性之间做出抉择. 正如他以后在给查理斯的信中所说的 (1846 年 12 月 21 日):

"有两件事需要解释, 它们可能是各自独立存在的, 其中的一个可以独立于另一个来加以肯定: 即经度的误差与矢径的误差. 没有任何先验的理由来设想有一个假设, 既能解释经度的误差, 又能解释矢径的误差. 如果亚当斯在满意地解释了经度的困难之后, 能够 (以由此找到的两颗行星的参数数值) 把他的关于矢径的微扰的公式转化为数字, 而这些数字又与矢径的不一致性的观测到的数字不一致, 那么这个理论就会是错误的, **不是**由于亚当斯的任何错误, **而是**由于引力定律的错误. 因此这个问题转化为引力定律是继续有效还是失效的问题."

是什么原因导致亚当斯没有回答呢? 有几种可能; 他在后来不久 (1846 年 11 月 18 日) 自己给艾里的一封信中对此是这样说的:

"我几乎用不着说我是如何后悔没有及时回答在您的 1845 年 11 月 5 日的短信中所提出的有关天王星的矢径问题. 为了减轻这种感受, 尽管不是为了为这一忽略, 我要说, 我没有意识到您对我的回答在这一点上的重要性, 我一点也没有注意到您在这一点上所感觉到的困难. …… 几年过去了, 所观察到天王星的位置一直是越来越快地落后于它的列表的位置. 换言之, 天王星的真实的角运动, 比列表所给出的慢得多. 在我看来这明显地表示, 列表的矢径由任何代表经度运动的理论应该会大大地增加. …… 相应地, 我发现, 如果我只是简单地校正椭圆参数, 以使它尽可能地满足接近现代的观察, 而不必把任何新的微扰加进来, 那么矢径的相应增加就与由我的实际的理论所给出的相差不远. 就是由于这一点我延宕了给您的回信, 直至我有时间

1845 October

According to my calculations, the observed irregularities in the motion of Uranus may be accounted for, by supposing the existence of an exterior planet, the mass & orbit of which are as follows

Mean Dist. (reduced nearly in accordance with Bode's law)
38.4

Mean sid. motion in 365.25 days
1".30'9

Mean Long. 1st Oct. 1845
323°.34'

Long. Perih.
315.55

Eccent.
0.1610

Mass (that of the Sun being unity)
0.00016.6

For the modern obs^ns I have used the method of Normal places, taking the mean of the Tabular errors as given by obs^ns near 3 consecutive opp^ns to correspond with the mean of the times & the Greenw. obs^ns have been used down to 1830. Since wh. the Cambridge & Greenwich obs^ns and those given in the Astron. Nachr. have been made use of. The foll^g are the sev.? errors of mean Longitude

Obs^n−Theory		Obs^n−Theory		Obs^n−Theory	
1780	+1.27	1801	−0.04	1822	+0.30
1783	−0.23	1804	+1.76	1825	+1.92
1786	−0.96	1807	−0.21	1828	+2.25
1789	+1.82	1810	+0.56	1831	−1.06
1792	−0.91	1813	−0.96	1834	−1.44
1795	+0.09	1816	−0.31	1837	−1.62
1798	−0.99	1819	−2.00	1840	+1.73

the error for 1780 is concluded from that for 1781 given by obs^n compared with those of 4 or 5 following years & also with Lemonnier's obs^ns in 1764 & 1771.

For the ancient obs: the foll: are
the new: errors

	Th — Theory		Obs — Theory
1690	+44.4	1756	−6.0
1712	+6.7	1763	−5.1
1715	−6.8	1769	+0.6
1750	−1.6	1770	+11.8
1753	+5.7		

The errors are small except for
Flamsteed's obs: of 1690. This being
an isolated obs: very distant from
the rest, I thought it best not to
use it in forming the —: if could.
It is not improbable however
that this error might be dest?
by a small change in the
assumed mean motion of the
new planet.

J. C. Adams

写出我所采用的方法, 我告诉过您的结果就是用这个方法得出的. 不止一次地我开始过撰写这个题目, 但是遗憾的是都没有坚持下去. 我曾经非常难过没能在我第二次访问皇家天文台时见到您, 因为我感到整个事情也许花半个小时的交谈就能比用几封信解释得更清楚, 而书写它们我会感到出奇地困难. 我对于第一次强烈地认定所观察到的反常是由于一颗外面的行星导致的这一点感到极为满足; 任何别的假设在我看来都不值得予以丝毫的注意. 对于我的计算的准确性我十分自信, 因为自己在算时十分细心, 又对它们做了多次的检查. 唯一似乎有疑问之处就是对平均距离的假设, 这一点我很快就做了改正. 不过工作进行得很慢, 因为我没有多少时间用来做研究,除非是在假期.

"可是我不能期望实际的天文学家们, 他们的时间已经被重要的工作占满了, 不一定会像我自己那样信任我的研究结果; 因此, 如果没有别人来承担这个任务, 我就得把在圣约翰学院内所能得到的小型设备准备好, 带着这个特殊的目的来自己寻找这颗行星."

艾里是一个头脑非常精确和有规矩的人, 也是一个极其有条理、回信及时的人. 别人可能会在个事上继续跟上去, 但是艾里不会. 在近期给查理斯的一封信中, 他说, "亚当斯的沉默 …… 是如此地不幸, 导致了所有进一步交流的实际壁垒. 显然我不可能再给他写信了."

这期间另一位天文学家把他的注意力转向了研究天王星运动的不规则性的问题. 1845 年的夏季, 巴黎天文观测台的台长阿拉戈 (Arago) 引起了他的朋友和门生勒维里埃对研究天王星理论的重要性的注意. 勒维里埃是一个年轻人, 比亚当斯大 8 岁, 已经以其在天体力学中的一系列出色的研究而在天文学圈子里确立起了名声. 与之对比, 亚当斯在他的剑桥的朋友圈子之外还是一个无名之辈, 还没有发表过任何东西.

勒维里埃决定专心致志于天王星的问题, 把他一直以来在从事的彗星研究放在一边. 他的研究得到了充分的公开, 因为他的结果, 随着研究的进展, 以一系列论文的形式发表在法国科学院的《科学院通报》(*Comptes Rendus*)上. 其中第一篇发表于 1845 年 11 月 (在亚当斯把他对这个问题的解交给皇家天文学家之后的 1 个月后), 勒维里埃在这篇文章中重新计算了木星与土星对天王星的微扰, 推导出了天王星的新的轨道参数, 证明了这些微扰不足以解释所观察到的天王星的不规则性. 在接下来的于 1846 年 6 月提交的一篇文章中, 勒维里埃讨论了对不规则性的各种可能的解释, 得出了它们没有一个是可以接受的结论, 除非是在天王星之外有一颗起扰动作用的行星. 他假设, 和亚当斯所做过的一样, 它的距离是天王星的距离的二倍, 它的轨道在黄道平面内, 并赋予它在 1847 年初的经度; 他没有得出它的轨道参数, 也没有确定其质量.

由勒维里埃所给出的位置与 7 个月前亚当斯所给出的只差 1°. 艾里现在感到这两个计算的精度没有什么可怀疑的了; 然而他仍然要求对矢径的误差得到满意的解释, 于是他给勒维里埃写信提出和在给亚当斯的信中一样的问题, 不过这次问得更明显. 他提出列表的矢径的误差是否为这个外部行星产生的微扰的结果, 并且解释为什么, 类似于月球的变化, 这次不能使他感到必定是如此. 几天之后勒维里埃写来了回信, 给出的解释使艾里感到完全满意. 勒维里埃说, 表列矢径的误差实际上不是由这颗扰动行星产生的; 布瓦德轨道需要校正, 因为它原来所依据的位置不是真实的椭圆位置, 其中包括了外层行星的微扰, 由于这个原因轨道需要校正, 校正过后的轨道就消除了矢径的观察值与表列的数值之间的差异.

艾里是一个行动迅速而又果断的人. 他现在已经完全信服了对天王星的运动的不规则性的真正解释已经找到了, 而且他深信, 这颗新的行星不久就会被发现. 他在收到来自勒维里埃的回信的前几天就已经在皇家天文观测台的访问者委员会的 6 月会议上, 告知在不久的将来有发现一颗新的行星的极大可能性. 正是由于艾里这样强烈地表达的意见, 使得约翰·赫谢尔爵士 (委员会的成员之一) 在他 9 月 10 日对英国 [天文] 协会在其南安普顿的会议的讲演中说道: "我们看它 [一颗新的行星] 就像哥伦布从西班牙海岸看到了新大陆. 我们已经感觉到了它的运动, 看到了沿着分析伸入到遥远的深处的长线颤动, 其确切性几乎不亚于亲眼看见."

艾里考虑最适宜用来探索这颗新行星的望远镜是剑桥观测台的诺善贝尔兰 (Northumberland) 的望远镜, 比格林尼治的任何一台都要大, 很有可能探测到其亮度比较微弱的行星. 如果查理斯太忙没有工夫自己来进行探索, 艾里提出派他的一个助手去查理斯那里. 他指出, 最适宜于探索 (那时这颗尚未发现的行星所在的位置) 的时间就要到了. 几天之后艾里给查理斯送去实施这一探索的详细指示, 并在附信中说, 在他看来, 这一搜索的重要性, 超过了当前的任何其他工作, 而且它有这样的性质, 一旦延误就会完全失去.

查理斯决定自己来进行这项探索, 并于 1846 年 7 月 29 日开始观察, 在抵达位置前的 3 周. 采用的方法是, 对要探索的区域进行三次扫视, 在每进行下一次扫视前, 把所有观察到的星体都画下来. 如果这颗行星被观察到了, 那么在比较不同的扫视时, 就会显示它相对于其他星体的运动.

接下来事对查理斯来说非常难以相信. 他先从观察亚当斯所指出的区域开始: 进行观察的头四个夜晚是 7 月 29 日, 7 月 30 日, 8 月 4 日和 8 月 12 日. 但是在探索进行中, 在观察的不同夜晚之间他没有做什么比较. 他的确在 7 月 30 日与 8 月 12 日之间做过一个部分比较, 只为了使自己确信观察的方法是合适的. 他在 8 月 12 日所观察到星体中的 39 号星体前停了一会儿;

在他发现所有这些都是在 7 月 30 日观察过的之时, 他对观察的方法感到满意. 如果他继续比较了另外 10 颗星体, 有一颗在 8 月 12 日观察到的 8 级星在 7 月 30 日的系列中没有见到. 就是这颗星: 它在这两个日期内曾经游荡在这个区域. 因此它的发现就很容易地在他的掌握之中, 但是 8 月 12 日不是已经观察到这颗星体的第一次; 他已经在 8 月 4 日观察到过, 而且如果他还将 8 月 4 日的观察与 7 月 30 日的观察, 或者与 8 月 12 日的观察做了比较, 那么他就会检测到了这颗行星.

在我们回想起艾里强调进行这个探索要超过任何其他当前的工作时, 查理斯随后为其失败所做的辩解就显得这么苍白无力. 他说, 他之所以延宕了比较, 部分是由于挂记彗星观测 (这他已等了很久), 部分是由于有这样的固定印象, 要保证成功还要花长时间的搜索. 他承认, 在整个探索过程中, 他对理论的指示信心不足. 天哪! 缺乏信心的人哟! 要是他能分享艾里对这一探索的重大意义的认识就好了!

但是我们对此也有所预料. 当查理斯正在努力地进行他的搜索的时候, 亚当斯在 9 月 2 日给艾里写了一封重要的信, 他不知道这时艾里正好在德国. 他指出他在第一次计算时假设了这颗起扰动作用的行星的平均距离是天王星距离的二倍. 他说, 以任何随意的假设为基础的研究很难认为是令人满意的. 因此他重新进行了计算, 假设了一个较小的平均距离. 结果非常令人满意, 理论与观测的符合程度得到了改进, 同时, 轨道的偏心率也减小了, 而在第一次的解中大得太过头了. 他给出了这两个解的残差, 并且指出, 与格林尼治最近的观测比较显示, 进一步减小平均距离会得到更好的吻合. 他请求给他格林尼治在 1844 年和 1845 年的观测结果. 然后他对天王星的矢径的表列数据做了校正, 指出它们与格林尼治观测台要求的更接近了.

在两天前, 即在 8 月 1 日, 勒韦里埃给巴黎科学院送去了第三篇论文, 发表在一系列《科学院通报》上, 它们在接近 9 月底的时候抵达了伦敦. 查理斯在 9 月 29 日收到. 勒韦里埃给出了这颗假想行星的轨道参数, 它的质量和它的位置. 从这颗行星的质量和位置, 在合理地假设它的平均密度与天王星的密度相等的情况下, 他提出它将显示为一个角直径约为 3.3 秒的圆盘. 勒韦里埃接着进一步如下地指出:

"用好的望远镜应该能够看到这颗新的行星, 由其圆盘的直径可以把它区别出来. 这是非常重要的一点. 如果不能从外表上把这颗行星与别的星体区分出来, 那么为了发现它就必须在所考察的星空内所有的小星体中检出那个真正运动的来. 这件工作就会是长时间而又麻烦的事情. 但是, 如果相反, 这个行星有一个敏感圆盘, 能防止它与其他的星体混淆, 如果只需简单地研究它的物理外表就能代替严格地确定所有星体的位置, 搜索就会快得多."

查理斯在 9 月 29 日读到这篇论文之后, 就在当晚在勒韦里埃所指示的区域内 (这也几乎与一年前亚当斯在第一例中所指示的一致), 对可见圆盘做特别的搜索. 在所观察到的 300 个星体内, 他一个一个地注视, 就是查有没有像圆盘的. 实际上这是一颗行星. 在几个小时的期间之内他就检测到了它的运动, 但是查理斯为了确认, 等到了第二个晚上, 一直等到由于月亮当道看不到别的星体为止. 到了 10 月 1 日, 他得知在柏林已于 9 月 23 日发现了这颗行星. 他做出独立发现的机会已经没有了.

因为在 9 月 23 日柏林天文观测台的天文学家伽勒 (Galle) 收到了来自勒韦里埃的一封信, 信中建议他应该来搜索这颗未知的行星, 它可能靠着是一个圆盘而比较容易地区别出来. 达勒斯特 (D'Arrest), 观测台里的一个机灵的青年志愿者, 请求参与搜索, 并且建议伽勒, 查看一下柏林科学院的星图也许是有价值的, 这些那时正好在陆续发表之中, 检查一下那 21 点的星图是否已在完成之列. 结果他们发现这张图在 1846 年初已经印出来了, 但是还没有分发; 因此只有柏林观测台的天文学家才能看到. 伽勒立即坐到望远镜前描述他所看到的星体的位形, 而这时达勒斯特在星图上跟随着它们, 直至伽勒说道: "有一颗 8 级的星体, 在一个这样的位置." 这时达勒斯特就叫出来: "这颗星不在星图上." 第二晚的观察表明这个客体已经改变了它的位置, 证明它就是那颗行星. 如果查理斯能有这张星图, 本来是会有的, 只不过是分发晚了, 他无疑肯定会在 8 月份一开始就已经找到了这颗行星, 比勒韦里埃向巴黎科学院提交他的第三篇论文还要早几个星期.

勒韦里埃于 10 月 1 日写信给艾里, 通知他发现了这颗行星. 他说, 经度委员会已经采用了海王星 (Neptune) 这个名称, 三叉戟的外形, 而天门神星 (Janus) 这个名称 (也曾提议过这个名称) 不太方便, 会造成它似乎是太阳系中的最后一颗行星, 而还没有理由能相信这一点.

按照勒韦里埃的出色的研究而做出的这颗行星的发现, 通过法国科学院所发表的论文而为世界科学界所知, 受到了高度的赞扬和欢迎, 并被宣称为人类智力最伟大的成就之一. 亚当斯在之前的研究, 和他对于这颗行星位置的预言, 查理斯的长期耐心的搜索, 在英国只有很少的人知道. 亚当斯没有发表任何东西. 他把他的结果通知了查理斯和艾里, 但是他们两人谁都不知道他的研究的细节; 他的名字在他的国家之外的天文学界的圈子里没有人知道. 亚当斯的确写好了一篇文章准备在 9 月份早些时候在南安普顿的英国 [天文] 协会上宣读, 但是他没有来得及及时赶到提交, A 组会议在他预期达到的前一天就结束了.

第一份印制的参考文献证明亚当斯独立地达到了类似于勒韦里埃所做出的, 是在约翰 · 赫谢尔爵士发表在 10 月 3 日的《科学协会报》(Athenaeum) 上的一封信上得出的. 这对法国数学家来说简直是晴天霹雳, 他们对亚当斯的著作倾倒了心胸狭窄的诽谤. 他们认为他的解是一篇粗制滥造的论文, 经不起严格的检查的考验, 而且由于他没有发表任何有关他的研究的论述, 他无法确立其优先权, 甚至也不能分享这一发现. 这种话从 10 月 5 日查理斯写给阿拉戈的一封不妙的信中, 似乎得到了某种证实, 查理斯在信中说, 他按照勒韦里埃的指示搜索这颗行星, 并且在 9 月 29 日观察到一个客体, 看起来像个圆盘, 后来证实就是那颗行星. 这封信没有提到亚当斯的研究, 也没有提到他早些时的搜索, 在那次搜索中他曾两次观察到那颗行星. 此外艾里在 10 月 14 日给勒韦里埃的信中提到在英国所做的旁系的研究, 得到了与他自己相同的结果. 他还接着说: "如果我还给别人赞美, 我希望你不要认为这是在干扰我对你的宣告的承认. 无疑你是要得到承认的, 承认你是这颗行星位置的真正的预言者. 我还可以说, 英国的研究, 就我所知没有像你的那么广泛. 我知道它们比知道你的要更早." 很难理解艾里为什么要写这样一些话; 他以高度的赞美的方式表达了对勒韦里埃解决这个问题的方式的看法, 但是他对还没有看到结果的亚当斯的工作却无法表达任何看法.

在 10 月 12 日法兰西科学院的会议上阿拉戈为他的门徒勒韦里埃做了一篇漫长而又充满热情的辩护, 对亚当斯做了激烈的攻击, 指责他所做的是阴暗的工作. "今天勒韦里埃被要求将这样高尚 、这样可靠地获得的荣誉, 与一个青年人分享, 一个没有向公众告知任何东西的人, 他的计算多少是不完整的, 只有两点例外, 在欧洲的天文台是完全未知的! 未知! 未知! 科学界的朋友不会许可这样的不公正的喊叫." 他做出结论说, 在勒韦里埃行星的历史中, 亚当斯没有任何权利可以要求什么, 无论是靠详细的引证, 甚至哪怕是一点点暗示. 在法国国家的情绪高涨,《国家报》(Le National) 攻击三位最有名的英国天文学家 (赫谢尔、艾里和查理斯) 组织了一个可耻的计划来偷窃勒韦里埃先生的发现, 而亚当斯的研究只不过是为了这个目的秘密发明山来的.

在英国意见出现分歧; 有些英国天文学家认为, 由于亚当斯的结果没有公开发表, 承认他无权分享这个发现, 但是大多数英国人认为, 成功地预言这颗未知行星的位置的功劳应该在亚当斯与勒韦里埃之间平均分配. 亚当斯本人在这场持续了时日的有关新行星发现的功劳的激烈的争议中不介入; 他对此事没有发表过一句批评和抱怨的话.

争议由于赫谢尔一封给《卫报》(Guardian) 的信升到了一个更高的层面, 他在信中说:

"这一伟大的发现, 从思想上来说, 是它的最高表现, 从科学上来说, 是它的最精致的应用之一. 这样来看, 它提供了一个比任何个人问题更深刻的意义. 与这一步的重要性相比, 有意思的是要知道, 发现有不止一个的数学家能够研究它. 这样表述的事实, 这样来说吧, 成了我们的科学成熟的度量. 我还不能想象有什么比这一情况更适宜于给公众造成对大量聚集的事实、定律和方法, 以其现在的存在、实在和它们被纳入的形式, 有更深刻的印象. 在英国我们需要某个这样的提醒者, 在这里对这种更高的理论信任的缺乏, 至今在某种程度上仍然是我们无法摆脱的弱点."

在 1846 年 11 月 13 日皇家天文学会的会议上, 三篇重要的文章被宣读. 第一篇是皇家天文学家的, 是一篇 "叙述某些与天王星外的行星发现历史有关的内容", 给出了所有与亚当斯、查理斯和勒韦里埃的通信, 还有亚当斯的两份备忘, 以及与此有关的艾里本人评述. 叙述充分清楚地表明, 亚当斯和勒韦里埃是各自独立地解决了这同一个问题的, 他们给出的这颗新行星所在的位置十分接近, 而且是亚当斯首先解决了这个问题. 第二篇是查理斯写的有关 "1846 年 9 月 23 日在柏林所做搜索观测时对这颗行星的发现", 这表明在搜索这颗行星的过程中, 他在发现这颗行星前已经在柏林观察到两次, 而在这个发现的新闻传到英国前他第三次观察到这颗行星. 第三篇文章是亚当斯写的, 标题是 "在有一颗更远行星引起的扰动假设下, 对天王星运动的不规则性的解释; 包括对这颗扰动星体的质量、轨道和位置的确定".

亚当斯的备忘录是一篇杰作, 显示出对这个问题的深入理解; 其数学上的成熟程度在这么一个青年人的身上是非凡的, 而且在处理这么复杂的数值计算上的才能也是非凡的. 海军上尉斯特拉福德 (Stratford), 航海年刊的主管, 把它作为附录重新发表在 1851 年的《航海年刊》上, 然后在发行的过程中, 给《天文信息》(*Astronomische Nachrichten*) 的总编舒马赫 (Schumacher) 寄去了足够多本, 以便和该期刊一起分发. 汉森 (Hansen), 月球理论最著名的专家, 给艾里写信说, 在他看来, 亚当斯的研究表现出比勒韦里埃更有数学天才. 艾里, 一个有能力的裁判者, 他在给比奥 (Biot) 的信中谈了自己的意见, 后者曾在给艾里的一篇文章中谈到这颗新的行星. 他说, 他给他写这封信, 有点缺乏自信, 因为他对亚当斯的工作给了比艾里所给的更高的评价. 艾里在回信中这样写道: "总的来说, 我认为他 [亚当斯] 的数学研究高过勒韦里埃先生. 但是二者都是同样值得赞扬, 很难说." 他接着说: "把亚当斯摆到他的恰当的位置上, 我比任何人都做得更多."

随着这两个人的独立研究的发表, 承认他们每一个人都应该获得同等份额的荣誉, 这一点已经没有困难了. 历史的定论和约翰·赫谢尔的意见一致, 他在 1848 年在皇家天文学会上的一次演讲中说:

"天才和命运已经把勒韦里埃的名字与亚当斯的名字连接在一起了, 我绝不会把他们分开; 只要语言还会庆贺科学在其升华进程中的胜利, 也不会把他们分开拼读. 在海王星的伟大发现上, 其在智力和合理性的手段上, 已经超越了洞察力的最疯狂的抱负, 现在要我再来详述已经是非常多余的了. 那件光辉的事件, 以及导致它的各个步骤, 还有它在其中所得来的各种知识, 对那些只要有一点点科学知识的人都已经非常熟悉了. 我只想补充说, 由于在这个题目上这两个谦虚的人没有、在后来也从未有过最轻微的争夺 —— 他们以兄弟相待, 我相信以后也永远会彼此这样 —— 在这一点上, 我们对他们过去不分彼此, 以后也永远如此. 但愿他们能够长期扩展我们的科学, 使之熠熠生辉, 并用新的成就来增加他们自己的已经这样高和纯粹的名声."

尽管在 10 月 1 日勒韦里埃已经通知艾里, 经度委员会已经给这个新的行星命名为海王星, 阿拉戈于 10 月 5 日在法国科学院宣称, 勒韦里埃已经授权代表他命名这颗行星, 而且他也决定行使这个权利, 把它称为勒韦里埃星. 他说: "我庄严宣告, 除了叫勒韦里埃星之外, 决不把这颗新星叫作其他名字." 好像为了认证这个名字还不够似的, 勒韦里埃还收集了关于天王星的微扰的备忘录, 这后来发表在 1849 年的《天文年历》(*Connaissance des*

Temps) 上, 它的标题是 "赫谢尔行星 (所谓的天王星) 的研究 (*Recherches de la planète Herschel* (dite Uranus))", 附加了一个脚注说, 勒韦里埃认为这是自己的严格的任务, 就是在今后的出版物中, 完全不提天王星这个名词, 只用赫谢尔的名字来称呼这颗星!

把这颗星称为勒韦里埃星在法国之外没有受到欢迎. 这与按照用神话里的神来命名的习惯不相符, 而且这也完全忽视了亚当斯的作用. 此外它也可能制造一个先例. 正如斯密斯 (Smyth) 对艾里说的: "神是中性的. 赫谢尔是一个足够好的名字. 勒韦里埃或者别人要提出一个始作俑者, 这就不太合适. 只要想一下, 如果下一个行星会是由一个德国人、一个布格人 (Bugge)、一个丰克 (Funk) 人, 或者是你的那位多毛的朋友波古斯拉夫斯基发现的话!"

反对用勒韦里埃的名字的感受蔓延开来, 在德国有恩克 (Encke)、高斯和舒马赫, 还有俄国的斯特鲁维 (Struve). 于是艾里给勒韦里埃写信:

"从我与英国的天文爱好者的谈话以及与德国天文学家的通讯来看, 我发现阿拉戈所给定的名字不是很受欢迎. 首先, 他们认为, 这个名字的特点是, 与所有其他行星的名字都不同. 其次, 他们认为, 阿拉戈先生, 他作为你的代理人, 只能做你能做的事, 而你并没有给出阿拉戈先生所给出的名字. 他们全都愿意接受你挑选的一个神的名字. 我自己也有这样的感觉. 开始的时候大家都以为你赞成用海王星 (Neptune) 这个名字, 在这样前提下, 在需要用一个名字的时候我们已经用了海王星这个名字 (或像有些英国的神学家提议的用俄刻阿诺斯 (Oceanus) —— 或者其他类似的名字), 我相信所有的英国人和德国人马上就会采用, 而我不敢肯定他们会采用阿拉戈先生已经给出的名字."

艾里本来还可以补上, 但他没有, 不仅是在英国, 还有德国和俄国, 普遍会感到, 用勒韦里埃这个名字会意味着对亚当斯工作作用的否定, 而也就是这个原因使得他们感觉这个名字不合适.

勒韦里埃在回答时说, 由于人们也说哈雷彗星, 恩克彗星, 等等, 他看不到勒韦里埃行星有什么不合适; 而且还说经度委员会没有得到他的同意给出的海王星这个名字, 现在已经收回了; [1]而且他已经将选择名字的事全权交给阿拉戈了, 这件事就与他无关了. 过了一些时候, 当阿拉戈与勒韦里埃的关系有些紧张的时候, 阿拉戈就把实际的情况说出来了. 原来阿拉戈开始同意海王星这个名字, 但是勒韦里埃已经恳求他, 作为同乡和好朋友, 采用勒韦里埃这个名字. 阿拉戈最后同意了, 但是条件是, 天王星必须永远叫作赫谢尔行星, 这是阿拉戈自己经常用的名字. 最伟大的人也容易有人类的弱点和错误; 勒韦里埃的朋友把他形容成一个 *mauvais coucheur*, 一个令人不快的伙伴. 根据天文学家的普遍意见, 这颗新行星采用了海王星这个名字; 勒韦里埃这个名字存续时间不久.

在海王星发现的历史中, 有这么多可能完全改变这个事件进程的机会都失去了, 要在早 50 年以前就发现这颗行星都不奇怪. 当对海王星有了足够的观测, 使得计算一个相当精确轨道已经有了可能的时候, 探讨它是否在发现它以前就被观察到过就开始了. 结果人们发现, 在拉兰德 (Lalande) 的《天体历史》(*Histoire Céleste*) 一书中记载了有一颗在 1795 年 5 月 10 日观察到过的星体在天空中消失了; 其位置被标记为不确定, 但是很符合海王星的预期位置. 查阅了拉兰德留在巴黎观测台的原始文本, 结果发现, 实际上拉兰德不仅在 5 月 10 日, 而且在 5 月 8 日也观察到了海王星. 这两个位置被发现不一致, 并且被认为是同一颗星体, 拉兰德把在 5 月 8 日的记录弃去, 只把 5 月 10 日的观察载入《天体历史》, 标记它为可疑, 尽管在书中没有这样标记. 这两天中的位置改变完全符合海王星在这两天期间内的运动. 如果拉兰德不怕麻烦做了进一步的观察, 检验另两颗, 他就几乎不会失去发现这颗行星的机会. 艾里在把有关观察的信息送给亚当斯的时候, 他的评论只这样的: "请不要由此责怪查理斯".

---

　　[1]勒韦里埃的说法是不正确的. 经度委员会的记录表明, 在 10 月 1 日的时候委员会还没有考虑给它命名, 这时勒韦里埃就已经不仅给艾里, 而且还给德国和俄国各个天文学家写了信, 通知他们, 经度委员会 "已经采用了海王星这个名字, 采用一个三叉戟作为图形标记". 委员会既没有指定海王星这个名字, 又没有随后收回. 经度委员会的记录表明, 勒韦里埃的说法已经被委员会在随后的会议上给否定了. 海王星这个名字似乎是勒韦里埃本人在第一时刻的选择, 但是他立即又决定, 最好还是用勒韦里埃来命名这颗行星. 他为什么说委员会已经决定用海王星这个名字来命名, 无法解释; 实际上, 委员会也没有给一颗新发现的行星命名的权限.

H. G. J. 莫斯利

在 1915 年 8 月 10 日, 28 岁的英国青年物理学家, 亨利·格温 – 杰弗里斯·莫斯利 (Henry Gwyn-Jeffreys Moseley) 死于加里波利的战壕中. 这个极有天分的青年科学家于 1914 年离开欧内斯特·卢瑟福 (Ernest Rutherford) 爵士在曼彻斯特 (Manchester) 的实验室参军. 他不仅仅是一颗土耳其子弹的牺牲品, 也是无比愚蠢的征兵制的牺牲品, 这种征兵制居然让这样一个被证明了有天才的科学家成为一个士兵, 因为莫斯利的卓越才华是众所周知的. 他已经与卢瑟福在一起工作了几年, 而且在 27 岁的时候已经在物理中做出了其重要性与 20 世纪任何成就可以媲美的发现. 一个在科学的历史上有着最伟大前途的生命, 就这样浪费掉了. 就是由于这样巨大损失的例子, 促使英国和美国学会了保护它们的科学家处于第二次世界大战的火线之外.

莫斯利对原子结构的研究报告刊布在两期的《哲学杂志》(*Philosophical Magazine*) 之中, 我们选了其中一篇摘要于下. 虽然比较容易解释, 它们还是以物理学家的简练而又困难的术语写成的. 因此我最好还是来把它们的内容总结一下, 并对如何将莫斯利的工作纳入现代物理学的图景中简短地讲几句.

在伦琴于 1895 年发现 X 射线之后, 有许多科学家致力于将这种辐射与光波相比较, 试图用 X 射线来做反射和折射, 确定它们是否和光线一样能够产生干涉现象. 这些试图失败了. 如果一束平行光投射到光栅上, 光栅是由在一个曲面上的一英寸内刻着的几千条细线组成, 通过它, 光或由它所反射的光, 分裂成它的不同颜色的光, 或者说不同波长成分的光, 呈现出一个光谱. 当把这一过程应用到 X 射线时, 也失败了. 这些实验表明, 要么 X 射线不是波, 要么就是它的波长太短, 用于研究光波的方法对它不适合. 1912 年马克斯·冯·劳厄 (Max von Laue) 提出, 由于人造的光栅对于这一任务太粗糙了, 大自然以晶体的形式有可能抓住比最短的光波的千分之一还要短的波. 冯·劳厄把他的理论的数学算了出来, 弗里德利希 (Friedrich) 和克利平 (Knipping) 在一系列的漂亮的实验中证实了这个理论. 晶体中有规则的原子排列可以作为一个超级光栅 ("极小尺度的光栅"), 产生 X 射线的特征衍射光谱. 可以把这种谱线拍摄下来, 对它们进行分析. 这样一来, 就确立了 X 射线的波动本质, 附带地打开了进入晶体结构的一个巨大的新的领域.[1]

　　现在来谈莫斯利的实验. X 射线是令由位于真空管内的负极 (阴极) 发射出来的一束电子撞击在一固体靶上产生的. 伦琴用了一块铂板作靶极, 但是后来很快就弄清楚了, 如果用其他元素的板来替代, 它们在阴极射线的轰击下也会发射 X 射线. 莫斯利依次用 42 种不同的元素作靶极. 他令每一组 X 射线通过一晶体, 拍摄下所得的衍射图案, 分析由每一个样品发出的波. 他注意到他的数字有一个惊人顺序. 当他沿着周期表的顺序 —— 元素在其中是按原子量的大小排列, 并按其化学性质分组的 —— 一个接一个向上移动时, 他发现元素的特征谱线频率的平方根有规律地上升. 如果将这个平方根乘以一个适当的常数, 从而把这个有规律的增值转换成 1, 那么我们就会得到众所周知的原子数系列, 从氢原子的 1 到锎原子的 98. (莫斯利在被叫去做更迫切的任务时只做到了 79 的金原子. 表中其他位置是由其他物理学家后来慢慢补上的.)

　　这些能够如此顺利地与周期表的次序对接的数字是什么? (有些不规则的东西出现了, 但是它们很快得到了解释, 理论不会受到撼动.) 把增长转换成 1 的小小的算术技巧不会误导任何人去认为这些数只是代表多余加上去的次序. 因为事实是每一个元素的原子序数, 代表的是使该原子得到 "适当的激发后" 发射 X 射线频率的平方根, 指定该元素在元素周期表中的实际位置, 因为它是原子核中正电荷单位的数目. 就是这个电荷决定了元素的化学行为. 核物理学随后一切的进展都有赖于由莫斯利所获得的基本见解, 实际上也是由此产生出来的. 他的理论的简单、美丽, 它对存在于物质的基本结构中的一步接一步的、几乎是不可思议的秩序的揭露, 肯定会使古代的希腊哲学家们高兴, 因为他们坚持数统治我们这个世界的观点. "在我们今天,"

---

[1]关于冯·劳厄对 X 射线以及晶体结构的进一步的讨论, 可见由布拉格 (Bragg) 和勒·柯拜勒 (Le Corbeiller) 所写的选篇以及其前的导论, 在本书的下一篇.

丹皮尔 (Dampier) 这样说, "阿斯顿 (Aston) 以他的整数原子量, 莫斯利以他的原子序数, 普朗克以他的量子论, 还有爱因斯坦以他断定像引力这样的物理事实是空间 – 时间局部性质的体现, 都是那古老和粗糙形式的毕达哥拉斯哲学在观念上的更新."

对大自然的定律、方法和进展的最重要的发现, 几乎总是来自对它所包含的最小的客体的考察.

——J. B. 拉马克

5 原子序数

H. G. J. 莫斯利

元素的高频频谱

由于在原子被适当激发后所发射出的 X 辐射的特征类型, 至今还没有什么方法对它们进行谱分析, 现在只能用它们在铝中的吸收来描述. 可是 X 射线被晶体反射时的干涉现象, 现在已经有可能用来对各种类型辐射的频率进行测定. 这是由 W. H. 和 W. L. 布拉格 (Bragg) 先生证明了的, 他们利用这个方法分析了一 X 射线管的铂靶线谱. C. G. 达尔文 (Darwin) 和作者推广了这一分析, 同时还考察了连续谱, 它在这一情形中构成这一辐射的较大的部分. 最近布拉格教授也已经确定了在镍、钨以及铑的谱线中最强的谱线的波长. 然而迄今为止所采用的电学方法, 只有在能得到恒定辐射源的情况下才能获得成功. 本文包含了对拍摄这种谱线的一种方法的描述, 它使得 X 射线的分析和光谱分析中的任何其他分支一样简单. 作者打算首先对高频辐射的主要类型做一个一般的考察, 然后再对几个元素的谱线做更细致和更准确的研究. 已经得到的结果表明, 这些数据与原子的内部结构问题有重要的关系, 而且它们强烈地支持卢瑟福的观点和玻尔的观点.

凯 (Kaye) 已经证明一个元素在受到一束速度足够高的阴极射线的激发后发射其特征 X 辐射. 他在真空管内一根轨道上装上一系列物质作为靶, 用磁性设备把每一个靶轮流带入火线. 这个装备经修改后以适应本工作的需要. 阴极射线被集中射到靶的一个小的区域上, 刻有一条细小垂直缝的铂板直接放在被轰击的部分. 用盖德 (Gaede) 水银真空泵将管子抽空, 有时还要用置于液态空气中的碳将水蒸气吸走. X 射线在通过图 1 中所示标记有 S 的狭缝后, 通过一厚度为 0.02 mm 的铝质窗口. 其余的辐射就被包围着真空管的铅盒挡住了. 射线照射在亚铁氰化钾晶体的解理面 C 上, 这块晶体安装在分光仪的三棱镜台上. 晶体的解理面垂直, 且包含着分光仪的几何轴线.

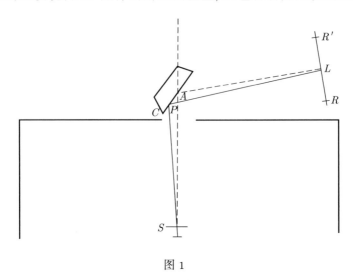

图 1

我们已经知道, X 射线一般由两部分组成, 一部分由各种不同成分组成, 另一部分由确定频率的特征辐射组成. 其中前者可以在各种不同倾斜角的表面上得到反射, 但是在本研究中所用到的大角度上, 反射的强度极其微弱. 另一方面, 确定频率的辐射则只有以一个确定的角度射在这一表面上才会有反射, 只有掠射角 θ、波长 λ 以及晶体的 "光栅常数" d 以下述关系相联系时, 其中 n 为一整数, 可以称为反射的 "级次".

$$n\lambda = 2d\sin\theta \tag{1}$$

相联系时, 其中 n 为一整数, 可以称为反射的 "级次". 所采用的晶体是一块精细的样品, 6 cm 见方的表面, 可以在前三级给出很强的反射, 其中第三级是最强的.

这时如果一束确定波长的辐射以一个适当的角度打在晶体 P 的任何一部分上, 它的一小部分会得到反射. 暂时假设辐射源是一个点, P 的轨迹是一段圆弧, 于是反射射线就会随着其顶点在射线源的像处的圆锥的一条母线一起转动. 在照相底板 L 上的效果就会形成双曲线的一段弧, 弯向离开直接射线的方向. 利用在 S 处的一条狭缝, 这段弧变成了一根细线, 略微地朝着所示的方向弯曲.

照相底板安装在摄谱仪的臂上, 底板和狭缝二者离开轴的距离都是 17 cm. 这种安排的重要性在于, 它有这样一个几何性质, 当这两个距离相等时, 一束射线在点 L 上以一个确定的角度反射时, 打在板上的位置与点 P 在晶体表面的位置无关. 于是安装晶体的角度, 只要射线能够以所需的角度打在表面上某处, 就没有什么关系. 角度 θ 可以由下述关系式获得:
$$2\theta = 180° - SPL = 180° - SAL.$$

下面的方法是用来测角度 SAL 的. 在拍照前, 用一块上面刻有细缝的铅屏, 细缝与摄谱仪的轴线重合, 来代替晶体, 在底板的两端作好参照线 R. 于是在 X 射线下经几秒钟的曝光, 就会在底板上给出一条线 R, 从而在其上确定了连接 S 与 A 的一条线. 在把摄谱仪臂转过一个确定的角度之后, 再以同样的方式作第二根线 RQ. 然后将臂转到要求能抓住反射射束的位置, 并使对随后在底板上找到的任何一条线的角度 LAP, 能由 RAP 的已知值和这些线在底板上的位置导出. 角度 LAR 的值, 通过在负板上加上一块以相同的方式刻有间距为 $1°$ 的参考线的底板, 以不大于 $0.1°$ 的误差测得. 在由此求得反射时的掠射角时, 由于无论是晶面还是铅版上的细缝不可能准确地对准摄谱仪的轴线, 实际上还必须做两个小的修正. 波长在约为 30% 的范围内变动, 可以由晶体的给定位置得到反射.

几乎在所有的情况中曝光的时间都是 5 分钟. 这里采用了 Ilford X 射线照相底板, 用 rodinal 显影. 底板安放在一个底片夹中, 它的封面用黑纸包住. 为了从反射角 θ 确定波长, 必须同时知道反射的级数 n 和光栅常数 d. n 由拍摄每一个谱时同时有二级和三级来确定, 这也给出了对测量精度的一个方便的检验; 对亚铁氰化钾, d 不能直接计算. 但是这个特殊晶体的光栅常数先前已经准确地与岩盐的样品的常数 d' 比较过. 得到的结果是
$$d = 3d'\frac{0.1988}{0.1985}.$$

现在 W. L. 布拉格已经证明岩盐中的原子以简单立方体的形式排列. 因此每一立方厘米中的原子个数为
$$2\frac{N\sigma}{M} = \frac{1}{(d')^8},$$

其中 N 为一个克摩尔中的分子个数, 是 6.05×10^{23}, 假设电子电量 (e) 为 4.89×10^{-10}; σ 为岩盐晶体的密度, 是 2.167, 而 M 为分子量 $= 58.46$.

这就给出 $d' = 2.814 \times 10^{-8}$ cm 以及 $d = 8.454 \times 10^{-8}$ cm. 由此可见波长的确定取决于 $e^{\frac{1}{3}}$, 所以这个量的数值上的不确定性问题不严重. 晶体均匀性的不够很可能是误差的一个来源, 比如含少量的水就会使得密度大于试验中所发现的值.

至此已经考察了十二个元素 ......

底板表明第三级中的谱在记录器中靠得很近. 照片中那些代表同一反射角度的在同一垂直线内. 我们会看到每一个元素的谱由两条谱线组成. 其中较强的那条在表中已经被称为 α, 较弱的那条被称为 β. 在底板上除了 α 和 β 之外, 几乎可以肯定全是由杂质引起的. 例如, 在钴的第二级和第三级谱中显示有非常强的 Niα 和较弱的 Feα. 在镍的第三级谱中显示有较弱的 Mnα_2. 黄铜谱会显示 Cu 和 Zn 二者的 α 和 β, 但是至今还没有找到 Znβ_2. 在铁 – 钒合金和铁 – 钛合金的第二级谱中显示有非常强的铁的第三级谱线, 而且前者也显示有比较弱的 Cuα_3. 含 Co 的 Ni 以及 0.8% 的 Fe, 含 2.2% 的 Ni 的 Mn, 以及只有痕量 Cu 的 V, 其他别的谱线就没有找到; 但是在一个更广泛的波长范围内搜索, 只对一两个元素进行过, 也许长时间的曝光, 这一点现在还没有做, 会显示出更复杂的谱. 由杂质引起的谱线的出现表明, 这很可能是化学分析的一种有力的方法. 它比普通光谱分析的优点在于, 它的谱简单, 不大可能会有一种物质掩盖另一种物质的辐射的情况出现. 它还甚至可能导致失踪的元素的发现, 因为有可能预测它们的特征谱线的位置 ......

Phil. Mag. (1914), p. 703.

本文的第一部分是讨论拍摄 X 射线谱的一种方法, 包含了一打元素的谱线. 现在又研究了另外三十个元素, 发现了控制结果的几个简单定律, 这就使得能够可靠地预测从铝元素到金元素之间的任何一个元素的谱中的主线的位置. 本文是一般的预备性讨论, 既不完备, 也没打算写得非常准确 ......

对辐射所获得的结果属于巴克拉 (Barkla) K 系的列表 I, 为了方便起见在第 I 部分已经给出的数字也包括进来了. 波长 λ 已经由反射的掠射角 θ, 按照关系式 $n\lambda = 2d\sin\theta$ 算出来了, 式中的 d 已经取为 8.454×10^{-8} cm. 和前面一样, 最强的谱线称为 α, 次强的谱线称为 β. 每一条谱线的频率的平方根画在图 3 中, 而它的波长则可借助于该图顶部的标尺读出.

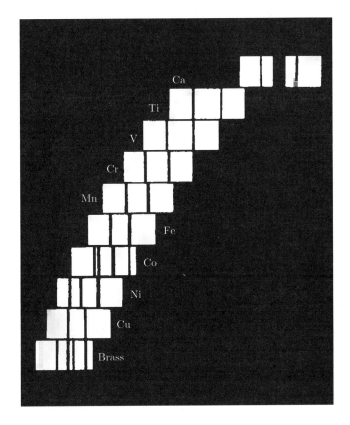

图 2 X 射线谱

Al 的谱只拍摄了第一级的. 非常轻的几个元素给出其他的几条弱谱线, 这些还没有彻底完成, 而 Mg 和 Na 的结果则十分复杂, 显然偏离了联系其他元素谱线的简单关系. 在从钇往上的谱中, 只测量了 α 谱线, 这个方向进一步的结果将在以后的一篇文章中给出. K 和 Cl 这两个元素的谱是在以 KCl 为靶时得到的. 但是很有可能把所观察到的谱线赋予了错误的元素. 从 Y 往上各元素的 α 线似乎都包含着靠得很近的双线, 这是先前布拉格在铑的谱线中观察到的.

对 L 系的谱线所获得的结果在表 I 中给出, 并画在图 3 上. 这些谱线包含了五种谱线, 按波长的下降顺序和强度的下降顺序排列为: $\alpha, \beta, \gamma, \delta, \varepsilon$. 在 α 的长波侧总是有一条较弱的伴线 α', 在 β 与 γ 之间, 至少对稀土元素, 有一条相当弱的谱线 ϕ, 还有一系列波长大于 α 的非常弱的谱线. 在这些谱线中, 为了弄清楚谱线如何随元素的改变而改变, 对 α, β, ϕ 和 γ 做过系统测量. 事实上常常是并没有给出所有这些元素的值, 只是表明工作做得还不够完整. 就已经做过的研究来说, 这些谱是完全相似的, 无疑至少 α, β 和 γ 总是存在的. 常常是由于一块板的长度有限, 能够拍下来的波长范围包括不到 γ. 有时谱线没有测量到, 这可能是由于谱线太弱, 也可能是由于杂质导致在谱线附近混乱. ……

表 I

元素	α 线 $\lambda \times 10^8$ cm	Q_K	原子数 N	β 线 $\lambda \times 10^8$ cm
铝	8.364	12.05	13	7.912
硅	7.142	13.04	14	6.729
氯	4.750	16.00	17	—
钾	3.759	17.98	19	3.463
钙	3.368	19.00	20	3.094
钛	2.758	20.99	22	2.524
钒	2.519	21.96	23	2.297
铬	2.301	22.98	24	2.093
锰	2.111	23.99	25	1.818
铁	1.946	24.99	26	1.765
钴	1.798	26.00	27	1.629
镍	1.662	27.04	28	1.506
铜	1.549	28.01	29	1.402
锌	1.445	29.01	30	1.306
钇	0.838	38.1	39	—
锆	0.794	39.1	40	—
铌	0.750	40.2	41	—
钼	0.721	41.2	42	—
钌	0.638	43.6	44	—
钯	0.584	45.6	46	—
银	0.560	46.6	47	—

表 II

元素	α 线 $\lambda \times 10^8$ cm	Q_L	原子数 N	β 线 $\lambda \times 10^8$ cm	ϕ 线 $\lambda \times 10^8$ cm	γ 线 $\lambda \times 10^8$ cm
锆	6.091	32.8	40	—		
铌	5.749	33.8	41	5.507	—	
钼	5.423	34.8	42	5.187	—	
钌	4.861	36.7	44	4.660		
铑	4.622	37.7	45	—		—
钯	4.385	38.7	46	4.168	—	3.928
银	4.170	39.6	47	—	—	—
锡	3.619	42.6	50	—	—	—
锑	3.458	43.6	51	3.245	—	—
镧	2.676	49.5	57	2.471	2.424	2.313
铈	2.567	50.6	58	2.366	2.315	2.209
镨	(2.471)	51.5	59	2.265	—	—
钕	2.382	52.5	60	2.175	—	—
钐	2.208	54.5	62	2.008	1.972	1.893
铕	2.130	55.5	63	1.925	1.888	1.814
钆	2.057	56.5	64	1.853	1.818	
镝	1.914	58.6	66	1.711	—	—
铒	1.790	60.6	68	1.591	1.563	—
钽	1.525	65.6	73	1.330	—	1.287
钨	1.486	66.5	74	—	—	—
锇	1.397	68.5	76	1.201	—	1.172
铱	1.354	69.6	77	1.155	—	1.138
铂	1.316	70.6	78	1.121	—	1.104
金	1.287	71.4	79	1.092	—	1.078

结 论

在图 3 中元素是等距离地排列在水平线上. 元素的次序是选原子量为次序, 只有 A, Co 和 Te 除外, 因为在这里会与化学性质冲突. 空着的谱线位置是给在 Mo 与 Ru 之间的一个元素以及 W 与 Os 之间的一个元素留着的, 至今尚是未知的, 而 Tm, 韦尔斯巴赫 (Welsbach) 已经把它分成两个组成部分, 给了它两条谱线. 这相当于给相继的元素一系列相继的特征整数. 按照这个原理, 第十三号元素 Al 的整数 N, 已经取为 13, 于是其他元素的 N 所取的值在图 3 中的左面给出. 这个做法由它在 X 射线谱中引入了完美的规律性这一事实而得到了肯定, 审视图 3, 对所有 K 系和 L 系的谱线的考察看出它们现在都落在一条有规则的曲线上, 它接近为一条直线. 将表 I 中的 N 值与下述诸值相比较:

$$Q_K = \sqrt{\dfrac{\nu}{\frac{3}{4}\nu_0}},$$

其中 ν 为该谱线的频率, ν_0 为基本里德伯频率. 很清楚在这里近似地有 $Q_K = N - 1$, 除非对波长非常短的辐射, 这时慢慢会偏离这个关系. 同样, 再在表 II 中将 N 与

$$Q_L = \sqrt{\dfrac{\nu}{\frac{5}{36}\nu_0}}$$

相比较, 其中 ν 为 Lα 谱线的频率, 就可以看出, 近似地有 $Q_L = N - 7.4$, 尽管系统偏差清楚地显示, 在此情况下, 这个关系式不是准确地线性的.

如果元素不能被这种整数所表征, 或者在选择次序时发生了错误, 或者是在留给未知元素位置的个数上发生了错误, 这些规律性就会立即消失. 这样一来, 我们单从 X 射线谱的证据, 不用任何原子结构的理论, 就可以这样下结论说, 这些整数的确是元素的特征. 此外, 由于两个不同的稳定元素不可能有相同的整数, 在 Al 和 Au 之间可能有三个, 也只能有三个另外的元素存在. 由于这些元素的 X 射线谱能够可靠地预测, 找到它们应该不难. 对铪的检查有特别的意义, 因为至今还未能给这个元素一个适当的位置.

现在卢瑟福已经证明, 一个原子的最重要的组成部分, 是它的带正电的核, 而范·登·布洛克 (van den Broek) 提出了这样的观点, 就是这个原子核所带的电荷在任何情况下都等于氢核所带电荷的整数倍. 很有理由假设, 那个控制 X 射线谱的整数和原子核中这一电荷单位的倍数相同, 这样一来这些实验就对这个范·登·布洛克的假设, 提供了可能是最强烈的支持. 索迪 (Soddy) 已经指出, 辐射元素的化学性质强有力地证实了这个假设对从铊到铀都是成立的, 可以说这一点普遍成立, 似乎也得到了证实.

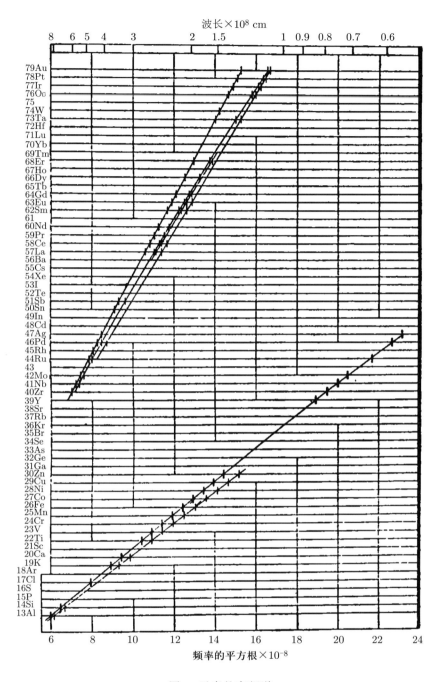

图 3 元素的高频谱

地球上的小东西

　　接下来的两个选篇讨论的是 X 射线的波动理论和晶体的原子理论. 这两个理论在一个单独的实验中得到了的开创和验证, 是物理学在 20 世纪复兴的主要事件之一.

　　晶体是在 18 和 19 世纪受到过密切关注的对象, 它们的光学性质和几何关系受到过矿物学家、晶体学家和数学家的仔细研究. 早在 1824 年, 晶体是由一层一层的原子以有规律的方式分布而组成的假设就被提出来;[1] 在 19 世纪 90 年代数学家们完整地算出了原子在晶体内可能分布的方式数的数目. 但是在 1910 年还没有从实验上证实这些基本概念. 以光的衍射实验来验证这个理论的试图, 由于波长太长, 没有取得成功; 这就好像要用一根英尺量度的尺子来量一个针眼儿.

　　另外还有一个有关 X 射线的重要的假设, 当时也处于有疑问的状态. 大多数的物理学家相信 X 射线是一种波长比光波短很多的波, 但是, 同样地, 早期想证明这一点的企图也不成功.

　　对这两个假设的决定性的实验检测是由德国物理学家冯·劳厄 (von Laue) 提出来的. 他那时正好在慕尼黑大学索末菲尔德 (Sommerfeld) 教授的系里做助理讲师.[2] 他这样推想, 如果 X 射线是短波, 晶体是原子的三维点阵, 一束 X 射线穿过晶体将会在照相底板上产生特征图案. 换言之, 可以用 X 射线来报告在晶体内部遇到的小东西. 在 1912 年所完成的实验获得了异乎寻

---

[1] Max von Laue, *History of Physics*, New York, 1950, p. 119: "把新创造的化学原子的概念与这个概念 [晶体的砖块结构的概念] 结合起来, 并假定空间格点是由化学原子组成的第一人, 是物理学家路德维希·奥古斯特·西贝尔 (Ludwig August Seeber) ⋯⋯ 他在 1824 年发表了他的想法, 这比原子观念以气体动力论的形式进入近代物理要早 32 年."

[2] 也见 G. J. 莫斯利一文中的导论.

常的胜利.[3] X 射线描绘了晶体的内部, 晶体反过来则报以揭露 X 射线的形式. 冯·劳厄把这一相互揭露描述为 "物理学中可靠性力量来源的惊人事件之一".

　　下面第一个选篇, 论冯·劳厄的实验及其与 X 射线和晶体的几何的关系, 是由伟大的物理学家威廉·布拉格 (William Bragg) 所写. 现代晶体学大部分可以说就是他的研究的历史. 布拉格于 1862 年生于坎伯兰 (Cumberland) 郡, 在度过了精彩的学校生活之后, 接受了澳大利亚的阿德莱德大学 (University of Adlaide) 的物理教授的职位. 很不一般的是, 他的第一篇论文一直到 1904 年才发表, 这时他已经是 42 岁了. 对一个物理学家来说, 把原创性研究拖了这么久很不多见, 但是这篇论文本身 —— 这是一篇讨论 α 粒子的论文 —— 立即被认为是一流的成果, 标志着一个富于创造性研究时期的开始. 1907 年布拉格被选为皇家学会的会员, 一年之后他返回英国担任在利兹 (Leeds) 的卡文迪什教席. 就是在这里他对 X 射线发生兴趣, 他与当时流行的观点不同, 他认为 X 射线是粒子, 而不是波. 劳厄在 1912 年的实验令他信服, 他是错了, 同一年布拉格和他的儿子开始了对 X 射线和晶体的研究, 为此他们于 1915 年共同获得了诺贝尔物理学奖. 他们的工作 "奠定了现代科学最美丽的结构之一的基础"; 它在无机化学和有机化学二者的基本的进展中大派用场, 冶金学也深受其益, 纯粹和应用科学的许多其他分支也都是这样.[4]

　　布拉格有过经历丰富而又快乐的生涯, 这期间除了研究 X 射线之外, 他还研究了许多其他项目, 还带了一群出色的学生, 他们丰富了物理学的许多部门. 1915 年他就任伦敦大学学院的教授; 在第一次世界大战期间, 他领导了潜艇的声学检测; 1923 年他成为皇家协会 (Royal Institution) 和戴维 – 法拉第研究实验室的领导. 尤其是他在通俗化阐述上的才能出众; 再没有什么比向青年和大众做报告和实验演示, 能更使他感到高兴的了; 他有幸与皇家协会的联系 (他从 1935 年到 1940 年是协会的主席) 大大方便了他施展他的这一长处.

　　下面的文章选自布拉格的《光的世界》(*The Universe of Light*) 一书中的

　　[3] 这个实验, 虽然是劳厄所构思的, 但是由慕尼黑大学的两个研究生弗里德里希 (Friedrich) 和克利平 (Knipping) 实际完成的, 他们刚刚在伦琴的指导下取得博士学位. 关于这一论题的权威性的历史介绍, 请参阅 Kathleen Lonsdale, *Crystals and X-rays*, London, 1948, pp. 1–22; 还可以参阅给高年级学生阅读的标准著作: Sir Lawrence Bragg, *The Crystalline State, a Genaral Survey*, London, 1949.

　　[4] E. N. daC. Andrade, "Sir William Bragg" (obituary), *Nature*, March 28, 1942.

一章, 是以他在 1931 年的圣诞讲演为基础的.

第二篇是菲利普·勒·柯拜勒 (Phillippe Le Corbeiller) 对晶体数学的一篇简短而富有吸引力的讲述. 它是对布拉格的讨论的一个适当的补充, 它强调了空间群理论的实验验证. 在晶体学的发展过程中, 我在稍前 点就已经指出过, 群论和对称性的数学起过重要的作用. 例如, 正如亚当斯和勒韦里埃, 在发现海王星之前就判定了它的运动和位置, 所以数学家通过对空间和在空间内可能的变换的若干性质做详尽无遗的逻辑分析, 就可以在观察者能够发现晶体的实际结构之前, 对晶体内部结构的可能的变化做出判断. 换言之, 数学, 不仅能够确切地阐明有用的物理定律, 而且提供了一个不可估价的研究纲要, 对未来的实验起着指导作用. 物理科学的历史包含了许许多多这种数学供给. 模型、概念、理论起初都是用数学的形式来表达的; 然后它们受到观察的检验, 要么得到肯定, 要么被否定而被扬弃. 当然, 模型有时要做彻底的修改以便更紧密地与实验数据一致, 然后再重复检验, 这种情况并不少见. 空间群的晶体类的理论是数学模型构作最成功和最惊人的范例之一.

勒·柯拜勒先生是哈佛大学普通教育和应用物理教授. 他出生于法国并在法国受教育, 曾担任通信部 (*Département des Communications*) 工程处的成员, 作为法国政府广播系统的一名官员, 还拥有其他行政和学术职位. 他发表的著作包括代数、数论、震荡发生器、电声学以及其他科学论题的论文. 这篇论晶体的文章, 以模拟苏格拉底的引人入胜的对话形式写成, 最初发表在 1953 年 1 月号的《科学美国人》(*Scientific American*) 上.

为什么只想? 为什么不试一试做试验?

—— 约翰·亨特 (John Hunter) (*Letter to Edward Jenner*)

一个实验家的真正价值在于, 他不仅在他的实验中寻求他要在实验中找寻的, 也会寻求那不是他要在实验中找寻的东西.

—— 克劳德·伯纳德 (Claude Bernard)

---

6 伦琴射线

威廉·布拉格爵士

...... X 射线通常是在空气或其他气体的压强极其低的空间内由电火花或放电所产生的. 电火花成为有趣的观察对象已经有几个世纪, 但是, 一直等到放电被安排在一个其中的空气差不多被抽净了的玻璃管或罐中进行之后, 才有了大的进展. 这时火花变得更长更宽, 并且随着压强的降低而色彩越来越斑斓.

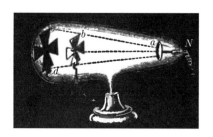

图 1 阴极或负极在右端 *a* 处. 射线以直线横越过管, 在其对面的管壁上激起荧光. 横跨在 *b* 处的金属投射其轮廓于鲜明的阴影与管壁上

当克鲁克斯 (Crookes) 改进抽气泵, 使得气压可以降到大气压的百万分之一之时, 出现了一种现象, 是过去从未观察到的. 这时负极成了辐射源, 射线以直线方式穿过玻泡, 打在对面的玻璃壁上, 或打在挡在中途的某个物体上: 它会在玻璃和很多矿物中激发出生动的荧光; 如果它打在轻便的转轮的

叶片上, 就会使它转动. 而且还有一个最重要的性质, 通过将磁铁向它靠近, 可以使射线偏转. 这是一个极为重要的观察, 因为它提示我们, 这一束流是由飞行的带电粒子组成的. 这种束流等价于一电流, 因此可以受到磁极的力的作用. 图 1, 2, 3, 4 给出了克鲁克斯实验的示例. 它们是取自他原始用于 1879 年在皇家协会上报告的出版物. 克鲁克斯相信该束流是由某种分子组成的. 他这样论证道, 由于他的空气泵已经达到这样完美, 使得在管中留下的比较少的几个分子可以经过与管长相当的距离, 而不与其他分子发生碰撞. 他说, 管中的这样的状态之不同于气体, 正好比后者之不同于液体. 在他同一年 (1879 年) 提交给皇家学会的论文的末尾, 他以略带灰色但却有趣的语调展望未来, 它部分得到了证实:

"在这些抽空了的管中的现象向物理科学打开了一个新世界 —— 物质在其中以一个第四态存在, 在其中光的微粒理论很好地成立, 光在其中不是总沿直线前进; 但是我们永远不能进入这个世界, 我们只能满足于从外面进

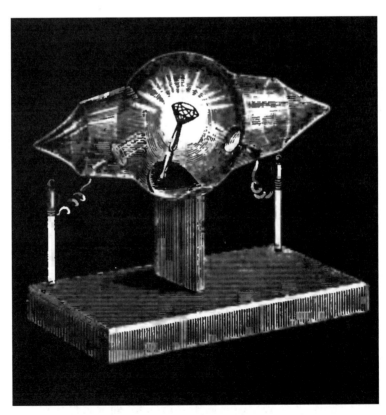

图 2　射线对安装在管中央处的钻石激发出生动的荧光

行观察和实验."

J. J. 汤姆逊、维歇特 (Wiechert) 以及其他等人证明了这一束流是由带负电的粒子组成的, 而且这些载流子比氢原子还要小得多, 就给了它们 "电子" 这个名称. 电子似乎能够从任何物质中扯出来, 只要通过感应线圈或其他能够产生所需力量的电气装置提供足够的电力; 而且似乎所有电子源产生出来的电子都是完全一样的. 显然电子是物质的一个基本组成部分. 因为电子束流是由负极或阴极发出的, 所以叫作阴极射线.

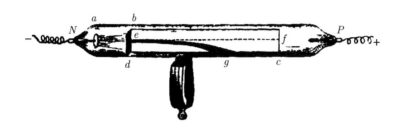

图 3 通过在阴极 a 前的一条缝把阴极射线限制为一条狭窄的电子束. 于是用一块马蹄形的磁铁就很容易观察到电子束的偏折

伦琴正好在研究阴极射线的现象时发现, 附近的照相底板变得模糊起来, 尽管没有光线照到过它们. 他找原因, 找到辐射来自他的玻璃泡, 而且特别是来自阴极射线射到壁上的地方: 于是他进一步研究他偶然碰到的这种新的射线的一般性质.

在许多方面它们都与光线相似. 它们沿直线运动, 投下锋利的阴影, 它们穿越空间不会带走任何物质, 它们会对照相底板作用, 会激发某些物质发出荧光, 而且它们能够, 像紫外线一样, 让导体放电. 在另一些方面, 这种射线又似乎与光线不同. 那些能够使光线偏折的面镜、棱镜和透镜, 对 X 射线不起这种作用; 用平常的方法造的光栅不能使它们产生衍射; 晶体的作用既不能产生双折射, 也不能产生光的偏振. 此外它们还有很强的穿透物质的能力. 没有什么东西能把它们完全挡住, 尽管任何物体对它们都有一定的吸收能力; 较重的原子比较轻的有更强的吸收能力. 由此就产生了揭示不透光物体的内部组成的快速观察能力: 骨头在 X 射线下投下的阴影比其周围肉体产生的要深得多.

如果能够证明 X 射线的速度毫无疑问和光的一样, 那么这等于肯定了

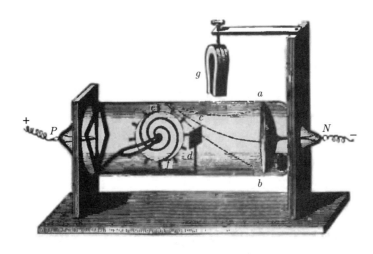

图 4 阴极 a 做成盘状: 这是因为它有将射线聚焦到一点的作用. 正常的情况下有一屏 c 挡住射线, 但是磁块 g 会使它们偏转, 绕过屏的顶端, 打到一个小轮 ef 的叶片上, 促使它高速地旋转. 如果将磁块的位置反过来, 射线就会从 c 的下面通过, 轮子就会反向旋转

它们是一样的; 但是想做这样的实验很难. 巴克拉 (Barkla) 证明了, 一束 X 射线可以有 "侧面 (sides)", 或者说可以被极化 (偏振化), 只要对 X 射线源做适当安排, 但是这一极化在某些方面可以与使光所呈现的有所不同. 劳厄的实验, 通过证明 X 射线也可以产生衍射, 各方面都和光的衍射相同, 从而结束了这场争论: 如果可以依靠衍射现象来证明光的波动理论, 也存在完全相同的证据证明 X 射线的波动理论.

劳 厄 实 验

我们来讨论劳厄著名实验的细节, 这个实验曾经带来过惊人的后果. 它的计划非常简单, 把一束精细的 X 射线射到一块晶体上, 将一块照相底板放在能够接收到通过晶体后的射线的地方, 如图 5 所示. 劳厄猜想, 在底板上除了由于射线束造成的主像之外, 还可能有次级像. 他以在光束的情况下可能发生的结果作为考虑的基础来进行预测. 当一列以太波投射在刻有平行直线的平板上, 或者穿过这样一块平板, 或者通过悬浮着大小均匀的微小颗粒的大气, 那么能量就会有规则地向各个方向偏折形成 "衍射" 束. …… 在所有这一类的情况中, 必须做到, 一方面是波长, 另一方面是有规则的间距或粒子的直径, 二者之间应该没有很大的差异. 劳厄想, 以前之所以没能发现 X 射线情形下的衍射, 可能就是由于没有满足这一观察条件. 为了说服自己, 他是这样想的, 如果 X 射线的波长是光的波长的几千分之一, 用普通方法的普通光栅来寻求衍射效应是没有用的. 我们应该采用这样的光栅, 其中的线条数的密度是普通使用的光栅中的好几千倍. 这是不实际的: 无人能在一英寸之内画几百万条的平行线.

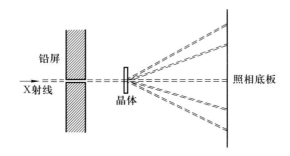

图 5　X 射线通过铅屏上的细小开口后打在如图所示的晶体上. 在照相底板上产生衍射图案

但是, 大自然有可能已经为我们提供了在我们的工作室里无法提供的工具. 晶体有可能是 X 射线的合适的光栅, 因为它的原子假设是排成有规则的阵列, 而且它们相互隔开的距离, 根据计算所得也和 X 射线的波长是同一个数量级的. 这些预估是否有根据, 当劳厄的同事, 弗里德里希 (Friedrich) 和克利平 (Knipping), 在 1912 年所做的实验获得了完全的成功之后, 就变得完全无关紧要了. 一个由点的复杂而又对称的分布形成的图案出现在照相底板上, 它们虽然与光的衍射图案不相同, 但是本质显然是一样的. 人们很快就发现, 每一种晶体都有自己的图案, 于是这个实验不仅开发了研究 X 射线性质的一个新方法, 也是分析晶体结构的一个新工具. 照相底板 I A, B, 给出这种衍射图案的例子; 可以将它们与照相底板 II C 相对比.

为了使这些点更清楚, 有必要在不太远的距离观察实验的细节及其含义. 我们已经观察过了在冰岛晶石中的结晶构造的某些现象; 但是重新审视这一课题并做更一般的讨论是合适的.

晶体最惊人的而又最富有特点的性质, 就是它的规则外形, 抛光般平整的表面和锋利的夹角. 如果我们比较相同组成的晶体, 我们就会发现, 在不同晶体中间, 面与面之间的夹角总是一样的, 而晶面的面积则会有相当大的不同. 用技术的术语来说, 不同样品的晶面发育不尽相同. 很自然地会认为,

有一个基本的有规律的结构, 包含着由一个小到看不见的小单元在空间的
重复排列. 作为一个简单对比, 我们可以取一块织物, 按照惯例, 其经线与纬
线相互垂直. 无论怎样撕裂它, 形成的碎片在所有的边角处都是直角, 但是
这些碎块本身不一定都是正方形. 可能有两个相互正交的主方向; 所有的撕
裂口都会与其中之一成直角. 如果这两个方向, 在所有能考察的特征上都完
全一样, 如果, 例如, 它们撕起来一样地容易, 而且如果边缘的磨损在所有的
边上都一样, 那么经线和纬线必定是一样的: 它们必定是由相同的纱线以相
同的间隔织成. 我们完全有理由说, 这种材料是以 "矩形" 模式为基础的. 即
使经线与纬线二者不是单一的一种线而是含各种复杂的线, 仍然是如此: 例
如, 按各种不同距离分布的彩色线. 只要二者重复的方案一样, 我们仍说图
案是方形: 例如像格子呢一样.

与织物的类比还不足以表示晶体结构的全部复杂性; 因为经线与纬线
只能以 90 度相交, 不能以别的斜角相交; 但是它说明了重要的一点, 就是任
何由在空间中的重复来构成的结构, 全部角度都应该是一样的; 而对于面的
面积则没有限制. 在各个方向重复的单元决定了角度的形状. 例如, 如果一
个在平面上的组成的单元有一个小单元的形式 (图 6), 整体则可能会有各种
在该图中所表示的形状. 边的夹角不一定要和 A 的边所夹的角一样, 但是它
们相互的夹角从一个样品到另一个样品应该是不变的.

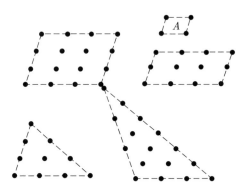

图 6 平面图案设计的单元就包含在略图 A 中. 这种单元的不断重复就可以取得各种形
状, 图中画出了一部分. 各个边之间的夹角只限于几个一定的角度

所以在固态晶体的各个不同面的发育, 就其相互之间的夹角而言, 也会
表现出相同的相互夹角的不变性. 如果晶体是由小单元在所有方向上做有
规律的重复组成正是我们所期待的, 而且正好事实也与期望一致, 我们认定

我们先前有关晶体结构的观念是正确的.

当一列以太波与这种晶体状的排列相遇时会发生什么现象?

晶体可以设想成由相隔有规律的距离的序列成层地排列组成, 正如一个二维有规律的点排列可以看成是等距离排列的行所组成. 还有, 正如在较简单的情形下, 这种行可以由各种不同的方式组成, 如图 7 所示, 所以任何一块晶体也可以以无穷多种方式分割成平行的一片一片.

我们最好是分几个阶段来研究 X 射线的衍射. 首先研究由单独一个单元产生的散射, 然后来研究由一片单元产生的, 最后再把整个晶体看成是由片的逐次叠加组成来研究它所产生的衍射.

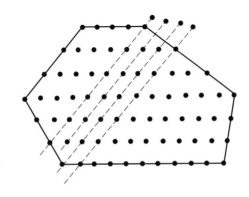

图 7 图中的点可以以各种不同的方式排成行

晶体中的一个单元 [元胞] 是由一定数量的原子以一定的方式排列而成: 其组成和排列随晶体而异. 当一列波与此单元中的原子相遇时, 就会散射开来, 这些原子就可以看成是一系列波纹以球面的形式向外散播开来的中心. 在传播了一段很小的距离之后, 这些波就互相融合, 最终成为一个球面波, 其中心在此单元内. 但是这种波有一个特点, 就是它在各个方向上强度不相同. 取一个最简单的情形来讨论, 设想单元由两个原子 A 和 B 组成, 它们相距半个波长, 如图 8 所示. 射入的波同时到达这两个原子. 由 A 和 B 所散射的波同时开始向外传播. 在 ABC 的方向上, 这两个系统总是相反: 一组的波峰总是与另一组的波谷相遇. 在这个方向上它们总是互相抵消. 在相反的 BAD 的方向上, 也会有相同的情况发生. 但是任何其他方向上不会有这样完全的干涉抵消: 在例如由箭头 P 所标记的方向上, 它们会有一定程度的相互支持, 而且随着 P 向离开 C 或 D 的方向的转移, 这种相互支持还会加强. 在这

种情况下散射波会有球面波的形式, 但是各个方位不会都一样. 图中所示的
点 C 和 D 上的波就互相抵消掉了.

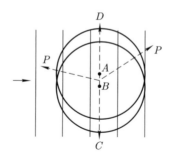

图 8　由垂直线所代表的波射到两个原子 A 和 B 上, 它们的一小部分能量会被这两个原
子所散射. 这两个原子相距半波长的距离. 由它们发出的球面波在 ABC 或 BAD 的方向
上互相抵消, 因为一个的波峰与另一个的波谷相遇. 但是能量会向各个方向散射出去, 如
图中箭头 P 所示

原子的其他类型的排列会在球面上导致不同的强度分布: 原子的排列
越复杂, 能量的分布也就越复杂.

然而这种复杂性不会对我们的论述展开有什么影响, 对其描述只会使
我们的图像更加真实. 重要的一点是, 不管晶体单元的组成和排列如何, 所
有单元的作用是相似的. 就我们目前所关心的而言, 我们可以不管在散射波
的表面上能量分布的不等性, 只要记住这个波最终还是球面波, 而且它们可
以看成是由代表晶体单元的位置的、有规律排列的点所发出的.

现在我们来讨论分布在一片平面上的单元的总的效果. 设图 9 中的点代
表一片与纸正交的晶体中的一部分单元. 一组波的截面由直线 $pp, p'p'$ 等表
示. 当其中的每一个波扫过这些点时, 有球面波依次从这些点散播出来, 它
们的结合就形成了反射波. 这实际上就是惠更斯原理的应用的另一个例子.
这里也就是简单的反射, 它与从镜面上的反射的差别也就只在, 原来波中的
能量只有一部分被反射波带走了. 我们从实验得知, 在只有单独一层时, 这
部分反射非常小: X 射线在它们被耗尽前常常要扫好几百万层.

一个类似的效应常常能在声音的情况下观察到. 当大量能量穿过一组
铁栅栏时, 会产生有规律的反射. 当我们坐车路过铁栅栏时我们会听到这种
反射.

应该注意到的是, 单元的等距离间隔, 即在图 9 中代表它们的点的间隔,
仅就一层的效果而言, 其等距离不是必要的. 为了产生回声, 甚至铁栅栏也

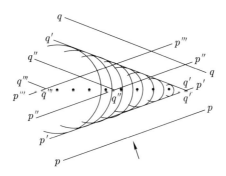

图 9 $pp, p'p', \cdots$ 等波扫过一行点时, 在其上会有若干散射. 大部分能量会继续传播, 但是其中会有部分以 $qq, q'q' \cdots$ 波的形式反射

不必有规则地排列: 甚至从一列矮树篱也能观察到反射. 只有当我们要研究在晶体内部许多不同的平面组反射的可能性时, 有规则的排列才是重要的.

在图 10 中我们用直线 S_1, S_2, S_3 等来代表这些原子片; 我们把它们画成直线, 而不是画成一行行的点, 因为这些单元, 或它们的代表点, 在每一片中处于何处, 无关紧要. 为方便起见我们还是用直线来表示波的传播方向, 而不是用波本身. 这样 aPa_1 就表示我们正在讨论的、从一个单一片反射的情形. 除了由 aPa_1 代表的这一组反射之外, 还有另一组由 bQb_1 代表的反射和由 cRc_1 代表的反射, 照此类推. 图中在某些方向上的尺度极度地夸大了, 以便使论述更加清楚. 各层之间的距离与光束相比实际上要小得多. 每一束光线, 例如 bQb_1, 代表一列前进的波, 其波前的宽度足以使各个反射波列在边缘处相互重叠.

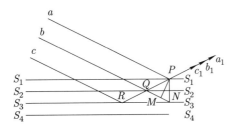

图 10 图示一列波被一系列距离有规则的晶片所反射的情形, 每一片能反射这列波的能量的一小部分

由 bQb_1 所代表的反射束, 在它反射后从晶体内重新出来并与 aPa_1 会合时, 要比后者多走一段路. 如果我们作垂直距离 PM 和 PN, 那么这段额外

的距离就是 MN.

同样地, 由于各个层片相距相同, cRc_1 这一组比 bQb_1 落后的距离, 又正好与 bQb_1 落后 aPa_1 的距离是一样的. 在这之后是其他在各个相距有规律的层的反射. 由晶体所反射的波就是这些波的总和. 我们可以用图 11 来表示这个求和, 其中的曲线表示各组反射波, 一组放在另一组之下: 下面的一组比上面的一组要落后一段距离 MN. 这些波要叠加起来; 比如, 沿着图 11 中的垂线, 我们要把 Oa, Ob, Oc 等加到一起, 给那些位于水平线以上的以正号, 给那些位于水平线以下的以负号. 这些量之和常常会等于零, 因为它们位于上面的可能性与位于下面的可能性是一样的, 而它们的几百万种可能的大小一直到极值都有可能. 这一点的意义是, 不存在反射束: 它们的组成部分互相抵消了. 对此规则有一个例外. 如果各列波之间的落后正好是一个波长, 或者两个波长, 或者三个波长, 或者是任意个整数波长, 那么在图 11 中的所示的曲线与其下面的正好完全相同, 那么, 它们的全部之和正好就是其中之一的倍数, 而由于乘数非常大, 所以反射也非常大. 反射的能量当然不会超过入射的能量, 但是计算表明, 在反射角的两侧一个很小的范围内, 反射是完全的.

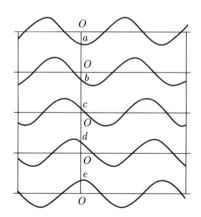

图 11　用以说明图 10 中的反射波, 除非它们全都恰好是同相位, 总和的结果为零. 量 $Oa + Ob + Oc + \cdots$ 为零是因为有数以百万计的正和负的项要加到一起. 例外的情况就是当所有反射都同相位, 一组的峰值恰好在所有其他各组的峰值的上面或下面 (在本图这一类时) 的情况

滞后量依赖于两件事, 射线射到晶体上的角度和晶体中各层之间的间距. 如果射线接近垂直于各个层, 滞后就是相邻两层之间的距离: 而这是它

的最大值. 入射越倾斜, 滞后就越小; 在掠射时它变得很小. 于是当波长不是很大时, 必定会有某个特殊的掠射角, 在这个角下滞后正好等于一个波长, 或者甚至是几个波长: 在这种角度上反射大大地蹦高.

如果我们原来的射线只含一种波长成分, 我们就必须转动晶体, 直至角度是对的. 如果掠射角有一个固定的值, 我们就可以通过将一束混合波束射到晶体上, 其中波长对的射线就会被选择反射出来, 而其他的就让它们穿过去. 已故的瑞利勋爵在皇家协会的一次讲演中曾经演示过一个在声学中的类似的实验. 由于其大小在尺度上远大于 X 射线和晶体, 有助于我们对后者的理解. 声波是由一只音调非常高的口哨, 叫作鸟叫模仿器 (bird-call), 产生的. 波长只有 1 英寸左右, 比普通说话的波长要短很多, 但是比 X 射线的以太波要大好几亿倍. 其音调是这样高, 以致许多人的耳朵, 特别是老年人的, 都听不见. 一组平纹细布做成的屏, 约 1 英尺见方, 平行地排列在一组可以调节共同间距的惰钳 (lazy-tongs) 上. 这些屏起着我们实验中的相当于图 10 中的各个层的作用: 每一个屏反射投射于其上的声波的一小部分, 而允许大部分通过.

如果现在口哨和屏安排如照相底板 I C 所示, 声音可能受到屏的反射. 被反射的声音, 如果存在的话, 很容易通过 "敏感火苗" 检测到. 这一敏感火苗是带细喷嘴的长管在巨大的压力下喷出的发光气流. 调节气压使得火舌处于闪烁点, 在这种情况下, 一个高音调的声音会使得它以极其惊人的方式一闪一灭. 声波中压强的快速变化是造成这种效应的直接原因. 这样来安排灵敏的火苗就是为了检测万一会有的反射声波, 这种反射声波可能会被鸟叫模仿器的直接作用所屏蔽.

于是就发现, 通过惰钳, 屏的共同的间距会逐渐改变, 而火苗也会连续地通过从发光到熄灭的各个相. 这个现象的解释和刚才讲到的 X 射线效应是一样的. 如果有火苗, 就说明从各层屏逐次的反射都是共同加强, 而这种情况, 如果将间距调节到从一层到下一层的滞后是波长的整数时就会发生.

瑞利应用这个类比来解释氯酸钾盐 (chlorate of potash) 晶体的鲜艳的色彩. 这种晶体的形成很特别, 交替各层的结晶材料只是它们的晶轴取向不同. 各层的厚度是平纹细布的屏的间距的几千分之一, 但是仍然比晶体中由单元排成的各层之间的距离要大好几千倍. 它与可见光的波长是同一个数量级. 我们的论述在所有这三种情况下都成立.

在我们能够欣赏劳厄的实验之前还有一点要考虑. 我们要记住, 把晶体分成平行片的方式不是只有一种, 而是有无限多种. 例如, 设想图 12 表示一立方晶体中单元的配置: 用垂直于纸面的平面的切割可以全部表现在这样一个图中. 我们可以设想把它切割成平行于 ab 的各片, 而且就这一组片来说, 会有 X 射线的部分反射. 从原来必定含有各种波长的束中会选出一波长很窄的束沿 Y 方向反射, 由那些滞后等于一个波长的波组成: 我们已经说过, 滞后各片之间的间距和掠射角有关.

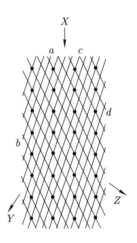

图 12　图上的点表示一个立方晶体的单元, 比例大约是 100000000:1. 标记 X 的方向是 X 射线的入射方向. 平行于 ab 的平面造成了 Y 方向上的反射, 平行于 cd 的平面造成了 Z 方向上的反射, 其他方向上的反射没有标出.

晶体也可以由图中平行于 cd 的 、垂直于纸面的平面切割. 在这种情况下反射在不同的反射角下发生, 而且反射波的波长也各不相同. 反射射线偏离方向 Z, 在照相底板上产生另一个点.

这样会有许多反射同时产生, 在照相底板上产生各自的点. 如果晶体是属于立方晶格, 而且入射波平行于一条边, 那么形成的图案就会如底板 I A 中的一样, 对两条相互正交的直线对称, 如果在另一种情况下, 晶体是六角形的, 我们就会有与底板 I B 中一样的六边图形. 所有这些观察的结果与计算的预期极完美地吻合. 显然, 基本假设是正确的. 可以有充分的理由说, X 射线像光本身一样, 是以太波.

劳厄照相中的两张图示 (底板 I) 相互间差别极大: 它们间的差异说明了在这种照片中会有显著的不同. 每一种晶体会签下自己的名字. 在有些情况

下很容易从晶体的这种特征照片得出它的结构来. 对于另外一些要完成这项工作就很难: 在更多的情况下, 这种方法和技巧是解决不了的. 由于每一种固态物质都包含了一部分结晶体, 而且由于它们大多数总体上是一大堆晶体, 这就不难理解对晶体结构的知识, 常常可以给我们带来对物质性质的解释. 在底板 II A, B 中给出了这样的两个例子, 但是我们没有篇幅来做详细的讨论, 实际上也不可能, 因为它进展得太快了, 要想给出一个相当全的论述就需要有相当大的论著. 我们必须只满足于证明, X 射线可以看成是以太波.

照相底板 I

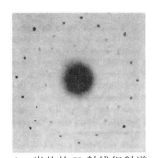

A   岩盐的 X 射线衍射谱

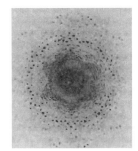

B   kaliophilite 的 X 射线衍射谱

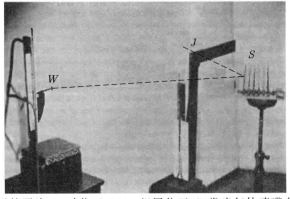

C   瑞利所用装置的照片. 口哨位于 W, 一组屏位于 S, 发光气体喷嘴在 J. 点线粗略地表示影响喷嘴喷出的声波路径. 照片表示在没有声波时喷出火焰的情况, 或者是当没有放置这些屏 (见照片侧边) 时, 这些反射加强的情况. 由于在 J 处喷嘴性状的特殊性, 喷出的火焰并不直接对应于声音直接从 W 传到 J. 当屏的间隔适当时, 喷出的火焰会加宽, 高度会降低到正常高度的一部分

照相底板 II

A　表示钻石结构的模型. 每一个球只代表碳原子的位置, 而不表示它的形状和大小. 两个相邻原子中心之间的距离为 1.54 埃 (这是一个大小为一亿分之一米的单位)

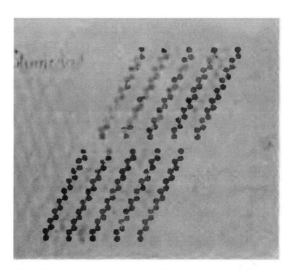

B　硬脂酸晶体中分子的排列. 每一个之字形代表单个分子中的碳原子. 两个相邻碳原子之间的距离, 和在钻石中一样为 1.54 埃. A 和 B 这两个模型是建立在不同的尺度之上的. 端点处的原子团和氢原子没有表示出来 (选自 A. Muller 的一个图, Davy Faraday 实验室)

C　一组由夫琅禾费 (Fraunhöfer) 摄制的光学衍射谱 —— 采自 Guillemin 的 "大自然的力". 在每一情形中光线被一个含有规则地分布着的完美开口的屏所衍射, 例如, 一根羽毛的一部分. 原图是彩色的, 但在复制品中没有表示出色彩的不同. 可以把这些光学谱与 I A, B 中的 X 射线谱相对照

各种客体相对大小表

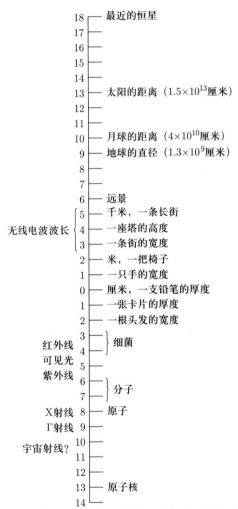

本表表示我们观察和测量的各种客体的相对大小. 它好比一组架子, 我们把各种客体, 从非常小到非常大的各种样品放入其中. 在架子的中部标记为零, 这里大小为厘米, 可以用一支铅笔的厚度来代表这一大小数量级的客体. 在它的上一格放的是约为十厘米大小的客体: 一只手的宽度可以代表. 再上一层, 其中客体约为一百厘米, 例如小型的家具. 一条街的宽度约为一千厘米, 一座塔的高度可能有一万厘米, 或者说一百米, 如此等等. 在零以下的架子, 首先一层所包含的物体厚度的数量级为毫米, 例如一张卡片; 接下来的一层为头发的宽度, 如此等等. 细菌在其下第 3 到第 4 层之间; 分子在其下第 6 和第 7 层, 原子接近其下第 8 层. 在垂线的另一侧, 以同样的方式显示了各种波长. 距离有的用数字给出. 太阳的距离为十五百万百万厘米 [即 15 万亿厘米], 即 1.5×10^{13} 厘米. 于是它就跑到了零层以上的第 13 层.

一切事物始于次序, 故亦将终于次序, 故亦将再次始于次序; 遵照次序的规定和天庭的神秘数学.

—— 托马斯·布朗爵士 (Thomas Browne)

7　晶体和物理学的未来

菲利普·勒·柯拜勒

我的物理学家朋友恩佩罗 (Empeiros) 带着很坏的情绪走进我的办公室. 他刚读了一篇文章, 而且该文章登在一份很受尊敬的月刊上, 它宣称物理的领域非常有限, 而且很快就要全部规划出来了.

"这种胡说八道简直要让我气疯," 恩佩罗说, "物理学一直在通过由某某人做出的完全意料不到的发现而不断更新. 看一看 X 射线, 看一看镭, 看一看宇宙射线吧! 一个物理学家怎么能够袖手旁观地说, 从现在起再也不会有新的发现了?"

我回答道: "我倒认为这不一定不可能. 我承认物理学今天还似乎看不到边界, 但是这也可能是因为它的领域还没有组织好. 试看一看伟大探索的历史. 在哥伦布发现美洲之后, 人们曾经期望发现任意多的新大陆. 可是到了 18 世纪末, 整个地球的表面已经被充分地标注出来了, 排除了再发现任何新大陆的可能. 我认为, 在物理学中的探索也会重复这种模式."

"这是在回避问题," 恩佩罗这样说, "在哥伦布的时代, 所有有能力的人都知道, 地球是圆的. 所以他们必定已经知道有待发现的土地一定是有限的. 把地球与无限的物理对比毫无道理."

"这种比较不是毫无道理的," 我回答道, "人们并不是都知道地球是球形的, 而当人们把地球设想为平面的时候, 它的表面可以是有限的, 也可以是无限的; 没有人讲清这一点. 合理地讲, 在麦哲伦的航船环游地球的时候, 论断还没有定论, 但是你们的祖先艾拉托色尼 (Eratosthenes) 却给出了球形地球周长第一个估计值. 检验在 2000 年后才来到, 但是论证可是与这个时间段无关."

"听起来你的话有点像一个柏拉图的信徒." 恩佩罗说, 显然被我提到他的希腊血统而受到了安慰.

"我当然是," 我回答道, "我的博士论文就是在数论和算术群方面的."

"很好," 恩佩罗说, "但是这不是物理学."

"这不是物理?" 我愤慨地叫了起来, "瞧这些晶体!"

恩佩罗问道: "晶体与物理学的未来有什么关系吗?"

"与物理学的一切都有关," 我欣然回答, "晶体学是明天物理学的图像. 现在我知道怎样来说服你了. 坐下来, 听我讲."

恩佩罗怔住了, 坐了下来.

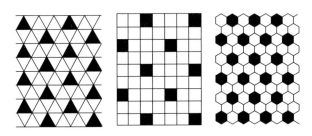

图 1 规则的瓷砖, 即那种每边都相等、用来铺地板的瓷砖, 只有三种, 三角形、正方形和正六边形. 其他形状的瓷砖无法做到将整个地面铺满

我就开始讲了, "数学中有这样一些定理, 它们告诉我们, 把若干事物组合起来的方式有一定的数目, 不多也不少. 这里就是一个例子. 正方形的瓷砖十分普遍. 正六边形的也是. 早在欧几里得以前, 几何学家就想: 我们能够用边数为任意的正多边形来铺地面吗? 答案是, 不能. 只能用三种正多边形的瓷砖: 三角形、正方形和正六边形. 其他形状的正多边形瓷砖根本不适于铺满整个区域.

"这第一个结论也许还不算是非常令人激动, 但是下一个可就是了 —— 至少柏拉图认为是这样. 一个正立方体是由六块面积相等的正四边形围成的立体. 我们能够以任意块相同的正多边形来围成多面体吗? 同样, 答案是否定的. 只有五种正多面体是可能的, 再没有别的了. 等哪天我会把如何用一张厚实的纸张来作这种多面体做给你看; 这是一个很有趣的游戏."

恩佩罗说, "我喜欢游戏, 但是我希望你能回到物理上来. 在数学里面我们知道游戏规则, 因为它是我们自己造出来的. 例如在这里的规则就是, 我们不能用别的, 只能用正多边形来围成我们的立体. 事实上只有五种立体才能严格地满足这个普遍规则, 这一点倒没有什么值得大惊小怪的. 但是在物理学中我们并没有这个规则; 因此我们决不能说物理学中的一章已经结束了."

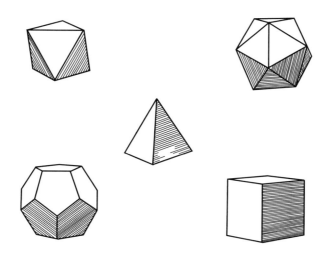

图 2 每一面均为正多边形的正多面体, 共有五种

我回答道, "你的论述完全有理. 但是不适用于这里的情形. 在物理学中也有 '正多面体'; 我们把它们叫作晶体. 所以这里我们又有了几何学和算术, 但是这回不会在我们头脑里都出现. 在这里, 自然给我们数学游戏的规则, 当然它自己也受到这些规则的约束."

"这听起来起来好像是不知所云." 恩佩罗这样说.

不管他说啥, 我接着说, "古人注意到了几种性状漂亮的晶体, 比如石英, 它们好像是从无定形的熔岩里长出来的. 第一个晶体科学家是一位荷兰的主教, 叫作斯特诺 (Steno), 他在 1669 年发表了一篇 "关于自然地含于固体中的固体" 的学术论文. 一些别的博物学家接过他的研究, 在 1782 年, 一位法国人, 阿贝 · 勒内 · 居斯特 · 阿维 (Abbé René Just Haüy), 发现了晶体的基本游戏规则: 他发现了如何从晶体的某些简单的标准性状得到任何晶体的性状.

"从斯特诺之后, 矿物学家们测量了成百上千个晶体的面间的夹角, 而所有这些数据的收集乱成一团糟. 阿维注意到与特定矿物有关的角遵守一个非常简单的规律. 由于描述空间中的几何形状很难, 请允许我用一个平面来告诉你阿维定律到底说的是什么, 又意味着什么. 假设在一块平面晶体中有一个角好像是由 BC 面切割出来的, 所以具体的周边为 $XBCY$ (见图 4). 在 AX 这条边上, 阿维标记出相等的距离 AB, BD, DE, EF, 同样在 AY 边上标出距离 AC, CP, PQ, QR. 然后将在标记在边 AX 上的任一点, 例如 E, 与标记在边 AY 上的任一点, 例如 P, 连接起来, 他发现割线 EP 与两条边所形成的角等于在同一材料的其他样品上所实际观察到的角.

"恩佩罗啊, 这可是在科学史上的重大事件. 因为好家伙阿贝 · 阿维由此成为第一个实验原子论学家. 他的后继者有约翰 · 道尔顿, 格列哥尔 · 约翰 · 门德尔, J. J. 汤姆逊, 马克斯 · 普朗克, 阿尔伯特 · 爱因斯坦 —— 每一个人发现了一种新型的 '原子'. 从这些天才 ……"

恩佩罗得到了很好的满足, 插话道, "现在请等一下, 我对你讲的感兴趣, 而且我要的是信息, 不是热情. 能否请你平静地告诉我, 原子主义是怎样在这里跑进来了?"

"这再明白也不过了," 我回答道, "你是不是看到了自然并不是随意做切割的? 她只限于一组特定的方向; 在它们之间的方向, 这样说吧, 是被禁止的. 这是我们所说的空间量子化. 为什么说 '量子化'? 因为我们要沿着晶体的棱边等距离地安排, 即相等的距离量子, 重建所观察的角度. 当然, 你可以说这只不过是几何构作, 没有什么物理意义. 阿维本人可不这样想. 他把晶体设想为由大量非常小的、完全相同的砖块组成. 后来对这种把固体看成是由小砖块堆起来、而中间没有空隙的想法, 有了反对意见. 然而, 在阿维体系中的关键点不是这些小砖块本身, 而是由他们所确定的有规则的距离 —— 空间量子化. 所以如果我们假设晶体是由小原子组成的, 所有的原子都一样, 分布在空间中的某种格子点上, 我们就弄清楚了, 为什么割下一块含整数个原子的晶面, 必定会以整数比的简单标准形式切割棱边, 并自动地满足阿维定律."

"我懂得了," 恩佩罗说, "我已经准备接受这个模型 (并不是一字不差地相信), 因为它适合角度的测量. 但是我注意到, 自然并不是像你所说的那样受限, 因为围绕着每一个晶体的顶点 (vertex), 它还有无限多个方向可以选择. 因此我们在这里并不会有像在正规晶体中的数学问题中那样强烈的限制."

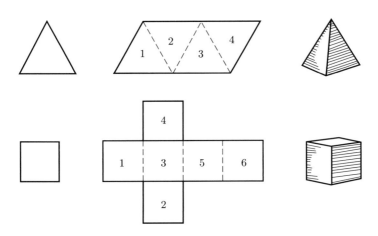

图 3　正多面体可以用纸来做成, 以说明它们的晶体类型的限制. 如果四个正三角形如图所示地在顶点粘在一起, 它们就会形成一个正四面体. 可以用同样的方式来作正六面体 (立方体)、正十二面体、正八面体和正二十面体

我回答道, "这是你的想法. 但是你已经掉进一个数学陷阱里了. 由原子是排成有规则格子点的简单事实可以推知, 只有某些晶体对称才被允许 —— 其他的就不行. 例如, 给出一个由点组成的正方形, 不可能把它变成一个正八边形 —— 八条边都相等的多边形. 要想把它变成正八边形, 我们要把正方形的每一条边分成三部分, 其长度比为 $1 : \sqrt{2} : 1$. 因此这是不可能用平均分布的点来完成的, 因为 $\sqrt{2}$ 不是两个整数之比 —— 正如约 2500 年以前毕达哥拉斯所惊讶地发现的.

"现在进行最后一步: 如果我们将原来的正方形转过一个直角, 即转过一整圈的四分之一, 正方形的外观不会改变; 晶体学家说正方形具有一个四阶的旋转对称轴. 一个正八边形可以转过八分之一圈看起来仍然一样; 我们说它有一个八阶的旋转对称轴. 但是我们刚才已经发现, 一个正方形的点阵绝不可能变成正八边形. 所以我们可以做出结论说, 晶体可以有四阶的旋转对称轴, 但是不可能有八阶的旋转对称轴."

恩佩罗说, "我得承认, 这是惊人的. 请告诉我一件事: 我也学过许多数学, 怎么我就从来没有听说过这种东西呢? "

我回答道, "这是因为你学的是欧几里得几何, 而晶体遵守的是毕达哥拉斯几何. 欧几里得几何讲的是连续直线, 而毕达哥拉斯几何讲的是点的阵列. 在欧几里得发明了他的几何之后, 早先的毕达哥拉斯几何就衰落了. 后

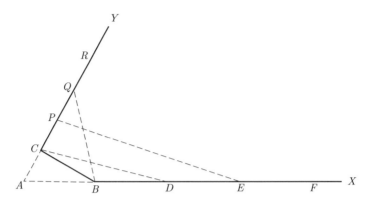

图 4　晶体学定律, 这里只画出在二维的情况, 它表述的是这样的事实, 即, 任何类型的晶体只能有与轴 AX 和 AY 等距离相交的割线形成的夹角

继的科学家 —— 阿基米德、笛卡儿、牛顿、麦克斯韦 —— 越来越深入连续的数学和连续的物理学, 带来了像微积分、万有引力和电动力学这样的一些学科.

　　"但是在最近 60 年来, 一个新的革命发生了, 我们到处放眼望去, 发现我们原来以为是连续的东西, 实际上是由原子组成的. 有各式各样的原子: 化学原子, 分子, 离子, 电子, 量子, 光子, 中子, 染色体, 基因. 原子出现的地方总是由以整数表现的实验定律来揭露的. 这样你就看到, 阿维定律 —— 有理指数定律 —— 是所有其他原子定律的先行者."

　　"但是现代数学家也对这种事情感兴趣吗? ".

　　"他们是感兴趣," 我答道, "但是他们给了它们别的名字. 他们把它们叫作数论和不连续群理论. 实际上他们所获得的比我们现在在物理中所用到的多得多, 我们只不过是在晶体中演示了它们一些比较简单的定律的应用. 例如, 数学家们证明了, 晶体的对称元素可以以 32 种不同的方式组合, 再也没有别的了. 晶体学家们已经把所有已知的晶体分类, 每一种都是这 32 种晶类之一. 不错, 这 32 种晶类中还有两类在自然中没有找到. 但是数学是逻辑上可能性的科学. 它告诉我们, 这 32 类是可能的, 而至于我们恰好还不知道其中任何两例, 我们也可能在明年发现, 也可能在以后 10 年中发现. 我们究竟能不能找到它们, 无关紧要."

　　"那么, 晶体的科学是否已经完全结束了呢?" 恩佩罗问道.

　　我回答道, "绝不是这样. 晶体学家们已经挖掘得比这头一批反映在晶

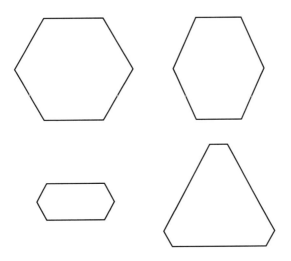

图 5 在鉴别它们的身份时, 晶体的大小和性状都不重要; 面与面之间的夹角是关键. 图中这四个六边形, 它们的面间的夹角都是 120 度, 在这个意义上就都是等价的

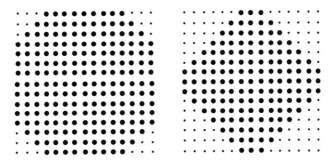

图 6 由点组成的正方形无法变成正八边形. 图中画了两个八边形, 但是两个都不是正八边形. 这说明了晶体形式的局限性 (见图 7)

体外形中的对称性要更深了. 到目前为止我们还是把机体内的原子设想成一些简单的小点点. 如果我们假设原子还有一定的形状, 那么就会出来这样的问题, 这个形状即使是唯一的, 但是是从晶格中的一个格点移到下一个邻近的格点时, 它将在空间中如何转动的方式有多少种. 同样我们发现只有某些种方式才是可能的. 这个极其困难的问题在 19 世纪 90 年代同时被三个科学家分别独立地解决了 —— 费德洛夫 (Fedorov), 一个俄国人, 申弗利斯 (Schoenflies), 一个德国人, 和巴洛 (Barlow), 一个英国人. 所有这三个人得到相同的结果: 把所有任意形状的相同的客体在空间中做有规则的排列的不同方式正好有 230 种. 我们说有 230 种不同的空间群.

"这 230 个空间群可以用比较简单的方式纳入 32 个晶类. 每一类拥有一定的外部对称, 因此属于一个特殊的类. 在每一晶类中的各种空间群 (即内部的排列) 靠研究晶面无法将它们彼此区分开来. 但是在 1912 年德国物理学家马克斯 · 冯 · 劳厄发现了探索这种内部结构的手段 —— 一束 X 射线.

"从这一刻起, 这 230 个空间群, 原先还只是把它们看成是一种数学游戏, 现在就有了重大的实际意义. X 射线使得我们能够说出一个晶体属于哪一个空间群. 它甚至向我们提供了让我们查明原子在晶体中是如何排列的线索. 对一种简单的物质, 比如普通的盐, 这个相当简单; 你只要试一些有可能的排列, 直至你碰上了一个, 它在所有方面都与 X 射线通过晶体时在照相底板上所产生的点的图案吻合. 但是对复杂的分子, 这个问题就变得非常困难. 它所要求的细致耐心的工作, 所要求的技巧和天赋不亚于破解一桩古文书上复杂的密码. X 射线分析现在已经成了研究蛋白质的结构问题的武器的一部分, 这个问题在生物化学中有着如此基本的重要性."

"这一切是这样诱人," 恩佩罗说, "但是我并没有看到在我们正在讨论的问题上有一点点的进展. 你相信物理的领域是有限的. 晶体难道不是自然中唯一有规则的阵列吗? 它们在我看来, 现在就更加是如此, 是一个漂亮的例外."

我回答道, "它们是, 它们又不是. 地砖, 正多面体, 我们正在讨论的空间阵列, 看来都是几何学中的问题. 然而, 这种几何, 毕达哥拉斯几何, 只说明数论中的定理, 我们把高等算术叫作数论. 当我们说, 只有 3 种正多边形的地砖, 5 种正多面体, 32 种晶类, 230 种空间群的时候, 我们不过就是对四个算术问题做出几何的说明, 这四个问题分别具有 3, 5, 32 和 230 个解. 于是, 你瞧, 有关我们的问题的本质情况, 并不是说它们是关于几何阵列的: 实质在于它们处理的是整数问题.

"到现在为止, 除了那些原子和量子以外, 我们已经发现了这么多的其他种类的、构造成晶体的粒子, 以致这个领域对数论以及对数学的一个相关的篇章 —— 群论的应用敞开了大门. 实际上已经有不少是众所周知的了. 原子的量子理论中就充满了这种关系, 而在周期表中相继元素的列举, 也非常类似于晶类的列举. 正如我们不可能在明天发现某种具有第 33 类构造的晶体一样, 我们也可以肯定不会有任何新的化学元素插在今天已经从氢延伸到锎的系列中的任何地方: 这是一个填满了从 1 到 98 个电子的系统.

"这一点的含义几乎没有被化学家们和物理学家们所注意到. 把这种局限加到自然头上是与经验主义的传统信条相抵触的. 至今没有得到太多的注意这一点就表明, 我们还没有适应以原子和量子来思考, 也还不习惯于整数组合计数的绝对特性."

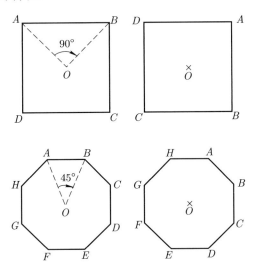

图 7 正方形的旋转对称轴是四阶的: 它在旋转过 90 度, 或者其四倍的 360 度之后, 看起来仍然一样. 一个正八边形有一个八阶旋转对称轴, 晶体不可能有这种对称轴, 因为正八边形不可能由点的正规排列造成 (见图 6)

恩佩罗说道, "你已经罗列了一大堆结果, 我承认这令人印象深刻. 你设想这种思想路线在建立经验主义的坚固教义上取得了成功的第一步, 这一点你可能是对的. 但是我再次提醒你, 你说过, 物理学的领域是有限的. 这一点你还没有证明."

"这我可证明不了," 我回答道, "这是推想和预测. 我所能做的就是告诉你我为什么这么认为, 这是 350 年来物理科学发展的趋势. 在任何一门新的科学中, 发展的第一个阶段都是纯描述性的. 接着是建立定量定律的阶段, 例如像有关空气 '弹簧' 的波意耳定律, 牛顿的万有引力定律, 麦克斯韦的电磁方程, 就会来到. 在这一阶段我们知道了自然中的事物都是以如此这般的数值定律相互联系着. 但是我们还不懂为什么会这样. 为什么晶面总是遵守阿维定律, 即有理指数定律? 到了 1912 年, 在从实验上确立了晶体的空间周期性结构之后, 人们才认识到了这一点. 这之后我们才能做出结论, 不是靠观察, 而是靠数学的必然性, 说恰好有 32 个可能的晶类和原子在晶体类空间安排的 230 个可能的类型.

"在科学知识发展的第三个阶段, 我们可以把它说成是演绎阶段, 或者是公理阶段, 由观察所得到的自然定律被证明为少数的几个假设的必然逻辑推论. 有关我们今天所知道的演绎知识的事例, 最惊人的事情是, 其假设极其简单, 而结论却极其丰富而深远. 例如, 任何晶体都有周期性的空间格子这一单个简单假设, 就能带来晶类和空间群的全部理论.

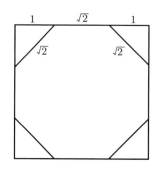

图 8　正八边形可以通过以 $1:\sqrt{2}:1$ 的比例切去正四边形的边来得到

"今天我们有些一流的科学家, 沿着爱因斯坦的先前的努力方向, 正在试图令引力的和电磁学的实验定律汇合到一起. 这样两个领域居然毫无联系, 这是令人难以想象的. 我们从测量知道, 两个电子之间的电排斥力比它们之间的牛顿引力大好些个数量级. 这还是在经验阶段. 我们想要知道, 为什么这个比值是这个数, 而不是别的数. 新近发现了几个新型的基本粒子, 还没有找到任何有意义的关系, 使得这个问题显得尤感迫切.

"我们不能仅满足于数值表述而没有逻辑论证. 晶体学是一个数值结论如何得到论证的最典型的例子. 在几个基本假设的基础上, 得到有关物理宇宙的主要特征的演绎的知识, 这样的日子不会太远了."

"你当然可以对你希望的未来做任何规划," 恩佩罗这样讲, "但是你必须承认, 你的白日梦的实现在科学发展史上是史无前例的."

我回嘴说道, "我承认还没有这样的事情. 几何学一度像今天的物理学一样, 十分像一门经验科学, 最初几个 '定理' 也是从经验中得来的. 在一组假设的基础上逻辑地建立起几何学, 从泰勒斯到欧几里得, 花了希腊人 300 年. 考虑到我们现在在物理学中实际上所知道的, 是在 350 年中发现的, 而在最近的这 50 年中我们已经跨过了从日常经历的现象到原子核的裂变的全部过程. 我们难道不能设想在接下来的 50 年 —— 设想到了 2000 年, 一个很好的整数 —— 我们将会有一个公平的机会, 轮到我们来建立一组假设, 可以在其上建立起物理学吗?"

思佩罗怀疑地摇了摇头.

王后迪多、肥皂泡和一个盲数学家

有许多自然现象表现出所谓的最小原理. 这个原理表现为, 在实现某一给定动作所需的能量为最少; 也表现为, 一个粒子或波动从一点到另一点所经过的路程为最短; 又表现为, 在完成某一运动时所需的时间为最短, 如此等等. 物理行为上的这种经济性的一个著名的例子是由亚历山大的海伦 (Heron) 所发现的. 他发现, 光线与一平面镜相遇而形成的入射角与反射角的相等保证了光线从源点发出经由镜子的反射而到达另一点的路径是所有路径中最短的路径.[1) 1600 年之后, 费马 (Fermat) 又证明了最小原理也可以确定光的折射定律.[2) 其他一些重要的例子出现在力学 (例如, 一条可弯曲的链条自由地悬挂在两个端点上时 "所取的形状其势能为最小")、电动力学、相对论和量子理论中.

极小性质和它的孪生对立面极大性质, 表现在几何的一些简单 (由实际经验所提出的) 命题中; 例如, 平面上两点之间的最短距离是一条直线, 或者, 所有长度相同的闭曲线包围面积最大的是圆. 许多这种 "自明的" 真理, 古人也都已经知道了. 腓尼基女王狄多 (Dido) 从北非当地的首领那里得到一块土地, 其大小允许为一张大牛皮所能包围的区域. 狄多是一个聪明的女孩, 她把这张牛皮切割成长的狭条, 再从其端点连接起来, 用桩围起一块很大的

---

1) 这个定理被认为是 "几何光学的根苗", 其证明可参阅 Courant and Robbins, *What Is Mathematics?* New York, 1941, pp. 329–332 [或参阅中译本: 数学是什么, 汪浩, 朱煜民译, 湖南教育出版社, 长沙, 1985, pp. 352–354]. 至于对在物理学中极小原理发展的一般讨论, 则可见 Wolfgang Yourgrau and Stanley Mandelstam, *Variational Principles in Dynamics and Quantum Theory*, New York, 1955.

2) 费马的一般原理是这样说的, 光从一点 M 传播到另一种介质中的一点 M', 就是说, 在所有通过棱镜、透镜等的折射的各种情况下, "光线遵循着那种需要时间最少的路径". 见 Thomas Preston, *The Theory of Light*, Fifth Edition, London, 1928, pp. 102–103.

有价值的土地, 她就在这块土地上建立起迦太基.[3] 霍雷肖 (Horatio) —— 他以保卫大桥而出名 —— 所获得的奖赏是他在一日内所能耕作的土地, 这是等周问题的又一个例子. 热力学第二定律提供了一个更加现代化的 (也是更令人泄气的) 极大值原理的例子: 宇宙的熵 (无序度) 趋向于取得极大.

追求极大和极小的性质在现代物理的发展过程中扮演着一个重要的角色. 费马在光学中的发现, 詹姆斯 · 伯努利 (James Bernoulli) 在最速下降路径上面的工作, 是那些导致确信物理规律 "最适宜于用最小原理来表达, 它为求得一个具体问题差不多是完全的解提供了一条自然的途径"[4] 这一观念的工作中的两个. 我们也不能忽视泛灵论的倾向和神秘主义在推动追寻一个统一原理的广泛影响, 甚至包括那些对力学的理论体系做出过杰出贡献的人物 —— 欧拉、拉格朗日、哈密顿和高斯, 这还是随便举几个.[5]

皮埃尔 · 德 · 莫佩蒂 (Pierre de Maupertuis), 法国数学家和天文学家, 确切地阐述了最小作用原理, 相信这个包容广泛的守恒定律表明了: "上帝想用一个最完美的普遍原理来管控物理现象这个意愿."[6] 还有其他一些科学家和哲学家也持有这个观点, 甚至有的还走得更远, 提出就是这个单一的经济法则, 这个既伟大又简单的法则可以囊括全部自然现象. 幸运的是, 数学家们正好能够给最小和最大的问题带来某种明晰和次序, 从而避免让物理放弃实际世界, 陷进理想和高蹈的猜想的泥淖.

变分法是数学中的一个分支, 它处理的正是我们正在讨论的这种问题. 欧拉是第一个对这个课题做过系统处理的人, 虽然这个学科的名称本身是按照稍后由拉格朗日提出的称呼来命名的. 这一计算的方法乃是 "求出含有任意多个变量的表达式在令其中全部或任意多个变量发生改变时所引起的改变". 它所处理的问题不仅有物理事件中遇到的极大与极小的性质, 例如光线的行为, 力学系统的平衡, 子弹穿过空气或是船在水上穿行时所遇到的阻力; 它还要处理经济问题、工程问题以及运筹研究中的问题, 寻求将其中某些特征变量极大化 (例如产量、利润) 或极小化 (例如费用、时间).

---

[3] Lord Kelvin, *Popular Lectures and Essays*, London, 1894, Vol. 2, pp. 571–572.

[4] Courant and Robbins, 前引著作, p. 330.

[5] Philip E. B. Jourdain, *The Principle of Least Action*, Chicago, 1913, p. 1.

[6] Courant and Robbins, 前引著作, p. 383; Jourdain, 前引著作, p. 10 及其后. 必须注意到, 莫佩蒂在选择上帝存在的证据上是有区别的. 犀牛的皮肤有折叠 —— 没有它犀牛就无法运动 —— 当有人提出用这个事实来证明神的智慧时, 他问道: "如果有人用乌龟的背上既没有折叠, 又没有关节来否定神的存在, 那你又怎么说呢?"

在所选论文的第一篇, 作者卡尔·门格 (Karl Menger) 是一个著名的奥地利数学家, 现在是伊利诺伊 (Illinois) 理工学院的数学教授, 他在文中对变分法的主要论题及方法做了一个全面的介绍. 门格博士是一个很能阐明问题的作者, 他在这篇短文中给这个艰深的课题做了一个非常令人满意的通俗的描述. 第二篇选文是摘自谈肥皂泡的一个系列讲座, 这个讲座是由英国物理学家 C. 维农·博伊斯 (C. Vernon Boys) 在 20 世纪初对 "青少年和普通听众" 开设的[7]. 博伊斯是一个高超的实验物理学家, 是许多巧妙的测量设备的设计者. 他最著名的工作是称量地球, 也就是说测量引力常数. 1895 年, 他采用 18 世纪伟大的化学家和物理学家亨利·卡文迪什 (Henry Cavendish) 所采用的方法, 测量了两个直径为 $4\frac{1}{2}$ 英寸的铅球对两个 $\left(\text{直径为 } \frac{1}{4} \text{ 英寸的}\right)$ 分别用石英细丝悬挂在金属梁上的小金球的吸引力. 比较铅球对金球的作用 (由梁的弯曲来测定) 与地球对金球的作用 (即它们的重量), 他以达到约为 1 : 1000000000 的比例, 从而以极高的精度确立了地球的质量[8]. 这些实验要在一个地下室里, 在深夜的时候进行, 以避免平时过往车辆造成的震动的影响. 此外他还为这个实验制造了设备, 他设计了一种照相机, 这种照相机以他的名字命名, 能够拍下闪电的速度, 他用照相的办法测出了飞行子弹的速度. 除了在帝国学院做过一段短时间的物理助理教授之外, 博伊斯没获得过别的学术职位. 他的收入来自作为一个 "气体鉴定师" —— 一个提出测定气体质量方法的人 —— 以及来自作为专利案件的专家证人. 他去世于 1944 年, 终年 89 岁.[9]

从博伊斯这本有趣的小书中所摘录出来的内容谈的是由一位比利时的

---

[7] C. V. Boys, *Soap-Bubbles*: *The Colours and the Forces Which Mould Them*, New and Enlarged Edition, London, 1931.

[8] "他发现两个 1 克的质点, 相距 1 厘米, 相互之间的吸引力为 6.6576×10^{-8} 达因, 这使得地球的密度是水的密度的 5.5270 倍." Sir William Dampier, *A History of Science*, Fourth Edition, Cambridge, 1949, p. 178.

[9] 瑞利爵士写过一份有关博伊斯生平的叙述, 刊载在 *Obituary Notices of Fellows of the Royal Society*, Vol. 4, No. 13, November 1944, pp. 771–788.

盲物理学家 J. 普拉托 (Plateau)(1801—1883) 所做的工作.[10] 普拉托的研究结果引起了大家对数学与实验研究之间的合作所获得的特别成果的注意. 普通人都认为数学是科学的女仆; 但是很少有人认识到, 实验激起了数学的想象, 在表述概念、厘定数学研究的方向和重点上给以帮助. 这个关系中的一个最令人瞩目的特点之一就是, 用物理模型和实验来解决数学中出现的问题. 在有的情况下物理实验是确定一个特定问题是否有解存在的唯一办法; 一旦解的存在证明了, 则有可能完成数学上的分析, 甚至有可能超越由模型所提供的结论, 好像是一种解靴带的过程 (boot-strap procedure). 有意思的是可以指出, 在这种作用与反作用中起作用的是 "思维的物理方式", 把物理事件转化为想象, 就好像实际上在做这个实验. 在 19 世纪, "函数理论中的许多基本定理就是由黎曼 [仅仅] 靠设想有关电在金属薄片中流动的简单实验来发现的"—— 甚至根本没有进实验室.[11] 与普拉托的名字相联系着的著名的极小问题[12] —— 它的最简单形式就是, 求一以给定曲线为边界的面积最小的曲面 —— 与微分方程组的求解有关联. 正如在从 "Courant and Robbins" 一书中我们所选的部分中可以找到一个对 "非常一般的周边曲线" 的物理解, 办法就是把各种形状的金属丝框架浸入低表面张力的液体中.[13] 一层薄膜立即就会以一面积为最小的曲面张在框架上 —— 对于这一事实你可以自己用最简单的自制设备重新做普拉托实验来复现. 普拉托问题的数学解相当难于推求. 人的大脑比不上肥皂泡灵活, 直至 1931 年这个问题还没有得到解决.

---

[10] J. Plateau, "Sur les Figures d'Équilibre d'une Masse Liquide Sans Pésanteur", Mémoires de l'Académie Royale de Belgique, Nouvelle Série, XXIII, 1849; 还有由同一作者所写得很全面的专著, *Statique Expérimentale et Théoretique des Liquides*, Paris, 1873. 对肥皂泡研究的较新近的论述可见 Courant and Robbins, 前引著作, pp. 385–397; R. Courant, "Soap Film Experiments with Minimal Surfaces", *American Mathematical Monthly*, XLVII (1940), pp. 167–174; D'Arcy Wentworth Thompson's classic, *On Growth and Form*, Second Edition, Cambridge, 1952.

[11] Courant and Robbins, 前引著作, pp. 385–386. 以上讨论基本上是以 Courant 的这本书中的出色的处理为基础的.

[12] 这个问题实际上最早是由著名的法国数学家 J. L. 拉格朗日 (1736—1813) 提出来的, 而且, 如果你愿意的话, 还可以回推到狄多 (Dido).

[13] 有关传记方面的材料请参阅 Courant and Robbins 一书的 p. 571.

他说道, 所有指定的事物

上上下下, 到处转,

在兜圈中的损失

意味着利润的震荡,

—— 帕特里克 R. 查默斯

8 什么是变分学, 它有什么用?

卡尔·门格

变分学是数学中的这样的一部分, 要想对一个不是学数学的人讲清楚它的细节很难. 但是对每个人解释清楚它的主要问题, 简略地描述它的主要方法, 还是有可能的.

人类中第一个想解决一个变分学问题的人看来是迦太基的女王狄多 (Dido). 在她被许可获得一份土地, 其大小只要是用一张公牛皮作边界的范围内, 要有多大可以有多大的时候, 她把这张牛皮剪成许多条带, 把它们的端点连接起来形成一根长长的条带, 然后再来设法围起一块尽可能大的土地. 历史没有告诉我们她所选的那块土地的形状. 可是如果它是一个好的数学家, 她会把这块地围成一个圆形, 因为今天我们知道: 在所有由一条给定长度的曲线所包围的曲面中, 圆所包围的面积最大. 数学中那个给这个结论做出严格证明的分支就是变分学.

牛顿是在这领域内发表过一个结果的第一位数学家. 如果有一个物体在空气中运动, 它就会遇到一定的阻力, 这个阻力的大小与物体的形状有关. 牛顿研究的问题是, 物体取何种形状能保证所受到的阻力最小? 这个问题的应用很明显. 来复枪子弹的形状就是设计得以满足阻力为最小. 牛顿发表了对这个问题的一个特殊情形的一个正确的答案, 即, 所考虑物体的表面可以通过将一条曲线围绕一根轴回转一周来得到. 但是他没有给出证明, 或者说他没有给出导致他得出这个结论的计算. 因此牛顿的解没有对数学的发展起太大的作用. 数学上这个新的分支是随着在 17 世纪的伯努利兄弟所提出的另一个问题而开启的. 如果有一个小的物体在重力的作用下沿着一条给定的曲线从一点降落到另一点, 那么所需时间自然依赖于曲线的形状. 物体是沿着 (在一斜面上的) 一条直线下降, 还是沿一圆周落下, 结果是不一样的. 伯努利的问题是, 哪一条路径所需时间最短? 大家可能想, 沿一条直线的运动是最快的, 但是伽利略就已经注意到, 沿某种曲线所需的时间小于沿直线所需的时间. 伯努利兄弟确定了这根取最短时间的曲线. 这条曲线早已在几何中由于它所具有的其他有趣的性质而为人们所熟知, 并且被称为旋轮线.

所有这些问题的一个共同点就是: 有一个数与一族曲线中的每一条曲线相联系. 在第一个例子 (狄多女王问题) 中, 这一曲线族由所有具有给定长度的曲线所组成, 而与之相联系的数则为它所包围的面积; 在第二个 (牛顿的) 例子中, 这个数就是阻力, 它与该物体以某种方式和空气相交的曲线相关联; 在第三个 (由伯努利兄弟所提出的) 例子中, 曲线族由所有连接给定两点的曲线组成, 而与每一条曲线相联系着的数则为物体沿该曲线下落所需的时间. 问题在于求出这样一条曲线, 使得相联系的数达到最大或最小 —— 就是最大可能的值, 或最小可能的值; 在狄多的例子中, 为最大的面积; 在牛顿的例子中, 为最小的阻力; 在伯努利的例子中, 为最短时间.

有些涉及最大和最小的问题会在大学学习的微积分中讲到. 它们可以以下述方式来表述: 给定一根单独的曲线, 其上最低的点和最高的点在什么地方? 或者说, 给定一块曲面, 它的峰顶在哪里, 它的谷底又在哪里? 与曲线或曲面的每一点联系着一个数, 即该点高出水平轴, 或高出水平面的高度. 我们要寻求的就是那些点, 高度在这些点上为最大或最小. 在微分学中我们把它们处理为所谓的点函数 —— 即与点相联系着的数 —— 的极大和极小; 而在变分学中我们所处理的则是所谓的曲线的函数的极大和极小, 即与所处理的曲线相联系着的数, 甚至是与更复杂的几何客体, 例如曲面, 相联系着的数.

与曲面有关的一个著名的问题就是下面所谓的普拉托问题: 如果在我们的三维空间给定一条闭曲线, 我们可以在它的上面绷上各种不同的曲面, 它们全都由给定的曲线作边界, 也就是说, 如果这根给定曲线为一个圆, 我们可以把它绷成一块平面的圆形面积, 也可以把它绷成一个半球面或者其他的曲面, 以该圆周为边界. 每一个这种曲面都有一个面积. 这些曲面中哪一个的面积最小? 如果给定曲线在一平面内, 例如一个圆, 那么, 显然由该曲线所包围的平曲面具有最小的面积. 可是如果所给曲线不在一平面内, 例如一条在三维空间中的打结的曲线, 那么寻求由这根曲线包围的、面积最小的曲面就非常复杂. 这个问题几年前由 T. 拉多 (Radó) (俄亥俄州立大学) 所解决, 而 J. 道格拉斯 (Douglas)(麻省理工学院) 在更一般的情况下解决了这个问题. 这个问题在物理上有应用, 因为如果这条曲线由一根金属丝做成, 我们试图在它上面张上肥皂薄膜, 那么这块薄膜就会正好取极小面积曲面的形式.

我们经常会发现, 自然以使某个量取极小值的方式行动. 肥皂泡会取面积最小的曲面的形状. 光总是沿着最短的路径, 也就是直线传播, 而且甚至在反射或折射时沿传播时间最小的路径. 在力学系统中我们发现, 运动实际上是以一种在某种意义上所花力气最小的方式运行. 曾经有过这么一个时期, 大约在 150 年前, 那时物理学家们相信, 整个物理学有可能从某些遵守变分学的极小化原理导出, 而这些原理被解释为大自然的一种倾向 —— 这样说吧, 大自然的一种追求经济的倾向. 大自然似乎有一种追求使某个量达到最经济的倾向, 有靠给定的方法获得最大效果的倾向, 或者有为获得给定效果所花费为最小的倾向.

在 20 世纪的爱因斯坦的广义相对论以这样的极小原理作为它的基本假设: 在我们的空间 – 时间世界中, 不论其几何是如何复杂, 没有受到力的作用的光线和物体沿最短曲线运动.

如果我们谈论自然中的倾向, 或者说谈论大自然的经济原理, 那么在与人类的倾向和经济原理的类比中我们所做的也一样. 生产者会最经常地采用生产费用与其他产生相同结果的方法相比所需最小的方法; 或者采用与其他所需费用相同的方法相比得到最大回报的方法. 根据这个理由可见经济学的数学理论在很大程度上就是变分学的应用. G. C. 埃文斯 (Evans)(加州大学), 以及特别是查尔斯 · F. 罗斯 (Roos)(纽约市) 已经研究了这种应用. 经济学家 H. 霍特林 (Hotelling)(哥伦比亚大学) 提出过一个简单但是有趣的例子, 这是一个在矿山开采中的最经济的方法的问题. 我们可以从大的产量开始, 随后再降低产量, 或者我们可以及时增加产量, 或者以一个恒定的产出率进行生产. 每一种生产方式可以用一条曲线来表示. 如果我们有对于产出金属的价格走势的猜测, 那么我们就可以将一个数与每一条这样的曲线相联系 —— 可能的利润. 问题在于求出有可能得到最大利润的生产方法.

在变分学里的极大和极小问题的数学理论中, 人们采用了各种不同的方法, 老的经典的方法在于求出判断对于一给定的曲线对应的数是否取极大或极小的判据. 为了求出这种判据, 要将所考虑曲线稍稍改变一下, 就是由于这样的方法, 数学中这一分支才得到了 "变分学" 这一名称. 这一方法今天以芝加哥大学的 G. A. 布利斯 (Bliss) 及其学派为代表, 它的第一个结果就是欧拉 – 拉格朗日方程, 它说的是: 能使相应的数为极大或极小的曲线必定在它的每一个点上具有一个确定的曲率, 它可以针对每一个问题来确定.

另一个方法在于, 非常一般地来确定一给定问题到底是否有解. 例如, 来考虑下面两个非常简单的问题: 两个给定的点用各种可能的曲线连接起来; 其中哪一条最短, 哪一条最长? 第一个问题有解: 连接这两点的直线段就是连接这两点的最短曲线. 第二个问题无解: 连接这两点的曲线没有最长的, 因为连接这两点的一条曲线无论多么长, 必定还有一条曲线比它更长. 长度是与每一条曲线相联系着的一个数, 它对任何一条曲线都不会取得有限的极大值.

变分法的第二种方法是由德国数学家希尔伯特 (Hilbert) 在 20 世纪初所创始的. 意大利数学家托内里 (Tonelli) 在 20 年之前发现有关长度的极小问题可解性的深刻理由, 即, 每两点之间存在最短曲线的理由是由于长度的下述性质: 设两固定点之间的一条曲线为已给, 则在任意靠近它的曲线中总有其他比它长的曲线 (例如, 靠近给定曲线的某条锯齿形曲线). 但是连接这两点, 非常靠近给定曲线的曲线中却不一定有比给定曲线短很多的曲线存在. 长度的这种性质叫作长度的半连续性. 对这个希尔伯特 – 托内里方法做出贡献的有 E. J. 麦克沙恩 (McShane) (弗吉尼亚大学), L. M. 格雷夫斯 (Graves)(芝加哥大学), 还有作者.

变分学中的另一个方法是在这个国家中开创的. G. D. 伯克霍夫 (Birkhoff)(哈佛大学) 是第一个在处理 "稳定 (stationary)" 曲线时研究了所谓的极小极大 (minimax) 问题的, 这种 "稳定" 曲线相对于某些近邻曲线是极小化曲线, 而相对于另一些曲线又是极大化曲线. 由于变分学的极小与极大问题相当于普通微积分中求一曲面上的峰与谷, 极小极大问题就相当于求曲面上的鞍点 (半山腰的隘口). 这种稳定曲线最简单的例子可以用下述方式获得: 考虑地球赤道上的两点, 那么地球表面上它们之间的最短连线就是赤道上它们之间的那段劣弧 (minor arc). 我们已经看到, 连接这两点之间的曲线中没有最长的. 但是在地球表面上有一条线, 它既不是最短的, 也不是最长的, 而且在某些方面起着特殊的作用, 它就是赤道上这两点之间的优弧 (major arc).

变分学近年来的一个最大的进展就是, 由马斯顿 · 莫尔斯 (Marston Morse)(普林斯顿大学) 所发展的稳定曲线的一个完整的、系统的理论. 这个计算极小化曲线数和极大化曲线数的理论的一个最简单的例子就是, 由莫尔斯所引用的 "地理的" 定理: 如果我们将地球表面上峰与谷的数目加起来再减去隘口的数目, 不论山的形状如何 (高原除外), 则结果必为 2.

变分学中有很多技术细节一般非数学家很难理解. 它们是这样一种类型的理论, 它让人以为数学理论远离世界上迫切需要解决的问题, 没有什么用. 真正的数学家是不会太在乎这些非难的, 这些都是由于对科学历史的无知引起的. 数学家们研究他们的问题是由于它们的内在的趣味, 发展他们的理论是由于它们的美. 历史表明, 这些没有任何直接应用机会而发展起来的数学理论, 其中有的后来就得到了重要的应用. 在变分学的这个例子中也肯定是这样: 如果说汽车, 火车, 飞机, 等等, 在今天生产出来的, 其形状与 15 年前通常的形状都不一样, 那么大量的这种改变都是来自变分学. 因为我们采用流线型就是为了尽可能把它们在行驶时所受到的空气阻力减少到极小. 我们是通过物理学得知这一阻力的实际规律的, 但是如果我们想找出保证阻力最小的形状, 那么我们就需要变分学.

Lex perpetua naturae est ut agat minimo labore, mediis et modis simplicissimis, facillimis, certis et tutis: evitando, quam maxime fieri potest, incommoditates et prolixitates.

—— Giovanni Borelli (1608—1679)

9　肥皂泡

C. 维农 · 博伊斯

就是由于我们对肥皂泡的最早记忆是这样熟悉, 使得我们将接受它们的存在当成是理所当然的事情, 以致让我们大多数人对它们为何能给吹出来熟视无睹, 感到没有什么稀奇. 可是要想认识到这种事情应该是可能的这一点, 就比我摆在你们面前的任何事情的行为和形状都更难. 首先, 当人们认识到液体的表面是绷紧的, 好像是拉伸着的皮肤的时候, 他们自然会认为, 肥皂泡之所以能被吹出来就是因为在肥皂液体的情况下, 这种 "皮肤" 非常结实. 可是实际恰好与此相反. 纯水, 用它在空气中吹不出泡泡来, 甚至连细的泡沫都发不出来, 它所具有的 "皮肤", 或者说表面张力, 可是肥皂溶液表面张力的 3 倍, 这是用通常的方法, 例如, 用在毛细管中上升的高度, 测出来的. 即使只有很少一点肥皂液存在, 表面张力就会从 $3\frac{1}{4}$ 格林/英寸[1] 下降到 $1\frac{1}{4}$ 格林/英寸, 这是普拉托 (Plateau) 用肥皂泡实验的结果算得的. 这种液体在毛细管中上升的高度只不过是毛细管的三分之一多一点. 肥皂薄膜有两个表面, 每一面具有的表面张力为 $1\frac{1}{4}$ 格林/英寸, 所以对每英寸的拉力有 $2\frac{1}{2}$ 格林. 很多液体都能产生泡沫, 但是吹不出泡泡. 瑞利 (Rayleigh) 勋爵指出过, 纯的液体不会产生泡沫, 而两种纯液体, 例如水和酒精的混合液体却能.

---

[1]格林 (grain) 为在英美使用的一种质量单位, 等于 64.8 毫克, 当时是一颗小麦麦粒的平均质量. 原文中张力和后面的功都没有乘以重力加速度 g, 译文仍照原文译出, 特此说明. —— 译注

无论是什么性质能使液体产生泡沫, 都有可能进一步发展成可以吹出泡泡.
我曾多次说过, 肥皂薄膜的张力似乎是个常数, 而且的确接近是这样, 可是
正如威拉德·吉布斯 (Willard Gibbs) 教授所说的, 不可能准确地是这样. 因
为, 考虑任意一个大液泡, 或者, 为了方便起见, 考虑一片垂直的平面薄膜, 张
在由金属丝做成的圆环上. 如果在所有部分的张力的确全都是一样为 $2\frac{1}{2}$ 格
林/英寸, 那么向上和向下都被薄膜上上下下的其余部分同等程度地拉住的
薄膜的中间部分, 实际上根本没有被它们拉住, 会和其他没有被支撑的物体
一样往下掉, 开始用落体的加速度往下掉. 可是这样的薄膜的中部并不如此.
它看起来是不动的, 就是有向下的运动, 那也是慢得觉察不到. 因此薄膜的
上部必定比下部拉得更紧, 它与下面的差值就是中间这部分薄膜的重量. 如
果转动这个环使薄膜的上下对调, 那么条件就反过来了, 这时中间这部分仍
然没有掉下来, 可见肥皂泡有一个惊人的性质, 它能在小范围内根据载荷来
调整它的张力. 威拉德·吉布斯提出了一个观点, 认为这是由于表面的材料
与薄膜厚度以内的液体是不一样的. 他认为表面被降低了表面张力的材料
所玷污, 而在薄膜被拉伸后被稀释了, 使得薄膜变得更强了, 或者在收缩后
变得更致密了, 使得薄膜更弱了. 他自己的话更好懂, 比我的好得多, 我还是
从他的《热力学》的第 313 页中来引一段吧: "由于, 在一厚的薄膜中 (与给
弄脏了的薄膜对比), 张力随扩张而增大, 这对于扩张的稳定性是必需的, 是
和在表面内肥皂的量与在薄膜内部的量相比要多有关."

　　这与油在水面上的效果是一样的. 瑞利勋爵用了一个漂亮的实验来支
持玷污理论, 因为他在一个肥皂溶液表面存在的一开始的百分之一秒内测
量了它的表面张力. 他发现这个张力与水的一样, 因为此时还没有来得及
形成表面污染. 他让液体从盖在一根管子的端头的平板上的椭圆开口小孔
流出, 这液体是从装有这种液体的容器流过来的. 当液体从这样一个小孔在
a 点流出时, 见图 1, 这时水流的截面是椭圆形的, 如在字母 a 之下所示, 由
于表面张力的作用有变成圆形的倾向, 但是当它变成圆形之时, 在截面处形
成的运动不可能突然停住, 所以液体继续其运动, 直至它在 b 处成为 [长轴
在] 另一个方向的椭圆, 这个过程会以一定的速度继续下去, 这个速度依赖
于表面张力以及液体的密度和喷口的大小. 同时液体是以一定的速率射出
的, 这一速率依赖于喷嘴位于液体自由表面之下的深度, 从而在条件选择得
适合时, 在液体从 a 射流到 c 的过程中椭圆会转了一整圈, 而且这一过程会

重复几次. 如果表面张力比较小, 这一转动过程要花较长的时间, 从而在节点 a, c, e, g 之间的距离会较大. 在相同的液头下, 这些节点之间的距离在用水做实验和在用肥皂溶液做实验时, 结果是一样的, 这表明它们的表面张力在一开始是一样的, 但是用酒精来做实验, 酒精在一开始就有自己的表面张力, 各节点之间的距离较大, 由于表面张力比密度较低时的表面张力要小一些的比例更高一些. 唐南 (Donnan) 教授在最近以极其精确的直接实验证明, 存在由吉布斯理论所要求的那种数量和种类的表面浓缩.

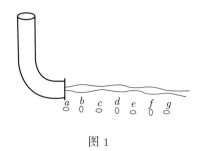

图 1

　　下面的实验也指出了表面浓缩的存在. 如果在一水平环上吹上一个肥皂泡, 那么环的直径就会比泡的直径略微小一点, 将一氨水瓶上打湿了的瓶塞放到靠近气泡的上边, 那么它就马上会缩离瓶塞, 滑进环内, 好像是受到了氨气臭味的打扰. 或者, 如果摆到环的下面, 它就会退缩到环的上面. 这里实际发生的事情就是氨气与肥皂中集中在表面的某些成分相互结合, 从而提高了环的某一面上的张力; 于是它就收缩并将薄膜还没有受到氨气影响的另一面涨开, 薄膜受到氨气影响的那部分也会变厚, 其余部分就会变薄, 这可以由颜色看出, 这时它会变得更加光鲜, 色彩斑斓.

　　现在再回到肥皂薄膜, 于是我们看到, 不论其形状如何, 它的上面部分总是比下面部分拉得更紧, 而在薄膜垂直放置的情况下, 上下的差值正好等于支撑中间这部分薄膜的所需. 然而这里有一个限度, 超过了它这个过程就进行不了; 肥皂泡的大小有一定的限度. 我不知道这个限度是多大. 我吹过一个球形气泡直径达到 $2\frac{1}{2}$ 英尺, 毫无疑问还会有人吹过更大的气泡. 我还取过一根 10 英尺长的细弦, 把它系成一个回路, 再用肥皂溶液把它打湿后, 保持平整. 两手各用一个手指握住回路把它浸入肥皂溶液中, 把它拽出, 紧紧拉着, 由此形成了 5 英尺长的薄膜. 在把回路握住在垂直的位置上时, 薄膜仍维持不破, 这表明即使泡泡相当厚, 5 英尺也没有超过极限, 薄的泡泡极限还会更大. 从颜色来判断, 并利用其他信息, 我们可以得出薄膜的平均厚度应该大约为 1 英寸的三千万分之一, 它的质量大约为 $\frac{8}{1000}$ 格林/英寸^2. 取 1 英寸宽的薄膜, 其 5 英尺或 60 英寸长的质量接近半格林, 这大约是这个薄膜所能承载的总质量的 $\frac{1}{5}$, 表明肥皂膜必须调整其强度容量的 20%, 这远比所预料的要大.

我还发现, 增大施加上去的力量, 泡泡就会很快变薄成草黄色或白色, 以至于负荷还没有超过 20%, 但是这种颜色的薄膜就可能达到 33 英尺高, 或者 10 倍于此的暗淡的薄膜.

在肥皂膜中的 $2\frac{1}{2}$ 格林/英寸的微弱的张力在 5 英尺回路的情形下足以使它需要一定的力量来维持它被拉住, 以免两条线在中部会靠得比两端点近太多. 实际上这个实验提供了一种方法, 可以用 7 磅的重物来测 $2\frac{1}{2}$ 格林/英寸的微弱的张力. 如果线的长度, 例如, 为 70 英寸, 在其端点为等距, 而且在水平放置时在中部比在端点处要近 $\frac{1}{16}$ 英寸, 用 7 磅的重物拉住, 那么薄膜的张力恰好等于 $2\frac{1}{2}$ 格林/英寸. 这一点是这样得到的: 弯曲金属丝作为其一部分的那个圆的直径, 等于该金属丝的长度的一半自乘再除以中点偏离. 于是这个圆的直径为 $35 \times 35 \times 32$. 金属丝的张力, 使它等于 7 磅, 或 7×7000 格林, 正好等于薄膜中张力的每英寸格林数乘以金属丝的曲率圆的直径的一半. 换言之, 薄膜张力的每英寸格林数等于金属丝的张力除以金属丝的曲率圆的直径的一半. 这样一来薄膜的张力就等于 $\frac{7 \times 7000}{35 \times 35 \times 16}$ 格林/英寸. 这个分数立即可以约化为 $2\frac{1}{2}$ 格林/英寸. 由于一垂直放置的薄膜上部比下部拉得更紧, 因此在这一对金属丝渐渐从水平向垂直位置倾斜的过程中, 在中部就会被拉紧, 要超过 $\frac{1}{16}$ 英寸, 于是在薄膜干涸到金属丝而变轻时, 金属丝就会稍稍地分离开.

大气泡的寿命短, 如果这是一个机遇问题的话, 不仅是因为一个直径 1 英尺的气泡其表面积是一个直径为 2 英寸的气泡的表面积的 36 倍, 如果所有薄膜是同等脆弱的话, 那么它破裂的可能性也是后者的 36 倍, 但是由于其上部处于较大的张力状态下, 安全边界比下部要较小. 可是这并不是说这些较大的气泡一定会在顶部破裂. 当一个大的气泡飘浮在暗背景下的太阳光之中时, 我们几乎可以跟踪这一破裂过程. 但是真正能看到的是一簇喷射背向最早形成的破洞的方向运动, 而看不见的气体则与喷射方向相反地吹去. 在这个动作完成之时, 这不需要太长的时间, 给予运动液滴的在一个方向上的动量和给了运动空气的在相反方向上的动量相等, 但是由于空气的重量远比水重, 所以喷射出去的水要快很多.

气泡破裂本身也是一个很有趣的研究课题. 迪普雷 (Duprée) 很早以前就证明了, 在吹气泡的过程中所做的功会在它破裂时转化为喷射的速度, 并由此推导出一个薄的气泡破裂的速度为 105 英尺/秒, 或者说 72 英里/小时, 而瑞利勋爵则对厚气泡求得的速度为 48 英尺/秒, 或 33 英里/小时. 肥皂泡的破裂的奇特之处在于它的速度不是和大多数的机械物体一样, 机械物体的速度是逐渐增加起来的, 而且增加起来后就保持一直跑得很快, 而它却一开始就立即达到全速, 而且它的速度只根据其厚度而变, 厚的部分破裂得较慢. 有必要指出, 速度在理论上是如何达到的. 设想在两条打湿了的、相距 1 英寸的平行铁丝之间的薄膜, 并且通过拉一条由卡片或弹性树胶 (india-rubber) 或赛璐珞做成的打湿了的棱边将它沿铁丝拉长. 则将其拉长 1 英尺所做的功, 比如说, 当然不考虑移动棱边时的摩擦力, 在张力为 $2\frac{1}{2}$ 格林/英寸时等于 $2\frac{1}{2} \times 12$ 英寸·格林, 或者说, 如果拉伸 3 英尺则为 $2\frac{1}{2} \times 36$ 英寸·格林. 设我们把它拉出到这样一个长度, 使得被拉出的薄膜本身的质量等于 $2\frac{1}{2}$ 格林, 就是说等于它自己的张力恰好能够拽住的质量. 作为例子我们来考虑一块不太厚也不太薄的薄膜, 但是有确定的苹果绿的颜色. 可以计算出它的厚度恰好是 $\frac{20}{1000000}$ 英寸以下, 其重量为 $\frac{5}{1000}$ 或 $\frac{1}{200}$ 格林/英寸^2. 这样一来, 宽为 1 英寸、质量为 $2\frac{1}{2}$ 格林的这样的一块薄膜的长度为 500 英寸, 或者说差不多 42 英尺. 拉伸这样一块面积的薄膜所做的功为 $2\frac{1}{2} \times 500$ 英寸·格林. 包含在喷射流中的功也应该为 $2\frac{1}{2} \times 500$ 英寸·格林. 而我们知道, 以任意速度运动着的物体中所含的功恰好等于把它举到这样一个高度时所做的功, 如果它从这样的高度没有受到任何阻碍地落下时所得到的恰好是这个速度. 把 $2\frac{1}{2}$ 格林的重物举高 500 英寸所做的功与将该薄膜水平拉伸 500 英寸反抗其张力所做的功是一样的, 因为在两种情况下力和距离都是一样的.

射流的速度, 以及它散射出来的棱边速度, 就都和一块重量等于端点处的张力的石头, 从高度等于薄膜的长度落下时速度一样. 完成数值计算得到, 从 42 英尺高度落下所获得的速度为 52 英尺/秒, 因而这个速度就是薄膜的破裂棱边的速度. 因此我的结论是, 由于在本例中所得到的速度在由迪普雷和瑞利勋爵所获得的速度之间, 所以我所选的薄膜, 其厚度也就是在这两位哲人所选的厚度之间. 只是我还要加上, 要想它破裂的速度快到原来的 2 倍, 就要把气泡的厚度减到原来的 $\frac{1}{4}$, 那么相应的长度就要增大到原来的 4 倍, 而获得 2 倍的速度就要求从 4 倍的高度落下. 暗黑色的薄膜其厚度大约是苹果绿色薄膜厚度的 $\frac{1}{36}$, 因此它破裂的速度是其 6 倍, 或者说速度为 312 英尺/秒, 即 212 英里/小时. 厚度仅为其一半的特别暗黑的薄膜破裂的速度会达到 300 英里/小时的巨大速度. 由于液体的黏滞性会使速度减低, 所以实际上很难达到这么大.

瑞利勋爵拍摄过肥皂泡破灭的过程. 取一个斜放置的环在其上张有薄膜, 然后让一颗被酒精打湿了的弹丸落下穿过, 再在大约千分之一秒后对它进行拍照. 为此他安排了两个电磁铁, 一个用来释放打湿了的弹丸, 另一个用来在同时释放另一个弹丸. 让第二个弹丸下落的时间比第一个稍长一点, 比如取为千分之一秒, 或者其他任何你愿意的时长; 于是由于它们通过连接带电的莱顿瓶的回路中的两个小球之间使之放电, 产生火花所提供的光线给相机以足够短时的曝光, 从而获得非常清晰的照片. 可以清晰地看到向后缩的棱边带着刚刚粘上或脱离的小小液滴. 在瑞利勋爵之后, 我拍了一张通过在两个针尖之间的放电刺穿薄膜的照片, 薄膜在这两个针尖之间, 并且通过一条像捕鼠器上的钢琴弹簧丝的东西来决定这个火花的释放, 然后在万分之一秒或更多一点时间内放电, 利用放电发出的光亮来拍照. 我的电气装置类似于我用于拍摄子弹在三十万分之一秒内的飞行时的装置, 但是我的光学装置和瑞利勋爵的类似. 有一张垂直薄膜的照片在上部已变得非常薄, 非常有趣的是, 在其下部具有圆形的外围线, 而其上部破成一个湾, 表明薄膜的上部破裂的速度要大得多. 在所有的照片中针尖火花靠自身的光亮就可以显示出来, 所以首先出现破裂的点可以和圆形的后退棱边一起看到.

复 合 气 泡

一个单独的气泡浮在空中是球形的, 而我们之所以看到这种形状被认为是由于在所有存在的形状中, 这种形状的面积与其体积之比是最小的, 也就是说, 里面有一样多的空气, 而弹性的肥皂膜在试图变得尽可能小的过程中把空气打造成这样的形状. 如果这个气泡是任何别的形状, 那么薄膜会靠变成球形变成表面积还要小. 可是如果气泡不是单个的, 比如说, 吹成真正互相靠在一起的两个气泡, 这两个气泡仍然必须在一起取得这样的形状, 使得这两个球形截面合成的总曲面以及这二者公共的部分, 我把它称为界面, 是包含这两部分空气并保持它们分开时的最小可能的曲面. 最小曲面的问题是一个真正的数学问题, 考虑到这个肥皂泡以如此简单而又有趣的方式演示了这个问题的解, 花点时间来考虑以下内容是值得的. 设由一界面连接在一起的两个气泡大小不相等, 下述图 2 表示通过这两个球中心的一个截面, 其中 A 为较小的气泡, B 为较大的气泡. 首先我们已经知道, 在气泡内的压强正比于它的曲率, 或者说正比于 1 除以气泡的半径. A 中的压强, 这里我的意思是指超过大气压的部分, 于是会大于 B 中的压强, 正比于 B 的半径大于 A 的半径, 而空气只有靠分界面的弯曲来阻止从 A 吹入 B. 实际上这个弯曲部分平衡了这个压强差. 这件事换一种方式来说是这样的: 弯曲和张紧的薄膜 dac 部分将 A 中的空气向左推, 需要两块弯曲较小、但是张紧程度相同的薄膜 dbc 和 dec 向右推来平衡弯曲得更厉害的薄膜 dac 的作用. 或者, 用最简洁的话来说, dac 的曲率等于 dbc 的曲率与 dec 的曲率之和. 现在来考虑图中的 c 点或 d 点, 它们都代表这两个气泡相交的圆的截点. 在这个圆的任一点上有三块薄膜相交, 而且它们都以相同的力作用在该点上. 它们只有在相交的角相等时, 或者说每一个都等于 120° 时才能平衡. 由于交线

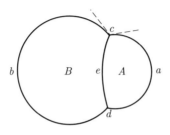

图 2

的弯曲, 这几个角看起来不相等, 但是我已经在 c 点用虚线画出了三条曲线在 c 点的切线, 明显地看出相互之间的夹角相等.

角度的相等对曲率来说绝不是独立的命题; 如果一个条件满足了, 另一个也就会随之成立, 这就正如我开始讲的, 总曲面必定是可能最小的. 普拉托, 这个意大利的盲教授, 讨论了这一点, 正如我们知道的, 在他的于布鲁塞尔出版的《液体静力学》(Statique des Liquides) 一书中, 他几乎讨论了有关肥皂泡的一切方面, 这是一位杰出的作者的里程碑性的著作. 他在其中描绘一种几何作图法, 用它可以正确地画出任何一对气泡和它们的中间的界面.

从任一点 c 画三条直线 cf, cg, ch, 相交夹角为 $60°$, 如图 3 所示. 然后画一条与此三直线相交的一条直线, 如图中虚线所示, 这三个交点为代表可能的气泡的三个圆的中心点. 它与中间那条线的交点是较小的那个气泡的中心点, 其他两个交点中离 c 较近的那个是第二个气泡的中心, 而离 c 较远的那个是它们的交界球面的中心. 现在把圆规的针尖依次放在这三个点上, 分别画出通过 c 的部分圆, 如图 4 所示, 其中图 3 中的构造直线用虚线表示, 而圆弧则用实线表示.

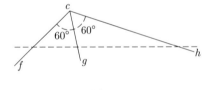

图 3

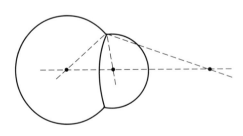

图 4

在纸上分别画出好几张这样的图之后, 把曲线涂得黑一些, 使它们显示得更清楚一些, 把一块玻璃放到上面, 用肥皂液把它的上表面打湿, 再把半个气泡吹到上面, 然后再吹第二个, 和第一个连在一起, 然后再用一根细管,甚至就是一根稻草, 将它的一端用密封蜡堵死, 然后再用热的针尖刺一个小孔, 以便让空气缓慢通过, 让空气缓和地流进或流出直至这两个气泡和画在图上的大小一样, 再把玻璃板移动到图上. 于是你就会发现肥皂泡是如何自动地解决这个问题, 而且这些半气泡又是如何整个地与你所画的图形密切配合.

如果在图 3 中的虚线与 cf 和 ch 的交点与 c 的距离相等, 那么它就会与 cg 相交于离开 c 的这个距离的一半处, 这时我们就会得到一个气泡与一个直径为其二倍的气泡相接触. 这种情况下交界面的曲率就会和那个较大的气泡的相等, 但是方向相反, 二者的曲率都是那个较小气泡的一半.

如果在图 3 中的虚线与 cf 和 cg 的交点与 c 的距离相等, 那么它就会与 ch 平行, 二者就不会相交. 这时这两个气泡就会相等, 它们之间的界面就不会有曲率, 或者, 换言之, 它是完全平的, 而图 2 中的曲线 cd, 它是这个界面的截线, 就会是一条直线.

还有别的情况也有和这里的相接气泡的曲率半径一样的倒易定律. 用图 2 中代表相应圆的半径的符号, 它可以简单地写为: $\frac{1}{A} = \frac{1}{B} + \frac{1}{e}$. 例如, 在光学中的棱镜或面镜有所谓的主焦距, 即指这样一个距离, 比如说 A, 照到其上的太阳的光线聚焦到该处, 使之成为能够起燃的镜子. 如果用一支蜡烛的火焰来代替太阳, 稍稍挪动到比 A 更远一点点, 比如说 B, 那么这个透镜或面镜就会生成火焰的一个像, 其距离, 比如说为 e, 于是有 $\frac{1}{A} = \frac{1}{B} + \frac{1}{e}$. 或者, 再举一个例子, 假设有一段长度为 A 英寸的电阻丝, 另有材质相同的电阻丝, 长度分别为 B 和 e, 并联在一起, 如果有 $\frac{1}{A} = \frac{1}{B} + \frac{1}{e}$, 那么 A 的电阻就会和后者一样.

这样一来, 肥皂泡就可用来得出光学问题或电学问题的数值解.

普拉托给出了另一个几何示例, 可是它的证明相当长而难, 但是它是这样漂亮, 我忍不住至少要来谈一谈它. 如果有三个气泡接触在一起, 如图 5 所示, 自然会有三块交界面相遇在一起, 还有三个气泡, 全都相交于 120°. 这三个气泡以及这三个交界面的曲率中心必定在同一平面上, 但是这三个交界面的曲率中心 (图中用双圆表示) 也在一条直线上, 这一点不是显然的, 可却是真实的. 如果你们之中有谁是几何的高手, 不管是欧氏几何还是解析几何, 这倒是一个让你们来求解的好问题, 还有就是, 那三个气泡的曲面以及那三个界面的曲面是能够包含并分成三部分空气的最小曲面. 按照图 3 的构造所画的薄膜具有所述的曲率比较好证明, 我建议你们先做这个. 如果你们需要提示的话, 那么请从虚线与 cg 的交点出发画一条平行于 cf 的直线, 然后来考虑摆在你们面前的是什么.

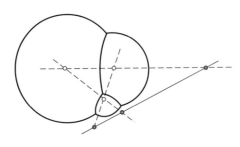

图 5

> 我相信在这个房间内不会有人还没有偶尔吹过一个普通的肥皂泡, 并且在赞美它的完美的形式和斑斓的色彩的同时, 为一个这么华丽的对象居然能如此轻易地得到而惊讶不已. 我希望你们之中不会有人会为玩泡泡而感到厌倦, 因为正如我所希望的, 我们将能看到, 在一个普通的肥皂泡中有着比只是以它们为游戏的人所一般想象的要多得多的东西.
>
> —— 查尔斯·维农·博伊斯 (Charles Vernon Boys) 爵士 (《肥皂泡》)

10 普拉托问题

理查德·库朗, 赫伯特·罗宾斯

极小问题的实验求解 肥皂膜实验

引　言

用公式或者用只含已知简单构图元素的几何作图方法来直接求变分问题的解, 常常是非常困难的, 有时甚至是不可能的. 人们往往退而满足于只证明解在一定条件下的存在性, 然后再来研究这个解的性质. 有许多这样的情况, 在这种存在性的证明相当难时, 能够将这种问题的数学条件用相应的物理装置来实现, 甚至干脆把该数学问题看成为一种物理现象阐释, 那会是令人感到兴奋之事. 这样一来这个物理现象的存在就表明了这个数学问题的解答存在. 当然这只是一种可信性的思考, 还不能算是一个数学证明, 因为仍然还存在对这个物理事件所做的数学诠释在严格的意义上是否合适的问题, 或者说, 有可能它给出的只不过是物理实在的一个不恰当的假象. 有时候这种实验, 即使是在想象中实施的, 也能使数学家感到信服. 在 19 世纪有许多函数论的基本定律是黎曼 (Riemann) 通过有关电流流过金属薄片的假想的简单实验而发现的.

在本节中我们想在实验演示的基础上来讨论变分学中一个比较深入的

问题. 比利时物理学家普拉托 (Plateau) (1801—1883) 曾经对这个问题做过许多有趣的实验, 所以这个问题就被称为普拉托问题. 这个问题本身要古老得多, 可以回溯到变分学创始的时期. 它的最简单的形式可以表述如下: 求以空间中的已知闭曲线为边界的所有曲面中面积最小的曲面. 我们还打算讨论与一些相关问题有联系的实验, 它将表明我们由此可以对先前所得到的一些结果以及对某些新型的数学问题能有更好的认识.

肥皂膜实验

从数学上来看, 普拉托问题是与一个 "偏微分方程的解", 或者一个偏微分方程组的解, 相联系着的. 欧拉曾经证明了, 所有 (非平面型的) 极小曲面必定是马鞍形的, 在其上的每一点处的平均曲率[1]必定为零. 在上个世纪之中[2]在许多特殊情形下这个解的存在性得到了证明. 但是在一般情形下解的存在性直到最近才为 J. 道格拉斯 (J. Douglas) 和 T. 拉多 (Radó) 所证明.

对于极为一般的边界曲线用普拉托实验立即就可以得到物理解. 如果有人将由金属丝围成的任意形状的封闭曲线浸入一种表面张力不高的液体之中, 然后再把它拽出来, 就会有一张面积为最小的极小曲面绷在这条封闭曲线上. (我们假设可以忽略重力以及其他力, 这些力会影响液膜通过达到可能最小的面积, 从而使势能最小以取得稳定平衡的位置的趋势.) 制备这种液体的一个很好的配方如下: 将 10 克干的纯油酸钠盐溶解入 500 克蒸馏水中, 再将此溶液以 15 个容积单位与 11 个容积单位甘油的比例相混合. 由此种溶液与由黄铜丝弯成的框架所造成的薄膜相当稳定. 框架丝的直径不得超过 5 到 6 英寸.

用这个办法来 "解" 普拉托问题就非常简单, 只要把金属丝弯成所要求的形状即可. 人们已经用一正多面体的一系列棱边做成了许多漂亮的多边金属丝框架模型. 特别有趣的事是将整个立方体框架浸入这种溶液, 结果得到的首先就是一组各不相同的曲面, 它们在交线处以 120° 的角相交. (如果细心地提出立方框, 就会有 13 片接近平面的曲面.) 然后我们再逐一刺破这些各不相同的曲面, 可以做到直至只剩一片曲面绷在一条封闭的多边形上.

---

[1]曲面在一点处的平均曲率定义如下: 作曲面在 P 点处的法线及全体含此法线的平面. 这些平面与曲面的相交曲线一般来说在 P 点处的曲率不会是都一样的. 取其曲率分别为极小和极大的曲线来考虑. (通常含此二曲线的平面相互正交.) 这两个曲率之和的一半就是这一点处的平均曲率.

[2]这里作者是指 19 世纪. —— 译注

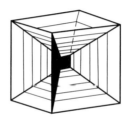

图 1 由正立方框架所张成的、有 13 片接近平面的曲面肥皂膜系统

用这种方式可以造成好几种漂亮的曲面. 用四面体也可以做这样的实验.

在普拉托问题上的一些新实验

涉及极小曲面的肥皂薄膜实验的范围比这些原始的普拉托演示实验更广. 近年来所研究的极小曲面问题其边界线不单只有一条, 而是可以有任意多条, 并且其拓扑结构也是越来越复杂. 例如. 曲面可以是单侧的, 或其亏格异于零. 这些更为一般的问题衍生出的几何现象其多样性达到了令人吃惊的地步, 这些现象都可以用肥皂薄膜实验演示出来. 就这一点来讲, 最好是让金属框为柔性, 从而可以来研究规定边界的变形对解的影响.

我们来讲述几个例子:

1) 如果围线是一条平面圆周, 我们将得到的是一平面圆盘. 如果我们连续地改变这一边界圆的形状, 我们可能会以为这时曲面总会保持着圆盘的拓扑性质. 实际上并非如此. 如果将边界变形成如图 2 所示的形状, 我们得到的极小曲面就不再是像圆盘那样的单连通曲面而是一单侧默比乌斯 (Möbius) 带. 反之, 我们也可以从使得肥皂泡取得默比乌斯带形状的这种框架开始. 我们可以通过拉伸焊接在框架上的手柄 (图 2) 来使框架产生形变. 在此拉伸的过程中我们将在某一个时刻会使薄膜的拓扑性质突然发生改变, 以致这个曲面再次成为单连通圆盘的类型 (图 3). 逆转这个变形过程, 我们又再次得到默比乌斯带. 在后面这次变形过程中单连通曲面变回成默比乌斯带是在较后一些阶段发生. 这就表明存在着围道形状一个区域, 对这个区域中的围道, 在其上构成的默比乌斯带和单连通曲面二者都是稳定的, 即它们都是极小曲面. 但是由于默比乌斯带比其他各种曲面的面积都要小得多, 后者就由于不够稳定而不能生成.

2) 我们可以在两个圆周之间张出一极小回转曲面. 将这样的框架从溶

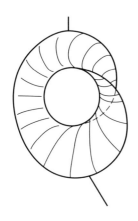
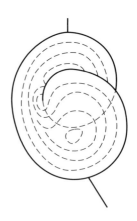

图 2　单侧曲面 (默比乌斯带)　　　　　图 3　双侧曲面

液中取出之后我们就会发现, 出现的不是一个简单的曲面, 而是一个由三片曲面组成的结构, 其中一片为与规定的边界圆相平行的简单的圆盘, 三者之间以 120° 相交 (图 4). 将中间那块曲面破坏掉就会生成典型的悬索曲面 (悬索曲面是将悬链线围绕一条垂直于它的对称轴的直线旋转一周而得的). 如果将这两条边界圆拉开, 拉到某一时刻这两块相连的极小曲面 (悬索曲面) 就会变得不稳定, 这时悬索曲面就会突然跃变为两块分离的圆盘. 这个过程自然是不可逆转的.

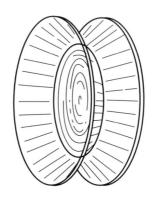

图 4　由三片曲面组成的一个系统

3) 图 5—7 中的框架给出了另一个十分重要的例子, 在该框架上可以张成三种不同的极小曲面. 所有曲面均由同一简单闭曲线作为边界; 其中一个 (图 5) 的亏格为 1. 其余两个则是单连通曲面, 并且二者相互对称. 如果边界曲线完全对称, 后二者的面积还相等. 如果不是这样, 那么只有其中一个曲面为绝对极小, 而另一个则为相对极小, 这是假设在单连通的曲面中寻求极小来说的. 存在亏格为 1 的解的可能性是因为允许有亏格为 1 的曲面就可以比要求只有单连通曲面时得到更小的面积. 通过变形框架, 如果变形得足够彻底, 就必定会在达到某个程度时, 以上结论就不再成立. 此时亏格为 1 的那个曲面就会越来越不稳定, 最后突然跃变为如图 6 或图 7 所示的单连通的稳定解. 如果一开始解为如图 7 所示的单连通曲面, 我们可以通过变形把它变成如图 6 所示的更为稳定的多的单连通解. 结论就是, 在某一时刻就会发生一种曲面突然转化为另一种曲面. 通过慢慢地向反的方向变形, 让框架回到初始的位置, 框架里将会是另一个解. 我们可以重复反向的过程, 这样地在这两种类型的解之间来回突变. 通过小心谨慎的操作我们也可以将这两个单连通解的任一个突发地变成亏格为 1 的解. 为了达到这个目的, 必须将类似圆盘的这两部分解挪到非常靠近, 使得亏格为 1 的曲面变得明显地更加稳定. 在此过程中有时会先出现过渡性的薄膜片, 再在破坏它之后才得到亏格为 1 的曲面. 这个例子表明, 在同一个框架中不仅能获得同一种拓扑类型的不同解, 还可以获得另一种不同拓扑类型的解; 此外, 它还表明在问题的条件连续变化时有可能从一种解跃变成另一种解. 很容易构造出这种类型的、但更为复杂的模型, 并用实验来研究它们的行为.

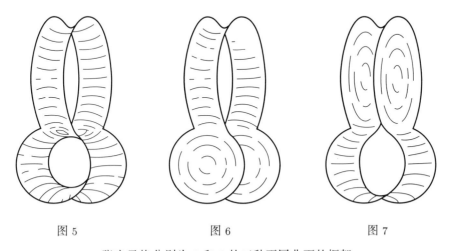

图 5　　　　　　　　图 6　　　　　　　　图 7

张出亏格分别为 0 和 1 的三种不同曲面的框架

有一个很有趣的现象是, 以两条或好几条相互连锁着的闭曲线为边界

图 8　边界曲线为单一时有相当复杂的拓扑结构的单侧曲面

时出现的极小曲面. 对由两条相互连锁的圆所得到的曲面如图 9 所示. 如果在这个例子中的两个圆相互垂直, 而且它们的平面的交线为此二圆的直径, 这时这种曲面就有两种面积相等的对称地相对立的形式. 如果现在将这两个圆相互地稍稍移动一下, 曲面的形式将会连续地改变, 不过对每一位置只有一种形式是绝对极小, 另一种则是相对极小. 如果将这两个圆移动到形成了相对极小, 那么移动到某一点就会跃变为绝对极小. 在这里这两个可能的极小曲面具有相同的拓扑性质, 正如图 6 和图 7 中的曲面, 把框架稍稍变形一点, 就可以是其中一个跃变成另一个.

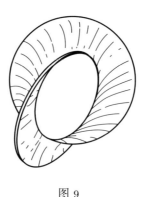

图 9

其他数学问题的实验解

由于表面张力的作用, 液膜只有在其表面积为最小时才是稳定的. 这是具有数学意义的实验的不竭源泉. 如果让液膜边界的一部分可以在一给定的曲面 —— 例如一平面上自由移动, 那么在这些边界上液膜会与给定的曲面垂直.

我们可以用这一事实来对施泰纳 (Steiner) 问题及其推广做惊人的演示. 把两块平行玻璃或透明的塑料平板用三个或多个短棒放在其间将它们固定.

如果我们将此物体浸入肥皂液中, 再把它提取出来, 就会在平板之间形成与平板垂直并连接各固定棒的薄膜系统. 它们在平板上的投影就是求连接平面上一组固定点的最短直线这个数学问题的解.

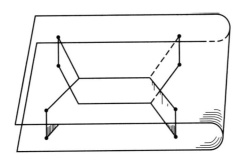

图 10 连接 4 个点的最短直线的演示

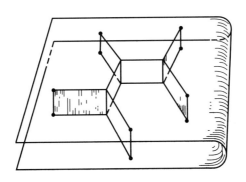

图 11 连接 5 个点的最短直线的演示

如果平板不平行, 短棒不与它们垂直, 或板是弯曲的, 那么薄膜在板上所形成的曲线就不是直线, 但是会成为一个新的变分问题的示例.

在三片极小曲面相交于 120° 的地方直线的出现可以看成是与施泰纳问题相联系着的现象在更高维中的推广. 例如, 我们用三条曲线将空间中的两点 A 和 B 相连接, 再来研究相应的稳定的肥皂薄膜系统. 取一直线段 AB 作为其中一条曲线, 取两个全同的圆弧作为其余两条曲线. 结果如图 12 所示. 如果两条圆弧所在平面的交角小于 120°, 我们得到的曲面交角将为 120°; 如果我们转动这两条圆弧, 以增大它们之间的夹角, 解将连续地变成两个平面圆的弓形.

现在我们来用三条更复杂的曲线连接 A 和 B. 作为例子我们可以取三

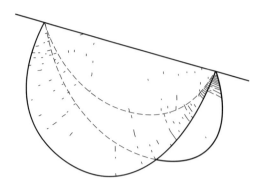

图 12　在连接两点的三条线之间所张成的三片曲面

条折线, 每一条都含同一立方体中的三条棱边, 把对角线上的两个顶点连起来: 我们就得到三片曲面相交于此立方体的对角线. (从图 1 所示的肥皂薄膜中通过刺破与适当选择的棱边相接的薄膜, 就可以得到这种曲面系统.) 如果我们使连接 A 和 B 的这三条折线可以移动, 我们就能发现这条三重交线变成了曲线, 交角仍保持为 120° (图 13).

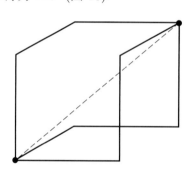

图 13　连接两点的三条折线

　　所有其中有三块极小曲面相交于某些曲线的现象其性质基本上都是类似的. 它们都是用最短直线组连接平面上 n 个点的问题的推广.

　　最后, 谈一下肥皂泡. 肥皂泡的球形表明, 在所有包含一给定体积 (由其中所含空气量来决定) 的闭曲面中, 球形具有最小的面积. 如果考察一具有给定体积的肥皂泡, 它有收缩到极小面积的趋势, 但受到某些条件的限制, 那么作为结果的曲面就不是球面, 而会是常平均曲率曲面, 球面和圆柱面就是这种曲面的特例.

　　举例来说, 预先将两块平行玻璃用肥皂液打湿, 再在它们之间吹一个肥

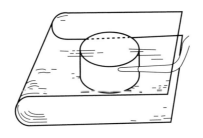

图 14 对面积为给定而周长最小的曲线为圆的演示

皂泡. 当这个肥皂泡与其中一块平板接触时, 它立即就会取半球的形状; 待到它又接触到另一平板时, 它就立即跃变为圆柱形, 从而以极其惊人的方式演示了圆的等周性质. 肥皂泡能够自身调节到与包围曲面相垂直这一事实是这个实验的关键.

周期律和门捷列夫

　　化学中的周期律是科学上的同时发现的一个最完美的例子. 在 19 世纪的中叶, 那时已知的元素的原子量大多数都已经以相当大的精确度测出来了, 有相当多的化学家各自独立地开始集中于探索联系这些元素性质的基本关系. 他们做了各式各样的努力 —— 其中之一是早在 1829 年由耶纳 (Jena) 与歌德的化学教师 J. W. 德贝莱纳 (Dobereiner) 提出来的 —— 企图 "导出原子量之间的规则性", 想证明原子量可以表示成 "一个算术函数", 但是没有成功. 约翰·纽兰 (John Newlands), 一个伦敦的化学咨询师, 在 1865 年构造了他所谓的 "八音律 (law of octaves)", 根据这个定律, 如果将元素按原子量的大小次序排列, "相似元素 [即有相似性质的元素] 的位数相差一个 7 或 7 的整数倍; 换言之, 同一组中的成员所排列的位置关系就好像是音乐中一个或多个八度音的首音". 这一提议, 尽管隐含着重要的真理在里面, 却受到了大家的奚落. 当纽兰在伦敦化学学会的会议上宣读他的论文时, 凯雷·福斯特 (Carey Foster) 问他, "他是不是想过按照这些元素的名字开头的字母的顺序来对这些元素进行分类".[1]

　　4 年之后, 对上述提议的伟大的推广, 认为元素的物理和化学性质随原子量做周期性改变这一点, 由德国化学家朱利乌斯·罗塔尔·迈耶 (Julius Lothar Meyer) 和俄国化学家德米特里·伊万诺维奇·门捷列夫 (Dmitri Ivanovitch Mendeléeff) 领悟到了. 迈耶在 1868 年就提出了他对元素的分类, 但是一直等到 1869 年 12 月才发表, 而在此 8 个月前门捷列夫定律就已经在俄国出现了. 这两个人达到了惊人相似的结论, 而且化学家们给予他们同等的承认. 但是在大众的脑子里周期律是完全与门捷列夫的名字联系在一起的. 由于迈耶

---

[1] 纽兰的贡献最终还是得到了承认: 他在 1887 年获得了皇家学会的戴维 (Davy) 奖.

在这一无价之宝的定律的两个奠基人中知名度远远低于另一个, 我觉得在这里对他的工作多说一两句是适当的. 门捷列夫的成就在下面的选文中得到了很好的描述, 第一篇是摘自他在 1889 年对化学学会会员所做的法拉第演讲, 第二篇是一篇传记性的短文, 摘自伯纳德 · 贾菲 (Bernard Jaffe) 所写的《坩埚: 化学的故事》(*Crucibles: The Story of Chemistry*) 一书.

　　迈耶, 和他的前人所做的一样, 他准备了一张按元素的原子量大小排列的元素的分组表. 这张表在许多方面和现在的周期表都非常相似, 而且在某些方面还优于门捷列夫的排表. 曾经有人说, 迈耶的工作就是促使这个俄国科学家修改他的周期表并于 1870 年发表了它的第二个版本. 迈耶还画了一张图, 其中画出了不同原子量的元素的原子体积 (即 1 克原子的体积乘以原子量). 图 1 所示的曲线就是将这些不同点连接而成的. 它清楚地表明原子体积的周期变化; 此外还可以看到在曲线的不同部位的对应的点上元素有相似的性质.[2]

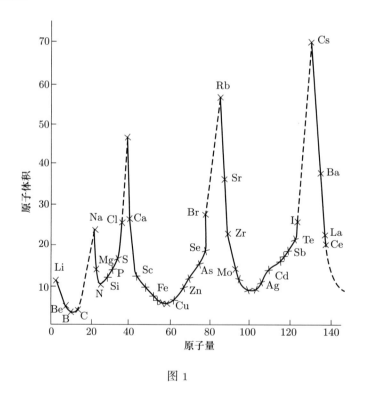

图 1

　　[2] Alexander Finley, *A Hundred Years of Chemistry*, London, Second Edition, 1948, pp. 49–50. 这张图即取自该书.

"曲线在该图的横轴上的值正比于原子量; 纵轴上的值与元素在固态时的原子体积相关 (氯除外, 它是处于液态); 于是按比例画出原子量与密度值之比. 分别取氢的原子量和水的密度作单位. …… 在有一个或几个元素的原了体积的值的未知处, 曲线就画成虚线. …… 从曲线的走势可以看出该元素的原子体积, 和它们的化学性质一样, 是它们的原子量的周期函数."

关键的事实是, 那些所有由科学对自然所描绘的图像, 以及只有那些似乎是与观察事实相吻合的图像, 是数学的图像.

—— 詹姆斯·吉恩斯 (Sir James Jeans)

11　化学元素的周期律

德米特里·门捷列夫

……在这个最古老、最强大的 [科学学会] 面前, 我冒昧地来回顾一个以周期律的名字为众所周知的高度的概括在 20 年来的生命. 那是在 1869 年 3 月, 我冒险地在那时还年轻的俄国化学学会面前提出了这个思想, 那是我在刚刚写完的 "化学原理" 中表述过的一个课题.

不想进入细节, 我想用直截了当的语言给出我在那时达到的结论: ——

"1. 如果将元素按照它们的原子量排列, 那么它们的性质就会显示出明显的周期性.

"2. 那些在它们的化学性质上相似的元素所具有的原子量, 要么有几乎相同的值 (例如, 铂, 铱, 锇), 要么有规律地增加 (例如, 钾, 铷, 铯).

"3. 元素, 或者元素组按它们的原子量的排列对应于它们的所谓的原子价 (valence), 以及, 在某种程度上对应于它们不同的化学性质 —— 正如其中明显就有锂、铍、钡、碳、氮、氧和铁这样一个序列.

"4. 分布最广的那些元素原子量都比较小.

"5. 原子量的大小决定了原子的性质, 正如分子量的大小决定了化合物的性质.

"6. 我们应当期待能够发现至今仍未知的元素 —— 例如类似于铝和硅的元素, 其原子量应该是在 65 和 75 之间.

"7. 一个元素的原子量有时可能由对邻近元素原子量的知识得到修正. 例如, 碲的原子量应当在 123 和 126 之间, 而不应该是 128.

"8. 元素的某些特征性质可以由它们的原子量来预言.

"如果我能成功地将研究者的注意力吸引到不相似的元素的原子量间存在的关系上来, 我的这次交流的目的就完全达到了, 而就我所知, 这种关系至今几乎完全被忽略了. 我相信我们的科学中某些最重要的问题的解决就有赖于这种研究."

今天, 在表述了上述结论的 20 年之后, 它们仍然可以看成是现在已为众所周知的周期律的本质的表述.

回到 60 年代[1]末的时期, 最好是来指出三组数据, 不知道它们就不可能发现周期律, 而就是它们使得周期律的出现自然而又易于理解.

第一, 在那个时期原子量的数值已经确切地知道了. 10 年前这种知识还不存在, 这一点可以从这样的事实看出, 在 1860 年全世界各地的化学家聚集到卡尔斯鲁厄 (Karlsruhe) 以便对有关原子的观点, 如果不是这样, 至少是对它们的确切表示, 达成某些共识. 参加过那次会议的许多人可能还记得, 想要达到共识的希望是何等渺茫, 以及由康尼扎罗 (Cannizzaro) 这样的光辉地代表的统一理论在会议上获得了多大的支持. 我还生动地记得他的演讲产生的印象, 他没有留有妥协的余地, 似乎只顾倡导建立在阿伏伽德罗 (Avogadro)、格哈特 (Gerhardt) 以及勒尼奥 (Regnault) 等人的概念的基础之上的真理, 这在当时远未得到普遍的承认. 尽管没有得到理解, 但是会议的目的还是达到了, 因为康尼扎罗的思想在几年之后证明是唯一经得起批评的理论, 而且这个理论把原子看成是 "进入化合物的分子中的元素的最小部分". 只有这种真正的原子量 —— 不是那种习惯上所谓的原子量 —— 可以获得推广的基础. 作为例子, 我们只要指出下述情形, 其中的关系立即可以看出来, 而且非常清楚:

$$K = 39, \quad Rb = 85, \quad Cs = 133,$$
$$Ca = 40, \quad Sr = 87, \quad Ba = 137,$$

而那时在使用的对应的值是

$$K = 39, \quad Rb = 85, \quad Cs = 133,$$
$$Ca = 20, \quad Sr = 43.5, \quad Ba = 68.5,$$

---

[1]这里是指 19 世纪 60 年代, 本篇下文提到的也是. —— 译注

可见原子量的连贯性的改变完全不见了, 而这在真实的数值是如此地明显.

第二, 在 19 世纪 60—70 年代期间, 甚至在此前的 20 年中, 已经很清楚, 相似元素的原子量之间的关系遵守某些普遍而简单的规律. 库克 (cooke)、克雷莫尔斯 (Cremers)、格拉德斯通 (Gladstone)、格末林 (Gmelin)、楞森 (Leussen)、佩腾科弗尔 (Pettenkofer) 以及特别是杜马斯 (Dumas) 等人已经确立了涉及这一观点的许多事实. 比如, 杜马斯将下述几组类似的元素与有机根做了比较:

$$
\begin{array}{llll}
\text{Diff.} & \text{Diff.} & \text{Diff.} & \text{Diff.} \\
& \text{Mg}=12 \Big\}\,8 & \text{P}\ \ =\ 31 \Big\}\,44 & \text{O}\ =\ 8 \Big\}\,8 \\
\text{Li}\ =\ 7 \Big\}\,16 & \text{Ca}=20 \Big\}\,3\times 8 & \text{As}\ =\ 75 \Big\}\,44 & \text{S}\ =\ 16 \Big\}\,3\times 8 \\
\text{Na}=23 \Big\}\,16 & \text{Sr}=44 \Big\}\,3\times 8 & \text{Sb}=119 \Big\}\,2\times 44 & \text{Se}=40 \Big\}\,3\times 8 \\
\text{K}\ \ =39 & \text{Ba}=68 & \text{Bi}=207 & \text{Te}=64
\end{array}
$$

并指出了若干惊人的关系, 比如下面的关系:

$$F = 19,$$
$$Cl = 35.5 = 19 + 16.5,$$
$$Br = 80 = 19 + 2 \times 16.5 + 28,$$
$$I = 127 = 2 \times 19 + 2 \times 16.5 + 2 \times 28.$$

A. 斯特雷克 (Strecker) 在他的著作 "Theorien und Experimente zur Bestimmung der Atomgewichte der Elemente (确定元素原子量的理论与实验)" (Braunschweig, 1859) 中在总结了与这个论题有关的数据之后, 指出了下面惊人的当量序列:

$$Cr = 26.2, \quad Mn = 27.6, \quad Fe = 28, \quad Ni = 29, \quad Co = 30,$$
$$Cu = 31.7, \quad Zn = 32.5,$$

这样评论道: "上面所讲到的所有化学上相似的元素的原子量 (或当量) 之间的关系几乎不大可能只是偶然的. 然而, 我们只有等待将来才能发现这些数字之间所出现的关系中的规律."

这些排列的研究以及这些观点都应该被看成是周期律的真正的先行者; 从 1860 年到 1870 年的 10 年间已经为它准备好了土壤, 而在这 10 年结束之前未能将它表示成一个确切的形式, 在我看来, 也许是由于只比较了相似元素的缘故. 寻求所有元素的原子量之间的关系在当时大家都没有这个想法, 所以无论是德·尚古多 (de Chancourtois) 的大地螺旋 (tellurique), 还是纽兰的八音律, 都没有引起任何人的注意. 可是德·尚古多和纽兰二者, 像杜马斯和斯特雷克一样, 还有楞森和佩腾科弗尔还是向周期律迈出了一步, 发现了它的胚芽. 朝向问题的解决进展得很慢, 因为摆在大家最前面的是积累事实, 而不是定律; 而定律之所以未能引起大家的兴趣是由于, 当时还没有发现元素之间的明显的相互联系, 它们又都包括在相同的八个的一组中, 例如:

纽兰的第 1 个八音组	H	F	Cl	Co 和 Ni		Br		Pd	I	Pt 和 Ir
同上的第 7 个八音组	O	S	Fe		Se	Rh 和 Ru		Te	Au	Os 或 Th

以上类似的次序似乎非常偶然, 尤其是有的八音组中还含有 10 个元素, 而不是 8 个, 而且还有两个这样的元素在八音组的同一位置, 例如, Ba 和 V, Co 和 Ni, 或者 Rh 和 Ru.[2] 不管怎么说, 果实正在成熟, 而且我清楚地看到斯特雷克、德·尚古多和纽兰站在朝向发现周期律的征途的最前面, 而他们只需要必需的勇气把整个问题提到这样的高度, 使得它对事实的思考能够清楚地被看到.

第三个揭露化学元素的周期性的情况是, 人们在 60 年代末前后收集到了对稀有元素方面的信息, 揭露了它们与其他元素以及它们相互之间多方面的关系. 马里格纳克 (Marignac) 对铌的研究, 以及罗斯可 (Roscoe) 对钒的研究, 特别重要. 一方面是钒与磷的惊人相似, 另一方面是钒与铬之间的相似, 在与该元素相联系的研究中表现得如此明显, 这自然引起了对 V = 51 与 Cr = 52, Nb = 94 与 Mo = 96, 以及 Ta = 192 与 W = 194 之间的比较. 而另一方面, P = 31 可以与 S = 32, As = 35 可以与 Se = 79, 以及 Sb = 120 可以与 Te = 125 相比较. 从这些近似出发到周期律的发现只差一步之遥了.

可见周期律是直接从在 1860—1870 年的 10 年间所积累起来的事实和各式各样的推广所产生出来结果: 它就是这些数据多少有点系统地表示的体现. 那么从此赋予周期律的特殊重要性的秘密何在? 是什么把它提高到普遍有效的地位, 它已经给予了化学意外的帮助, 并且许诺在未来带来更多的成果, 又是什么令它对化学研究的若干领域施加特殊和原创性的影响? 我

---

[2]从 J. A. R. 纽兰的著作, *On the Discovery of the Periodic Law* (谈周期律的发现), London, 1884, p. 149 和 "On the Law of Octaves" (载于 *Chemical News*, 12, 83, August 18, 1865) 所做的判断.

的报告接下来的部分就是试图来回答这个问题.

首先我们会面临这样的形势,当这个定律一出现,就需要对许多化学家们认为是在当时已完全确立了的经验进行重新审视. 我将在后面回到这个论题上来,但是现在我想提醒你们,周期律通过坚持必须对认定的事实重新审视,立即会有使自己面临原来的基础毁灭的危险. 然而它的最初的要求在过去的 10 年里几乎完全得到了满足; 认定的事实遵守这个定律,这就证明了这个定律本身是从受到检验过的事实合法地导出的. 但是我们从数据做的推导常常要涉及具有如此丰富事实的科学的细节,只有其推广能覆盖广泛的重要现象才会吸引普遍的注意. 周期律涉及领域有哪些? 这是我们现在要来讨论的.

要注意到的最重要的一点是,用于表示依赖于空间与时间变化的周期函数早就已经知道了. 我们在处理做闭循环的运动,或者在处理任何偏离稳定位置的运动,例如在钟摆中所发生的运动时,就已经熟悉它们了. 在元素的情形中显然有一个依赖于原子的质量的周期函数.……周期律表明,我们的化学个体表现出了它们的性质依赖于其质量的调和周期性. 自然科学早就已经习惯于和在自然中所观察到的周期性打交道,用数学分析的钳子把它们逮住,把它们交给实验去磨砺. 这些科学思想的工具肯定早就掌握了与化学元素相联系着的问题,只不过是周期律带来了一些新的特点,给周期函数带来了一个特殊的、原创性的特征.

如果我们在一横轴上标记一系列的长度正比于角度,沿纵轴方向上画上与正弦函数或其他三角函数成正比的值,我们就会得到一条具有调谐特征的周期曲线. 所以初看起来似乎随着原子量的增加元素性质的函数应该以相同的调谐方式改变. 但是在此情况下没有刚刚所举曲线中的连续性的改变,因为这时的周期内并不含有构成曲线的无限多个点,而只有有限个这样的点. 用一个例子可以很好地说明这一点. 原子量

$$Ag = 108, \quad Cd = 112, \quad In = 113, \quad Sn = 118, \quad Sb = 120,$$
$$Te = 125, \quad I = 127$$

不断增加,伴随着有许多性质的改变,这就是周期律的实质所在. 例如,上述元素的密度持续减小,分别为

$$10.5, \quad 8.6, \quad 7.4, \quad 7.2, \quad 6.7, \quad 6.4, \quad 4.9,$$

而它们的氧化物所含氧的量却不断增加:

$$Ag_2O, \quad Cd_2O_2, \quad In_2O_3, \quad Sn_2O_4, \quad Sb_2O_5, \quad Te_2O_6, \quad I_2O_7.$$

但是用一条曲线把这些纵坐标的峰值连起来用以表示这些性质将会遭到道尔顿倍比定律的反对. 不仅在银, 它给出 AgCl, 与镉, 它给出 CdCl₂, 之间没有中间元素, 而且根据周期律的实质, 根本不可能有; 事实上在这种情况下不可能采用一条连续的曲线, 因为这会让我们去期待在曲线上任何一点处的具有特殊性质的元素. 因此元素的周期具有一个十分不同于那种由几何学家这么简单地表示的特点. 它们相当于点, 相当于个别的数, 相当于质量的突变, 而不是对应于连续的演变. 这种突变中不存在中间地步, 或中间位置, 比如说在银和镉之间, 或者说在铝和硅之间, 不存在中间元素, 我们必须认识到, 我们不可能在这里直接使用无穷小的分析. 这样一来, 在表示周期律上, 我们既不能用由里德伯格 (Ridberg) 和弗拉维茨基 (Flavitzky) 所建议的三角函数, 也不能采用克鲁克斯 (Crookes) 建议的单摆震荡, 还不能用尊敬的牧师豪夫顿 (Haughton) 先生的建议三次曲线, 所有这些从本质上都不能用来表示化学元素的周期.

……在我们用新的联系把化学元素的理论与道尔顿的倍比理论或物质的原子结构相联系的时候, 周期律为自然哲学打开了新的广阔的思考天地. 康德说, 这个世界上有 "两件事会永远得到人们的赞美和尊敬: 在我们内心的道德律和在我们头顶上的星空". 但是当我们的思想转向元素的本质和周期律时, 我们还必须加上第三件, 即, "在我们周围处处都发现的基本个体 (elementary individuals) 的本质". 没有它们, 星空本身就无法想象; 而在原子中我们立即看到了特殊个性, 这些个体的无限多样性, 还看到了它们好似的自由所遵守的大自然的伟大的和谐.

于是我们这样就指出了大自然一个新的奥秘, 它们至今还没有带来有理的观念, 周期律, 和光谱分析所揭露的信息一起再次复活了一个古老但是特别持久的希望 —— 这就是, 如果不是用实验, 至少是靠智力上的努力, 来发现原始物质 (primary matter) 的希望 —— 它最初发生在希腊哲学家的头脑中, 随后与古典时期的一些其他思想一起传递给他们文明的继承人.

伟大的数学家是按照这样的原则行事: "预见在证明之前 (*Divinez avant de démontrer*)", 毫无疑问几乎所有重要的发现都是以这种方式完成的.

—— 爱德华·卡斯纳 (Edward Kasner) (1878—1955)

12　门捷列夫

伯纳德·贾菲

西伯利亚孕育了一个预言家

从俄国传来了一个化学预言家的尊敬的声音. "有一个至今尚未被发现的元素, 我把它叫作类铝 (eka-aluminum). 在性质上与金属铝相似, 你们可以用这一点来鉴定它. 去找它, 它会被找到的." 这个预言已是如此惊人, 这个俄国的圣人还没完. 他又预言了另一个类似于硼的元素. 他甚至大胆到讲出了它的原子量. 而且在这个声音还没有平静下来之前, 他又预先告诉我们可以发现第三个新元素, 并且详细地描述了它的物理和化学性质. 没有人, 即使是这个俄国人自己, 看到过这些未知的物质.

这是在 1869 年. 奇迹的年代早已过去. 然而还是有一个出色的科学家, 拥有在一所著名大学里的教席, 被一件古老预言家的外衣笼罩着. 难道他是从某个魔术师的水晶球中收集到这个信息的吗? 也许, 就像古时候的先知, 他到过一座山顶, 带回来了刻有这些元素的刻板, 但是这个神谕者不屑穿上神父的外袍. 相反, 他宣称他的预言来自他的无声的化学实验室, 那里弥漫着烟雾, 不是由于燃烧着灌木, 而是来自他的火炉里的火焰, 他已经看到了在化学中伟大的发展的前景.

化学已经成了预言的对象. 当拉瓦锡 (Lavoisier) 加热位于密封烧瓶中的锡, 发现它的外表和重量都发生了改变时, 他清清楚楚地看见了一个新的真理, 并且预言了其他的变化. 一年前洛克耶 (Lockyer) 就已经在通过一种新

的仪器 —— 由本生 (Bunsen) 和基尔霍夫 (Kirchhoff) 所设计的光谱仪来进行观察. 通过这种光谱仪观察到在 9300 万英里以外的一个新的元素的光亮的彩色谱线. 因为它存在于太阳的光球之中, 所以他把它称为氦 (helium)[1], 并预言在我们的地球中也会存在. 21 年之后美国地质研究所的威廉 · 希尔布兰德 (William Hillebrand) 在稀有的钇铀矿中发现了这种气体.

但是这个俄国人的预言却更为惊人. 他没有做直接的实验. 他似乎是从稀薄的空气里得到他的结论的. 在这个人的肥沃的大脑里伟大真理的嫩芽慢慢在成长. 这是一颗奇异的种子, 但是它以惊人的速度成长. 在它的花朵绽放的时候, 它敢于用它的美丽惊动了全世界.

在 1884 年威廉 · 拉姆齐 (William Ramsay) 爵士来到伦敦参加庆祝木槿紫染料的发现者威廉 · 珀金 (William Perkin) 的纪念大会. "我到得很早," 拉姆齐后来这样回忆道, "为了打发时间我把时间用来查看预定要到会的人的名单, 这时突然一个外国人, 满头稀稀拉拉的头发, 走过来弯腰致意. 我说, '今天会有一个很好的聚会, 是吗?' 他说, 'I do not spik English (我不会说英语).'[2] 我说, 'Vielleicht sprechen sie Deutsch? (也许你会说德语?)' 他回答道, 'Ja, ein wenig. Ich bin Mendeléeff. (是的, 会说一点点. 我是门捷列夫.)' 于是在大家来齐之前我们就有了 20 多分钟交谈的时间, 谈了我们各自的课题. 他是非常好的那种人, 但是他的德语说得不是很棒. 他说他是在东西伯利亚长大, 在 17 岁之前还不懂俄语. 我猜想他是卡尔梅克人 (Kalmuck), 或者是那种稀奇古怪的人之一."

这个 "稀奇古怪的人" 就是门捷列夫, 受到全世界倾听的俄国预言家. 人们到处去寻找他所描述的这些下落不明的元素. 在地球的内部, 在工厂排出的烟尘中, 在大洋的海水中, 在每一个可以想象到的角落中去寻找. 秋去冬来门捷列夫不断地持续宣讲他的观点. 终于在 1875 年第一个他所预言的新元素被发现了. 勒柯克 · 德 · 布瓦包德兰 (Lecoq de Boisbaudran) 在比利牛斯开采的锌矿遇到了这个隐藏着的类铝元素. 这个法国人对这个矿物分析了又分析, 对这个新元素进行了各种可能的研究, 以确保结果无误. 门捷列夫的确应该是一个预言家. 因为这里已经有了一个与他的类铝完全类似的金属. 它在光谱中产生了两条新奇的谱线, 它很容易熔化, 可以生成明矾, 它的

---

[1] 源自希腊语 hēlios, 太阳.—— 译注

[2] 这里作者故意将 speak 写为 spik, 表示门捷列夫的英语发音不准.—— 译注

氯化物是易爆的. 所有这些特征都被这个俄国人预言过了, 勒柯克把它称为镓 (*gallium*), 这是他的故乡古时候的名称.

但是还是有很多人不相信. 他们这样辩论道, "这不过是那种奇怪的猜测, 根据平均律总有机会出现. 蠢人才会相信能够以这样高的精确度来预言有一个新元素! 有人也可以一样地预言在天上有一颗新星诞生. 化学之父拉瓦锡不是说过, 所有有关元素的本质和个数的谈论全部都只能局限于形而上的性质吗? 这个题目只能给我们提供不确定的问题."

但是接着又传来了消息说, 德国的温克勒 (Winkler) 又碰上了另一个新元素, 它对上了门捷列夫的类硅元素. 这个德国人跟随了那个俄国人提供的线索. 他是在寻找一个灰褐色的元素, 其原子量约为 72, 密度为 5.5, 一个只受到酸的轻度作用的元素. 他从银矿、硫银锗矿里分离出一种灰白色的物质, 其原子量为 72.3, 密度为 5.5. 他把它放在空气中加热, 发现它的氧化物的重量完全和预言的一样. 他又合成它的乙基化合物, 发现它的沸点又和门捷列夫预先给出的温度完全一样. 它满足门捷列夫的第二个预言, 没有一丝一毫差异. 光谱增加了无可争议的证据. 温克勒宣告了一个以锗 (*germanium*) 命名的新元素, 以纪念他的祖国. 持怀疑态度的人惊呆了. 也许这个俄国人终究不是骗子!

两年之后全世界完全信服了. 出自斯堪的纳维亚的报道说, 尼尔森 (Nilson) 分离出来了类硼. 尼尔森想从黑稀土金矿找到这个遗失元素的踪迹, 一步一步一直找到具有表现出预言元素的全部性质的裸元素呈现在他面前的碟盘中. 数据是确定性的. 整个科学世界都来敲这个在圣彼得堡的俄国人的门了.

德米特里·伊万诺维奇·门捷列夫来自一个英雄的先驱者的家族. 在他出生的一百多年之前, 彼得大帝开始西化俄国. 他在一片充满瘟疫的沼泽地上树起了一座雄伟的城市, 它注定要成为俄国对西方的窗户. 四分之三个世纪以来俄国的知识分子向东发展, 直至 1787 年德米特里的祖父在西伯利亚的托波尔斯克开办了第一所印刷厂, 并且以先驱者的精神发行了西伯利亚的第一张报纸, *Irtysch*. 德米特里于 1834 年 2 月 7 日出生在这个两百年前由哥萨克人定居的荒无人烟的地方. 他是这个家庭的 17 个孩子中的最后一个.

不幸降落在他的家庭, 他的父亲, 该地区高级学校的校长, 眼睛失明了,不久之后就死于肺结核. 他的母亲, 玛丽亚 · 柯尼洛夫 (Maria Korniloff), 一个鞑靼美人, 无法用每年 500 元的年金来养活一个大家庭, 于是重新开办了一家玻璃工厂, 这是他的家庭在西伯利亚开办的第一家工厂. 托波尔斯克在那时还是发配政治流亡犯的行政中心. 在 1825 年的暴动的囚犯, "十二月党人" 中的一个, 娶了他的姐姐, 德米特里从他那里学到了一些自然科学的初步知识, 在大火摧毁了那所玻璃工厂之后, 小德米特里, 他的年迈母亲的宝贝 —— 她现在已经 57 岁了 —— 被带到了莫斯科, 希望能够在那里上大学. 官气十足的繁文缛节打破了这个希望. 下决心要让她的儿子受到好的科学教育的母亲, 决定去圣彼得堡, 他在那里最终得以进入师范学院的科学系, 这是一所培训高级学校教师的学校. 他选定了数学、物理和化学作为他的专修科目. 文科经典不合这个蓝眼睛小孩的口味. 若干年之后, 当他着手来解决俄国的教育问题时, 他这样写道, "我们现在没有柏拉图也能生存, 可是我们却需要加倍的牛顿来发现自然的秘密, 并让生命与这些定律和谐地生活在一起."

门捷列夫学习非常勤奋, 毕业时是他班上的第一名. 他本来在早些年就不是很强壮, 这时他的健康慢慢变弱, 而他的母亲的去世更使他寝食不安. 在他母亲躺在床上的弥留之际, 他来到她的面前. 她要他在将来做到: "丢掉幻想, 坚持工作, 不要依靠语言. 耐心地寻求神的启示和科学的真理." 门捷列夫永远不会忘记这些话. 即使在做梦的时候他也总是感觉到牢固的大地在他的脚下.

他的医生说他只有 6 个月可活了. 为了恢复他的健康, 医生吩咐他去寻找一个气候更温暖的地方. 他来到俄国的南方, 在克里米亚的西姆菲罗珀尔 (Simferopol) 获得了一个科学师的位置. 在克里米亚战争爆发时, 他离开那里去了奥德赛, 然后在 22 岁的时候回到圣彼得堡成为一个无薪讲师. 任命为无薪讲师只不过是允许他讲课, 并没有薪资, 只有听课的学生付的听讲费. 不几年他就向公共教育部提出去法国和德国学习的申请, 并且获得了批准. 那时在俄国还没有对科学进行高级研究的机会. 在法国他在亨利 · 勒尼奥 (Henri Regnault) 的实验室中工作, 下一年他在海德堡, 他在靠自己微薄的收入建造起来的一个小实验室里做研究. 他在这里遇到了本生和基尔霍夫, 从他们那里学会了使用光谱仪, 并和柯普 (Kopp) 一起参加了卡尔斯鲁厄的大会, 聆听了对阿伏伽德罗的分子学说的激烈争论. 康尼扎罗的原子量会在即将来到的年代里为他做勇敢的服务. 门捷列夫参加这次历史性的会议结束了他的游学年代 (*Wanderjahre*).

接下来的几年是非常繁忙的几年. 他要结婚, 要在 60 天中完成一部讲有机化学的教科书, 这本书为他获得了多米多夫 (Domidoff) 奖, 以一篇 "酒精与水的结合" (*The Union of Alcohol with Water*) 的论文获得了化学博士学位. 这个天才教师、化学的哲学家和精确实验工作者的多面才能很快就得到了圣彼得堡大学的承认, 学校在他 32 岁之前就任命他为正教授.

接着划时代的 1869 年来到了. 门捷列夫这时在化学元素上已经花了 20 年的时间用于阅读、研究和做实验. 所有这些年他全都在忙于从每一个可以想到的来源收集元素质量的数据. 他把这些数据进行了排列又重新排列, 希望揭开一个秘密. 这是一项艰苦卓绝的任务. 在几百个散设在文明世界各处的实验室里有几千个科学家在研究元素. 有时为了完善他的表格, 寻找缺失的数据他一连要花好几天的时间. 自从古代的工匠用他们的金、银、铜、铁、水银、铅、锡、硫和碳来打造仪器以来, 元素的数量已经增加了. 炼金术士在他们的对黄金种子以及长生不老的药物的无效的追求中发现了 6 个新的元素. 巴西尔·瓦伦丁 (Basil Valentine), 一个德国的医生, 在哥伦布发现美洲的年代里就已经相当空想般地描绘了元素锑. 在 1530 年, 另一个德国人乔治乌斯·阿格里可拉 (Georgius Agricola) 在他的 *De Re Metallica* 中谈到过铋, 这是一本论矿业的书, 它第一次在 1912 年被赫伯特·胡佛 (Herbert Hoover) 和他的妻子共同译成英文. 帕拉塞尔苏斯 (Paracelsus) 是第一个把金属锌介绍给西方世界的人. 勃兰特 (Brandt) 在尿中发现了会发光的磷, 接着砷和钴很快也加入到元素的名单中来了.

在 18 世纪结束之前新发现了 14 个元素. 在遥远的哥伦比亚的乔科 (Choco), 一个西班牙的海军军官, 唐·安东尼奥·德·乌罗阿 (Don Antonio de Ulloa), 在一次执行天文任务时, 捡到一块很重的金属块, 在认识到它的有铂金属的宝贵性质前以为它毫无价值, 几乎要把它扔掉. 这是在 1735 年. 接着就出现了有光泽的镍, 易燃的氢, 不活泼的氮, 维持生命的氧, 致命的氯, 用于防盗安全的锰, 用于白炽灯的钨, 用于不锈钢的铬, 在合金钢中非常有用的钼和钛, 还有几个最重的元素, 碲、锆和铀. 在 19 世纪快开始的时候, 一个英国人, 哈切特 (Hatchett) 在一个黑矿中发现了钶 (铌[3]), 它已经从康涅狄

---

[3]钶是铌的旧名. —— 译注

格谷运到大英博物馆里了. 可见搜索一直在继续, 直至 1869 年有 63 个元素已经分离出来了并且在英国、法国、德国和瑞典的化学杂志上有过描述.

门捷列夫收集了所有这 63 个化学元素的全部数据. 他做到了一个也不缺少. 他甚至把氟也包括进来了, 它的存在是已知的, 但是由于它的巨大的活性, 到那时还一直没有单独分离出来过. 于是有了一张所有化学元素的表, 其中每一个包含着不同的道尔顿原子. 它们的原子量从 1 (氢) 到 238 (铀), 全都不一样. 其中有些, 像氧、氢、氯和氮等, 是气体. 其他的, 像水银和溴在正常的条件下是液体. 其余的是固体. 其中有一些固体是特别硬的金属, 例如铂和铱, 有一些是软金属, 例如钠和钾. 锂这种金属是这样轻, 可以浮在水面上. 另一方面, 锇的重量是水的重量的二十二倍半. 还有水银, 它根本不是固体而是液体. 铜有红色和金黄色, 碘是青灰色, 磷是白色, 而溴是红色. 有些金属, 例如镍和铬, 可以有很高的光泽; 其他的, 如铅和铝则较暗淡. 金子暴露在空气中, 永不会失去光泽, 而铁很快就会生锈, 碘会升华而变成气体. 某些元素会与一个氧原子结合, 有的则会与两个、三个、甚至四个氧原子结合. 有一些元素, 例如钾和氟, 是这样活泼, 用没有保护好的手指去拿它就很危险. 另外有的又可以几年都不会改变物理特征和化学性质, 差异是多么令人不解啊!

在这样一大堆不同的原子中是否可以找到某些秩序呢? 这些元素之间是不是有任何联系呢? 它们之间是否有某种进化的或发展的体系可以追寻, 就像在 10 年前达尔文在多样形式的有机生命中所发现的那种进化一样呢? 门捷列夫陷入了深思. 这个问题追逐着他的梦. 他的头脑不断地回到这个令人困惑的问题上来.

门捷列夫是一个梦想家, 又是一个哲学家. 他要去寻找解决这一大堆杂乱数据的钥匙. 也许自然有一个秘密有待破解. 他相信, 如果说 "上帝的荣耀就是把事物隐藏起来", 那么他也就坚定地相信应有, "王者的荣誉就是把它找出来". 而这对他的学生来说是多么大有裨益!

他把所有的元素按着其原子量增大的顺序排列成一张表, 从最轻的元素氢开始, 以最重的元素铀结束. 他没有看到这样排列元素有什么价值; 这在以前也有人做过. 门捷列夫不知道, 3 年前就有个叫约翰·纽兰的英国人, 在布尔林顿大厦于英国化学学会前宣读了一份论元素排列的论文. 纽兰已经注意到, 在他的表中每向前进的第 8 个元素显示出其性质与第一个相似.

这似乎有点奇怪. 他把这张元素表与钢琴键盘相比, 它的 88 个音键分成 8 个一组的周期, 或八度音阶. 他说, "同一组元素里的成员之间的关系就好像音乐中一个或多个八度音符的首音之间的关系." 伦敦社交界里一些有学问的成员觉得他的八音律有点好笑. 福斯特 (Foster) 教授语带讥讽地问他是不是考虑过按元素的第一个字母来排列. 怪不得 —— 想把化学元素与钢琴的键盘来相比! 人们也可以把将一块钠掠过水面时发出的吱吱声比作天球的音乐了. "太异想天开了," 大家都这么认为. J. A. R. 纽兰感到几乎被打蒙了.

门捷列夫的头脑足够清醒, 不至于掉到这样的陷阱里去. 他取来 63 张卡片, 在它们上面写上这些元素的名称和性质, 把它们钉在他的实验室的墙壁上. 然后他反复仔细重新检查其中的数据. 他把有类似性质的元素分拣出来, 再把它们钉在一起. 一个惊人的相互关系就这样呈现出来了.

于是门捷列夫把这些元素分成七组, 从锂 (原子量为 7) 开始, 接着的是铍 (原子量为 9)、硼 (11)、碳 (12)、氮 (14)、氧 (16) 和氟 (19). 按照原子量的升序接下来的元素是钠 (23), 这个元素无论是从物理性质还是从化学性质上看都非常接近锂. 于是他就把它放在他的表中锂的下面. 在再摆过五个元素之后就来到了元素氯, 它具有与氟非常相似的性质, 在他的表中神奇地正好位于氟之下. 它就是用这种方式继续排剩下的那些元素. 当他把表排完之后他注意到了一个惊人的秩序. 这些元素与它们所在的位置配合得是如何美妙呀! 非常活泼的金属锂、钠、钾、铷和铯落在第一组. 极其活泼的非金属元素, 氟、氯、溴和碘, 这些全都在第七组.

门捷列夫发现元素的性质是 "原子量的周期函数", 就是说, 它们的性质每隔 7 个元素做周期性的重复. 他发现了一个何等简洁的定律啊! 但是还有另外的一个惊人的事实. 所有在第一组中的元素与氧结合时都是两个原子对一个原子. 所有在第二组中的元素与氧结合时都是一个原子对一个原子. 所有在第三组中的元素与氧结合时都是两个原子对三个原子. 类似的一致性对其余的各组元素也有效. 在自然的王国中还有比这更简单的吗? 要想知道某一组中某个元素的性质就是要以一般的方式去知道该组中所有元素的性质. 这对他的学化学的学生来说是多么省时省力的事啊!

他的表格会不会只是一种偶然的巧合呢? 门捷列夫这样思考着. 他研究了甚至是最罕见的元素. 他又重新研究了化学文献, 免得在他的工作的热情下误使某个元素与他的美丽的大厦相一致. 的确, 是有一个错误! 他为了与他建立的图示一致, 将碘, 当时所记录的它的原子量为 127, 以及碲, 128, 放错了地方. 门捷列夫盯着他的元素周期表, 瞧着它很好. 他以一个预言家勇气, 大胆地说, 碲的原子量是错的; 它应该是在 123 与 126 之间, 不是像它的发现者所确定的 128. 这真是彻头彻尾的离经叛道, 但是德米特里不怕冲撞已经建立起来了的次序. 今天我们知道, 他把元素碲的位置是摆对了, 但是给予它的原子量却是错的. 多年之后他的这一作为得到了认可, 因为进一步的化学发现证明他给碲安排的位置是对的. 这是化学史上最壮丽的预言之一.

也许门捷列夫的周期表现在已经没有什么毛病了. 他还是再次检查了它, 又一次检查到了一个明显的矛盾. 这个矛盾是, 金以当时为大家所接受的 196.2 的原子量, 却排在了应该属于铂的位置, 后者的原子量在当时已确定为 196.7. 找出这个错误的人们立即行动起来, 带着讥讽的口气指出这一差异. 门捷列夫以大无畏的口气宣称, 不准确的是分析化学家们的数据, 不是它的表. 他让他们耐心等待. 他会被证明无误. 化学家的天平再次偏向了哲学家, 因为那时大家所接受的原子量是错的, 而门捷列夫再次是对的. 金的原子量大于铂的原子量. 这个俄国怪人的周期表其精确度真是令人不可思议!

门捷列夫还要发出更加惊人的电闪雷鸣. 在他的表中还有空着的地方. 这些地方到底是要永远保持空着呢, 还是至今人们的努力尚未能找到属于这个位置的元素呢? 一个不太勇敢的人会从这个俄国人所做的结论退避三舍. 这个鞑靼人可不是那种会剪掉自己的头发来取悦他的陛下沙皇亚历山大三世的人. 他深信他的伟大推广的真实性, 不害怕那些无知的化学怀疑论者.

在第三组中, 在钙与钛之间有一个空隙. 由于出现在硼之下, 这个缺失的元素一定很像硼. 这就是他所预言的类硼. 在同一组中在铝的下面还有另一个空隙. 这个元素应该很像铝, 所以他把它称为类铝. 最后他还发现在砷与类铝之间的空位出现在第四组中. 因为它的位置在元素硅之下, 他把它称为类硅. 这样他就预言了 3 个尚未发现的元素, 留给他的同代化学家去检验他的预言. 毕竟还不只是这些非比寻常的猜测 —— 至少对门捷列夫的天才是这样!

1869 年门捷列夫把他的论文 "论元素的性质与其原子量之间的关系" 提交给俄国化学学会. 他以生动的形式把他的划时代的结论告诉了他们. 整个

科学界好像是翻天覆地了. 但是他的伟大发现不是一夜之间形成的. 这个定律的萌芽几年前就开始发育了. 门捷列夫承认 "这个定律直接来自对已经在 1860—1870 年间确立了的结果的大量收集和推广". 德 · 尚古多在法国、斯特雷克在德国、纽兰在英国以及库克在美国都已经注意到某些元素的性质之间的相似性. 罗塔尔 · 迈耶几乎与门捷列夫同时想到了周期律, 没有比这更好的例子能举出来说明两个各在不同国家里的人如何能够各自独立地达到这一相同的推广. 1870 年《利比希年刊》(*Liebig's Annalen*) 发表了罗塔尔 · 迈耶的元素周期表, 它几乎与这个俄国人的周期表完全一致. 发现这个伟大定律的时机已经成熟了. 要有人有必要的勇气或天才 "把整个问题提到这样的高度, 使得它对事实的反映能一目了然". 这是门捷列夫本人的说法. 只有在有足够多的元素被发现并得到研究时, 才能使排出一张像门捷列夫这样的准备好的表成为可能. 要是德米特里早生在一代前, 他绝不可能在 1840 年发表周期律.

"周期律已经给了化学这样的预言力量, 它长期以来被看成是化学的姐妹科学, 天文学的特许荣耀." 美国科学家博尔顿 (Bolton) 这样写道. 门捷列夫已经在他的表中留下了多于 63 个元素的位置. 他已经预言多于 3 个的元素. 这构造宇宙的砖块还有哪些是缺失的? 在门捷列夫发表他的周期表的 25 年之后, 两个英国人按照卡文迪什 (Cavendish) 的提出的线索, 偶然发现一组新元素, 它们是这个俄国人做梦都没有想到的. 这些元素组成了奇怪的一伙 —— 后来它们被叫作第零组. 它的成员共 7 个, 是所有元素中最缺乏社交性的, 即使是最理想的结交者, 钾, 它们也不会与之结合. 氟, 这个最活泼的非金属元素, 也不能把这些元素隐士从惰性的状态下摇醒. 穆瓦桑 (Moissan) 试图用氟来激发它们, 但是也没能使它们结合. 此外它们全都是气体, 无色无嗅. 怪不得它们隐藏了这么久.

诚然, 这些惰性气体, 我们现在就这样称呼它们, 其中第一个是在一次日食时在太阳的色球中观察到的, 但是除了知道它的谱线是橘黄色的之外, 对它别的什么都不知道. 门捷列夫甚至没有把它列入他的表中. 后来希尔布兰德描述了一种从钇铀矿中排出的气体. 他十分清楚地知道它不同于氮, 但是未能检验出它的实际本质. 接下来拉姆齐, 得到了一块相同矿的样品, 把从其中排出的气体装进一个真空瓶, 在其中放电, 测得了氦的谱线. 第二年凯塞 (Kayser) 宣告在大气中这种气体有非常小的微量, 为 1/185000.

　　发现和从空气中分离出这些气体的故事是在整个科学史中最精确、最费力的研究实例中最惊人的一个. 拉姆齐是在一次足球赛中受伤的康复期间无意地被带进到化学中. 他曾偶然遇到一本化学教科书, 翻到其中对造火药的讲述. 这是他在化学中的第一课. 瑞利, 他的合作者, 曾被力邀进入政府部门或政治界, 而当他宣称自己应该从事科学时, 人家告诉他这是有大路不走走小路. 这就是这两个英国人进入科学的起步, 而这给他们带来了永久的声誉. 他们用来做研究的量是这样的小, 以致很难理解他们怎么能够用它们来做研究. 1894 年瑞利在给弗朗西斯 · 巴福夫人 (Lady Frances Balfour) 的信中这样写道: "这种新气体一直引领着我的生活. 我原来只有很少一点点, 现在我已经有像样的数量了, 但是已经花了相同重量的金子的几千倍的钱. 现在还没有给它们命名. 有一个权威曾提议用 'aeron', 但是当我私下试验它的效果时, 结果经常是, '我们什么时候可以期待摩西呢?'" 它最后被命名为氩, 而且要不是摩西, 又出来了其他的近亲: 氖、氪、氙以及最后还有氦. 这些气体都是由拉姆齐和特拉维尔斯 (Travers) 从 120 吨液态空气中分离出来的. 威廉 · 拉姆齐用了一台微量天平, 这台天平可以测出一万亿分之十四 (fourteen-trillionth) 盎司重量的差异. 他是在和百万分之一克的、看不见的气体氦打交道 —— 大小只有一个针头的十分之一.

　　除了这六个第零组元素之外, 其中有些还在氩光灯和霓虹灯中、在充氙可调灯中、在电信号灯中发挥有效的作用, 而且也用在压缩空气中以取代氮气, 以防在沉箱中的工人 "减压病 (bends)", 其他 17 个元素也被发现了. 所以在门捷列夫去世后一年, 已经有 86 个元素列入了周期表, 是拉瓦锡以来的 4 倍.

　　门捷列夫, 除了是一个在广义意义上的自然哲学家之外, 还是一个社会改革家. 他深知沙皇俄国的野蛮和残暴. 他从流放到天寒地冻的托波尔斯克的迫害中上了第一课. 当他在俄国到处旅游时, 他走进第三阶层, 在火车上与农民和小商小贩亲密地交谈. 他们恨透了残酷的压迫和政府的便衣. 门捷列夫不是没有看到俄国的官僚主义, 也不是害怕指出这一点. 他经常激烈地对此进行谴责. 在那个时代这是危险的举动. 但是政府需要门捷列夫, 而且他的激烈的言辞总是温和地伴随着对法律和秩序应有的尊敬. 门捷列夫也足够精明, 避免与政府正面冲突. 他总是等待时机, 等到他的批评会不被忽视的机会的到来. 不止一次, 每当这个科学天才要有政治举动爆发的信号时,政府马上就会给他派上某个政治使命. 远离不稳定的中心他就更安全, 对官僚们也更有利.

1876 年门捷列夫被亚历山大二世的政府派去访问远在美国宾夕法尼亚的油田. 这是石油工业的早期时代. 在 1859 年, 上校 E. L. 德雷克 (Drake) 与他的合伙人 "比利叔叔 (Uncle Billy)" 史密斯 (Smith) 来到宾夕法尼亚州的泰特斯维尔 (Titusville) 开了一口深为 69 英尺的商业规模的油井. 门捷列夫已经在对巴库广阔的油田做过仔细的研究上对俄国做出了极有价值贡献. 这里, 在高加索, 从岩石的裂缝里, 燃烧着 "永恒的火焰", 这一点马可·波罗 (Marco Polo) 曾在数百年前就描述过. 巴库是世界上最高产的单个产油地区, 多年以前老百姓就用从这里的泉眼冒出来的油烧东西了. 门捷列夫曾经提出过一个巧妙的理论来解释这些储油的来源. 他拒绝接受流行的、说石油是由地底下有机物分解形成的理论, 提出假设说, 携带着能量的石油是由地球内部的水与金属碳化物之间的相互作用形成的.

在他从美国回来的时候, 他又被叫去研究俄国南部的石脑油的矿源. 他不把自己局限于收集数据和阐述理论. 他在自己的实验室中发展了这些产品的商业蒸馏的一种新方法, 为俄国节省了大量的资金. 他研究了顿涅茨河两岸和盆地上的产煤区域, 并对全世界公开. 他是俄国工业发展和扩张的积极的宣传者, 并被召唤去协助建立国家的关税保护体系.

这正好是俄国的剧烈的社会和政治动荡的时期. 亚历山大二世曾经做过努力去解决两千三百万农奴的土地问题. 他也试图通过革新司法体系来改善条件, 放宽对出版的检查, 发展教育设施. 大学里的青年学生表现出了要改革某些教育实践的愿望. 突然在波兰爆发了反对俄国政府的起义. 反动势力再次取得了控制权. 俄国再也没有做根本改革的心情了; 大学生们的要求被紧急叫停. 门捷列夫出面了, 他把他们的另一个要求向政府的官员们提出. 他被生硬地告知回到自己的实验室中去, 别来掺和政治事务. 骄傲而又敏感的门捷列夫受到了伤害, 从大学里辞了职. 王子克鲁泡特金 (Kropotkin), 一个具有皇室血统的无政府主义者, 是他的著名的学生之一. 门捷列夫公开宣称, "我不怕允许国外的、甚至是社会主义的思想进入俄国, 因为我相信俄国人民, 他们已经赶走了鞑靼的统治和封建制度." 他从未改变自己的观点, 即使在沙皇在 1881 年被一颗扔进他的马车中的炸弹可怕地炸伤时.

门捷列夫由于赞助自由主义运动到处树敌. 1880 年, 圣彼得堡科学院,尽管有强有力推荐, 拒绝选举他为化学学部的院士. 他的自由主义倾向是遭人厌恶的事情. 但是其他更大的荣誉走向了这位贤人. 莫斯科大学立即选他为荣誉成员. 英国皇家学会授予他戴维奖章, 由于在对元素的周期分类的贡献他与罗塔尔·迈耶共同分享了这一荣誉.

多年以后, 在英国化学学会授予他人人羡慕的法拉第奖章的时候, 按照学会的习惯, 门捷列夫手握一个小小的加入了俄国的国家颜色的丝袋, 里面装的是奖金. 意外的是, 他把金币往桌上一甩, 宣称没有什么东西能够促使他从这样一个学会接受金钱, 这个学会给了他这样的敬意, 邀请他到这个由于他的工作而神圣的地方来做纪念法拉第荣誉的报告. 他得到了大量的奖章, 有由德国和美国的化学学会授予的, 也有由普林斯顿大学、剑桥大学、牛津大学和哥廷根大学等大学授予的. 塞基乌斯·维特 (Sergius Witte), 沙皇亚历山大三世的财政部长, 任命他为计量管理局的局长.

门捷列夫打破俄国对待妇女的陈规陋习, 在她们在追求劳动和教育的奋斗中对她们采取平等的态度. 尽管他认为她们在智力上赶不上男性, 他还是毫不犹豫地在他的机构中录用妇女, 并且允许她们到大学去听他的课. 他结过两次婚. 他和他的第一个妻子育有两个孩子, 生活得不愉快. 她无法理解这个古怪的天才偶然的脾气发作. 这一对不久就分居了, 并且最终离了婚. 不久他就疯狂地爱上了一个年轻的、富于艺术气质的哥萨克美女, 并且在47岁时再次结婚. 安娜·伊万诺夫娜·波波瓦 (Anna Ivanovna Popova) 理解他的敏感气质, 他们生活得很幸福. 她得容忍他的幻想飞舞和偶然的自私. 他有着极端的神经质和暴脾气, 要求人人都看重他. 在内心他还是善良和可爱的. 他们育有两个男孩和两个女孩, 门捷列夫常常这样表示他的感受, "我们一生中没有比我的孩子在我们身边更高兴的了." 他穿着的松松的外套, 就是他的偶像托尔斯泰穿的那种, 是安娜为他织就的. 德米特里会几个小时坐在家里吸烟. 他是一个令人印象深刻的人物. 他那一双深陷的蓝眼睛闪耀在一副富于表情的脸上, 脸上有一半被教长似的胡须遮盖. 他常常用他那深深的喉音迷住他的客人. 他喜欢读书, 特别是那种冒险的读物. 费尼莫尔·库柏 (Fenimore Cooper) 和拜伦使他感到激动. 剧院对他没有吸引力, 但是他喜欢好的音乐和绘画. 他常常由他的妻子陪同去参观画廊, 他的妻子本人就画了许多伟大的科学家的钢笔画像. 他自己的工作室里挂了许多她所画的著名科学家的素描, 其中有拉瓦锡、牛顿、伽利略、法拉第和杜马斯.

在 1904 年日俄战争之际, 门捷列夫成了一个坚定的国家主义者. 像他这样老, 还为希望取得胜利增添自己的一分力量. 作为海军顾问, 他发明了高温硝棉胶 (pyrocollodion), 一种新的无烟炸药. 俄国舰队在对马海峡被歼灭和俄国的失败加速了他的死亡. 他的肺本来就一直有毛病; 在他年轻的时候他的医生就说他活不了几个月了, 但是强壮的躯体带他走过了 70 多年的生命. 于是在 1907 年的一个星期五, 这位老科学家感冒了, 肺炎入侵了, 在他坐着聆听凡尔纳的《去北极旅行》的朗读时, 他断了气. 两天之后, 门舒特金 (Menschutkin), 俄国著名的分析化学家, 去世了, 而且在一年之内俄国又失去了它的最伟大的有机化学家, 弗里德里希·康拉德·拜耳斯坦 (Friedrich Konrad Beilstein). 震惊的消息传遍了俄国化学界.

至死门捷列夫都没有放弃科学思考. 他发表了一个迈向以太的化学概念的设想. 他试图解决遍布全宇宙的难以捉摸的东西的秘密. 他认为, 以太就是一种属于零组元素的物质, 由大小是氢原子的几百万分之一的粒子组成.

两年之后他被埋在他的母亲和儿子的墓旁. 帕狄森·缪尔 (Pattison Muir) 宣称, "未来将确定, 周期律到底是我们长期追求的目标, 还是只是旅途上的一个中途站: 一个收集物质准备下一步前进的休息地." 如果门捷列夫能多活几年, 他将能亲眼见到, 一个在曼彻斯特的年轻英国人对他的周期表做了完整的最终的发展.

在他那个时代的俄国农民从未听说过周期表, 但是他们记得德米特里·门捷列夫有另一个原因. 有一天, 他为了给日食拍照, 向空中发射了一个气球, "坐在一个气球上飞了起来, 钻入了天空". 而对今天苏联的每一个青年男女, 门捷列夫是一个国家的英雄.

格列哥尔·孟德尔

如果研究想要成功就要大把花钱, 就像今天一般认为的那样, 那么格列哥尔·孟德尔 (Gregor Mendel) 能否改进他挖花园里的蚯蚓的方法也很值得怀疑了. 导致发现遗传定律的实验是在一座花园里的一条狭长的地带上进行的, 这条地带长 120 英尺, 宽比 20 英尺稍稍大一点. 它位于一个小钟楼的附近, 通向奥地利的布日林 (Brünn) 市[1] 圣托马斯的奥古斯丁修道院的图书馆路旁. 在这一小块耕地上孟德尔种植了几百棵各种不同的豌豆: 有开白花的, 有开紫花的; 有高的, 有矮的; 有的结光滑的豌豆粒, 有的结起皱的豌豆粒. 他的设备就是一副精细的镊子, 用来把住龙骨瓣 (keel) 和花药 (花的带花粉的部分), 一支骆驼毛笔, 用来把一株植物上的花粉刷到另一株的花柱头上, 一张小纸片或小白布袋 (以 "防止任何工蜂和有进攻性的象甲虫把其他花朵上的花粉传播到要处理的花柱头上, 这样才能保证杂交实验的结果"), 再就是几本厚厚的笔记本以便记录他的实验结果.[2] 有七年之久 (1856—1863 年) 孟德尔做了几千个杂交实验. 1865 年他在布日林自然科学研究会的一次会议上宣读了他的论文《植物杂交实验》(*Experiments in plant-hybridization*). 有不多不少的听众听了他的演讲, 至少是在开始, 以不只是敷衍的礼貌聆听了他有关在杂交品种的某些特征以不变的比例出现的叙述. 过了不久, 数学变得难起来了, 听讲的注意力就不集中了. "会议持续的时间告诉我们, 没有提问, 也没有讨论."[3] 在 1866 年这份报告发表在莫拉维亚 (Moravian) 省学会 "会刊" (Proceedings) 上; 单行本分发到奥地利和其他国家的 120 个学会、大学和科学院. 这篇文章 "藏在深闺人不知" 有三十年之久. 然后在 1900 年, 在

---

[1] 现在叫布日诺 (Brno), 属捷克.
[2] Hugo Iltis, *Life of Mendel*, New York, 1932, pp. 107–108.
[3] Iltis, 前引文献., p. 179.

不到四个月的期间内, 前后三次 "被人发现", 他们是: 荷兰植物学家雨果·
德·弗里斯 (Hugo de Vries) (1848—1935), 德国人 C. 柯伦斯 (Correns) 以及奥
地利人埃里希·冯·希尔马克 (Erich Von Tschermak).

　　怀特海德 (Whitehead) 有一次评论道: "重要的事情在以前就被某个不被
认为是发现者的人说过." 孟德尔也有先行者, 人人都如此, 只有创世者创造
我们这个世界时是例外. 有人做过交叉实验, 有人已经注意到优势与分离,
也有人已经预言过遗传的机制. 只有孟德尔看到了穿透他的所有实验结果
的模式, 只有他看到了事实是如何互相连接, 并且设想出一个全面的理论来
解释遗传中的那些乱七八糟的过程.

　　他的研究的主要结果就是, 发现了亲本的某些特性不会改变地传下去,
不会被冲淡, 也不会被扭曲 (用朱利安·赫胥利 (Julian Huxley) 的话来说), 因
为它们是被某种不同种类的单元或粒子所携带着的. 我们把这种单元称为
基因, 孟德尔把它们称为因子 (factors). 从他的艰巨的研究的外表即可以看
出, 他清楚地抓住了有必要去确定: "杂交的后代表现出的不同形式的数目",
"它们的统计关系", "数值比". 强调对数量的确定是使他的研究方法与研究
结果不同于前人和同时代人的地方. 我从其中摘出来若干内容放在下面的
论述中, 包含了两个主要的结论. 在每一个个体中基因总是成对存在. 现在
所谓的孟德尔第一定律 (law of segregation(分离定律)) 肯定了, 在这些基因对
中的基因, 不论是显性的还是隐性的, 都是独立的个体 "在配子 [精子或卵细
胞] 在它们于合子 [由配子联合产生的细胞] 中的合作之后各自和不发生改
变地呈现". 这个有深远的重要意义的分离定律在某种意义上可以说与 "我
们对遗传的几乎是本能的信念" 相矛盾的. "混合血统" 这一表述反映了普
通对杂交的观念, 认为杂交就是混合或融合的结果, 就好像是, 比如说, 把不
同的颜色混合起来. "人们以为种族的混合就像液体的混合." 但是这是错误
的. 基因的混合不会产生色彩. 基因从一代到一代坚守作为独立的个体 "互
相不会污染, 也不会相互稀释"; 当性细胞成熟时, 配对就会分解, 基因就会
彼此分开. 这一分开为特征的全新的组合提供了机会, 因为每一对基因中的
成员独立自行分解与其他对无关 (每一配对的两个基因中的一个从每一个
母本过渡到每一子代). 这些结果以及相关事实就总结为孟德尔的第二定律,
自由组合定律 (law of independent assortment). 它的意思简单地说就是, 独立

的基因对 "被打乱后再各自被独立地对待."[4] 整个庞大的现代遗传学的大厦
就是建筑在主要是由大量的实验证据所证实的这些比较简单的定律的基础
之上的.

约翰·格列哥尔·孟德尔出身农民的家庭, 于 1822 年的 7 月 22 日生于
海因森多尔夫 (Heinzendorf) 的莫拉维亚族的村庄. 年轻时他在父亲的果园
中学会了种植水果, 并且在自己的一生中保留着这个爱好. 家里没有多少钱
供他上学, 但是孟德尔的父母和姐姐愿意为他做出牺牲, 而在他上高级学校
的时候他也已经能够供养自己了. 他所上的乡村学校除了教一些基础课程
之外, 还教自然史和自然科学. 这种对课程的根本性的扩充是按照采邑地女
主人、伯爵夫人瓦德布 (Waldburg) 的愿望实施的; 地方学监对他的上级说这
是 "流言蜚语". 如果他能预见到这对孟德尔的影响, 他会更加大怒.

在他于奥尔木兹 (Olmütz) 的哲学学习取得好的进步之后, 他认定, 要想
拥有平静的学术生涯而不必为经济担忧, 最好的机会就是做一个牧师. 在 21
岁的时候他加入了布日林地方奥古斯丁修道院. 修道院的院长是一个非常
有见识的人, 对科学和学者非常尊敬. 他很喜欢孟德尔, 不仅给他机会在修
道院的花园里进行植物学研究, 还让他到维也纳的大学去学习物理、数学
和动物学等课程. 孟德尔享受着作为宗教界一员的安全, 但对宗教仪式没
有多大的兴趣. 在维也纳的这段时间过得很愉快, 就像他多年来担任兹乃木
(Znaim) 高级中学和后来在布日林现代中学担任代课教师时一样. 在修道院

---

[4] "由孟德尔第二定律得知, 在杂交中, 只要品种是纯的, 所含基因是一样的, 它们在原
来的品种中是如何组合没有关系. 我们可以将矮而黄的品种与高而绿的品种杂交来替代
将高而黄的品种与矮而绿的品种进行杂交; 但是所得到的结果, 不论是在第一代还是在
所有以下各代, 会是完全一样的, 再次表明起作用的是单个的基因, 而不是它们在母体中
偶然的组合方式. 只要所有的基因成分在第一代合子中以正确的比例出现, 它们从何而
来造成的影响, 不比是胡椒罐放在大米饭的旁边还是马铃薯放在架子上对炖品味道的影
响更大." H. G. Wells, Julian S. Huxley and G. P. Wells, *The Science of Life*, New York ,1934,
p. 483. 这本书对遗传学的基础作了一个出色的讲述. 还可推荐上面引用过的 Iltis 的《孟
德尔传》(*Biography of Mendel*); 以及 Amram Scheinfeld 的 *The New You and Heredity*, New
York, 1950; Richard B. Goldschmidt, *Understanding Heredity*, New York, 1952.

朱利安·赫胥利的 *Heredity, East and West* (New York, 1949) 一书讲述了李森科争议的
故事, 并且提供了新孟德尔理论的一个极好的总结. 赫胥利在书中将染色体, 设想基因就
是在其中做一定的线性排列, 比作一叠扑克牌. 在每一个高级有机体的每一个细胞的细
胞核中有两副满满的基因. 在一个配子 (gamete) 形成之前, "配对和分开的过程发生, 从
而每一个配子只有一组染色体" 含有每一种染色体的一条. 受精将两组染色体带到一起,
一组来自卵子, 一组来自精子. 这造成了惊人的而且易于理解的图像.

之外和一些孩子们在一起工作真是一件令人高兴的事, 特别是对一个在性格上不适宜于主管堂区职责的牧师. 院长纳普 (Napp) 发现孟德尔在访问病院或者拜访任何病人或痛苦的人时会有 "克服不了的胆怯".

孟德尔一生遭遇到的一个奇怪的失望之一, 就是他始终未能获得正规高级中学的教师任职资格证书. 他参加了两次考试, 两次都不及格. 令人吃惊的事实是, 他通过了涉及物理科学的部分, 但是他无法说服监考人, 他适合教自然历史. 应该承认, 他对生物学的某些考题给出的答案有点伤感动情.[5] 但是我们也不得不承认, 他考试失败的原因部分是由于他是自学成才的, 部分是由于他很固执, 而他的思想极富原创性. 在两次试图获得认证之后, 孟德尔放弃继续申请. 他继续填补代课教师的位置, 但是, 从 1856 年开始, 他把更多的精力放到杂交实验上.

孟德尔是一个非常优秀的技术人才. 他在处理植物 —— 他把它们称为他的 "小孩" —— 上表现出完美无缺的技巧和极度的耐心. 在每一个有阳光照射的时刻, 他都会在他的小小的花园里劳作, 或者到乡下去采集新的物种. 在晚年他那针对植物的远征被他的肥胖减少了: "长途跋涉, 特别是爬山 [他在给他的一个朋友的信中写道] 在一个到处都有万有引力的世界里对我来说已经非常困难了." 在他的整个研究中孟德尔非常清楚地意识到自己的目标, 意识到他希望自己的实验能够帮助回答的问题. 尽管外部世界对他的研究没有给予太大注意, 他并未因此减少对别人所做研究的注意. 他拥有在自己这个领域内的以及其他方面的书籍, 仔细地跟踪进化理论的进展, 达尔文所有的书籍一出版他就去买来. 在他所阅读的书籍中 "他不注意禁书名单" (*Index Librorum Prohibitorum*); 在他的科学推理中他不受教会教条的限制. 在他的工作中思想的独立性的特征就像他那能从纷繁复杂的事物中看到简单性的天才一样.

孟德尔是一个快乐、慈祥而又谦逊的人, 富有幽默感. 他有这些坚强的品质是一件幸事, 这使得他在这些伟大的成就完全不能得到承认时仍然能够得到心灵上的依靠. 甚至在对他的论甜豌豆的论文感到失望之后, 他继续对其他的植物进行研究 —— 特别是山柳菊属植物 (hawkweed) —— 以及对蜜蜂的习性、对太阳黑子和对气象学进行研究. 他所写的一篇有关袭击布日林市的一场龙卷风的报告就是他有高超的描述能力和科学想象的一个例子.

---

[5] 参见, Iltis, 前引文献, p. 69 及其后.

它已经成为气象学的一个小小的经典.

1868 年孟德尔被选为他所在的修道院的院长, 从此以后行政事务就越来越侵占了他的科学研究时间, 他成了一个管事务的人, 一个政府顾问, 一个银行董事会的主席, 一个行政官员, 甚至成了 个顽固的政治辩论者. 他在某些针对天主教修道院的税收评估方面与政府做过长期的斗争. 他在这件事上的行为有点过度偏执. 孟德尔只得折服, 因为奥地利国会已经以通过立法以明确地制裁他并使他的机构变穷为目的. 人们猜想他的苦难和毫不妥协的实际原因是, 他的科学理论受到了漫不经心的对待; 他决心做一个坚持己见、难以相处的老人, 这一点他是做到了. 人们完完全全地同情他. 孟德尔去世于 1884 年 1 月 6 日. 在他去世前不久他这样说: "我的时间就要来到了." 正如他的传记作者所说的, 今天他已经被承认为 "那些给世界带来光明的使者中的一个".

这一辆我们乘着它旅行穿过两个海洋之间的峡地的车体不是私人的马车,而是一辆公共马车.

—— 奥利佛·文德尔·霍尔姆斯 (Oliver Wendell Holmes)

实际上我是一个孤高而又傲慢的人,是前亚当祖先的后裔. 如果我告诉你,我能追踪我的祖先一直追到细胞质的原始的原子小球,你就会懂我这话的意思.

—— W. S. 吉伯特 (Gilbert) (*The Mikado*)

我们有关人的知识大多数都是来自对甜豌豆以及对果蝇的研究.

—— 佚名作者

在罗马有个年轻人,长得非常像奥古斯都·凯撒;奥古斯都知道了这件事之后就派人把他叫来,问他:"你的母亲从未来过罗马吗?" 他答道:"是没有来过, 先生; 但是我的父亲来过."

—— 弗朗西斯·培根 (Francis Bacon)

13 遗传的数学

格列哥尔·孟德尔

植物杂交的实验

引　言

人工授精, 例如对于装饰植物为了得到各种不同颜色所实施的那种人工授精, 所带来的经验, 将会在这里得到讨论. 任何时候在相同品种之间的受精总会出现相同的杂交形式, 这一惊人的规则性引起了做进一步的实验研究, 其目的就是跟踪杂合体在其后代中的发育. ⋯⋯

至今尚未成功地形成控制杂合体的形成和发育的普遍有用的规律, 这一点对任何一个熟悉这个任务的广泛程度, 懂得这一类实验面临的困难的人来说, 毫不奇怪. 只有当我们面前有了在各种植物上所做的最广泛的、详细的实验结果, 我们才能做出最后的结论.

那些考察过在这一分支所做过研究的人都会承认, 在所有已经做过的大量的实验中, 没有一个是以这样一种方式, 达到了这样的程度, 做到能够确定杂合品种的下一代所出现的各种形式的数目, 或者说, 能够做到可靠地按照它们的不同子代安排这些形式, 或者做到确切地厘定它们的统计关系. 担负起这样一桩内容广泛的任务的确需要一定的勇气; 然而这看来是我们能够达到最终解决这个与有机形式演化历史相联系着的、无论怎样估价都不会过分的问题的唯一正确方法.

本文就是这样一个详细实验结果的记录. 这一实验实际上仅限于一小组植物, 现在经过八年的研究之后得到了极为详尽的结论. 各个实验的计划和实际实施是否最合适于达到所欲求的结果, 留给读者来做出友好的结论.

实验植物的挑选

······ 用于做这种实验的植物组必须尽可能细心地挑选, 以免从外部受到有可疑结果的危险.

实验用的植物必须是

1. 变异具有经久不变的特性.

2. 这种植物的杂交在开花期间必须受到保护, 或者能够很容易得到这种保护, 以免受到外来花粉的影响.

要防止杂交植物和它们的下一代在后继子代的繁殖力上受到明显的干扰.

偶然受到外来花粉而受孕, 如果在实验时发生了这样的事而又没有被认识, 就会得出完全错误的结论. 生殖力的减弱, 或者某种形式的完全没有生殖力, 就如在许多杂交品种的下一代出现过的那样, 就会使得实验难以进行, 甚至遭到彻底破坏. 为了发现杂交形式之间的相互关系以及对它们的祖先的关系, 看来有必要对接连各代中所培育出来的一系列成员毫无例外地进行观察.

在刚开始曾对豆科植物予以特别的注意, 因为它们的花有特别的结构. 对这一族中的几个成员所做的实验结果告诉我们, 豌豆属 (*Pisum*) 具有所必需的特性.

这一种类的若干完全不同的形式具有恒定的而且容易确切辨认的特征, 当把它们的杂交进行相互杂交, 就会得出有完全繁殖力的后代. 此外通过外部花粉产生的干扰也不容易发生, 因为生殖器官是被紧密地包裹在龙骨瓣内, 而且花药是在花蕾中绽开, 所以柱头甚至在开花前就被花粉所覆盖了. 这一情况非常重要. 由于附加的好处值得一提, 有可能会提到简单地在空地上或者盆中种植这种植物, 还有就是它们比较短的生长周期. 人工授精肯定是一种比较精细的过程, 但是几乎总能获得成功. 为此要在花蕾完全绽放前把它打开, 挪走龙骨瓣, 并用镊子细心地把雄蕊摘去, 这之后就可立即在柱头上撒上外界的花粉.

实验的划分和安排

如果将两种有一种或几种性状总是不同的植物进行杂交, 许许多多的实验都证明, 共同的性状会不变地传给杂交品种以及它们的后代; 但是, 另一方面, 每一对相异的性状在杂交植物中结合起来形成一个新的性状, 它们在杂交的后代中通常是可变的. 实验的目的就是观察在每一对性状的分化的情况下的变异, 并导出在逐级的后代中它们出现的规律. ……

在实验中所选的性状与以下有关:

1. 与成熟种子的形状的差异有关. 它们不是圆的就是略带圆形的; 如果有任何凹陷, 都会在表面上, 而且总是很浅的; 否则它们就会是不规则的角状而且皱得很厉害 (*P. quadratum*).

2. 与种子蛋白 (胚乳) 颜色的差异有关. 成熟种子的蛋白的颜色要么是浅黄的、鲜黄的和橘黄的, 要么是深绿的. 由于种子的外衣是透明的, 这些颜色的差异很容易看出来.

3. 与种子外衣的颜色差异有关. 这一颜色要么是白色, 这时它的性状就是经常与白花相关联, 要么就是灰色的、灰褐色的、皮带褐色的, 带或者不带紫斑点, 在带紫斑点的情况下颜色的标准就说是紫罗兰色 (violet) 的, 是那种翼瓣为紫色的, 而叶腋之中的叶梗却是红色的. 灰色的种子外衣在沸水中变为深褐色.

4. 与成熟豆荚的形状的差异有关. 这种形状要么是在原来的地方张开的而不是缩起来的, 要么就是深深地缩在种子之间, 多多少少会给弄皱 (*P. saccharatum*).

5. 与未成熟豆荚的颜色的差异有关. 它们要么是浅到深绿色, 要么是鲜艳的黄色, 它们的茎、叶脉和花萼也有相同的颜色.

6. 与花朵的位置的不同有关. 它们要么是沿轴分布的, 就是说沿着主茎分布的, 要么是集中在茎秆的端部, 排成一个错误的伞形花序; 在这种情况下茎秆的顶部的截面多少会拓宽 (*P. umbellatum*).

7. 与茎秆的长度的不同有关. 在某种形状下茎秆有各种长度; 但是对每一种植物来说, 只要是健康的植物, 长在相同的土壤中, 长度是一个恒定性状, 只会有一些不太大的不同.

在做这个性状的实验时, 为了能够有把握地做出判断, 长茎秆轴为 $6 \sim 7$ 英尺的总是与短的轴长为 $\frac{3}{4} \sim 1\frac{1}{2}$ 英尺的进行杂交.

从上述性状中每次取两种不同的性状通过杂交结合起来. 总共做了以下实验:

第 1 次是在 15 株植物上做的 60 个授精实验;

第 2 次是在 10 株植物上做的 58 个授精实验;

第 3 次是在 10 株植物上做的 35 个授精实验;

第 4 次是在 10 株植物上做的 40 个授精实验;

第 5 次是在 5 株植物上做的 23 个授精实验;

第 6 次是在 10 株植物上做的 34 个授精实验;

第 7 次是在 10 株植物上做的 37 个授精实验.

从同一品种的大量植物中选取最有活力的来做授精实验. 弱势植物常常会得出不确定的结果, 因为即使在杂交的第一代, 许多下一代完全是, 要么能开花, 要么只会生成一些劣等的种子, 在接下去的一代中就更会如此.

此外, 在所有的实验中对等的实验是这样来实施的, 在两个变种中的每一个, 在一组实验中当作种子携带者的, 在另一组实验中就作为授粉植物.

杂交植物的形式

前些年对观赏植物所做的实验已经证明了, 作为规律, 杂交植物并不准确地处于亲本植物之间 ……, 这是 …… 用豌豆杂交的情形. 在七组杂交的每一种情形中, 杂交性状与其亲本形式之一紧密相似, 以致另一亲本形式不是完全观察不到, 就是不能确切地检测到. 这种情形在确定杂交的下一代出现的形式及其分类时非常重要. 因此在本文中我们把那些完全传递给了下一代的性状, 或者说在杂交过程中几乎没有改变的性状, 称为显性的 (dominant), 而把在过程中潜藏着的那些称为隐性的 (recessie). 选用术语 "隐性的" 是因为用它所表示的性状已经从杂交植物中挪走了, 或者是完全消失了, 但是无论如何会在它们的子孙后代中重现, 这我们会在以后证明.

整个实验还证明, 不论显性性状是属于种子携带者 (seed-bearer), 还是属于花粉亲本 (pollen-parent), 杂交的形式在这两种情况下保持一样.

应用于下述实验中的起鉴别作用的性状, 下面这些是显性的:

1. 带或不带浅凹陷的种子的圆形或接近圆形的形状.

2. 种子蛋白的黄色.

3. 种子外衣的灰色、灰褐色或皮革褐色, 配合具有紫红色的花卉以及在叶腋上的微红的斑点.

4. 豆荚的简单地胀大的形状.

5. 未成熟豆荚的绿的着色, 配合着茎秆的、叶脉的以及花萼的相同对颜色.

6. 花沿茎秆的分布.

7. 较大的长度的茎秆.……

从杂交培育出来的第一代

在这一代隐性性状以它的得到了充分发育的所有特征和显性性状一起重现, 而且是以确切的 3:1 的比例出现, 所以在这一代的四棵植株中有三棵表现出显性特征, 一棵表现出隐性特征. 这一关系毫无例外地对所有在实验中研究过的性状都成立.…… 在任一次实验中都没有观察到过渡形式.……

…… 对每一对鉴别性状所得到的相对数如下:

实验 1. 种子的形状. 在第二年从 253 个杂交品种得到了 7324 粒种子. 其中 5474 粒是圆的或接近圆形的, 1850 粒是有皱纹的. 由此得知比值为 2.96:1.

实验 2. 种子蛋白的颜色. 258 棵植株产生了 8023 粒种子, 其中 6022 粒是黄色的, 2001 粒是绿色的. 因此它们的比例是 3.01:1.……

实验 3. 种子外衣的颜色. 929 棵植株中 705 棵开紫红色的花和结灰紫色的种子外衣, 给出的比例为 3.15:1.

实验 4. 豆荚的形状. 在 1181 棵植株中有 882 棵的豆类形状是简单地胀大的, 299 棵的豆荚形状是瘪的. 结果比例为 2.95:1.

实验 5. 未成熟豆荚的颜色. 实验植株的棵数为 580, 其中 428 棵长绿色的豆荚, 152 棵长黄色的豆荚. 因此其比例为 2.82:1.

实验 6. 花的位置. 在 858 个案例中的 651 棵开花的部位是沿轴的, 207 棵是在端部. 比例为 3.14:1.

实验 7. 茎秆的长度. 在 1064 棵植株中, 787 棵的茎秆是长的, 277 棵是短的. 因此相互之间的比例为 2.84:1. 在这一实验中矮的植株要小心地拔出来移到一特殊的苗床上. 这一警告很必要, 因为否则的话它们就会被它们的高高的亲属的过度成长所消灭. 即使是在它们非常年轻的状态下也可以由于它们长得矮小和浓浓的深绿色很容易地拔出来.

如果把全部实验的结果摆到一起, 就会发现, 各种具有显性性状的形式数目与具有隐性性状的形式数目之平均比值为 2.98:1, 或者说 3:1.

显性性状在此可以有一双重标识 (double signification) —— 亲本的性状和遗传的性状. 在每一个别情况下它呈现这两个标识中的哪一个只能由接下来的那一代来决定. 作为亲本性状必定是传到所有的以下的各代; 而反之, 作为遗传性状必定是维持和在第一代中相同的行为.

从杂交品种培育出来的第二代

那些在第一代表现出隐性性状的形式在第二代中不会进一步改变; 在它们的后代中会保持恒定.

否则它就有那些在第一代 (由杂交培育的) 中所具有的显性性状.

各自独立的实验得出了以下的结果:

实验 1. 由第一代的圆滑种子中培育出的 565 棵植株中只有 193 株产出圆滑的种子, 因此也在这个性状中保持不变; 然而有 372 株既给出圆滑的, 也给出皱缩的种子, 比例为 3:1. 因此杂交的数目与保持不变的相比为 1.93:1.

实验 2. 由在第一代中蛋白为黄色的种子培育出的 519 棵植株中有 166 棵产出的全都是黄色的种子, 而 353 棵植株以 3:1 的比例产出黄而绿的种子. 因此划分成杂交与保持不变的比例为 2.13:1.

在下面的实验中对每一个独立的实验选了 100 棵在第一代中显示了显性性状的植株, 而且为了保证这一点, 每一种都选了 10 粒种子来种植.

实验 3. 有 36 株的下一代产出的种子的外衣无一例外地为灰褐色, 而有 64 株的下一代, 有的是灰褐色, 有的是白色.

实验 4. 29 株的下一代的豆荚直接都是膨大的; 而有 71 株, 其下一代有的豆荚是膨大的, 有的则是缢缩的.

实验 5. 49[1] 株的下一代只有绿色的豆荚; 有 60 株的下一代有的有绿色的豆荚, 有的有黄色的豆荚.

实验 6. 33 株下一代只有轴向的花, 而有 67 株的下一代, 有的有轴向分布的花, 有的只在端部.

实验 7. 有 28 株的下一代继承了长轴, 而 72 株中有的继承了长轴, 有的则继承了短轴.

在所有这些实验中, 有一部分植株始终具有显性性状. 为了确定以分出具有恒定性状的结果形式所占的比例, 前两个实验特别重要, 因为这两个实验中有大量的植株可以比较. 比值 1.93:1 和 2.13:1 几乎准确地等于平均比值 2:1. 实验 6 给出了一个非常协调的结果; 在其他实验中比值多多少少有点变化, 考虑到实验的植株数比较小, 这是可以预料得到的. 实验 5 的偏差最大, 重复再作了一遍, 结果比例不是 60:40, 而是 65:35. 这样一来, 平均比值为 2:1 是可靠地确定下来了. 于是我们就证明了, 那些在第一代中具有显性性状的形式, 三分之二具有杂交性状, 还有三分之一保持着显性性状不变.

因而 3:1 的比例, 这就是第一代所产生的显性性状与隐性性状分配的比例, 如果显性性状将根据作为杂交性状还是作为亲本的意义进行分化, 就会在所有实验中分解为比例 2:1:1. 由于第一代的成员是直接从杂交种子生长出来的, 于是杂交形式的种子具有这两种不同性状中的这一种或者那一种, 并且这其中的一半再次发育成为杂交形式, 而另一半则产出的植物保持不变, 并且以相等的数量接受显性性状和隐性性状.

从杂交品种培育出来的接下去的几代

杂交品种的后代发育并分解成第一代和第二代的比例很可能对所有以后的后代都成立. 实验 1 和 2 已经进行过六代实验, 实验 3 和 7 进行过五代实验, 实验 4, 5, 6 进行过四代实验, 这些实验从第三代起所用的植株数较少, 没有观察到与上述规则的偏离. 杂交品种的每个下一代按 2:1:1 的比例分解为杂交品种和保持品种.

如果用 A 来表示两个保持性状之一, 例如显性性状, 用 a 表示隐性性状,

---

[1] 原文如此, 疑应为 40. —— 译注

再用 Aa 表示这二者结合在一起的杂交形式, 表达式

$$A + Aa + a$$

表示在一系列两个不同性状的杂交后代中的一项. ……

有几个不同性状结合在一起的杂交品种的后代

在上面所述的实验中所用的植物只在一种重要的性状上不同. 下一步的任务就是, 确定在这种只有一对不同性状时所发现的发展规律在有好几个不同性状通过杂交结合在一起时是否仍然可以应用. 至于这种情况下杂交的形式, 所有实验都表明, 它更加接近两亲本植物中具有更多的显性性状者之一. …… 如果这两个亲本类型只含有显性性状, 那么杂交品种就很难或者根本不会与它不同.

有两个实验是使用了相当多的植物来做的. 在第一个实验中亲本植物的差别只在种子的形状和蛋白的颜色, 以及种子外衣的颜色. 以种子的性状为对象的实验得出的结果最简单, 也最确切.

此外还用了较少的植株做了进一步的实验, 实验中以下的两种或三种性状结合成杂交品种; 所有实验都近似地得到相同的结果. 因此在实验中所包含的所有特征无疑都遵守下述原理: 在有数种实质上不同的性状的杂交品种的下一代呈现一系列组合项, 其中每一对区分性状的发育系结合在一起. 同时还证明了, 杂交结合中的每一对不同的性状之间的关系与原来的两个亲本家族中的其他差异无关. ……

所有在豌豆中通过上述七种区分特征可能组合成的恒定的组合, 实际上由杂交都得到了. …… 于是 …… 得到了以下结论的实际证明, 即, 在一组植物的几种变种中出现的不变的性状可以在所有那些按照 [数学的] 组合定律的可能的结合中通过重复人工授精来得到. ……

如果我们努力把所得到的结果整理成一个简洁的形式, 我们就会发现, 那些区分性状可以在实验植物中得到很容易的辨识, 在杂交组合中的行为完全一样. 每一对不同性状杂交的下一代, 一半仍为杂交品种, 而另一半则分别恒定地以相同的比例具有种子和花粉的亲本性状. 如果有多个区分性状通过交叉受精在杂交品种中结合起来, 则所得到的下一代形成组合系列的项, 对每一对区分性状的组合系列在其中结合在一起.

接受实验的全部性状所表明的行为的一致性许可, 也充分地认可, 我们可以接受这个原理, 即类似的关系存在于其他看来是植物中不是那么确切地定义的性状, 因而无法包括在独立的实验中.······

杂交品种中的繁殖

上述实验的结果引起了进一步的实验, 其结果看来适用于得出关于杂交品种的卵细胞和花粉细胞的组成的结论. 一个重要的线索是在豌豆属 (*Pisum*) 中通过在杂交的后代中总会出现恒定形式这一情况, 以及在所有相关性状的组合中也会出现这一情况, 得出的. 至此所有的实验表明, 我们发现在任何一种情况下都证实了, 恒定的下一代只有在卵细胞与受精花粉具有相同性状时才会形成, 所以这二者都是用为生成十分相似的个体的材料制备的, 就像在用正常的纯种繁育时的情形一样. 因此我们必须认为这一点是肯定的, 即, 在杂交植物的恒定形式的产生中, 完全类似的因子[2] (factors) 在起作用. 由于在一株植物, 甚至在一株植物的一朵花中, 会产生各种恒定形式, 那么做出结论说, 在杂交植物的子房中会生成卵细胞的种类的数量和在花药中生成花粉细胞的种类的数量, 就会和可能的恒定的结合形式一样多, 而且这些卵细胞和花粉细胞在其内部组成上和它们在分离的形式下一样.

如果我们能够再同时假设不同种类的卵细胞和花粉细胞在杂交植物中所生成的数目平均一样多, 那么实际上可以从理论上证明, 这一假设完全足以说明杂交植物在各代中的发育.

为了使这些假设得到实验的检验, 设计了以下的实验. 在种子的形状和蛋白的颜色上两种总是不同的形式通过受精结合起来.

如果区分性状仍然以 *A, B, a, b* 表示, 我们有:

AB, 种子的亲本; *ab*, 花粉的亲本;

A, 圆形; *a*, 皱缩形;

B, 蛋白黄色; *b*, 蛋白绿色.

人工授精的种子会与两种原种的若干种子一起种植, 选择最苗壮的互相交叉培育. 有四种情况的授精:

1. 用 *AB* 的花粉进行杂交.

---

[2] 即现在所谓的基因. —— 译注

2. 用 ab 的花粉进行杂交.

3. 用杂交种的花粉与 AB 进行杂交.

4. 用杂交种的花粉与 ab 进行杂交.

在这四个实验中, 对其中三株植物上的所有花朵都进行授精. 如果上述理论是正确的, 必定会在杂交卵细胞和花粉细胞上发育出形式 AB, Ab, aB, ab, 并且必有以下结合:

1. 卵细胞 AB, Ab, aB, ab 与花粉细胞 AB 的结合.

2. 卵细胞 AB, Ab, aB, ab 与花粉细胞 ab 的结合.

3. 卵细胞 AB 与花粉细胞 AB, Ab, aB, ab 的结合.

4. 卵细胞 ab 与花粉细胞 AB, Ab, aB, ab 的结合.

从这些实验只能得出以下形式:

1. AB, ABb, AaB, AaBb.

2. AaBb, Aab, aBb, ab.

3. AB, ABb, AaB, AaBb.

4. AaBb, Aab, aBb, ab.

此外, 如果所产生出的几种形式的杂交品种的卵细胞和花粉细胞平均上数量相等, 那么在每一个实验中所述四个组合的相互比例应该是一样的. 不过也别指望数值关系上的完全吻合, 因为在每一次受精中, 即使在正常的情况下, 也会有某些卵细胞发育不好, 或者在随后死亡了, 同时甚至还有许多形状很好的种子播下后没能发芽. ⋯⋯

第一和第二个实验最初的目的是要证实杂交卵细胞的组成, 而第三和第四个实验则是要证实花粉细胞的组成. 正如上述所表明的, 第一与第三个实验, 以及第二与第四个实验应该产生完全相同的组合, 甚至在第二年这一结果也会在人工授精的种子的形状和颜色中看到. 在第一和第三个实验中形状和颜色的显性性状, A 和 B, 出现在每一组合 (union) 中, ⋯⋯ 而隐性性状 a 和 b, 部分保持不变, 部分为杂交组合, 它们必定会在全部种子上打下它们特点的烙印. 因此如果理论得到证实, 所有种子必定是圆而黄的. 另一方面, 在第二和第四个实验中, 有一个组合是在形状和颜色上的杂交组合, 因而种子是圆而黄的; 而另一个在形状上是杂交品种, 但是在颜色的隐性性状上是恒定的, 于是种子为圆形而颜色是绿的; 第三种情况, 形状的隐性性状为恒定, 但是颜色为杂交, 因而种子的形状是皱缩的, 而颜色是黄色的; 在第四种情况中, 两种隐性性状都是恒定的, 因而这时的种子形状是皱缩的, 而颜色是绿色的. 于是在这两个实验中总是可能有四种种子: 圆而黄, 圆而绿, 皱缩而黄, 皱缩而绿.

收获和预期完全一致. 得到的结果如下:

在第一个实验中, 98 个全都是圆而黄的种子;

在第三个实验中, 94 个全都是圆而黄的种子.

在第二个实验中, 31 个种子是圆而黄的, 26 个种子是圆而绿的, 27 个种子是皱缩而黄的, 26 个种子是皱缩而绿的.

在第四个实验中, 24 个种子是圆而黄的, 25 个种子是圆而绿的, 22 个种子是皱缩而黄的, 27 个种子是皱缩而绿的. ……

在进一步的实验中, 实验的性状分别为花的颜色和茎秆长度 …… 对于豆荚的形状、豆荚的颜色以及花朵位置这些性状也做了规模较小的实验, 得到的结果也完全符合规律. 所有通过联合区分性状可以得到的组合都充分地出现了, 而且数量都接近相等.

这样一来, 以下的理论就得到了实验的证实, 即, 杂交形式的豌豆的花粉细胞和卵细胞, 在它们的组成上, 以相同的数目表示恒定的、源自在受孕中结合起来的性状的组合形式.

在杂交的后代之中形状的差别, 以及相应所观察的它们数量的比例, 可以用上面得出的原理作充分的说明. 最简单的例子就是培育一系列的有一对区分性状的情形. 这个系列用表达式 $A + 2Aa + a$ 来表示, 其中 A 和 a 表示具有恒定的区分特征的形状, 而 Aa 表示二者的杂交形状. 它在三个不同的种类中包含了四个个体. 在形成这些时形状 A 和 a 的花粉细胞和卵细胞在受精中平均上起着相等的作用, 由于形成了四个个体, 因此每一个形状出现了两次. 在受精中经常参与的

花粉细胞为 $A + A + a + a$.

卵细胞为 $A + A + a + a$.

于是剩下的就是这两种花粉的哪一种与个别的卵细胞结合, 这纯粹就是一个机遇问题. 然而, 根据概率的定律, 在对许多情况的平均上, 形状 A 和 a 每一粒花粉以同等的机会与形状 A 和 a 每一个卵细胞结合, 从而在受精过程中两个花粉细胞 A 中的一个会与卵细胞 A 相遇, 而另一个则会与卵细胞 a 相遇, 同样地有一个花粉细胞 a 会与一个卵细胞 A 结合, 而另一个则会

与卵细胞 a 结合.

$$
\begin{array}{ccccc}
\text{花粉细胞} & A & A & a & a \\
& \downarrow & \times & & \downarrow \\
\text{卵细胞} & A & A & a & a
\end{array}
$$

通过把结合在一起的卵细胞和花粉细胞用分数的形式来表示, 那些表示花粉细胞的放在分子的位置上, 表示卵细胞的放在分母的位置上, 那么受精的结果就可以表示得更清楚. 于是我们有

$$
\frac{A}{A} + \frac{A}{a} + \frac{a}{A} + \frac{a}{a}.
$$

在第一和第四项中卵细胞和花粉细胞是同一种类的, 因此它们结合的产物必定是恒定的, 即为 A 和 a; 另一方面, 在第二和第三项中, 结果又再次是同一族两个区分性状的结合, 这样一来, 由这些受精所产生的形状与由它们得出的杂交品种的形状是一样的. 相应地会有重复杂交. 这就解释了一个惊人的事实, 杂交除了产生两个亲本的形式之外, 还会有与它们自己相似的下一代; $\frac{A}{a}$ 和 $\frac{a}{A}$ 二者给出相同的结合 Aa, 因为我们在上面已经指出, 受精的结果与这两个性状是属于花粉细胞, 还是属于卵细胞没有关系. 于是我们可以写下

$$
\frac{A}{A} + \frac{A}{a} + \frac{a}{A} + \frac{a}{a} = A + 2Aa + a.
$$

这代表了两种区分性状在它们之中结合起来的杂交品种的自体受精的平均结果. 然而在个别的花卉和个别的植物中, 产生系列的形式的比例会遭遇不可忽略的涨落. 在种子内部两类卵细胞的数目是唯一可以看成平均相等的, 除了这一事实之外, 至于两种花粉中哪一种会对单个的卵细胞起受精作用则纯粹是一个机遇问题. 由于这个原因, 个别的数值必定会有涨落, 而且甚至可能有极端的情况出现, 正如先前我们在联系着对种子的形状及蛋白的颜色做实验时所讲过的那样. 这些数的实际比值只有用尽可能多的单个值之和的平均来得到; 这个数目越大, 机遇的作用就会消去的更多.

管控杂交品种发育的不同性状的结合定律于是就在上述原理中得到了它的基础和解释, 就是说, 杂交产生的卵细胞和花粉细胞, 数量相等, 为在受精时带到一起的所有性状的结合得出的全部恒定的形状.

J. B. S. 海登

J. B. S. 海登 (Haldane) 是一个不寻常的人. 他的大脑和身体的容量超出你的想象. 为了便于定位, 我们可以把他说成是一个遗传学家; 在这个知识领域内他可以说是领袖人物之一. (他的正式职位是伦敦大学学院生物化学教授.) 他在许多领域内都做出过极有价值的贡献, 其中包括生物学、生理学、预防医学、植物学、血液学、统计理论、空袭意外预防, 以及各种气体和各种化学的和物理的试剂对人体 —— 常常是对他自己的, 作用的研究. 他曾经把自己置于各种恶劣的条件下: 高压、极冷、有毒、疾病预防注射、发热、短时麻痹等 —— 实际上, 除了没有把自己的头放到铁轨上去之外, 他几乎对自己做了一切实验 —— 全都是为了科学. 他对数学与物理的把握是如此全面, 以致他能够对 E. A. 米尔恩 (Milne) 的工作提出一系列精彩的建议, 米尔恩是已故英国数学物理学家, 他创始的运动相对论 (kinematic relativity), 是对爱因斯坦伟大的理论的一个补充. 他还是好几本著名的科学著作的作者, 英国皇家学会的会士, 一个唯理主义者, 一个不可知论者和一个马克思主义者. 最后这一点值得来讲一下, 因为它能帮助我们理解海登的各式各样的言论 —— 其中有些是牵强附会又稀奇古怪的 —— 这些言论有的是关于科学的, 有的是无关科学的. 然而没有证据证明这些言论影响了他在下面的材料里的观点. 无论如何他可能比我们有更多的理由去拥抱马克思的哲学: 据说海登靠阅读恩格斯治好了他的胃溃疡, 这是这个作者的著作的一个有趣的故事, 至今也许还没有人怀疑.

下面第一篇文章,《论取得正确的大小》(On being the right size), 是一篇灵光四射的短文, 大约写于二十五年之前. 它所谈的问题自古以来就吸引着大家的注意, 而且与来自许多不同领域的学科相交叉, 从生物学和航空技术到社会政体和工程学科, 它有道德寓意, 又要和数学打交道; 其中的道德是不会伤人的, 其中的数学是深刻的但不是很复杂的.

第二篇文章选自海登的名著《进化的起因》(*The Causes of Evolution*). 海登是把数学应用于研究自然选择和进化理论等其他方面的最早者之一. 他说道: "达尔文 (Darwin) 是用语言来思考的, 他的继任者们今天就必须用数来思考." 在确定进化时间标尺时要用到数学; 放射性矿的年代要靠测量它们所含铅的一种特殊同位素的含量来确定, 这种铅的同位素是由铀 (或钍) 的放射性衰变以一定的速度逐渐产生的. 另一个要用到数学的过程是对化石的仔细测量和比较以确定进化的速度. 这种研究的结论令人吃惊. 海登举了一个马科动物牙齿的例子, 它们 "花了差不多五千万年来增加其长度."[1] 然而这一过程非常慢: "如果你测量一群马的化石的牙齿以及它们的二百万年之后的后代马群的牙齿, 尽管平均值改变了, 但仍然还有某些重叠. 换言之, 两百万年之后的马的最短牙齿不会比两百万年以前的马的最长牙齿更长."

在对自然选择的分析中应用了复杂而有趣的数学. 有一个问题就是 "研究一个种群的数量特征在受控的自然选择的条件之下是否会改变".[2] 在美国、英国、法国和俄罗斯的科学家成功地用苍蝇的种群数量做了实验. 这些改变的数学分析引起了海登、S. 赖特 (Wright) 和著名的英国统计理论学者 R. A. 菲希尔 (Fisher) 等人的注意. 选取的样本涉及给定强度的选择效果以及相关的问题. 我把涉及比较高等的数学内容删去了, 以便使一般读者对这一迷人而又重要的课题是讲什么的有所了解. 海登讲述的清晰无可挑剔, 但是我也不敢说, 这个文本就简单到不用吹灰之力.

---

[1] J. B. S. Haldane, *Everything Has a History*, New York, 1951, p. 220.

[2] 同前.

从我们刚才已经证明的你们可以清楚地看到, 无论是在艺术中, 还是在大自然中, 我们都不可能将结构的大小增大到巨大的尺度; 同样地, 我们也不可能建造这样大的船舶、宫殿或庙宇, 并能将它们的大桨、庭院、大梁、铁栓, 以及, 总之, 它们的所有其他部分, 结合在一起; 大自然也不可能产出非常巨大的树, 因为其枝条会在自重下折断, 因此也不可能构造出人、马或其他动物的这样的骨骼, 如果这些动物非常高大, 而且还能具有通常的功能. 因为高度的增大必须依靠采用比平常的骨骼更硬、更强的材料, 或者靠增大骨骼, 从而改变其形状, 直至从外表看起来像个怪物. 这也许就是我们聪明的诗人头脑中所有的形象, 当他在描述一个巨人时, 他是这样说的:

"要想测量他的高度是不可能的,
所以他的高度大到不可测量."

—— 伽利略·伽利莱 (Galileo Galilei)

---

14   论取得正确的大小

J. B. S. 海登

不同种类的动物最明显的不同就是它们的大小不同, 但是由于某种原因, 动物学家们对这些差别注意得异乎寻常地少. 在摆在我面前的一本大部头的动物学教科书里面, 我没有找到其中有提及老鹰大过麻雀的内容, 也没有写到河马大过兔子的事, 尽管在谈到老鼠和鲸时才勉强提了一下. 但是还是可以很容易证明, 一只兔子不可能像一只河马一样大, 或者说, 一头鲸也不可能和一条鲱鱼一样小. 因为对每一种动物都有一个最合适的大小, 在大小尺寸上大的变化必定伴随着形状的改变.

我们选取可能是最明显的例子, 考察一个高达 64 英尺的巨人 —— 高度差不多和我在童年时看的《朝圣之路》(Pilgrim's Progress) 中所画的巨人波普 (Pope) 和巨人帕刚 (Pagan) 一样. 这些妖怪不仅比人类高十倍, 还要宽十倍, 厚十倍, 所以他们的总重就是他的一千倍, 或者说大约是 80 到 90 吨. 不幸的是, 他们的骨骼的截面只有人类骨骼的一百倍, 这样这根巨大的骨骼就要支撑人的骨骼的每平方英寸所支撑重量的十倍. 由于人的大腿骨在人的重量的大约十倍下会断裂, 所以波普和帕刚一迈步大腿骨就会断. 无疑这就是为什么我记得他们在图画中总是坐着的. 但是它降低了人们对人类和巨人杀手杰克的尊敬.

转过来谈动物学, 假设有一只瞪羚, 一种腿很细长的可爱的小动物, 正在长大, 在长大的过程中除非做以下两件事之一, 否则腿就会骨折. 一种办法就是像犀牛那样, 把腿长得又短又粗, 使得它的每一磅重量仍然有大约相同的骨骼截面积来支撑. 或者用另一种办法, 压缩它的身体, 像长颈鹿那样, 把腿斜伸出去以获得稳定性. 我提到这两种动物是因为它们恰好和瞪羚是同一个级别的, 二者在力学上也是十分成功的, 是非常快的赛跑者.

重力, 对人类来说纯粹是个麻烦制造者, 对波普、帕刚和 Despair 来说简直是恐怖. 对老鼠和任何较小的动物来说它实际上没有什么危险. 你可以把一只小老鼠扔进一个千码深的矿井里, 在它抵达井底时, 只是被轻微地震了一下, 接着就走开了. 一只大老鼠有可能被摔死, 虽然它可能安全地从一栋大楼的第十一层落下; 如果是一个人就会摔死, 一匹马就会摔成肉酱. 因为在运动中所受空气的阻力与运动物体的面积成正比. 将一只动物的长、宽、高分别除以十; 它的重量就减小到原来的一千倍, 但它的面积只减小到原来的百分之一. 所以在小动物的情形下, 对下落的阻力就会比往下拽的力相对大十倍.

这样一来, 一只昆虫不怕有重力; 它可以毫无危险地掉下来, 也可以极不费力地抓住天花板, 它习惯于像盲蛛 (一种长脚的蜘蛛) 那样的优美的支撑形式. 但是有一种力, 它对昆虫的意义就像重力对哺乳动物的意义一样. 这就是表面张力. 一个人从浴缸里出来, 随身附带着一层薄薄的水, 厚度大约为一英寸的十五分之一, 其重约为一磅. 一只被打湿的小老鼠携带的水的重量大约和本身的重量相等. 一只被打湿的苍蝇就得举起本身重量的好几倍, 而且大家都知道, 一只苍蝇, 一旦被水或任何其他液体打湿, 它就处于非常严重的地位. 一只昆虫跑去喝水就是处于巨大的危险之中, 就像是人伸手到悬崖外去取食物. 一旦它落入水的表面张力的掌握之中 —— 就是说它被打湿了 —— 它就只能保持这样直到彻底沉下去. 有一些昆虫, 比如水虫, 力求不被打湿, 大多数借助于一个长喙来避免靠近水.

当然, 高个儿陆地动物有其他的困难. 它们必须把血液泵到比人更高的高度, 从而要求血压更大, 血管更结实. 有许多人死于血管破裂, 特别是死于脑血管的破裂, 而大象和长颈鹿发生这一危险的可能性据推测还要更高. 但是所有种类的动物都会有个头大的困难, 其理由如下. 一个典型的小动物, 比如说一只微型软体虫或轮虫, 皮肤很光滑, 它所需要的氧全都可以通过皮肤吸入, 有一根直肠, 其表面大到足以吸收所需的食物, 还有一个简单的肾. 如果从各个方向将其尺寸增大十倍, 它的重量就会增加一千倍, 如果它还想像它那小的对手那样有效地利用它的肌肉, 那么它每天要多消耗一千倍的食物和氧, 还要多排出一千倍的废物.

如果现在假设它的形状不变, 它的表面积只增大了一百倍, 那么每分钟通过每平方毫米的皮肤吸入的氧必须增加十倍, 通过胃肠的每平方毫米吸收的食物也是十倍. 当达到了它们的吸收能力的极限时, 它们的表面积就会靠某种特殊的办法来增加. 例如, 一部分皮肤会被拽出变成细小的血管丛以做成呼吸器 (例如鱼鳃), 或者被推入成为肺, 以便按身体的比例来增加吸氧的表面. 例如, 人的肺部就有上百平方码的面积. 类似地, 下消化道不会是光滑笔直的, 而会变成卷起来的, 而且会长出天鹅绒般的表面, 还有其他器官也会长得很复杂. 高等动物不比低等动物更大, 但它们更复杂. 它们比较复杂, 因为它们比较大. 对植物来说也是这样. 最简单的植物, 比如, 长在静水中的或树皮上的藻类, 只是圆细胞. 高等植物通过长出树叶和树根来增加它们的表面. 比较结构解剖学主要讲的就是表面在与体积之比中如何力求增加表面积的历程.

增加表面积的方法中有些的作用已经达到了一定的程度, 但是还没有达到能够广泛地适用. 例如, 脊椎动物将氧从呼吸器或肺通过血液带到身体的各个部位, 昆虫靠细小的盲管把空气直接带到身体的各处, 这些盲管叫作气管, 它们在表面上的不同地点对外开放. 尽管通过呼吸运动, 它们能够更新器官系统外层的空气, 氧气穿透进精细的支气管还得靠扩散. 气体可以很容易地扩散通过很短小的距离, 不会比气体分子与气体分子的相继两次碰撞之间走过距离的平均值大多少. 但是如果要通过像四分之一英寸这样长的路程 —— 这当然是从分子的观点来说的长 —— 这个过程就变得很慢了. 所以昆虫身体中那些离开空气的距离超过四分之一英寸的位置必定总是会缺少氧气. 其结果是, 几乎很少有昆虫的厚度超过半英寸的. 陆地蟹是按昆虫同样的一般规划构造的, 但是要笨拙得多. 可是它们和我们一样在血液中携带着氧, 因此能够长得比任何昆虫都要大. 如果昆虫偶然想到一个计划能驱使空气传入它们的组织, 而不是靠吸入, 它们就有可能长得像龙虾一样大, 尽管从其他方面的考虑会阻止它们长得像人这样大.

完全相同地, 这些困难也会与飞行相连. 航空学的一个基本原理告诉我们, 要想保持一架具有给定形状的飞机在空中, 则所必需的最低速度与它的长度的平方根成正比. 如果它的线性尺寸大了四倍, 它就必须飞得快两倍. 而最小速度所需的功率的增长远比飞机重量的增长快得多. 所以一架比较大的飞机, 假设它比小的那个重 64 倍, 那么要保持它上升所需功率就要比小的大 128 倍. 把这个原理应用于飞鸟, 我们就会发现, 很快就会达到它们的大小的极限. 一位天使, 他的肌肉按重量发育得不如一只老鹰, 或一只飞鸽有力, 就需要其胸部的设计能有大约四英尺来储备肌肉用于翅膀的工作, 而为了减轻其重量, 要把腿减小成细长型. 实际上一只大的飞鸟, 例如老鹰或鸢主要不是靠扇动它的翅膀来维持在空中. 我们通常看到它们是在滑翔, 就是说, 由上升的气柱来支撑. 随着个头的增大, 即使滑翔也变得越来越困难. 要不是这样, 老鹰就有可能长得像老虎那么大, 而且会像敌人的飞机那么可怕.

现在该是来谈谈尺寸大的某些好处的时候了. 最明显的好处之一是有利于保温. 所有的温血动物在不动的时候从皮肤的单位面积上散失的热量是一样的, 为此它们所需的食物供给与它们的表面积成正比, 而不是与其体重成正比. 五百只老鼠的重量和一个人的重量相等. 它们合起来的表面积和食物或氧的消耗大约是一个人的消耗的 17 倍. 实际上, 一只老鼠每日要吃掉大约为其本身重量的四分之一的食物, 主要是用来维持其体温. 就是由于这个原因小的动物无法在寒冷的国土里生存. 在北极地区没有爬行动物或两栖动物, 也没有小型哺乳动物. 在斯皮兹贝根 (Spitzbergen) 群岛狐狸就算是最小的动物了. 小鸟到冬季就飞走了, 而昆虫就会死去, 尽管如此, 它们的卵可以在霜冻期间存活六个月以上. 结局最好的哺乳动物是熊、海豹和海象.

类似地, 眼睛如果达不到一定的大小也是一个效率不高的器官. 人眼的背部, 这是外部世界的像投射到的地方, 相当于相机中的底片, 是由 "圆柱和圆锥视神经细胞" 组成的视网膜, 这些圆柱和圆锥细胞的直径只比光的平均波长大一点点. 每只眼睛有几十万条视神经, 而要想能够分清楚两个物体,它们的像必须落在不同的圆柱和圆锥细胞上. 显然用较少且较大的圆柱和圆锥细胞来视物清晰度就较差. 如果它们的宽增为原来的两倍, 那么我们要想能够在给定的距离区分它们, 这两点就得离开两倍远. 但是如果它们的大小减小了, 数目增加了, 我们就会看不清. 因为不可能形成 个比光的波长还小的确定的像. 因此小鼠的眼睛不是人的眼睛模型的缩小而已. 它的圆柱和圆锥视细胞并不是比我们的小很多, 所以必定数量少很多. 一只老鼠在六英尺之外就不能将两个人的面孔区分开来. 要想它们还有点用, 这些小动物的眼睛与它们的身体之比应该比我们人的这个比例大很多. 相反大型动物只需要相对较小的眼睛, 鲸鱼和大象的眼睛比我们的就大不了多少.

由于还有几个不大为人所知的理由, 使得这个普遍的原理同样适用于大脑. 如果我们比较一组非常类似的动物的大脑, 例如, 猫、猎豹、美洲豹和老虎, 我们就会发现, 其中体重大了四倍的, 脑的重量只大了两倍. 较大的动物骨头的重量与之成比例地增大, 可以节约大脑、眼睛以及某些其他器官.

就是这几个不多的想法表明, 对每一种类的动物都有一个最佳的大小. 尽管伽利略在三百多年以前就指出这一点, 人们还是相信, 如果跳蚤能像人一样高, 它就能够跳到一千英尺的高空中去. 实际上, 一只动物能够跳到的高度几乎与它本身的高度无关, 而不是与之成正比. 一只跳蚤能跳到约两英尺, 人能跳到约五英尺. 想要跳到一定的高度, 如果忽略空气的阻力不计, 需要消耗的能量与跳高者的重量成正比. 但是如果跳跃用的肌肉占动物总重的一个固定的比例, 那么由每盎司肌肉所产生出的能量, 假如这在小的动物中也能足够快地产生出来, 就与大小无关. 事实上, 昆虫的肌肉看来效率更低, 尽管它们能够收缩得比我们的还快; 要不然的话, 一只跳蚤或蚂蚱就能跳到六英尺的高空中去.

正如对每种动物都有一个最佳身材, 对每种人类机构也一样. 在希腊的民主类型中, 所有的公民都可以聆听那些雄辩家们的演讲, 并对立法问题直接投票. 因此他们的哲学家们认为小城市是最大可能的民主国家. 英国发明的代议制政府使得一个民主国家成为可能, 而实现这一可能性的第一个国家是美国, 后来就有了别的国家. 广播事业的发展使得每一个公民能够聆听到代表们的政治观点, 将来也许能够整个国家回归到希腊式的民主形式. 甚至仅靠每日报纸机构运作就可能实现公民投票.

对生物学家来说社会主义的问题似乎主要就是大小的问题. 极端社会主

义者想要把每个国家当作一个单独的企业来运作. 我看让亨利·福特 (Henry Ford) [美国福特汽车公司创办人] 在社会主义的基础上来管理像安多拉 (Andorra) 和卢森堡 (Luxembourg) 这样的小国家不会有多大的困难. 在由他支付工资的名单上的人数已经超过了这两个国家的人口. 可以设想, 福特辛迪加 [企业集团], 就会使得有可能出现比利时有限公司 (Belgium Ltd.) 或丹麦有限公司 (Denmark Inc.). 但是在一些很大的国家里一些工业的国有化很有可能, 我认为要设想有一个完全社会化的大英帝国或美国, 就像设想让一只大象翻筋斗, 或者说让河马跳过树丛那样不容易.

那些在生命中成功地获得了一席之地的生物, 已经湮灭了的有成千上万. 成功发芽的种子是大量随机播下种子中的一员. 这不能不使我们想起智能机器人的设计. "如果一个人为了射到一只兔子, 他要在广阔的原野上把几千支枪向四方八面射击; 如果为了进入一间被锁上了的房间, 他要去买上万把随意的钥匙, 一把一把地来试; 为了获得一栋住房, 他要去建一座城市, 把其余的房屋交给风雨去侵蚀 —— 肯定不会有人把这种行为说成是有目的的行为, 更不会有人去猜测这种行为的后面还会有一个更高智慧、隐蔽着的原因和超凡的深谋远虑."[可是大自然却是这样⋯⋯]

——J. W. N. 萨利文 (Sullivan)

(萨利文所引这句话来自兰格 (Lange) 的《唯物主义史》(*History of Materialism*))

15　自然选择的数学

J. B. S. 海登

我们已经看到自然选择的确存在, 这是没有问题的. 接下来必须考虑的是, 一定强度的选择效果将如何. 在遗传遵守孟德尔规律的条件下的自然选择的数学理论主要是由 R. A. 菲希尔、S. 赖特和我所发展的. 若干重要的结果会总结在附录中, 但是我打算在这里来谈一谈其中某些部分. 第一个问题就是如何来度量选择的强度. 我将只限于讨论一年生的植物和昆虫, 这里上一代和下一代不会重叠. 更一般的情况, 以人为代表, 只能用积分方程来处理. 假设有相互竞争的两类生物 A 和 B, 比如说, 黑蛾和浅色蛾, 或有毒细菌和无毒细菌. 那么在一代中 A 与 B 的比值从 r 变成 $r(1+k)$, 我们把 k 称为选择系数. 当然 k 不会是恒定的. 有一年早春会对早熟的种子有利. 下一年的晚霜又会逆转这个过程. 从一个局部到另一个局部它也不是不变的, 这正如在刚才提到的飞蛾的情形中那样. 我们必须对相当多个周期和不同地域求平均. k 的值随着由选择所消灭的个体的比例的增大而增大, 但是在选择强到足以消灭约 80% 的全体时, 它就增长得比较慢, 差不多是消灭数与留存数之比的对数 —— 有时甚至是这个对数的平方根. 下面我将假设 k 是个小的数.

　　一个给定选择强度的效果完全有赖于所选特征的遗传类型和配对系统. 我暂时将只限于交替地在全体中或是以无规则配对的方式, 或是以自体受精的方式下所继承的特征. 如果这两个物种不交叉, 或者如果遗传是细胞质遗传, 再假设 u_n 为 n 代遗传后的 A 与 B 之比, 则有 $u_n = e^{kn}u_0$, 或者 $kn = \log_e \dfrac{u_n}{u_0}$. 如果性状来自单个主基因, 而且 u_n 是主基因与隐基因之比, 那么就有

$$k_n = u_n - u_0 + \log_e \frac{u_n}{u_0}.$$

这表明, 在全体含有较多的隐性基因时, 选择很快, 但是, 当隐性基因很少时 (见图 1), 在两个方向上的选择会极度地变慢. 这样的话, 如果 $k = \dfrac{1}{1000}$, 就是说, 一种类型的 1001 个生存下来以培育另一类型的 1000 个, 那么要想把主基因数从百万分之一增加到二分之一就要经过 11739 代, 但是要想把隐性基因数做相同的增加, 就要经过 321444 代. 这样那些野生物种在持续地观察下为显性基因的情况我们所知道的只有新的类型. 例如, 一种好斗的黑色飞蛾品种, *Amphidasys betularia*, 19 世纪在英国和德国的工业区替代了原来的品种, 就是一种显性基因品种. 当性状源自好几种稀有基因时, 选择的作用也非常慢, 即使这几种基因是显性基因. 但是不管选择作用进行得如何慢, 它的新性状还是会传播开来, 只要它在该物种中有足够多的个体以防止它在仅仅是随机的灭绝中消失. 菲希尔证明了, 只有在 k 小于整个物种的数的倒数时, 自然选择才会停止起作用. 平均选择作用只要有百万分之一在大多数的物种中就非常有效.

　　有一个非常奇怪的现象, 两个基因, 其中单独一个产生不利的品种, 但是合在一起就非常有用. 贡萨勒兹 (Gonzalez) (1923 年) 用果蝇中的三个众所周知的基因发现了这样的一个事例. 从表 1 可以看到, 基因中有两种, **紫色** (Purple) 和**弓形** (Arc), 会降低两种性别的预期寿命. 第三种基因, **斑点** (Speck), 会增加雄性的预期寿命, 但不会显著改变雌性的预期寿命. **紫色**和**弓形**合在一起会在两性中都给出相当长的寿命, 但是在雄性中特别长一些. 三个基因的组合又恢复了两性寿命的正常期限, 增加不明显.

　　表中最后一列关于繁殖力的数据是以不多的几个家族为基础的, 但是**紫色**的繁殖力明显地大于野生品种的繁殖力. 如果有生育力的配对数百分比未被这个基因很大地降低, 那它就会扩散成在贡萨勒兹养殖条件下的混

合种群, 尽管在大自然中并非如此.

表 1　平均生命天数和几种有生育力黑后腹果蝇配对类型的平均繁殖力

类型	雄性的寿命	雌性的寿命	繁殖力
野生	38.08±0.36	40.62±0.42	247
紫色 (眼睛)	27.42±0.27	21.83±0.23	325
弓形 (翅膀)	25.20±0.33	28.24±0.37	127
斑点 (在翼腋中)	46.63±0.63	38.91±0.65	103
紫色弓形	36.00±0.53	31.98±0.43	230
紫色斑点	23.72±0.22	22.96±0.19	247
弓形斑点	38.41±0.58	34.69±0.66	106
紫色弓形斑点	38.38±0.62	40.67±0.45	118

　　自然, 表 1 中的寿命并不代表选择优势, 它们只是对在果蝇中已知的好几百种基因中的五种来讲的. 无疑, 其他普通的突变产生的基因自身不在自然界中具有优势, 否则它就会通过物种进行传播而站稳脚跟. 但是两个、三个, 甚至更多的组合则很有可能. 在所有已知的基因中可以组合的个数实际上是很大的. 由每种类型的苍蝇取一只组成的种群, 其组合总体, 远远超过了已知的天体的数目, 或者也超过了建立在广义相对论上的宇宙中的天体个数. 如果说在这个种群中至少有一个成员比现存的野生品种更适宜于生存, 这绝不是夸大其词的理论.

　　如果我们讨论的情形中二重显性基因 AB 和二重隐性基因 $aabb$ 二者都比 Abb 型或 aaB 型更能生存, 那么处于平衡的种群主要是由受偏爱那一类型组成, 适度的突变就不足以颠覆这一平衡. 但是由于种群中一个小的非代表性的种群被隔绝, 或者是改变不同类型相对生存能力的环境发生了变化, 或者说以其他一些方式, 其中之一以后会谈到, 从一种稳定平衡变到另一种还是有可能发生的.

　　这种情形在我看来很重要, 因为这可能是在高等哺乳动物中的许多器官不断演化的基础, 也是一个物种分裂为几个物种的基础. 要想让高度特殊化的器官, 例如像人的眼睛或手的进化进程得以实现, 一系列变化必须同时发生. 例如, 如果眼睛从后到前非比寻常地长, 我们的眼睛就会近视, 可是如果角膜或晶状体的曲率也同时减小, 这能够校正焦距, 近视就不会发生. 可是, 由于不正常的眼球长度 (eye-length) 很平常, 经常作为显性基因遗传, 而角膜曲率的减小比较少, 所以常见的结果是近视出现居多. 实际上眼睛的明显的改进要涉及它的许多方面的特征的改变. 偶尔会有单个基因的改变可能同时在多方面立即产生协调的改变, 但是对一个新的突变来说这不是普遍的情况, 尽管有些基因, 几乎是无害的, 没有被消除, 可用来说明在自然的种群中的许多变化. 进化必定包含了许多基因的同时改变, 这无疑说明了进化为什么这么慢. 在这里如果我们假设遗传变化真的形成一个连续的区域, 正如达尔文明显地这样认为的, 就是说, 如果变异之小可以无限小的话. 但是当我们考虑器官分生的特征 (meristic characters) 时情况显然就不是这样. 哺乳动物有一定数量的颈染色体和脊椎骨, 大多数的花朵有一定数量的花瓣, 额外的器官是一种病态. 而孟德尔遗传的原子本质强烈地提示我们, 即使在那些变异显得好像是连续的地方, 这一表象也是骗人的. 任何基因本性的化学理论也必定是这样.

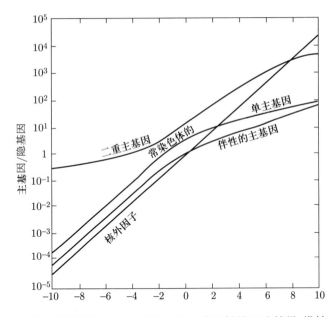

图 1　在主基因占优势的情况下对一个种群中的组成选择的理论结果. 横轴: 代数 (number of generations) 乘以选择系数. 纵轴: 主基因与隐基因之比. 如果在种属内没有杂交, 那么效果就和核外因子的一样. 在二重主基因的情况下, 假设基因以相同的数量存在. 在隐基因占优势的情况下, 横轴的方向要改变. 例如, 假设 $k = 0.01$, 如果起主要作用的是常染色体的单主基因, 那么可见要使主基因与隐基因之比从 1 变到 10 大约需要 400 代.

　　如果只有可获得的基因产生相当大量的变化, 不利的基因一次只产生一个变化, 那么在我看来在随机配对的种群中进化也许就不可能发生. 在一种自体受精的 (self-fertilised) 或者是高度同系交配的 (highly inbred) 物种中, 如果有好几个突变接连发生就是有益的, 而如果是同时发生, 那么各自单独就是有害的. 这样的事件很少, 但是在小麦中还是相当常见, 在全世界小麦的种群大约有 5×10^{14} 植株, 其中大约有 99% 来自自体受精. 但是在自然选择减弱的地方新的形式可能出现, 它们在更严峻的竞争下可能生存不下来, 于是最终是由许多耐折腾的组合有机会冒出来. 福特 (Ford) (1931 年) 描述了一个案例可以在蝴蝶的 *Melitaea aurinia* 中这样来解释. 这在进化的某一步成功地使得某一新的器官成为可能时似乎在好几种时机下发生过, 而自然选择的压力就暂时减弱了. 于是主要哺乳类动物级别之间的区别似乎就已经在随着巨大的两栖爬行动物的灭绝之后的早期始新世的变异的爆发之时出现了, 同时也就建立了哺乳动物在地面上的统治地位. 从那个时期以后哺乳动物的进化就变慢了, 主要就是对原来在始新世已确定下来的类型的逐步改进.

另一个造成急速进化跃变的可能模式就是由杂交所引起的. 正如我们过去所看到的, 这可能通过异源多倍性 (allopolyploidy) 导致新的物种直接形成. 哈斯金斯 (Huskins) (1930 年) 曾经给出过在大自然中的这种过程的一个例子. 稻状李氏禾 *Spartina Townsendii* 大约在 1870 年左右第一次出现在南安普顿水域 (Southampton Water) 的泥泞的海岸. 它纯种繁育, 但是斯拓普夫 (Stapf) (1927 年) 认为它是由英国品种 *S. stricta* 与美国品种 *S. alterniflora* 杂交而成的. 哈斯金斯发现这后两个物种分别具有 56 个和 70 个染色体, 而品种 *S. Townsendii* 具有 126 个染色体. 在 Gramineae 中的基本染色体数是 7 个, 所以看来在八倍体品种与十倍体品种之间的杂交会得出具有 63 个染色体的九倍体, 壮健, 但是生育能力有点儿低下, 而且也不是纯种繁育. 染色体的加倍会得出一个 octocaidecaploid, 把壮健与多育和稳定性结合在一起. 这个解释自然在杂交还没有在可控条件下反复检验之前还是受到怀疑的, 但是形态学上和细胞学上的证据表明, 它很可能就是这样.

这期间这个新物种以真正的达尔文方式通过消灭其亲本证明了其适应性, 同时也按照克罗泼特金 (Kropotkin) 的想法, 在荷兰人与海的斗争中帮助他们. 它的新近起源要用其亲本是由于人类的活动才得以杂交这个事实来解释, 物种 *S. alterniflora* 很可能是在一条从美洲回来的船上带来的.

除此之外, 杂交 (其杂交物种是有生育能力的) 常常会在第二代中, 引起变异的传播有可能包含新的有价值的类型, 这些靠缓慢的进化有可能不能在物种之内产生. 这种事情的原因可能是基因在新的环境中常常会表现出十分新奇的行为. 柯斯维格 (Kosswig) (1929 年) 将 *Platypoecilius* 鱼与 *Xiphophorus* 鱼杂交, 发现有些, 尽管不是全部, 在后者之中引起反常色彩的基因, 当把它们导入前者时会产生极其夸张的效果. 比如, 在 *Xiphophorus* 鱼中的黑色素基因产生的杂交鱼, 尽管非常健康, 身上布满了黑色素瘤似的东西. 特别地, 洛兹 (Lotsy) (1916 年) 特别强调了杂交在进化中的作用, 并且证明了这在大自然中会发生. 例如, 他通过杂交 *Antirrhium* (金鱼草) 的两个品种, 即 *A. majus* 和 *A. glutinosum*, 在第二代中得到的植物, 它们的花卉会被分类学家归类到与 *Rhinanthus* 相关的种属. 洛兹有一度不相信会突变, 除非是出错, 并把所有的变异都归之于杂交. 这肯定是过分夸大了. 这不仅因为突变已经得到了完全的证实, 而且像洛兹这样的假设也解释不了缓慢而又稳定的进化, 而这是得到了地质记录的证实的. 不过很难怀疑杂交已经使得某些基因的组合在一起成为可能, 而这是在靠别的方式时没有出现过的.

另一个可能走出这个死胡同的办法如下. 不必两种或多种基因发生突然改变, 它们可以按多次小的步子发生改变, 即, 多重等位基因 (Multiple allelomorphs) 看来有可能在基因的原始类型中引起很微小的变化. 假设黑色通过作为一种保护色或其他什么的把大约千分之一的小小的进一步加在野鼠身上, 它可能不被选择所偏爱, 因为它带来了一个确定的生理缺陷. 黑鼠在出生的前三周中的死亡率, 经德特勒弗森 (Detlefsen) 与罗伯兹 (Roberts) (1918 年) 证明, 肯定大于野鼠的死亡率 (两种其他的色基因没有这种效应). 实际上这种缺陷只有大约 4.5%. 但是这可能要付出老鼠稍稍变黑一点的代价, 把它的基因 G 的向着产生黑色基因的方向的路上先走一段, 一直等到修正基因积累到恢复生理平衡, 然后再进行下一步, 如此等等.

人们还记得, 德特勒弗森 (1914 年) 把普通的豚鼠 *Cavia porcellus*, 与较小和较黑的豚鼠 *Cavia rufescens* 进行杂交. 他发现黑色主要是由于对基因 G 的修改, 它对黑色基因起着多重等位基因的作用. 这样一来, 如果普通豚鼠代表原始类型, 这是很有可能的, 则其基因 G 就在较小和较黑的豚鼠的进化途中向着产生黑色的方向的路上走了一段. 啮齿动物的亚种与地区物种之间的三个其他杂交给出类似的结果. 看来啮齿动物的颜色的进化一般来说似乎是以相当小的步伐进展的. 我自己的高度猜测性的理论是说, 我们在这里所谈的不仅是具有类似作用的基因数的聚集, 而且还有单个基因的缓慢改变, 每个都改变成一系列的多重等位基因. 短语 "基因的改变" 自然是一个容易让人产生误解的简化. 我的意思是说, 突变是在不断地修改基因, 而在任何给定时间自然选择的作用是, 为偏好某特定程度的修改而牺牲其他的.

再来谈一谈我所做过的数学应用. 在何种条件下突变能够超越选择? 这是一个十分简单的问题. 令 p 表示基因在一代中能够突变的概率. 我们知道, p 通常小于百万分之一, 而且迄今为止总是小于千分之一. 令 k 为度量不利于新类型的选择性的系数, k 比 p 要大得多. 当不利的表现型 (phenotype) 与有利的表现型之比在突变体是隐性时为 $\frac{p}{k}$, 在突变体是显性时为 $\frac{2p}{k}$ 时达到平衡. 上述计算是针对随机配对种群来讲的. 在自体受精种群中这一比值全为 $\frac{p}{k}$. 因此, 除非 k 小到和 p 为同一数量级, 否则新物种不会传播到相当大的范围. 即使是在穆勒 (Muller) 的 X 射线实验的极端条件下, 这时突变比在正常条件下多 150 倍, 两千分之一的不利程度就能使新的隐性类型十分稀少. 这样只有等到证明了在自然条件下的某个地方产生的突变率显著地大于这一点时, 我们才能认为突变本身可能就是引起一个物种产生大的改变的原因. 但是我并不是说, 单独选择就会有任何效果. 选择必须要在有突变提供的物质基础上才能起作用.

这些过程哪一个单独都不能为漫长的进化提供基础. 选择单独能在高度混杂的种群中产生相当大的变化. 一个知识和能力都足够的挑选者, 也许可以从目前的人类基因中获得一个种族, 在平均智力上和莎士比亚一样, 又有 Carnera 一样的身材. 但是他无法产生出天使一族. 因为要想获得其道德品质, 或者要想到天使的翅膀, 他就得等待, 或者产生适当的突变.

附　录

选择强度的测量

最简单的情形是在种群由两种不在种间杂交的类型组成, 而且代与代之间不重叠, 如像一年生植物一样. 设对类型 A 的下一代中每 n 个后代由类型 B 给出的平均值为 $(1-k)n$ 个, 我们把 k 称为有利于 A 的选择系数. 除非 k 非常小, 对这两种类型我们最好还是用菲希尔的 "马尔萨斯参数

(Malthusian parameters)" 的差值. 如果类型 B 给出 e^{-kn} 个下一代, k 就是这个差. 当二者均很小时, k 和 κ 显然几乎相等; 但是一般来说 κ 可以取任意值, 而 $k = 1 - e^{-\kappa}$, 或者说, $\kappa = -\log_e(1-k)$, 所以 k 不可能大于 1, 但可以取任何负值. 注意, 一般来说 k 既依赖于出生率, 又依赖于死亡率. 这样, 在英国非技术工人, 包括成人和婴幼儿, 其死亡率都比技术工人的死亡率要高, 但是被他们更高的生育率所平衡还有余. 在计算 k 时可以在一个生命循环的任何周期内进行, 只要这个周期在这两代中是一样的. 有时把 $1-k$ 称为类型 B 与 A 相比的相对适配性 (relative fitness).

我们可以用多种方式推广 k. 一般来说类型 A 与 B 会同系交配. 如果我们遇到要处理由于细胞质基因组 (plasmon) 引起的差异, 这不会使我们的计算产生任何不同. 除此之外定义选择强度最令人满意的方法应该如下. 在受孕期间的个体也要计算进来. 那么如果对 A♀ 的每 n 个幼儿, B♀ 有 $n(1-k_1)$ 个, 而与 B♂ 对应的数字则为 $n(1-k_2)$ 我们有两个系数 k_1 和 k_2. 对雌雄同体的物种, 这个计算同样成立. 如果选择主要是通过死亡率来起作用, 那么 k_1 和 k_2 就很可能接近相等. 如果选择主要是通过生育来起作用, 就不是这样. 例如, 在雌雄同株的植物中雄性不育性是常见的, 而在雄性不育系中, k_2 会是 1, 而 k_1 很小. 在成功配对有赖于母本的准确组合的情况 (例如在花柱异长的植物中), 必须用特殊的方法.

至于在两代之间有重叠的情况, 例如在人的情况, 详细说明选择的强度就要用到定积分. 我曾经证明了, 如果一个雌性受精卵 (不论是活的还是死的) 产生类型 A 的后代年龄位于 x 与 $x+\delta x$ 之间的概率为 $K(x)\delta x$, 对于类型 B 为 $[K(x)-k(x)]\delta x$, 那么选择的进行就好像代与代之间不曾重叠一样, 代与代之间的间隔为 $\dfrac{\displaystyle\int_0^\infty xK(x)dx}{\displaystyle\int_0^\infty K(x)dx}$, 而选择系数为 $k = \displaystyle\int_0^\infty k(x)dx$. 在 k 很小时这是对的. 但选择同时作用于两种性别时类似的条件也成立, 诺顿 (Norton) (1928 年) 讨论在这种情况下所引起的相当复杂的数学问题. 下面我们将只限于代与代之间没有重叠的情况, 而这也不会损失多大的普遍性, 却会大大简化所用的数学. 在代与代之间有重叠时, 下面即将推导出的差分方程就会变成积分方程.

k 的值变化幅度很大. 对于致死的 (lethal) 隐性基因 $k = 1, k = +\infty$; 对于

果蝇中许多半致死 (semi-lethal) 基因 k 超过 0.9, 很可能大多数被研究过的都是 0.1. 在许多情形中, 例如, 那些表征蒲公英 (*Taraxacum*) 物种的 k 就相当大, 至于是正还是负, 就要看环境而定. 对于报春花 (*Primula sinensis*) , 我们只有死亡率与生育率的对比的数据. 在这里 k 的值从小于 0.01 向上. 在 24 个突变基因中有 20 个, 或者接近这些个, 是中性的, 有两个的 k 值约为 0.05, 一个约为 0.10, 还有一个约为 0.6. 对于老鼠中的颜色基因, 似乎小于 0.05. 而对决定在 *Cepea* 中聚集的基因则为 10^{-5} 甚至更小.

由多种基因决定的尺度性特征的选择

现在来研究一种明显地呈连续变化的性状, 例如人的高度. 这种性状的概率分布通常是正态分布, 即按照高斯误差曲线的分布. 在好几种情形下已经证明, 当种群处于平衡时, 那些偏离平均最多的个体死亡率较高, 或者生育率较低.

菲希尔 (1918 年) 对皮尔逊 (Pearson) 有关亲属间关联的数据的分析表明人的高度的遗传 (除去相当小的环境影响之外) 似乎是由大量接近完全显性的基因所决定, 每一个几乎独立地作用于有关性状. 如果没有显性优势, 孩子的平均高度就会由他们的父母的平均高度给定. 我们从他们的远祖的高度信息就得不到多少有关他们的高度的进一步信息 (像我们实际上的这样).

菲希尔 (1930 年) 对选择在这样一个种群上的作用的分析包含了他的优势演化的理论, 这一点我并不赞成. 如果我们仅限于所有涉及的基因是彻底显性的, 他的分析就可以得到极大的简化.

考虑一显性基因 A, 以基因比例 u_n 呈现, 就是说, 三个基因型的比例为

$$u_n^2 AA : 2u_n Aa : 1aa.$$

令 α 为显性基因与隐性基因平均高度之差. 那么显性基因的高度与种群总平均的偏差必定为 $\dfrac{\alpha}{(u_n+1)^2}$, 而隐性基因的这个偏差必定为 $-\dfrac{(u_n^2+2u_n)\alpha}{(u_n+1)^2}$.

显性基因会形成一个正态分布组, 其平均高度超过总平均的值为 $\dfrac{\alpha}{(u_n+1)^2}$, 其中 α 当然可能为负. 两组的标准偏差会相等, 但是它们与平均值的平均差会不同. 平均高度最接近总种群的平均高度的组是最适合的. 如果显性基因与隐性基因出现的数量相等, 即 $u_n^2 + 2u_n = 1$, 或者说, $u_n = \sqrt{2} - 1$,

这二者的差值会相等. 在这种情况下, 种群将处于平衡. 如果 u_n 超过这个值, 显性基因就会比隐性基因多, 这时隐性基因总的来说就会更反常, 从而就不如显性基因有更好的适应性. 所以显性基因的比例会增加从而 u_n 也会增加. 类似地, 如果 $u_n < \sqrt{2} - 1$, 那么由于选择的结果它就会进一步减小. 这个论证显然可以扩展到有完全或部分同系繁殖的种群. 菲希尔证明了, 在显性不完全时, 特别是在相对不适应性, 或选择系数, 像对总平均的平方平均偏差那样变化时, 这一点也是对的.

因此, 一个正态分布的种群, 由于对正态分布特征选择的结果, 不可能处于稳定平衡. 这个相当惊人的事实颠覆了大量用于证实或反对优生学和达尔文主义的论证.

一个种群的平均高度与种群的平均的偏离为 $\pm x$, 如果这个种群的相对生存能力或生育能力为 $1 - cx^2$, 它来自一系列简单的假设, 那么有

$$
\begin{aligned}
k &= \frac{c\alpha^2}{(u_n + 1)^4}[(u_n^2 + 2u_n)^2 - 1] \\
&= \frac{c\alpha^2(u_n^2 + 2u_n - 1)}{(u_n + 1)^2}
\end{aligned}
$$

以及近似地有

$$
\Delta u_n = \frac{c\alpha^2 u_n(u_n^2 + 2u_n - 1)}{(u_n + 1)^3}.
$$

然而, 我们不能跟踪这样一个种群中的事件的过程, 因为一系列不同基因的基因比值立即会改变, 因而平均值会以难以预料的方式改变. 然而一般来说, u_n 会持续地增加或减小, 直至这一趋势被相反方向的突变所阻止. 设 p 为 A 在一代中突变为 a 的概率, q 为反向过程的概率, 则

$$
\Delta u_n = \frac{u_n(u_n^2 + 2u_n - 1)c\alpha^2}{(u_n + 1)^3} - pu_n(u_n + 1) + q(u_n + 1).
$$

为了平衡, 它必须为零. 所以如果令 $x = \dfrac{1}{1 + u}$ (隐性基因的比例), 则有

$$
x^2(1 - x)(1 - 2x^2) + \frac{p(x - 1) + qx}{c\alpha^2} = 0.
$$

如果 p 和 q 与 $c\alpha^2$ 相比很小, 上述方程在 0 与 1 之间就有三个根, 一个靠近 $\dfrac{1}{\sqrt{2}}$, 确定一个不稳定的平衡, 其余两个靠近 $\sqrt{\dfrac{p}{c\alpha^2}}$ 和 $1 - \dfrac{q}{c\alpha^2}$, 确定稳定平衡. 由于 p 与 q 都很小, 不论是显性基因还是隐性基因都相当少. 因此大多数的

变异都是由稀少和不利的基因引起的, 这种基因只能靠变异来保持. 但是一个种群只有包含了这种基因才能拥有基因弹性, 使得它能够依靠进化来对付环境的改变. 必须记住, 任何基因, 除了它对高度的作用之外, 如果在杂合条件下是有利的, 它就会以 u 在 1 附近的条件趋于平衡. 很可能某些至少是可遗传高度差异是由这种基因引起的. 不仅是众所周知的杂交优势, 而且在选择性无性繁殖, 例如水果树和马铃薯中发现的异性杂合的显著的数量, 也使得其存在成为可能.

菲希尔接下来研究了, 如果这一类型处于平衡的种群受到有利于, 比如说, 较大尺寸的选择作用, 结果会如何. 各种稀缺的小尺寸基因会变得更稀少, 大尺寸的稀缺基因会变得更普遍. 这种变化, 如果很小, 在选择停止后会返回去. 但是某些稀少的大尺寸基因数量会增加到以致通过它们原来的不稳定平衡点. 这样一来它们就会变得非常普通, 而不是非常稀少.

如果这时条件变回到正常情况, 这些基因不会变回到它们原来的发生频率, 平均高度就会不可逆地增加了. 再次假设选择增加了某个品种的最佳高度到一个数量, 那么, 当平均高度达到了这个新的最佳高度时, 某些基因会越过它们的不稳定平衡点, 但数量仍会增加. 这样一来, 可以这样说, 高度将超过选择所瞄准的目标值. 我们在这里第一次有了在严格的达尔文理论的路线上对无用的直向进化的一个解释.

在某些较少见的情况中, 我已经证明了, 即使对完全由单个显性基因所决定的性状, 这种情况也可能出现, 但是这只有在选择有利于显性基因, 而且有关 $k, p,$ 和 q 的三个不等式成立时, 才是如此. 这种情况对有一种基因 (如果有这种基因的话) 也能成立, 就是这时异性接合体比两个同性接合体适应性都要差. 但是, 尽管这些可能都是在最佳情形之外进化的辅助原因, 它们的重要性远远比菲希尔效应要小.

对社会有价值但是对个体不利的性状

对这种品质的研究只涉及对小群体的讨论. 这种性状只能通过种群来传播, 如果决定这种性状的基因由一群有关系的个体所携带, 而且它们留下下一代的机会由于在这个群体中拥有它们降低的生育能力的个体的基因的存在而增加.

两个简单的情形可以说明这一点. 孵卵能力在家禽中是能遗传的. 在野

生状态一只能孵卵的母鸡寿命可能短于一只不孵卵的, 因为在孵卵时很有可能被捕食敌人所扑杀. 但是不会孵卵的母鸡不会抚育家族, 所以决定这一特性的基因就会在自然中消失. 关于这种类型的母性本能, 选择可能打破平衡. 由于一个母亲在面临极轻微危险时就放弃她所孵的卵或幼崽会在其后代中成为坏榜样, 那种在充分强的刺激下会去抚养另一个家庭, 像典型的鸟类, 这是一对忠诚的父母不会去做的.

在社会性的昆虫世界里对忠诚是没有限制的, 而自我牺牲精神对无性生物是一种生物学上的有利因素. 在蜂巢中工蜂和年轻的蜂后是基因类型的同一集合的样本, 所以前者的任何形式的行为 (无论是多么危及生命), 只要有利于蜂群, 就会提高后者的生存机会. 从而趋向于在整个物种中传播开来. 唯一限制这种传播的就是, 这种基因有可能在蜂后中引起过度利他的行为. 导致这种行为的基因就会趋向于被消灭.

当我们研究小的社会群体时, 这时每一个个体都是一个潜在的亲本, 事情就比较复杂. 考察由 N 个任意配对的个体组成的部落或群落, 比例为 $u_n^2 AA : 2u_n Aa : 1aa$. 设由 aa 引起的对利他行为的隐性基因特性的获得可能将其获得者的后代的显性基因减小到 $1-k$ 倍. 设在部落中个体的部分 x 的出现会将其所有成员的可能后代增加到不具有隐性基因的部落的 $1+Kx$ 倍, 我们可以将其取作平衡态. 我们再进一步假设完全由隐性基因组成的部落会趋向增加, 于是有 $K > k$.

到了下一代部落的个体数会增加到 $N\left[1 + \dfrac{K}{(1+u_n)^2}\right]$. 隐性基因的个数 x_n 会从 $\dfrac{N}{1+u_n}$ 变到近似为 $N\left[1 + \dfrac{K}{(1+u_n)^2}\right]\dfrac{u_n+1-k}{(1+u_n)^2}$. 所以, 略去 kK, 就得到

$$\Delta x_n = \frac{N\left(\dfrac{k}{1+u_n} - k\right)}{(1+u_n)^2}.$$

因此, 只要还有 $u_n + 1 > \dfrac{K}{k}$, [1]隐性基因数就仍会增长, 就是说, 隐性基因只要它们还是相当普通就会增长. 但是这期间 u 一直在增长, 所以这个过程会走向停止. 如果利他主义是显性的, 我们就会发现它的基因数在 $(1+u_n)^2 > \dfrac{K}{K-k}$ 时会增加. 换言之, 利他行为的生物学优势只有该部落的

---

[1]原文如此, 根据上式, 此处 ">" 似应为 "<". —— 译注

相当大的一部分有利他行为时才会超过不利的一面, 如果只有一小部分的行为是这种方式, 那么它对这个部落的生存能力只会有很小的影响, 不足以抵消涉及的个体的坏的影响. 如果 $\frac{K}{k}$ 很大, 利他主义者的比例不必很大. 如果在显性基因的情形中有 $\frac{K}{k} > N$, 在隐性基因的情形中有 $\frac{K}{k} > \sqrt{N}$, 单个利他主义者就会有生物学上的优势. 因此, 对于小的 N, 选择立即很有效. 但是在大的部落中, 利他主义进化的初始阶段不依赖于选择, 而是依赖于随机的生存, 即物理学家所谓的涨落. 在 N 较小的时候, 这十分有可能, 而在 N 较大的时候, 这就很不可能. 如果任何基因在人类中都是一样地促使行为对所有类型社会中的个体在生物学上不利, 但是对社会有利, 它们在人被分为同系交配的族群时必定已经传播开来了. 正如许多优生学家已经指出的, 在大的社会中选择向反的方向操作.

上面给出的条件, 尽管对先天的利他主义的传播是必需的, 但是还远远不够. 设想有一个部落, 其中利他主义者的比例足以造成它的基因数量增加. 即使这样, 其他的等位基因增长得还要更快. 所以利他主义者的比例会下降. 然而, 这个部落会扩大, 并有可能最终分裂, 就像亚伯拉姆 (Abram) 部落那样 (基因 xiii.11). 一般来说这无济于事, 但是有时一部分会获得大多数的利他主义的基因, 而且其增长率会进一步加快, 最后这个基因的同型结合 (homozygous) 部落可能会被产生出来. 如果 N 很小, 这种事件就大有可能, 而且同系结合 (endogamy) 相当严格. 然而, 即使已经达到了同型结合性, 反向的突变也可能发生, 而且还有可能传播开来. 我发现, 要想假设在人类中普遍有许多绝对利他主义的基因是很难的.

冒着重复的危险, 我想加一句, 就是上面的分析只是针对那些实际上会削弱个体留下后代的机会的行为 (这种机会尽管小, 还是存在, 即使是对工蜂). 人类有许多行为我们把它们说成是利他的, 但是从自然选择的观点来看却是利己主义的. 它常常是与高度发达的亲本的行为模式联系在一起的. 此外利他主义通常会受到贫穷的报应, 在最现代化的社会中穷人繁殖得比富人更快.

结　　论

我希望我已经讲清楚了, 对选择后果的数学分析是必需的, 也是有价值的. 通常有许多说法, 例如, "自然选择说明不了高度复杂的性状的起源", 经不起分析. 在这个论题上由常识得出的一些结论常常是值得怀疑的. 常识告诉我们, 两个由引力相互作用的物体不可避免地会落到一起, 这一点有时是真的, 如果它们之间的力按 r^{-n} 变化, 其中 n 超过 2. 但是对平方反比定律就不一定了. 对选择也是这样. 未经审视的常识可能会指出有平衡, 但是很少能够, 即使有过, 告诉我们, 平衡是否稳定. 如果说这里所总结的多数研究只不过是证明了明显的东西, 但是明显的东西也值得证明, 如果能够做得到的话. 而且如果说选择和突变的相对重要性是明显的, 其重要性也肯定不是得到了应有的认识.

数学对生物学的渗透还只是刚刚开始, 除非科学史的引导不合适, 它还会继续, 在这里所总结的研究代表了应用数学的一个分支开始了.

埃尔温·薛定谔

在 1945 年埃尔温·薛定谔 (Erwin Schrödinger) 发表了一本小册子, 书名是《生命是什么?》(*What is Life?*), 这个宏大的书名让我们以为这是一本充满灵感的文集, 但是除了对决定论和自由意志的总结性的议论 (以极其审慎和克制的态度进行讨论), 本书是对活细胞的物理方面的一本精彩的科学论著. 薛定谔要讨论的问题是 "怎样用物理和化学来论述被一生命有机体的边界所包围的空间与时间内所发生的事件?" 他的 "初步" 回答是, 这两门科学也许可以解释生命, 但是利用现在它们所拥有的资源还不足以做到.

薛定谔拿出实验数据以及原子现象的数学模型来阐明 "一个在生物学与物理学之间来回盘旋的基本概念". 在采用一个已经流行的, 即基因, 或者甚至是整个染色体纤维, 是一个大分子的猜测之下, 他采用了一个更进一步的假设, 即它的结构就是那种非周期性的固体或晶体的结构. 这就可以解释为什么它的稳定性或 "永恒性" 达到这样的程度, 以致要改变它的存在形式需要相当大的扰动. 和其他的晶体一样, 染色体可以自行复制. 但是它还有另一个重要的性质, 这就是它的唯一性; 它自身的复杂结构 (能态及其组成原子的组态) 构成了一个 "密码文本", 它决定了机体的整个未来的发展. 虽然构造分子的原子数目不是很大, 但是它们的各种可能布置的数目非常巨大; 于是 "细小的密码能够准确地对应于极其复杂的而又特定的发展计划, 并且在某种程度上还包含了实施它的方法, 这就不难理解了". 接着薛定谔就应用量子力学来解释, 在结构重组中包含着什么, 这时必定会产生密码文本的变异和集体发展中的改变. 我们认识到, 这种在原子模式上的移动就是物理学家们所说的量子 "跃迁" 和生物学家们所说的变异. 这种事件不是很容易发生的; 各种情况合起来阻止它发生; 大自然倾向于保守. 所以变异比较少.

薛定谔主要关心的是, 从一种组态转移到另一种组态时的数学和物理问题: 这种 "跃迁" 或变异在何时发生, 如何又为何发生. [1]

这个诱人的方案的发明者是现代科学的领袖者之一. 埃尔温 · 薛定谔在 1887 年生于维也纳. 他曾经在斯图加特 (Stuttgart)、布勒斯劳 (Breslau)、苏黎世 (Zurich) 以及柏林 (Berlin) 拥有理论物理的教授席位. 在柏林他继承了量子论的奠基人已故马克斯 · 普朗克 (Max Planck) 的位置. 他于 1933 年希特勒 (Hitler) 掌权后离开德国, 在奥地利的格拉兹 (Graz) 教了一段书之后去都柏林 (Dublin) 成为那里的高级研究所的研究员 (当过一段时间的所长, 现为高级教授). 薛定谔的研究和著作遍及了很大范围的论题, 包括振动和晶体的比热、光谱的量子力学、"生理色彩空间的数学结构", 等等. 他的名声主要是建立在他所创立的波动力学的基础之上, 为此他被授予了诺贝尔奖. [2] "他在一系列的论文中把德 · 布罗利 (De Broglie) 的巧妙的思想发展成为原子结构的完整理论, 并且证明了他的波动方程与其他形式的量子力学 (海森伯 - 玻恩 - 狄拉克) 的关系, 这些从其深刻性、丰富性、完整性和漂亮的形式上来看都是理论物理的经典." [3]

薛定谔拥有少有的、把伟大的科学普及作品与科学哲学结合起来的素质. 他是他的那个学科的大师、原创者, 有高度的想象力, 也不死板. 他把东西写得清清楚楚而不是简单容易; 他毫不犹豫地与读者分享他对令人困惑的事物的理解. 他喜欢写简短的书籍, 是解说的典范, 但总是嫌太短了些. 他所写的任何东西 —— 从统计热力学到自由意志 —— 总是携带着他的特有的标记. 但是他的能力、才智的表现、新鲜感、独特性、对惊人的比喻以及更为惊人的结论的爱好, 让我们想起了威廉 · 金顿 · 克利福德 (William Kingdon Clifford) 的珍品. 怎样赞美也不过分.

---

[1] 我必须提请读者注意薛定谔分别于 1952 年 8 月和 11 月发表在英国的 *Journal of the Philosophy of Science* (科学哲学杂志) 上的两篇文章. 它们讨论的问题是 "真有量子跃迁吗?" 薛定谔现在相信, 原子行为中的不连续性不存在. 他建议这种 "跃迁" 最好用所谓的原子性质的共振来解释. 在这里进一步讨论这种事情不太合适, 我们只是在这里指出, 薛定谔在《生命是什么?》一书中所提出的猜测还没有受到 —— 至少在我看来是这样 —— 放弃量子 "跃迁" 概念的损害. 我以为它们可以毫无困难地纳入共振现象的修正模式中. 我只是想补充一点, 薛定谔有一个特点, 就是扬弃已为大家接受的基础意见, 并且在推进他的更为勇敢的假设之一时, 他总是能成功地 —— 真如人们猜测这是他的意图 —— 让科学世界倾听.

[2] 于 1933 年与狄拉克共享.

[3] *Nature* (自然杂志), May 21, 1949, Vol. 163, p. 794.

但是对所有那些运动的东西, 变异都爱.

—— 埃德蒙·斯潘塞 (Edmund Spenser)

在所有这些案例中有一个共同的情况 —— 系统有一定量的势能可以转换成运动, 但是只有当系统达到了某种组态时才可能开始这种转变, 要达到这种组态需要花费一定量的功, 其数量在某些情况下可以是无限小, 而且一般来说与由此得出的能量相比没有固定的比例. 例如, 平衡在山边孤立点上而由霜冻所释放的岩石, 点燃大片森林的小小火花, 导致世界战火的微言耸听, 小小的顾虑会阻止一个人按照自己的意志行事, 一点点孢子就会使所有的马铃薯坏死枯萎, 小小的胚胎使我们成为哲学家或白痴. 每一个高于一定的档次的存在都有它的奇异之点, 档次越高, 这种点就越多. 在这些点上这些物理量的影响太小了, 无法被考虑到, 但能产生极为重要的结果……

—— 詹姆斯·克拉克·麦克斯韦 (James clerk-Maxwell)

16　遗传和量子理论

埃尔温·薛定谔

量子力学的证据

而你的精神像火焰般高高飞扬
已经足以成为寓言, 成为偶像.

—— 歌德 (Goethe)

经典物理学无法解释的持久性

于是, 在奇妙而又精巧的 X 射线仪器 (物理学家还能记得就是这种仪器在三十年前揭露了晶体详细的原子点阵结构) 的帮助下, 生物学家和物理学家的共同努力已经成功地将决定个体宏观特征的微观结构的大小 ——"基因的尺寸"——的上限降低了, 降低到远远低于先前所确定的估值.[1] 我们现在面临的严重问题是: 我们如何能够从统计物理的观点来调解这样的事实, 即, 基因的结构看来只含有比较少的一些原子 (大约为 1000 个的数量级, 还可能更少), 可是却起着极为正规和有规律的作用 —— 其持久性或永恒性几近奇迹.

　　让我来把这一真正令人吃惊的情况说得更突出些. 哈布斯堡王朝有一些成员有一种特别难看的下嘴唇 ("哈布斯堡唇"). 在这个家族的授权下, 维也纳帝国科学院仔细研究它的遗传, 并补充了历史肖像一起发表, 证明这个特征是对正常唇形的真正的孟德尔式的 "等位基因". 如果把我们的注意力集中到这个家族在 16 世纪的某个成员和他的一个生活在 19 世纪的某个后裔的肖像上, 我们就可以有把握地说, 担负这种畸形特征的物质基因结构已经一代接一代地传承了好几个世纪, 而且在位于其间的为数不多的每一次细胞分裂中总是忠实地进行复制. 此外, 这个有关的基因结构中所包含的原子数和前面用 X 射线作检测得的原子数很可能是同一个数量级. 在整个过程中基因都是保持在温度为 98°F 左右. 它能在几个世纪的杂乱无章的热运动下保持不受干扰, 我们又怎样来理解呢?

　　一个 19 世纪末的物理学家, 如果他只想依靠那些他能够解释的, 那些他真正懂的定律, 那么他将无法回答这个问题. 实际上, 也许在经过对统计的情况作短暂的思考之后他会这样来回答 (我们将会看到, 这是对的): 这些物质结构只能是分子. 对这种有时是高度稳定的存在, 对这种原子的联合, 在那时化学已经有了广泛的认识. 但是这种认识是纯粹经验的. 分子的本质还没有得到理解 —— 使分子保持住其形状的原子相互之间的强有力的键链对大家来说还是一个谜. 实际上, 后来证明这个回答是对的. 但是只要是把像谜一般的生物稳定性只追踪到同样像谜一般的化学稳定性, 这一回答的意义就很有限. 说这两个在表面上类似的特征是基于同一个原理的证据, 只要这个原理本身还不清楚, 就是靠不住的.

---

[1] 本书先前在这里所取的值, 薛定谔所给出的基因最大的估值 (证据得自繁殖实验和微观观察): 最大的体积等于边长为 300A 的立方体. ("A" 为 Ångström 的缩写, 是一米的 10^{10} 分之一, 如以小数点的形式写出则为 0.0000000001.)

可以用量子理论来解释

就是在这种情况下, 量子理论提供了帮助. 根据我们今天的认识, 遗传的机制与量子理论密切相关, 不, 就是建立在量子理论的特有基础之上的. 量子理论是由马克斯·普朗克在 1900 年发现的. 现代遗传学则可以从德·弗里斯 (de Vries)、柯伦斯 (Correns) 和切马克 (Tschermak) (1900) 重新发现孟德尔的论文, 以及从德·弗里斯发表论突变的论文 (1901—1903) 算起. 这样这两个伟大的理论诞生的日期几乎重合, 而且毫不奇怪在这二者的联系出现之前它们必须都达到了一定的成熟程度. 在量子理论这方面要等了差不多四分之一个世纪, 直至 1926—1927 年化学键的一般原理才由 W. 海特勒 (Heitler) 和 F. 伦敦 (London) 提出了其纲要. 海特勒 – 伦敦的理论包含了量子理论的最新发展 (称为 "量子力学" 或 "波动力学") 中最精细而又复杂的概念. 不用微积分来讲述它几乎是不可能的, 或者至少要写一本像本书一样的小册子. 不过幸好所有的工作都已经完成, 已经可以用来澄清我们的思想, 也似乎有可能以更直接的方式指出 "量子跃迁" 与突变之间的联系, 马上就可以抓住最重要的事情. 这就是我们在这里想要做的.

量子理论 —— 分立态 —— 量子跃迁

量子理论的伟大启示就是在**大自然这本书**中发现了分立性的特点, 而其背景则是, 直到那时还认为除了连续性之外, 其他一切都是荒谬.

第一个这类例子涉及能量. 一个大尺度的物体, 其能量的改变是连续的. 例如, 一个被推动起来的单摆, 会在空气阻力的作用下逐渐慢下来, 奇怪的是, 事实证明, 一个数量级像原子尺度这样的系统, 我们必须允许它的行为大不相同. 根据那些我们无法在这里深入的理由, 我们必须假设, 一个小系统由于其本性只能具有某些大小分立的能量, 称之为它所特有的能级. 从一个状态转移到另一个状态是一个相当神秘的事件, 常常被称为 "量子跃迁".

但是能量并不是一个系统的唯一特征. 再以单摆为例, 但是要考虑一个能够表现各种不同运动的单摆, 例如用一根弦从天花板上吊下来的重球. 可以使它按北 – 南方向, 或东 – 西方向, 或任何其他方向, 来回振荡, 或者沿一个圆周或椭圆运动. 通过用鼓风机轻轻吹球, 可以使它连续地从一个状态过渡到另一个状态.

对于小尺度系统,大多数这些或类似的特征 —— 我们不能在这里谈细节 —— 改变都是不连续的. 正如能量那样, 它们是 "量子化的".

结果就是, 有许多原子核, 包括在它们周围的保镖电子, 当它们彼此靠近形成 "一个系统" 时, 由于其本性不可能取任意我们可以设想的构型. 它们的本性让它们只能从大量但离散的 "态" 的系列中去选择. [2]我们通常把它们称为能级, 因为那是其特征中关系最密切的部分. 但是必须懂得, 完整的描述包括了比只是能量要多得多的东西. 把态设想为所有粒子的一种组态的意思确实是没错.

从这种组态之一过渡到另一个组态就是一个量子跃迁. 如果第二个态的能量更大 ("是一个高能级"), 系统就必须由外部提供能量, 所提供的能量至少要等于这两个能量之差, 才能使得这一跃迁成为可能. 跃迁到较低的能级可以自发地发生, 把多余的能量消耗在辐射中.

分　子

在选定的一组原子的分立态中, 不一定必有, 但可能有, 最低的能级, 这意味着其中的原子核相互靠得很近. 在这种状态下的原子形成分子. 在这里要强调的一点是, 分子必须有一定的稳定性; 除非从外部供给了至少等于把它 "提升" 到靠得很近的一个较高的能级所需的能量差, 组态是不会改变的. 因此这个能级差是一个完全确定的量, 定量地决定了分子的稳定性的程度. 由此可见, 这一事实是如何与量子理论的基础, 即与能级的分立性, 紧密相连的.

我要请求读者承认, 这一系列的观念已经得到了化学事实的彻底检验; 而且在解释化学键的基本事实和有关分子结构的许多细节, 包括它们的键合能, 它们在各种不同的温度时的稳定性等上, 证明是非常成功的. 我这里所说的是海特勒 – 伦敦的理论, 我说过, 我不能在此详谈.

它们的稳定性与温度有关

我们必须只限于考察对于生物学问题最有意义的这一点, 即分子在不

---

[2]我在这里采用的表述是通常在通俗处理中的讲法, 这对我们当前的目的已经足够了. 但是我总有一种犯贪图方便错误的感觉. 实际的情况要复杂得多, 因为在这里有关系统态上还含有一种偶然不确定性.

同温度下的稳定性. 假设我们的原子系统一开始实际上处于其最低的能量状态. 物理学家会把这说成是, 分子是处于绝对零度下. 要想把它提升到紧接着的高一级的状态或能级, 需要提供一定的能量. 给它提供能量的最简单的办法就是, 给分子 "加热". 把它带到一个高温的环境中 ("热浴"), 从而让其他的系统 (原子、分子) 碰撞它, 考虑到热运动的完全的无序性, 不会有这样一个截然划分的温度界限, 超过了它就会立即必然产生 "能级的提升", 相反, 在任何温度 (只要不是绝对零度), 都会有或多或少的机会产生这种提升, 当然这种机会会随着热浴温度的提高而增大. 表示这种机会的最好方式, 就是指出等待这种能级提升发生所需的平均时间, 所谓 "期待时间".

根据 M. 坡兰尼 (Polanyi) 和 E. 维格纳 (Wigner) 所做的研究,[3] 期待时间主要依赖于两个能量之比, 一个恰好就是实现这个跃升所需的能量差本身 (我们用 W 来表示它), 另一个就是表征在当时的温度下热运动的强度 (我们用 T 来表示绝对温度, 用 kT 表示特征能量).[4] 有理由认为, 要提升的能量本身与平均热能之比越大, 就是说比值 W/kT 越大, 实现提升的机会就越小, 从而期待时间就越长. 令人吃惊的是, 期待时间是如此强烈地依赖于比值 W/kT 的较小的改变. 举一个例子 (按照德尔布吕克 (Delbrück)): 对一个为 kT 的 30 倍的 W, 期待时间可能只短到 $\frac{1}{10}$ 秒, 可是当 W 是 kT 的 50 倍时, 它就会增加到 16 个月, 而当 W 是 kT 的 60 倍时, 它就会增加到 30000 年.

数 学 插 曲

对那些有一定数学修养的读者来说, 也许用数学语言来点明这一对能级或温度改变的巨大灵敏性的理由, 再补充若干类似的物理说明, 是有好处的. 原因是, 期待时间, 我们把它记为 t, 是以一个指数函数的关系依赖于比值 W/kT, 于是有

$$t = \tau e^{W/kT},$$

其中 τ 是数量级为 10^{-13} 或 10^{-14} 秒的一个小常数. 这个特定的指数函数不是偶然出现的特征. 它在热的统计理论中一而再、再而三地出现, 好似它的脊梁. 它是在系统某个部分中偶尔地聚集起像 W 这样多的能量的不可能性

---

[3] *Zeitschrift für Physik*, Chemie (A), Haber-Band, p. 439, 1928.

[4] k 是一个已知的数值常数, 叫作波耳兹曼常数; $\frac{3}{2}kT$ 是在温度 T 下气体原子的平均动能.

的度量, 当要求 W 是 "平均能量" kT 的一个相当大的倍数时, 这种不可能性就会增长得如此巨大.

实际上, $W = 30kT$ (见上面所引的例子) 已经是极其少见的了. 它之所以不能导致非常长的期待时间 (在这个例子中仅为 $\frac{1}{10}$ 秒) 自然是由于因子 τ. 这个因子有一个物理意义. 它在数量级上等于系统在全部时间上所发生的振动的周期. 你可以非常粗略地把这个因子描述为聚集到所要求的 W 的数量的机会, 虽然很小, 但是不断地在 "每一次振动" 中重复, 就是说每秒钟大约重复 10^{13} 或 10^{14} 次.

第一个修正

在提出这些想法作为分子稳定性的理论的时候, 我们已经默默地假定了, 我们称之为 "能级提升" 的量子跃迁, 如果不是说导致了分子的完全的分解, 至少也是把它变成了相同一些原子的根本不同组态 —— 变成了, 正如化学家所说的, 一个同分异构分子, 也就是一个由相同的原子组成的不同排列 (在应用到生物学上时将用来表示同一个 "[染色体中的] 基因座" 中的不同的 "等位基因", 它们之间的量子跃迁就代表变异).

为了这个解释能够成立, 有两点必须作修正, 为了使它易于理解, 我有意说得简单些. 从上面的说法, 可能会有人认为, 只有在它的最低的能态这一组原子才能形成我们所谓的分子, 而紧接着的高能态则是 "另外一种东西". 不是这样. 实际上, 接着最低能级的有一大堆能级, 它们在整体上的组态没有多少显著的变化, 而只是相当于在这些原子之间的微小振动, 这种振动是我们在前面所讲过的. 它们也是 "量子化的", 但是从其一个能级到接下去的一个能级的级差比较小. 因此温度相当低的 "热浴" 中的粒子的碰撞可能就已经足以使能级上升. 如果这个分子是一个广延的结构, 你可以把这些振动设想为穿过分子而不会造成任何伤害的高频声波.

所以第一个修正不是非常大的: 我们应该不管能级系统中的这些 "振动精细结构". "接下来的高能级" 这个术语是指对应于有相关组态发生了改变时的下一个能级.

第二个修正

第二个修正解释起来就要困难得多, 因为它涉及不同能级相关系统之间的某些重要但相当复杂的特征. 在这样的能级系统之间的自由变动可能会受到阻止, 全然与所需的能量提供无关; 实际上甚至从高能态到低能态都可能受阻.

让我们从实验事实出发. 化学家都知道, 同一组原子可以以多种不同的形式结合成分子. 这些分子称为同分异构体 (isomeric) ("由相同的部分组成"). 同分异构现象不是一种例外, 而是一种常规. 分子越大所提供的同分异构体的种类就越多. 图 1 表示了最简单的情形之一, 两种丙醇, 二者均由 3 个碳原子 (C)、8 个氢原子 (H)、一个氧原子 (O) 组成.[5]

氧可以插在任何氢与碳之间, 但是只有图 1 中所示的两种情况才是不同的物质. 它们确实是自然界存在的物质. 它们所有的物理和化学常数显然不同. 它们的能量不同, 代表了 "不同的能级".

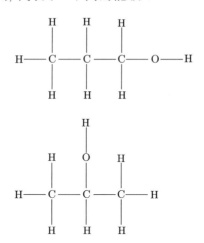

图 1 丙醇的两个同分异构体

值得注意的事实是, 这两个分子都是完全稳定的, 二者的行为好像它们都在 "最低能态". 不存在从其中任何一个组态到另一个组态的自发跃迁.

原因是这两个组态不是相邻的组态. 从其中一个组态转移到另一个组态只有通过比其中任何一个组态的能量都要高的中间态才有可能. 粗略地

[5]在讲演时所展示的模型中 C, H 和 O 分别用了黑色、白色和红色的木球来表示. 我在这里没有复现它们, 因为它们与实际分子的相似程度并不会显著地高于图 1.

来说, 必须把氧原子从一个位置抽出来, 插入另一个位置. 看来不通过能量相当高的组态无法做到这一点. 这一情况有时用图 2 来形象地表示, 其中 1 和 2 表示两个同分异构体, 3 为它们之间的 "阈值", 两个箭头分别表示 "能量提升", 就是说, 要想产生从态 1 到态 2, 或者从态 2 到态 1 的跃迁所必需的能量.

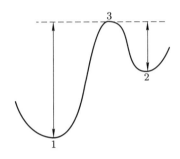

图 2　在两个同分异构体能级 (1) 和 (2) 之间的能量阈值 (3). 箭头表示跃迁所必需的最小能量

现在我可以提出第二个修正了, 这就是, 在生物学应用中我们唯一感兴趣的就是这种 "同分异构体" 类的跃迁. 我们在前面解释 "稳定性" 时脑子里有的就是这些跃迁. 所谓 "量子跃迁" 的意思是指从一个相对稳定的分子组态过渡到另一个相对稳定的分子组态. 过渡时所需要提供的能量 (记为 W) 并不是实际的能级差, 而是从初始能级升高到阈值的能级升值 (见图 2 中的箭头).

在初态与终态之间没有阈值介入的跃迁我们不感兴趣, 这不仅是在生物学应用上才如此. 它们实际上对分子的化学稳定性也没有任何贡献. 为什么? 它们没有持续的作用, 至今未被人们注意过. 因为, 当这种跃迁发生后, 差不多马上就立即回复到初态, 因为没有任何东西会阻止它们返回.

对德尔布吕克模型的讨论和检验

真的是这样, 正如光显示了自身, 也显示了黑暗, 真理既是自身的标准, 也是谬误的标准.

　　　　　　　　　　—— 斯宾诺莎 (Spinoza),《伦理学》(*Ethics*), 第 II 部, 命题 43

遗传物质的一般图像

从这些事实就浮现出对我们的问题的一个非常简单的回答, 这个问题是: 由于遗传物质是持续地暴露在热运动之下的, 这些由比较少的几个原子组成的结构能够禁得住热运动的长时期的干扰吗? 我们将假定, 基因的结构就像一个大分子的结构, 只能作不连续的改变, 这种改变就是原子的重排并导致同分异构体[6]分子的出现. 重排可能只影响基因的一个小的区域, 可能有大量不同的重排. 把实际的组态与各种可能的同分异构体区分开来的能阈 (与原子的平均热能相比) 很高, 以致从实际组态变过去的可能性很小. 这种很难发生的事件我们认为就是自发突变.

本章的后面的部分就是用来讨论基因的一般图像和突变的一般图像 (这主要是归功于德国物理学家 M. 德尔布吕克), 通过与遗传事实作详细的比较来对它们进行检验. 在这样做以前, 我们想对这个理论的基础和一般性质适当地作一些评述.

图像的独特性

对生物学问题, 挖掘到它的最深的根源, 把图像建立在量子力学之上, 这是绝对必要的吗? 基因是一个分子这一猜测, 我敢说, 在今天已经是老生常谈了. 已经很少有生物学家, 不论他是否熟悉量子理论, 会不同意这一点了. 在开讲的一节中, 我们已经大胆地用前量子物理学家的口吻把这说成是所观察到的恒稳性的唯一合理解释. 接下去的有关同分异构体、能量阈值、在决定同分异构体间的转换概率中起重要作用的比值 W/kT —— 全都可以在一个纯经验的基础上引进来, 无论如何也用不着明显地依靠量子理论. 既然在这样一本小册子里我不可能把量子力学讲清楚, 还很可能给读者添麻烦, 那么我为什么还要这样强烈地主张用量子力学的观点呢?

从基本原理上来对在自然界中实际上所遇到的原子聚集作理论方面的解释的, 量子力学是第一个. 海特勒 – 伦敦键合是这个理论的独特的、奇异的特征, 它不是为了解释化学键而发明出来的. 它完全是一种极为有趣而又令人感到迷惑不解的方式自行得出来的, 是以一种完全另类的思考迫使我

---

[6]为了方便起见我将继续把它称为同分异构跃迁, 虽然这会导致把与环境之间的任何交换的可能性排除在外的错误.

们接受的. 结果证明它准确地与所观察到的事实吻合, 而且, 正如我已说过的, 这是一个独一无二的特点, 我们有充分的理由可靠地说, 在量子理论的进一步发展中 "这种事不会再发生了".

因此我们可以有把握地说, 除了对遗传物质的分子解释外, 再也没有别的解释了. 在物理方面也没有能说明它的持久性的可能性. 如果德尔布吕克的图像不成功, 我们恐怕就得放弃作进一步的努力. 这是我想要说明的第一点.

若干传统的误解

可能有人会问: 难道除了分子以外就没有别的由原子组成的能经久的结构吗? 难道, 例如, 埋在坟墓里几千年的一枚金币上面不是也保存着所铸的图像吗? 不错, 这个金币是由大量的原子组成的, 但是在这种情况下我们肯定不会倾向于把这种形状的保存归因为大量粒子的统计行为. 同样的话也可对一批细心开采出来的晶体来讲, 它们埋藏在岩石中必定有好几个地质时期都没有改变.

这就引出来我想要说明的第二点. 一个分子, 一块固体, 一块晶体这些情形实际上没有什么不同. 按照现代知识的观点来看, 它们实际上是一样的. 遗憾的是, 学校教学还保留着多年前就已经过时了的某些传统观念, 它们阻碍了人们对实际事物的认识.

实际上我们在学校里所学到的有关分子的观念, 它们与固体接近的程度一点也不比与液态或气态的接近更多. 相反地, 我们在学校中所学到的是, 要仔细区分物理变化和化学变化, 例如在融解和蒸发时, 其中分子没有改变 (例如酒精, 不论是固体、液体, 还是气体, 都是由相同的分子, C_2H_6O 组成), 这是物理变化, 而化学变化, 例如酒精的燃烧,

$$C_2H_6O + 3O_2 = 2CO_2 + 3H_2O,$$

其中一个酒精分子和三个氧分子经过其中原子的重新排列生成了两个二氧化碳分子和三个水分子.

至于有关晶体, 我们学到的则是, 它们形成三重周期排列的点阵, 其中单个分子的结构有时能够认得出来, 比如在酒精和大多数的有机化合物中, 而在其他一些晶体中, 例如岩盐 (NaCl), NaCl 分子是无法毫不含糊地划分出

来的, 因为每个 Na 原子都是被六个 Cl 原子对称地包围着. 反之亦然, 所以把哪一对, 如果选了一对的话, 选为分子的配对, 基本上是任意的.

最后我们还学到, 固体可以是晶体, 也可以不是晶体, 在后一情况下我们就把它称为无定形固体.

物质的不同的 "态"

现在我还没有打算走得那么远, 以至于说这些说法和划分都是十分错误的. 对于实用的目的来说, 它们有时还是有用的. 但是就物质结构的真实方面来说, 必须以完全不同的方式来作这种界限的划分. 基本的划分是按下述形式的 "方程" 分成两条线:

$$分子 \ = \ 固体 \ = \ 晶体.$$
$$气体 \ = \ 液体 \ = \ 无定形固体.$$

我们要对这些说法作简单的解释. 所谓的无定形固体, 既不是真正的无定形, 也不是真正的固体. 在 "无定形的" 木炭纤维中, X 射线已经揭露了它具有石墨晶体的基本结构. 所以木炭是固体, 但也是结晶. 在我们找不到有结晶体结构的东西上, 我们就要把它看成是 "黏性" (内摩擦) 非常高的液体. 这种物质的特点是没有非常确定的熔点, 也没有熔解热, 表明它不是一个真正的固体. 它在受热时逐渐变软, 最终液化, 中间没有状态的不连续性. (我还记得在第一次世界大战末的时候我们用一种沥青似的东西来代替咖啡. 它是这样地硬, 以致我们要在它出现像光滑的贝壳开口那样的裂纹时用凿子或斧子把这种小砖头砸成碎块.)

从气态到液态的连续性是大家都知道的事情. 通过 "绕过" 所谓的临界点的方式将气体液化就不会有任何不连续性. 但是我们不想在这里谈这个事情.

真正要紧的事情

就这样我们已经把上述物态的分类的各种情况, 除了一点之外, 都确认了, 这一点就是, 我们希望分子也能看成是固体 = 晶体.

这样做的理由是, 构成分子的原子, 不论它们是多是少, 把它们结合起来的力, 在本质上与把许多原子结合起来形成固体, 即晶体, 的力是一样的. 分子表现出和晶体一样牢固的结构. 请记住, 我们正是把这种牢固性作为基因的持久性的根据的!

在物质结构中真正重要的区别是, 把原子结合在一起的力是不是那种起 "固化作用" 的海特勒 – 伦敦力. 在固体和在分子中它们都是. 在单原子气体中 (例如, 在水银蒸汽中) 它们不是. 在由分子组成的气体中, 只有每个分子中的原子才是以这种方式连接在一起.

非周期性固体

一个小的分子可以称为 "固体的胚芽". 从这样的一个小的固体的胚芽出发, 看来似乎有两种方式构造出越来越大的结合体. 一种方式是以比较单调的方式在三个方向上一而再、再而三地不断重复同一结构. 这就是晶体成长时所采用的方式. 一旦周期性建立之后, 对聚集的大小就没有确定的限制. 另一种方式是, 不以单调重复的方式构造起越来越大的扩展聚集体. 这就是越来越复杂的有机分子的情形, 其中每一个原子, 还有每一个原子团, 都独立起作用, 与许多其他的原子 (或原子团) 不完全相同 (像在周期性结构中那样). 我们可以十分合理地把它称为非周期性晶体或固体, 并将我们的假设表述如下: 我们认为, 一个基因 —— 或者也许是整个染色体纤维[7] —— 是一种非周期固体.

压缩在微型密码中的各种内容

常常会有人问: 为什么像受精卵这么小的一块物质里能够包含涉及机体的全部未来发育的精细的密码文本呢? 一个组织得很好, 并具有足够恒久保持其组织能力的原子聚集, 看来是唯一能够设想的这样一种物质结构, 它能提供大量不同的 (同分异构的) 排列, 大到能够在一个空间边界很小的范围内足以包括一个 "起决定性作用的" 复杂系统. 实际上在这样一个结构中的原子数不必很大, 就足以产生几乎是无限多种可能的排列. 要想举例子, 想一下莫尔斯密码就够了. 由点与短画线的两个符号组成不多于四个字符

---

[7]毫无疑问它是极度柔软的; 细铜丝也是这样的.

的 "字", 则共有 30 个不同的字. 如果你现在许可在点和短画线之外加上第三个符号, 组成不多于十个字符的字, 则会形成 29524 个不同的字; 用五个符号组成多达 25 个字符的字, 其个数为 372529029846191405.

可能会有人反对说, 这个类比是有缺点的. 莫尔斯符号可能有不同的组成 (例如 · − − 和 · · −), 所以不是同分异构体的好的类比. 为了弥补这个缺陷, 让我们从第三个例子中仅取那些恰好是有 25 个字符的组合, 而且恰好是由所设定的五种类型的符号各选五个 (五个点, 五个短画线, 等等) 组成. 粗略地算, 得到组合数为 62330000000000, 其中右边的几个数字零所代表的数字我嫌麻烦没有再算下去.

当然, 在实际情况下绝不是每一种原子团的排列都代表一种可能的分子, 此外, 这也不是一个随便可以用来当作密码的问题, 作为密码文本本身还必须指导发育的操作因子. 但是, 另一方面, 在例子中所选的数字 (25) 还太小, 而且我们还只考察了在一条线上的简单排列. 我们想说明的只不过是, 借助于基因的分子图像, 微小的密码能够准确地与高度复杂的和特定的发育计划相对应, 并且包含了某种使它发挥作用的方法, 也就不再是不可想象的了.

与事实的比较: 稳定度; 突变的不连续性

最后让我们把这个理论的图像与生物学上的事实做比较. 第一个问题显然就是, 它真的能够说明我们所观察到的高度的持久性吗? 所要求的阈值大小 —— 比平均热能高好几倍 —— 合理吗? 是在我们从普通的化学所得知的范围之内吗? 这个问题很平常; 不用去查表就可以做出肯定的回答, 任何物质的分子只要化学家在给定的温度下能够将它分离出来, 必定在那个温度下至少有几分钟的寿命. (这还是说得保守点; 一般它们的寿命还要长得多.) 这样一来, 化学家所遇到的阈值在数量级上满足它必须能够准确地说明生物学家可能遇到的任何程度的持久性的要求; 因为我们还记得从对稳定性的讨论得知, 阈值在大约 1:2 的范围内变化就能说明寿命的范围可以在几分之一秒到几万年内变化.

但是为了后面的参考, 我来提出几个数字. 我们在前面的例子中顺带提到, 当比值 W/kT 的值分别为

$$\frac{W}{kT} = 30, \quad 50, \quad 60$$

时得出的寿命分别为

$$\frac{1}{10} \text{ 秒}, 16 \text{ 个月}, 30000 \text{ 年},$$

在室温下对应的阈值为

$$0.9, 1.5, 1.8 \text{ 电子伏特}.$$

我们必须解释 "电子伏特" 这个单位, 它对物理学家来说相当方便, 因为它可以作直观的解释, 例如, 第三个数 (1.8) 意味着一个电子被一个接近 2 伏的电压加速得到的能量足以通过碰撞实现这一跃迁. (作为比较, 我们指出, 一个普通的手电筒的电池是 3 伏.)

这些考虑使得那种由振动能的涨落所产生的分子的某些部分组态的同分异构的变化, 在实际上十分少见, 这样难以用来解释自发突变这一点, 就不难理解了. 于是, 根据量子力学的基本原理, 我们可以把突变的最惊人的事实, 这个第一次引起了德 · 弗里斯 (de Vries) 的注意的事实, 归结为 "跳跃" 变化, 即没有中间阶段的形式发生.

自然选择的基因的稳定性

在发现了任何种类的电离辐射都会增加自然突变的速度之后, 就有人可能会设想把自然速度归因于土壤和大气中的放射性和归因于宇宙射线的放射性. 但是与 X 射线结果的定量的比较表明, "自然辐射" 太弱, 只能说明这个自然突变的一个很小的部分.

即使我们用热运动的涨落解释了自然突变很稀少, 但是大自然已经成功地对阈值做出了这样精致的选择以使这种突变很少见这一点, 也必定会使我们感到极为惊讶. 因为我们在前面已经得出了这样的结论, 频繁的突变对进化是有害的. 那些通过突变所获得基因组态不很稳定的个体很难看到它们的 "超根本的" (ultra-radical)、迅速突变的后代会长期存在. 物种将会扬弃它们, 并就此通过自然选择收集稳定的基因.

突变体有时较低的稳定性

但是, 有关在我们的育种实验中出现的突变体以及那些选来研究它们的后代的突变体, 当然没有理由期望它们都会表现出很高的稳定性. 因为它们可能是由于突变率太高还没有通过 "考验"—— 或者, 如果它们通过了, 又在野生培育中给 "淘汰" 掉了. 总而言之, 在得知这些突变体确有某些会表现出比正常的 "野生" 基因突变性要高得多时, 我们不会感到太奇怪.

温度对不稳定基因的影响小于对稳定基因的影响

我们可以用这一点来检验突变可能性公式

$$t = \tau e^{W/kT}.$$

(记住, t 是阈能值为 W 时突变的时间期望值.) 我们要问: t 是怎样随温度改变的? 用上面的公式我们可以很好地近似算出 t 在温度为 $T + 10$ 时的值与在温度为 T 时的值之比

$$\frac{t_{T+10}}{t_T} = e^{-10W/kT^2}.$$

现在指数已经是负数了, 所以比值自然小于 1. 温度升高将使期望时间减小, 突变可能性将增加. 用果蝇在昆虫所能承受的温度范围内可以做的检测都已经做过了. 结果初看起来似乎有点令人吃惊. 野生型基因的低突变可能性明显增加了, 但是在某些已经突变了的基因的比较高的突变可能性却并未增加, 或者至少可以说增加得很少. 这正是我们在比较上述两个公式时所预料到的. 根据第一个公式, 要想使 t 大 (基因稳定), 就需要 W/kT 的值大, 而根据第二个公式, 又会使由它算出的那个比值很小, 就是说突变可能性又会随温度有相当大的增长. (这个比值的实际数值大约在 $\frac{1}{2}$ 到 $\frac{1}{5}$ 之间, 其倒数, $2 \sim 5$, 就是在普通的化学反应中的范·托夫 (van't Hoff) 因子.)

X 射线是如何产生突变的

现在转来讨论 X 射线诱发的突变速度, 我们已经从育种试验得出, 第一, (从与突变速度以及与辐射剂量成正比上,) 是某些单个的事件产生了突变; 第二, (从定量结果以及从突变速度是由总的电离密度来决定, 而与波长无关这样的事实,) 这种单个的事件必定是一个电离事件或类似的过程, 为了产生特定的突变, 这种过程必须是在体积大约只有边长 10 个原子间距的体积内发生. 按照我们的图像, 克服的阈值的能量必定明显地由爆炸似的过程电离

或激发. 我把它称为爆炸似的, 是因为在一次电离中所消耗的能量 (顺便说一下, 这并不是 X 射线本身所消耗的能量, 而是由它所产生的次级电子所消耗的) 是众所周知的, 而且有 30 个电子伏特之多的相当大数量. 这必定会使在放电的地点周围转化成的热运动大量地增加, 并以 "热波" 的形式, 原子的一种强烈的振动形式, 从这里向周围传播. 至于这个热波应该能够在约为 10 个原子距离的平均作用范围内提供所需的 1 或 2 个电子伏特的能量, 这倒是不难想象的, 尽管一个不带成见的物理学家还有可能预计这个作用范围会稍微小一些. 至于在许多情况下爆炸的效果不是引起正常的同分异构跃迁, 而是对染色体的损伤, 一种使基因致死的损伤, 即通过巧妙的杂交使未受损伤的配对 (即对应的第二套染色体) 被置换成其对应的基因本身已知为病态的配对 —— 所有这些绝对是可以预料得到的, 而且恰好就是所观察到的.

它们的效率并不依赖于自发突变率

还有许多特征, 如果说还不能由这个图像来预测, 也可以容易由此得到理解. 例如, 一个不稳定的突变体, 它的 X 射线突变性在平均上并不比稳定突变体的高许多. 例如, 利用爆炸所提供的高达 30 电子伏特的能量, 不论所要求的阈值能是大一点还是小一点, 例如, 1 或 1.3 个电子伏特, 你肯定别指望这样会产生多大的差别.

可逆突变体

在有些跃迁的情形中, 我们从两个方向来对它进行研究, 就是说, 从某个 "野生" 基因变到某一基因, 再从该基因变回成野生基因. 这些情形下, 自然的突变率有时很接近, 有时大不一样. 初看起来人们会感到迷惑不解, 因为要克服的阈值在两种情况中是一样的. 但是, 当然, 不一定是如此, 因为它们必须是从起始组态的能级来计算. 而这对野生基因与对突变后的基因是不一样的. (见图 2, 其中 "1" 可以指野生的等位基因, "2" 则指突变体, 它的较低的稳定性则由较短的箭头来表示.)

总的来说, 我认为德尔布吕克的 "模型" 相当好地经受了检验, 我们在进一步的研究中应用它是有理由的.

有序, 无序和熵

身体决定不了大脑怎么想, 大脑也决定不了身体如何去运动, 或者如何去静止, 或者去做任何别的事情.

——— 斯宾诺莎 (Spinoza), 《伦理学》(*Ethics*), 第 III 部, 命题 2

一个从模型得出的值得注意的普遍结论

让我来谈谈前面提到的那段话, 我在其中试图解释基因的分子图像, 至少使 "微型密码与高度复杂和特定的发展计划一一对应, 并且以某种方式包含着实施这一计划的方法". 那很好, 那么它怎么来做呢? 我们怎么把 "可以设想的" 变成真正的认知呢?

德尔布吕克的分子模型, 以其完美的普遍性, 似乎没有包含任何有关遗传物质是如何起作用的启示. 说真的, 我并没有期望在不久的将来就可能会从物理中得到有关这个问题的任何详细信息, 而且我相信, 我们在生理学和遗传学的指引下正在从生物化学方面对这个问题取得并且将继续取得进步.

从像上面那样给出的对其结构所作的如此一般的描述中, 很难得到有关遗传机制的详细信息. 这是很明显的. 但是很奇怪的是, 我们恰好就是从这里得到了有关普遍的结论, 而且, 我承认, 这就是我写这本书的唯一动机.

从德尔布吕克关于遗传物质的一般图像得知, 有生命的物质在遵守迄今已建立的 "物理定律" 上也不例外, 还有可能涉及一些至今尚未知道的 "其他物理定律", 然而一旦它们被揭示出来, 就会和前面那些定律一样, 成为这门科学的一个完整的部分.

建立在有序基础之上的序

这是一条相当微妙的思考之路, 容易引起多方面的误解. 本章以下的篇幅都是用来澄清这些误解的. 在下面的讨论中就可以发现的一个初步观点, 粗糙但不是全错的:

我们已经解释过[8], 我们所知道的物理定律都是统计定律.[9]这与事物有走向无序的自然倾向密切相关.

---

[8] 在本书前面的讨论中. —— 编者注
[9] 在这样全面地一般性下来谈论 "物理定律" 也许是很有挑战性的事.

　　但是, 要想使遗传物质的高度的持久性与它的微小尺寸相协调, 我们不得不靠 "构想的分子" 来排除这个走向无序的趋势, 它实际上是一个非同一般大小的分子, 是一个高度变异的、有序性的、受到了量子理论的魔杖保护的杰作. 机会的规律并未被这种 "构想" 破坏而不能成立, 但是出现的机会大小被修改了. 物理学家非常熟悉物理的经典定律被量子理论所修改的事实, 特别是在低温下. 这种情况的例子很多. 生命现象看来就是其中之一, 而且是特别惊人的一个例子. 生命看来是物质的有序和有规律的行为, 并不是完全基于它的由有序过渡到无序的趋向, 而是部分基于已保存着的现存次序.

　　对物理学家 —— 但只有对他 —— 我希望能把我的观点讲得更清楚, 即: 生命有机体看来是这样一种宏观系统, 它的行为一部分接近纯粹机械的 (与热力学相对立的) 行为, 是那种所有系统在趋向绝对零度时, 分子的无序被排除时所趋向的行为.

　　非物理学家难以相信, 普通的物理定律, 那些他认为是不可动摇的精确的典范, 居然是建立在物质所具有的走向无序的统计倾向之上的. 这里涉及的普遍原理是著名的热力学第二定律 (熵原理) 及其同样有名的统计基础. 在以下的几节中我将简洁地说明熵原理对活的有机体的大尺度行为的意义 —— 暂时把所有那些有关染色体、遗传性等抛在一边.

生命物质摆脱了衰退到平衡的命运

　　生命的特征是什么? 一块物质什么时候可以说它是活的呢? 当它能持续地 "做某种事情", 运动, 与环境交换物质, 等等, 而且可以期望它比一块无生命的物质在类似的条件下 "保持继续" 的时间要长得多. 当一个不是活的系统被孤立或置于一个均匀的环境之中, 那么由于各种类型的摩擦的结果, 所有的运动通常就很快地归于静止; 电势差和化学势差被抵消, 倾向于成为化合物的物质也是如此, 温度差会由于热传导而趋向一致. 这之后整个系统就会衰退成一团死寂的、毫无生气的物质. 于是就达到了一个没有任何事件发生的永久不变的状态. 物理学家把这称为热力学平衡态, 或 "最大熵" 的态.

　　实际上, 通常很快就达到了这种态. 理论上来讲, 常常这还不能算是绝对平衡态, 还不是真正的最大熵. 但是这之后最终达到平衡是很慢的. 它可能是几个小时, 也可能是几年, 几个世纪 …… 举一个例子 —— 这还是一个趋向平衡比较快的例子: 一只杯子里盛满了纯水, 另一只杯子里盛满了糖水, 一起放入一个恒温的密闭盒中, 一开始似乎什么也没有发生, 给人的印象好像是已经达到了完全平衡. 但是经过了一天或几天之后, 我们就注意到, 纯水, 由于它的蒸汽压较高, 就慢慢蒸发, 并凝结在含糖的溶液中. 后者会满出来. 只有在纯水全部蒸发完毕之后, 糖就达到了它均匀分布在可利用的液体水中的目的.

绝不要把这种极为缓慢的趋向平衡的过程误认为是生命, 我们在这里可以不理它. 我之所以在这里提到它们是为了避免有人责备我们不够准确.

靠 "负熵" 为生

有机体显得这样有活力就是靠着能够避免快速衰减入这种惰性的 "平衡" 态; 就是因为这样, 从人类思想的最早期就认为在有机体中有某种特殊的、非物理的, 或者说是超自然的力在起作用, 并且在好几百年里一直有人这样讲.

那么活的有机体又是如何避免衰变的呢? 明显的答案就是: 靠着吃、喝、呼吸和 (在植物的情况下) 同化. 用专业的术语来说就是新陈代谢 (*metabolism*). 希腊词的意思是改变或交换. 交换什么? 最初基本的意思无疑是指交换物质. (例如, metabolism 的德语为 Stoffwechsel.[10]) 那种说物质的交换才是重要的是错了. 氮、氧、硫这些原子不论在哪里[11]都是一样的, 交换它们又有什么好处呢? 在过去我们被告知我们是靠能量来喂养的, 我们的疑问于是一度沉寂下去了. 在一些非常先进的国家 (我不记得是在德国还是在美国, 还是在这两个国家) 里, 在饭店的菜单上, 除了标明价格之外, 还标明了每一盘菜所含的能量. 用不着说, 从字面上来讲, 它同样是谬误的. 对于一个成年的有机体, 它所含的能量和它所含的物质数量一样, 是恒定的. 因为, 可以肯定的是, 任何一卡路里的价值与任何其他的卡路里的价值是一样的, 我们看不出仅仅交换卡路里有什么用.

那么准确地来讲, 在我们的食物中到底是含了什么东西能让我们免于死亡呢? 这很容易回答. 每一个过程、事件、突发事变 —— 随便你怎么称呼, 一句话, 任何一件在自然界发生的事情都意味着在这件事进行的那部分世

---

[10]Stoff 的意思是物质, Wechsel 的意思是交换. —— 译注

[11]不论是在食物中还是在空气中. —— 译注

界里熵在增加. 于是一个活的有机体不断地在增加自己的熵 —— 或者, 你也可以说是在产生正熵 —— 因此有倾向于接近最大熵的状态的危险, 这就是死亡. 要想摆脱它, 也就是要想活着, 唯一的办法就是从它的环境里提取负熵 —— 正如我们马上就会看到的, 这是一件有非常正面意义的事. 有机体就是靠负熵养活的. 或者说得不那么令人感到疑惑, 新陈代谢的本质就在于, 有机体能成功地排除在它活着时不得不产生的全部熵.

熵是什么?

熵是什么? 我首先要强调的是, 这不是一个模糊的概念或观点, 而是一个可测量的物理量, 就好像是一根杆的长度, 物体中某一点的温度, 一给定量的晶体的熔解热, 或任一给定物质的比热. 在绝对零度 (约为 -273°C) 任何物质的熵都是零. 当你用缓慢、可逆的微小的变化使物质达到任何其他的态 (即使这时物质改变了其物理或化学的本性, 或分解为两个或多个物理或化学本性上不同的部分), 这时熵的增量这样来计算: 将在此过程中你必须提供的每一小部分的热量除以它在接受热量时的绝对温度, 然后再把全部这些小的贡献总和起来. 举一个例子, 当你熔化一块固体时, 它的熵所增加的量就等于熔解热除以熔点的温度. 由此你可以看到度量熵的单位是 cal/°C (就像热的单位是卡路里, 长度的单位是厘米一样).

熵的统计意义

我已经谈论过熵的技术性定义, 纯粹是为了消去经常笼罩在它身上的一层神秘的氛围. 在这里对我们来说重要得多的是有关有序与无序的统计概念, 这二者之间的联系已经由玻耳兹曼 (Boltzmann) 与吉布斯 (Gibbs) 在统计力学中的研究揭开了. 这还是一个精确的定量的联系, 并由下式所表示

$$熵 = k \log D,$$

其中 k 为所谓的玻尔兹曼常数 ($= 3.2983 \times 10^{-24}$cal/°C), D 为所研究物体的微观无序的定量的度量. 要想用非技术性的语言来对这个量 D 给出一个准确的解释几乎是不可能的. 这里所指的无序性一部分是指热运动的无序性, 一部分是指不同种类的原子或分子杂乱地混合在一起, 而不是整齐地分类

排列着的, 就像是在上面例子中的糖和水的分子. 玻耳兹曼的方程可以用这个例子来做很好的说明. 糖逐渐 "散布开来" 分布到全部遇到的水中, 增加了无序度 D, 从而 (因为 D 的对数随着 D 的增大而增大) 也就增加了熵. 同样非常清楚的是, 任何热的供给也会增大热运动的混乱性, 就是说增加了 D 并从而导致熵的增加; 还可以从下面的例子, 就是当你熔化一块晶体时, 能够特别清楚地看到应该是如此, 因为这时你破坏了原子或分子的整齐和持久的排列, 把晶格转变成不断变化着的随机分布.

一个孤立的系统, 或者一个处于均匀环境中的系统 (在当下的研究中最好把它也考虑成我们所要讲的系统的一部分), 其熵不断增加, 或快或慢地过渡到熵为最大值的没有活力的状态. 我们现在认识到这个物理学的基本定律就是, 如果没有我们的干预, 物体都有走向混沌状态的自然倾向 (图书馆里的书籍或者写字台上堆着的纸张和文稿也会表现出这种倾向, 在这种情况下类似于热运动的就是, 我们一会儿这样, 一会儿又那样处理它们, 一点也不关心把它们返回原处).

从环境提取 "有序" 来维持组织性

我们怎么用统计理论的语言来表述一个生命有机体所具有的那种奇异的能力, 就是靠着这种能力推迟了它向热力学平衡 (死亡) 的衰变? 我们在前面讲过: "它靠负熵喂养", 好像是将一股负熵吸到自身上, 抵消由于生活产生的熵增, 从而将自己维持在一个稳定的较低的熵水平上.

如果 D 是无序的度量, 它的倒数, $1/D$, 就可以看成是有序的直接度量. 由于 $1/D$ 的对数正好是 D 的对数的负值, 我们可以将玻耳兹曼方程写成如下的形式:

$$-(\text{熵}) = k \log(1/D).$$

这样一来, "负熵" 这个有点别扭的表示就可以用一个比较好的词来代替: 加上了负号的熵本身就是对有序的一个度量. 于是有机体维持一个稳定的较高水平的有序性 (= 相当低的熵水平) 的办法的确就在于不断地从其环境中汲取有序性. 这个结论并不像它初看起来那么荒谬. 相反, 它还可能被指责为太平凡. 实际上在高等动物的情形中, 我们早就知道饲养它们的有序性的种类, 即由比较复杂的有机化合物组成的极为有序态下的物质, 当作它们的食物. 在被利用之后它们就把它以大大降解了的形式返回 —— 但是还不是彻底降解了, 因为植物还可以利用它. (当然, 这些植物还可以在阳光中获得它们的最强大的 "负熵" 供给.)

达西·文特渥斯·汤普逊

　　达西·文特渥斯·汤普逊 (D'Arcy Wentworth Thompson) 是一个巨人, 一个非凡的人, 他写过一本巨著, 一本非凡的书. 他的外表像一个毕达哥拉斯学派的人; 他在所有的事物中都看到了数. 但是与毕达哥拉斯不同的是, 他不是一个宗教的预言家, 也不是一个神秘主义者. 汤普逊是一个博物学家, 一个古典学者, 还是一个数学家. 他的朋友, 已故英国动物学家克里福德·多贝尔 (Clifford Dobell) 说过: "在他的组成中这三个主要的要素不是混合在一起, 也不是简单地叠加, 而是化学结合在一起形成了他的个性."《论成长和形式》(*On Growth and Form*) 是一本文学的和科学的杰作, 它的广度、优雅和生动, 其中包藏奇妙的事情几乎是无穷无尽, 反映了这个独一无二的个性.

　　汤普逊于 1860 年生于苏格兰的爱丁堡, 祖父是一位船长, 父亲是一位很能干的一流学者, 生于离岸的范 – 地曼 (Van Dieman) 海岛. [1]他的母亲在生产时过世, 于是父亲与儿子之间的坚如磐石般的联系深深地影响着儿子的性格. 他的父亲本人也是一个不平凡的人. 老汤普逊有着 "热烈的人道主义"[2]并结合对教育和其他一些有争议的事情持强硬的——和先进的——观点. 他在爱丁堡中学执教了一个时期, 他在那里的学生包括了安德鲁·兰 (Andrew Lang) 和罗伯特·路易斯·斯蒂文森 (Robert Louis Steveson),

---

[1]这篇简短的速写中所述事实主要是依据多贝尔所写, 发表在 *Royal Society of London* (伦敦皇家协会会刊) 18 (1949), pp. 599–617 上的 Obituary Notices. (未加引号的引语都是源自该文.) 其他用到的资料来源包括由 H. W. 特恩布尔 (Turnbull) 发表在 *The Edinburgh Mathematical Notes* (爱丁堡数学杂记) 38 (1952), pp.17–18 上的讣告; G. E. 赫钦逊 (Hutchinson) 发表在 *American Scientist* (美国科学家) 上的 In Memoriam: D'Arcy Wentworth Thompson; John Tyler Bonner(邦纳) 发表在 *Scientific American* (科学的美国人), 1952 年 8 月号, pp. 60–66 上的 D'Arcy Thompson.

[2]G. E. Hutchinson, 前引文献 (见脚注 1)).

但是他的直言不讳以及他在改革课程时的威胁言论使他无法与领导合作, 于是转到噶维 (Galway) 地方的皇后学院 (Queens College) 任希腊语的教授. 他写过许多书和论文, 还有两本十分令人忧伤的摇篮曲. 在 1866 年他在波士顿做罗维耳 (Lowell) 演讲; 七十年后他的儿子也享受到了在相同的赞助下做一系列讲演的特殊快乐.

达西 · 汤普逊从父亲那里获得早期教育, 以 "无可比拟的轻松和流畅" 学会了读、写以及讲拉丁语和希腊语. 在爱丁堡中学毕业后, 于十七岁进了爱丁堡大学学医. 两年之后他赢得了剑桥三一学院的奖学金, 他在那里学习动物学和自然科学. 尽管他是一个很出色的学生, 却未能得到特别研究生奖学金. 这是一个严重的挫折, 但也可能就此转化成了为最好所做的准备, 因为他由此被迫转到一所较小的大学, 他在那里更加依靠自己, 而且可以追求自己的兴趣爱好. 在 1884 年他被任命为邓迪 (Dundee) 大学学院的生物学教授; 这所学院后来并入了圣 · 安德鲁斯大学, 当时他获得了自然史的教席. 他在那里执教了六十四年.

汤普森常常这样说和写, "我喜欢多样性." 他发表的著作, 包括大约 300 种书名, 显示出他的天才和爱好的多面性. 他的文字性的著作大多数, 不是在技术性方面的, 就是在纯粹学术领域内的; 这种书的报偿就是它本身, 而且他也就满足于只有一小部分人注意到它们. 在他还在剑桥的时候, 他就翻译了一本里程碑式的论花朵受精的德文巨著《花朵通过昆虫的受精》(*Die Befruchtung der Blumen durch Insekten*, 赫尔曼 · 缪勒 (Hermann Müller)), 它的序言是由查尔斯 · 达尔文 (Charles Darwin) 写的. 他编了一本有关原生动物、海绵动物、腔肠动物和蠕虫的世界文献书目; 准备了一本《希腊鸟类名词汇编》(*Glossary of Greek Birds*) 和一本《希腊鱼类名词汇编》(*Glossary of Greek Fishes*) (都在他去世前一年出版); 在翻译亚里士多德的《动物生态史》(*Historia Animalium*) (1910 年) 上花了三十年的时间; 发表的论文和著作涉及形态学, 分类学, 古时候的海中的遗骨, 圆口类鱼的神经系统, 太阳鱼 (sunfish) 的内耳, 绦虫, 鹦鹉的头盖骨, 乌贼, 蜂鸟身上的羽毛排列 (这还只是举几个样品的目录); 写过好几篇论经典科学题目的论文 (例如,《多余与欠缺》(Excess and defect),《如何抓乌贼》(How to catch cuttlefish)), 还写了大量的逝者传略和评论. 在《科学与经典》(*Science and the Classics*, Cambridge, 1940) 一书中有大量他写的文章和讲演, 有经典方面的、科学方面的、数学和文学等方面的, 这是一本值得热烈向大家推荐的书.

尽管有这样丰富的作品和研究工作, 汤普森还把许多时间用于其他方面的任务. 他曾担任苏格兰钓鱼协会的科学顾问有四十一年之久 (1898—1939), 编辑和写作有关钓鱼实际问题的报告和文章. 他还是一个值得称道的老师和讲师, 即使在家中对 "正在上学的孩子和饱学的科学家" 都一样. 他的学生 "数以万计"; 在他老了的时候他更加受到人们的尊敬, 他的名声越来越大. 1916 年他当选为伦敦皇家学会的会士, 1931 年当选为该学会的副主席; 在 1934—1939 年的五年期间他是爱丁堡皇家学会的主席. 剑桥大学和牛津大学相继授予他荣誉学位, 而且在 1937 年被授予爵位. 他在 1948 年去世, 在此前不久他去过印度, 在那里他 "对庞大的听众讲述了鸟类的骨骼结构".[3]

汤普森是一个仪表堂堂、风度翩翩的人. 他那硕大的铲形胡须, 在他年轻时就长出来了, 红红的, 后来变成纯白的了, 使得他看起来像一个 "慈祥的朱庇特". 他有一副宽大的面颊, 蓝蓝的大眼睛, 大脑袋上 "总是习惯戴上一顶黑色、帽檐弯弯的软呢帽, 高耸的帽冠, 宽宽的帽边".[4]他的谈话 "无论是在私下, 还是在公开会议上, 都是轻松、有度、亲切, 能引起共鸣和富有尊严的".[5]他的自制力极强: 在印度讲演的整个过程中, "他抓住一只发怒的母鸡夹在一只手臂之下, 这样他就能够方便地在活的标本上指出他所描绘的隐蔽的特征. 他手上的标本的挣扎一点也没有扰乱他的流利的演讲."[6]他在 1901 年结婚, 并育有三个孩子. 他有许多朋友, 喜欢和人们在一起, 喜欢教育, 可是他是 "一个在心底里孤独的人, 一个最看重平和、宁静和自由的人". 多贝耳 (Dobell) 写道他是一个对死又爱又恨的人. 他在八十一岁时这样写道 "世界不会对我们变得沉闷乏味, 可是我们还必须准备承认, 这个长而快乐的假期已经足够了." 在迈向生命的终点时, 像萧伯纳 (Bernard Shaw) 和许多其他高龄老者一样, 他渴望休息. "我的日子已经过去了", 他这样叹息道, "我已经做了我能做的, 我已经得到了我付出的报酬, 我已经得到了我该得到的适度的快乐 …… 这个我知道如何在其中生存的旧世界已经远去了."

---

[3]John Tyler Bonner, 前引文献 (见脚注 1)).
[4]同前.
[5]H. W. Turnbull, 前引文献 (见脚注 1)).
[6]Bonner, 前引文献.

*****

《论生长和形状》的第一版在 1915 年出版. 发行量不大不小, 共 500 本, 但是在它慢慢销售完了之后, 许多人就到二手市场中去寻找, 并在其中卖出了好价. 书是战时写成的; 它的修正版, 从 1922 年就开始, 但是直到 1941 年才完成, 用尽了汤普森在另一场战争中的时间. "在我正当年的时候我被剥夺了服务的机会, 是它给我带来了安慰和可以做的事情", 他在新版的序言中这样写道.

他写此书, 这样解释道, "是把它当成一本用物理学的常识作为方法来研究有机物的形式的简单入门的书, 这些方法在它们对自然历史的应用上绝不是新创的, 但是博物学家还很不习惯采用它们." 它的宏伟目标 —— 虽然他自己声称只不过是想达到一个 "初步近似" ("我的这本书用不着写什么序言, 因为它从头到尾 '全都是序言'") —— 就是要把生物现象归结为物理学, 而且如果可能, 归结到数学. 他的论点概括成值得纪念的一段话: "细胞和组织, 外壳和骨骼, 树叶和花朵, 物质有如之多的部分, 它们的粒子在移动、被塑造、受到变形, 全都遵守物理的定律. 它们毫无例外都遵守这样法则, 即上帝总是做几何化. 它们的形状问题首先就是数学问题, 它们的生长问题本质上是物理问题, 而形态学家从事实来看, 是物理科学的学生."

《论生成和形状》一书最卓越的地方, 正如多贝耳所指出的, 就是在于其研究这个主题的方法的新颖和对它的问题做了几乎完美的处理. 汤普森致力于 "将在经典和渔业统计, 以及从古代、中世纪到现代发表在动物学、植物学、地质学、化学、物理学、天文学, 工程学、数学, 还有甚至神话著作中已知的知识进行分析、综合和阐明". 他讨论了大小, 成长速率, 细胞和组织的形状. 他对足呈放射状的虫的残骸提出了一个漂亮的分析, 指出这不是由于结晶力形成的, 而是由 "在整个系统中表面张力所表现出的力的对称性引起的". 他解释了牙齿的紧固性, 水的溅泼的数学, 蜂窝的形状, 温度对蚂蚁生长的影响, 血细胞形状的理由, 控制树叶排列的规则, 鹿的多叉鹿角的生成, 血管的分叉, 雪花结晶的构造. 借助于以丢勒 (Dürer) 的工作为基础的几何变换, 他能够把鱼的各种显然不同的形状联系起来. 在许多衣服的造型中都呈现有等角螺旋: 有的穿起来像个鹦鹉螺, 有的像软体动物, 或像菊石 (鹦鹉螺化石)、单壳软体动物 (如蜗牛)、希腊神话中的阿贡诺英雄、虾、牡蛎、向日葵. 他还向我们展示了鸟飞行的力学, 马和恐龙的背脊骨中的应力图, 在各种不同的人造工程, 特别是桥梁, 之间的惊人的类似, 以及爬行动物的骨骼, 例如我们的祖先、梁龙[7]和剑龙之间的惊人类似. 对这些特殊的家伙之一的骨架的描述可以 "严格而又漂亮地类比了" 双臂悬梁桥, 就像那四肢的交叉.[8]

　　这是一本充满睿智的书, 一本迷人的书. 既是诗歌, 又是科学. 它是以一种极其清澈的风格写成的, 个性鲜明, 行文流畅, 但是毫不矫揉造作. 正如布丰 (Buffon) 的名言 "风格即人". 汤普森说过, "玩转文字, 写出漂亮的句子是我的一个长处, 我应该好好利用它." 培根 (Bacon) 赞赏凯撒 (Caesar) "对文字的分量与锋利有惊人的理解". 在《论生长和形状》这本书中到处都充满着这种惊人的理解.

　　下面选的是汤普森的书的第二章, 主题是大小 (动物的个头和速度以及类似的东西), 但是对它的处理是如此宽广, 如此海阔天空 —— 尽管从不离题 —— 以致在后面的章节中要谈的许多论题都会在眼前呈现. 这是一个很长的选篇, 也许比本书中任一选篇都要长, 但读者还可能会觉得它太短. 卓越的东西绝不会嫌太多.

---

[7]古生物恐龙的一种.—— 译注

[8]"前肢虽然比较小, 其造型显然是为了支撑, 但是它们要支撑的重量远小于后肢所支撑的重量. 头很小, 颈又短, 而另一方面, 后面的部分以及尾部又大又重. 背脊骨弯曲成大的双臂悬梁, 连接骨盆与后肢, 就是在这里用它最高又最强的脊梁骨把拉伸部件从压缩部件分开. 四条腿为此巨大的连续悬梁提供了第二个支撑桥墩, 其重量大部分时候单独放置在后肢上."《论生长和形状》, 第二版, p.1006.

...... 说实在的, 有什么理由可以不上学校就能够达到蜜蜂、蚂蚁和蜘蛛的智慧呢? 那些教会了它们的智慧之手有什么理由不能教会我们呢? 傻笨的脑袋瓜子为自然界中的那些大家伙, 鲸、大象、单峰骆驼和双峰骆驼惊讶不已; 这些, 我承认是她的手所创造的巨大和威猛的作品; 但是在这些狭小的**引擎**里有更加奇异的数学, 而且这些小小公民们的文明更能干净利落地显示出它们的造物主的智慧.

—— 托马斯·布朗爵士 (Sir Thomas Browne)

17　论大小

达西·文特渥斯·汤普逊

我们应该把所有有关形状的概念归结为大小和方向. 因为在我们把一个对象在各个方向上的大小, 实际的和相对的, 都知道了之后, 它的形状就完全确定了; 而生长则涉及大小和方向这些概念, 与另一个概念, 或另一个 "维度", 即**时间相关**. 在我们开始讨论具体的形状前, 最好还是先考察一下空间大小, 或者说与一个物体在空间的几个维度上的伸展有关的几个一般现象.

初等数学告诉我们 —— 阿基米德本人也这样告诉我们 —— 在相似的图像中, 表面积随线度的增大与矩形一样, 而体积随线度的增大与立方体一样. 如果我们取半径为 r 的球这个简单情况来看, 它的表面的面积为 $4\pi r^2$, 而它的体积则为 $\frac{4}{3}\pi r^3$; 由此得知, 其体积与表面积之比, 即 $\frac{V}{S}$, 为 $\frac{1}{3}r$. 就是说, $\frac{V}{S}$ 正比于 r, 或者, 换一个说法, 一个球增大多少, 它的体积 (或者说, 如果整个球体的密度是均匀的话, 它的质量) 与它的表面积之比也会增大多少. 那么, 如果令 L 表示任何线度, 那么我们就可以把一般方程写成

$$S \propto L^2, \quad V \propto L^3,$$

$$\text{或 } S = kL^2, \text{ 以及 } V = k'L^3,$$

其中 k 和 k' 为 "比例因子", 以及

$$\frac{V}{S} \propto L, \quad \text{或} \quad \frac{V}{S} = \frac{k'}{k} L = KL.$$

所以, 在小人国里, "国王的大臣在发现格列弗的身材以十二比一的比例超过他们的身材后, 就从身体的相似性得出结论, 他的身体必定至少含有他们的 1728 [或 12^3] 倍, 因此必须按这个比例来配给."[1]

由这些基本的原理得出大量的结果, 全部都或多或少有一定的意思, 其中有的非常重要. 首先, 尽管长度 (我们就这样说) 的成长和体积的成长 (通常相当于质量或重量) 是同一过程或现象中的一部分, 正是那种以其增长比其他的增长要大得多而引起了我们的注意. 例如一条鱼, 其长度增加一倍, 它的重量的增长就不下于八倍; 而在从四英寸长到五英寸长时其重量只不过是翻了一番.

其次, 我们看到, 掌握任一特定品种的动物的长度与重量之间的关联, 换言之, 即决定公式 $W = kL^3$ 中的 k, 就能使我们在任何时候把其中一个量转化成另一个量, 从而 (这样来说) 用一把量尺来称动物的重量; 不过这还是要有一定的条件, 即动物不得改变其形状, 也不能改变其比重. 不过一个物体的比重或密度发生实质性的改变或发生迅速的改变不大可能; 但是, 只要生长还在继续, 形状的改变可能还是比较容易发生的, 虽然眼睛不大容易看得出来. 现在称重还是远比测长要方便和准确得多; 而测长却能揭露一条鱼的形状的微小甚至是难以觉察的变化 —— 例如, 在长度、宽度和深度之间的轻微的相对差别 —— 这种测量的确必须非常精细. 但是如果我们能够相当准确地确定长度, 这是线性维度中最容易测量的一个, 并把它与重量关联起来, 那么 k 的值, 不论它是改变还是保持恒定, 立即就会告诉我们, 一般的形状是有还是没有改变的倾向, 或者, 换言之, 在不同方向上生长速度的差异. 在我们更加具体地讨论生长速度的现象时, 我们还会回到这个论题上来.

我们习惯于把大小看成是一个纯粹相对性的事情. 我们讲一件东西是

---

[1] 类似地, 格列弗的半品特酒就相当于小人国里的整整一大桶 (hogshead): 按正式的比例相当于 1728 个半品特, 或 108 加仑, 等于一排普 (pipe) [一种液体量的单位] 或两大桶. 但是色耳波恩 (Selborne) 的吉尔伯特 · 怀特 (Gilbert White) 先生没能看出小人国的人们所明白的东西; 为了找到某种小小的长腿鸟 (stilt), 重 $4\frac{1}{4}$ 盎司, 腿有 8 英寸长, 他想, 一只火烈鸟, 重 4 磅, 腿长应有 10 英尺, 才会有与长腿鸟相同的比例. 但是对我们来说很显然的是, 由于这两种鸟的重量比为 1:15, 所以腿的长度 (或其他线度) 之比应为这些数的三次方根, 接近为 $1 : 2\frac{1}{2}$. 在这个尺度上火烈鸟的腿长应该是, 实际上也真是, 大约 20 英寸长.

大或是小, 是参照它惯常是什么情况, 比如我们说一头小象或一只大老鼠; 而且相应地我们易于假设尺寸不会有什么其他的或更本质的差别, 而且小人国和大人国也都一样[2], 这要看我们是通过望远镜这一端还是另一端去看而定. 格列弗本人宣称, 在大人国, "无疑哲学家是对的, 他告诉我们, 没有什么东西是大的或小的, 除非加以比较"; 此外奥利弗·赫维塞德 (Oliver Heaviside) 习惯以同样的态度讲, 在宇宙中大小没有绝对的尺度, 因为向大的方向发展是没有限制的, 向小的方向发展也是没有限制的. 牛顿力学的真正本质就是, 我们能够把我们的观念和推导从大小的一个极端延伸到另一个极端; 约翰·赫歇尔 (John Herschel) 说过: "学生应该把他的考虑放在发现大与小的差别在自然中全都消失殆尽了."

所讲的这一切对数和相对大小都一样是对的. 宇宙拥有大与小, 远与近, 多与少的无限多样性. 然而, 在物理科学中绝对大小的尺度就变成了非常实在和重要的事情; 由此一个新的更深层次的兴趣从尺寸的不断变化中产生, 这是当我们研究把它们联系在一起的物理关系的不可避免的改变时就会遇到的. 尺度的效应不是依赖于事物本身, 而是在它对整个环境或介质的关系上; 是在对事物 "置于自然中的地位上", 对在宇宙中的作用与反作用的场等的适应上, 大自然处处对尺度都是一丝不苟, 而且任何事物都有其适合的尺寸. 人和树, 鸟和鱼, 星球和星系都有它们自己的适当的尺寸以及或多或少是比较窄的绝对大小. 人类的观察和经验的尺度处于英寸、英尺或英里的狭小范围内, 一切均以取自我们自身或我们所有的东西作度量. 那些包括光年, 秒差距 [天文距离单位, = 3.26 光年], 埃 (Ångström) [长度单位, 记号: Å, = 10^{-8} 厘米], 原子和次原子的大小, 属于另一个等级的事物和另一些认识原理.

尺度的一个共同效果是由于物理的力有些是直接作用于物体的表面, 或者说是与表面或面积成正比; 而另一些, 其中首先就是引力, 作用在所有的粒子上, 物体内部的和外部的都一样, 而且作用的力与质量成正比, 所以通常也就与体积成正比.

一个简单的例子就是由两根类似的线悬挂着的两个类似的重物. 由重

---

[2] 斯威夫特 (Swift) 对大小的算术给予了密切的关注, 但对其物理方面未加任何重视. 见 De Morgen, On Lilliput (论小人国), *N. and Q*. (2), VI, pp. 123–125, 1858. 还见 Berkeley, On relative magnitude (论相对大小), *Essay towards a New Theory of Vision* (迈向视觉的一个新的理论), 1709.

物所作用的力与它们的质量成正比, 而质量又与它们的体积成正比, 从而与某几个线性尺度, 包括悬线的直径, 的立方成正比. 但是悬线截面的面积是所说线性尺度的平方; 因此悬线中单位面积上的应力是不同的, 而是随线性尺度成正比地增加, 这样结构越大, 应力 [这里原文为 strain, 现在多用于指应变]

$$\frac{\text{力}}{\text{面积}} \propto \frac{l^3}{l^2} \propto l$$

就越大, 悬线就越难以支撑.

　　总之, 作用于一个系统中的力常常会是这样, 有的随着所包含的质量、距离或其他量的一个幂次变化, 有的随着另一个幂次变化; 在我们的平衡方程中 "量纲" (dimensions) 保持原样, 但相对值随着尺度改变了. 这就是所谓的 "相似性原理", 或者说动力相似性原理, 这个原理及其结果都非常重要. 在许多物质中, 黏滞性、毛细作用、化学亲和力、电荷全都很重要, 在整个太阳系中引力[3]统治着一切; 在神秘的星云领域内, 引力也有可能变得不再重要.

　　再回到家常事物中来. 一个铁梁的强度明显随其构件的截面而变, 而每个截面又与线度的平方成正比, 但是整个结构的重量与其线性维度的立方成正比. 由此立即可知, 如果我们建造两座几何上相似的桥梁, 其中较大的那个较弱, [4]因此在它们的线性维度之比上也如此. 这是基本的工程经验, 以致引得赫伯特·斯潘思 (Herbert Spencer) 把这个相似性原理应用到生物学上.[5]

　　但是在这里, 在我们作进一步的叙述之前, 我们要仔细地注意到脆弱不一定随着个头的增大同步增大. 有对这个规则的例外存在, 在这种例外的情形中我们只处理那种只随着所作用的面积而变的力. 如果有一大一小两条

---

[3]在引力理论的早期, 认为显然引力 "正比于物体内的固体物质的量, 而不是像通常力学的原因那样正比于其表面上的物质; 因此这种能力似乎超越的仅仅是一种机制." (Colin Maclaurin, *Sir Isaac Newton's Philosophical Discoveries*, IV, 9)

[4]詹姆斯·汤姆逊 (James Thomson) 教授从工程师的观点处理了这个题目, Comparison of similar structures as to elasticity, strength and stability, *Coll. Papers*, 1912, pp. 361–372, 以及 *Trans. Inst. Engineers, Scotland*, 1876; 还有巴尔 (A. Barr) 教授的, 同上, 1899. 还可以见 Rayleigh, *Nature*, April 22, 1915; Sir G. Greenhill, On mechanical similitude, *Math. Gaz.*, March 1916, *Coll. Works*, VI, p. 300. 至于数学叙述, 请见 (例如) P. W. Bridgman, *Dimensional Analysis* (2nd ed.), 1931, 或 F. W. Lanchester, *The Theory of Dimensions*, 1936.

[5]Herbert Spencer, The form of the earth, etc., *Phil. Mag.* XXX. pp. 194–196, 1847; 还有 *Principles of Biology*, pt. II, p.123 seq., 1864.

船, 在两根相似的桅杆上挂着相似的风帆, 这两张风帆是同样地绷紧着的, 并在同样的地方同样地绑住, 而且一样地适宜抵抗来自相同的风的力量. 可是两把不同大小的雨伞在相同的天气中能起相同的作用; 鸟的翅膀翼展 (尽管不是翼骨) 稍稍变·下就可以扩大.

勒萨日 (Lesage), [6]一个 18 世纪著名的医生, 在一本没有完成也没有出版的著作中, 在几个明显的例子对相似性原理做出了值得赞叹的应用. 例如, 勒萨日这样论述道, 在小动物中面积对体积的一个较大的比例, 如果其皮肤和我们的一样 "多孔", 就会导致过度的蒸发; 由此可以说明昆虫和其他许多地面上的小动物的皮肤的坚硬和厚实. 再有, 由于水果的重量按其线度的立方增加, 而其梗的强度按平方增加, 由此果梗必须长得明显地与果实成正比; 或者, 换句话说, 高大的树不能在细枝上结大的果实, 而西瓜和南瓜必须在地上生长. 同样地还有, 在四足动物中, 支撑大的头脑的脖颈必须是, 要么像公牛的那样分外地粗而强壮, 要么像大象的那样非常短. [7]

但是奠定这个普遍的相似性原理的第一人是差不多三百年前的伽利略; 他以尽可能的清晰性提出了这个原理, 并从活的和死的结构中提出了丰富的例子. [8]他说, 如果我们想造巨大的船舶、宫殿或庙宇, 那么帆桁、大梁和螺栓不能再绑到一起. 大自然不会生长出超过一定尺度的大树, 也不会构造出超过一定尺寸的动物, 而且还同时保留一样的比例和采用在较小结构情形下就够用的材料. [9]这个东西结果就会在自己的重量下压得粉碎, 除非我们要么改变它们的相对比例, 这最终会把它变得臃肿不堪、奇形怪状、效能低下, 要么必须找到新的材料, 比过去所用的更硬更强. 这两个办法在大自然中和在艺术中, 以及在实际应用中我们都很熟悉, 在这个水泥和钢铁时代我

[6]见 Pierre Prévost, *Notices de la vie et des écrits de Lesage*, 1805. 乔治·路易斯·勒萨日 (George Louis Lesage), 1724 年生于日内瓦, 把他八十年的一生中的六十年贡献给了引力的机械理论; 见 W. Thomson (Kelvin 勋爵), On the ultramundane corpuscles of Lesage, *Proc. R. S. E.* VII, pp. 577–589, 1872; *Phil. Mag.* XLV, pp. 321–345, 1873; 以及 Clerk Maxwell, art. "Atom" *Encycl. Brit.* (9), p. 46.

[7]参阅 W. Walton, On the debility of large animals and trees, *Quart. Journ. of Math.* IX, pp. 179–184, 1868; 以及 L. J. Henderson, On volume in biology, *Proc. Amer. Acad. Sci.* II, pp. 654–658, 1916; 等等.

[8]*Discorsi e Dimostrazioni matematiche, intorno à due nuove scienze attenenti alla Mecanica ed ai Muovimenti Locali*: appresso gli Elzevirii, 1638; Opere, ed. Favaro, VIII, p. 169 seq. Transl. by Henry Crew and A. de Salvio, 1914, p. 130.

[9]维纳 (Werner) 这样指出过, 米开朗基罗 (Michael Angelo) 和布拉曼提 (Bramanti) 没能在巴黎用石膏建成大小像他们在罗马用石灰石建成的建筑.

们所遇到的, 伽利略做梦也不曾想到.[10]

还有, 正如伽利略也曾想仔细解释的, 除了纯应力与应变的问题, 举起大的重量的肌肉的力量问题或者抵抗把骨头压碎的应力问题之外, 我们还有重要的弯矩问题. 这些多少都是我们要面临的问题; 它影响着整个框架的形状, 确定了大树的高度. [11]

我们在初等力学中学到过这样简单的情形, 两条类似的梁, 在其两个端点支住, 除了受到本身的重量, 没有受到别的载荷. 在其弹性限度内它们倾向于弯曲, 或者说向下弯曲, 与它们的线度的平方成正比; 如果一根火柴杆两英寸长, 一条类似的梁六英尺长 (或 36 倍长), 后者在其自重的作用下弯曲的程度是前者的三千倍. 为了抵消这一趋势, 在动物的个头增大时, 四肢趋向于变粗变短, 整个骨架变得更壮更重; 老鼠或鹪鹩的骨头的重量是整个身体的约 8%, 鹅或狗的约占 13% 或 14%, 而人的骨骼则约为 17% 或 18%. 大象和河马长得又大又笨, 麋鹿肯定不如瞪羚那样优雅. 非常有趣的是, 另一方面我们又观察到, 一头小的海豚和一条硕大的鲸的骨架部分的比例差别非常小, 即使是四肢及四肢骨骼之比也是如此; 因为在这二者中重力的影响变得可以, 或者近似地可以, 忽略不计.

在一棵大树的问题中, 我们要确定这样的节点, 超过这一点之后, 树只要稍稍偏离垂直的方向就会在自重下开始弯曲. [12]在这种研究中我们要做几点假设: 例如, 假设树干均匀地变细, 树枝的截面积按一定的规律变化, 或者 (如拉斯金 (Ruskin) 所假设的) 在任一水平面上趋向为常数; 而数学地处理可能会有点难度. 但是格林希尔 (Greenhill) 在这些假设的基础上证明了, 某种英国的哥伦比亚松树, 在伦敦西郊的国家植物园以它为旗杆, 高达 221 英尺, 底部的直径为 21 英寸, 根据理论, 可以, 也不一定能, 长到大约 300 英尺高. 令人惊讶的是, 伽利略曾经提出完全相同高度的假设作为树的高度的

---

[10]克莱斯勒和帝国大厦, 后者到它的 200 英尺高的 "飞船停泊塔" 的塔底算起高 1048 英尺, 是目前最高的大人国式的建筑.

[11]是欧拉和拉格朗日首先 (大约在 1776—1778 年) 证明了, 一根一定高度的立柱只能受压, 但一根比较高的立柱会被它自身的重量所弯曲. 见 Euler, De altitudine columnarum etc., *Acta Acad. Sci. Imp. Petropol.*, 1778, pp. 163–193; G. Greenhill, Determination of the greatest height to which a tree of given proportion can grow, *Cambr. Phil. Soc. Proc.* IV, p. 65, 1881, 以及 Chree, 同上, VII, 1892.

[12]麦秆在麦穗重量的作用下以同样的方式下弯, 而猫的尾巴竖起来的时候会打弯 —— 不是由于它们 "具有柔顺性", 而是由于它们超过了能够保持在垂直位置稳定平衡的尺度. 可是另一方面, 小猫的尾巴却能像一颗钉子似的直直地竖起.

极限. 一般来说, 正如格林希尔所证明的, 一个均匀高大的躯体的直径随其高度的 $\frac{3}{2}$ 次幂增加, 这能说明年轻的树与老而大的树的粗矮的外表相比的苗条的比例.[13] 正如歌德在《诗与真实》(*Dichtung und Wahrheit*) 一书中所说的, "为此要小心, 别让大树长入天空."

但是逐渐变细的松树只是一个宽广问题的特殊情形. 橡树不会长得像松树那么高, 但是它能携带更重的载荷, 而且它的果荚广泛地长在展开的根茎上, 表现出一种不同的外形. 斯密通 (Smeaton) 将其用在他的轻型住屋的模型上, 爱菲尔 (Eiffel) 按照一个类似但严格得多的计划建造他那钢铁的巨树, 有一千英尺高. 这里塔或树的轮廓沿着, 或趋于沿着一条对数曲线, 使得从上到下整个强度相同, 所根据的原理我们在后面谈动物骨骼的形状和机械效率时将会有机会来讨论. 此外, 在树的情况中, 起锚住作用的根系形成强有力的抗风件, 在与常见风的方向相反的方向上最发达; 由于一棵树的寿命受到风暴频发度的影响, 而其强度与它所必须承受的风压有关.[14]

在我们见到的动物中, 用不着数学或物理的帮助, 我们就知道小的鸟和兽跑得多么快、多么敏捷, 比较大的动物动作就较慢和安详, 而过大的躯体就会带来一定的笨拙, 相当的不灵便, 一个危险的和容易出意外的因素. 欧文 (Owen) 在其 "生存的斗争" 的一段中举了这样的例子, 这一段作为预警本身就很有意思, 有点像德·康多勒 (De Candolle) 写的. 欧文这样写道:[15] "与物种的躯体成比例的是在竞争中的困难, 作为活的有机整体, 每个物种的个体都必须坚持反抗周围环境中的那些总是趋向消解有生命力的结合, 并且征服活的物质的普通化学力和物理力. 于是在这样一种原来的物种已经适应了在其中存在的外部环境中, 任何变化都会影响这种存在, 也许在程度上是按几何比例于物种的个头. 如果有一个干燥的季节延得很长, 大的哺乳动物就会比小的更快地感受到干渴; 如果气候的任何改变影响到植物的产量, 那么第一个感觉到灌溉不足影响的就是体型庞大的食草动物."

但是伽利略原理可以把我们带到更远, 也还有更多的路线. 肌肉的力量,

---

[13] 巨型的竹竿高度可以达到 60 米, 而其茎秆靠底部的直径不过 40 厘米, 其尺寸与理论的限度相差不大; A. J. Ewart, *Phil. Trans.* CXC VIII, p. 71, 1906.

[14] 参见 (尤其是) T. Petch, On buttress tree-roots, *Ann. R. Bot. Garden, Peradenyia*, XI, pp. 277–285, 1930. 还有由 James Macdonald 写的一篇有趣的文章 On The form of coniferous trees (论结球果的树的形状), *Forestry* VI, 1 and 2, 1931/2.

[15] *Trans. Zool. Soc.* IV, p. 27, 1850.

和一条绳索或腰带一样, 随其截面而改变, 骨头对抗压力的能力也和腰带一样, 随其截面而改变. 但是地面上的动物, 那有倾向压碎它的肢体, 或其肌肉能推得动的重量, 随其线性尺度的立方而改变; 这样一来, 对一个直接生活在重力作用下的动物, 其可能的大小是有一确定限度的. 大象, 与较小的哺乳动物相比, 其肢体骨骼的尺度已经显示出其不够粗的倾向; 它的运动处处显得受阻, 它的灵便性不大; 它已经接近物理力所许可尺寸的最大极限. [16]蚊子或大蚊子的长脚有其自身的安全因素, 以其极小的身材和重量为条件; 因为按照它们自己的形式, 即使这些小生物也有倾向于它们的自然大小的不可避免的极限, 但是正如伽利略也看到了的, 如果动物像鲸一样全部浸在水中, 或者部分是这样, 就可能像中生代时期的巨型爬行动物一样, 那么它的重量有一部分相当于所排出的体积的水的重量被抵消, 如果该动物身体, 包括其中的空气, 的密度与其周围的水一样 (鲸就接近这种情况), 那么它的重量就会全部被抵消.[17]在这种环境下对动物的无限生长就不再有一样的物理壁垒. 实际上, 正如赫伯特 · 斯潘思 (Herbert Spencer) 指出过的, 在水生动物的情形中有一个突出的优点, 这就是, 它长得越大, 它的速度就越大. 因为它所能利用的能量依赖于它的肌肉的质量, 而它在通过水中的运动要反抗的不是它的重量, 而是它的 "皮肤的摩擦力", 它只与线性尺度的平方成正比:[18]因此, 其他方面都相等时, 船越大, 或者鱼越大, 就越趋向于跑得快, 但是仅正比于长度的平方根. 因为鱼所达到的速度 (V) 依赖于它所能做的功 (W) 和必须克服的阻力 (R). 而我们知道 W 的量纲为 l^3, R 的量纲为 l^2, 根据初等力学有

$$W \propto RV^2, \quad \text{或者} \quad V^2 \propto \frac{W}{R}.$$

于是有

$$V^2 \propto \frac{l^3}{l^2} = l, \quad \text{以及} \quad V \propto \sqrt{l}.$$

[16]参见 A. Rauber, Galileo über Knochenformen (伽利略论骨骼形状), *Morphol. Jahrb.* Ⅶ, p. 327, 1882.

[17]参见 W. S. Wall, *A New Sperm Whale* etc. Sydney, 1851, p. 64.

[18]我们在这里忽略了 "拖曳" 或 "顶头阻力", 它正比于速度的立方而变化, 是对非流线型物体的一个巨大的障碍. 但是鲸、鱼以及飞鸟的完全的流线型令周围的空气或水好像是理想流体, 不会产生 "间断曲面", 动物经过时不会有反推或湍流. 弗劳德 (Froude) 认为表皮摩擦或表面阻力等于容器水线处的平面受到的阻力, 也等于容器被打湿表面的面积受到的阻力.

这就是相应速度的所谓的弗劳德 (*Froude*) 定律 —— 这是 "量纲理论" 的一个简单而又最漂亮的例子. [19]

但是这些问题常常还有另一面, 使得它们变得极其复杂, 其回答一言难尽. 例如, 两个相似的引擎 (在每一冲程中) 所能够做的功应与其线性尺度的立方成正比, 因为它一方面与活塞的截面积成正比, 另一方面又与冲程的长度成正比; 在动物中情况也类似, 其中相应的比例涉及肌肉的截面积以及它的收缩通过的距离. 但是两个相似的引擎所提供的马力与线性尺度的平方, 而不是立方成正比地改变; 这是由于实际产生的能量依赖于锅炉的受热面积. [20]同样的道理, 在不同的动物之间, 动能的提供依据肺部的面积而定, 这也就是说 (假设其他方面都一样), 依赖于动物线性尺度的平方; 这就意味着, 在其他条件相同的情况下, 小动物比大的更强 (单位体重所具有的能力更大). 我们当然也可以 (不按照相似条件) 增加锅炉的加热面积, 靠增加内部的管道系统, 而不用增大外部尺寸, 大自然也是这样, 靠着复杂的支气管系统和小小的肺气泡来增加肺的呼吸面积; 但是, 无论如何, 在两个相似而且密切相关的动物中, 正如在两台同样制造的蒸汽引擎中, 这样的定律一定会成立, 按照弗劳德的汽船比较定律 (*law of steamship comparison*), 做功的速度倾向于随线性尺度的平方而变. 在一条为提速而建造的很大的船的情况下, 靠着增加锅炉的尺寸和数量就可以克服这个困难, 直至锅炉室与引擎室之比远远超过了普通小船的要求; [21]但是虽然我们在那些要求工作强度较大的动物

---

[19]虽然, 正如兰切斯特 (Lanchester) 所说, 这个伟大的设计者 "没有被量纲理论的知识所牵制".

[20]这个类比不很严格, 或者说不完全. 例如, 我们没有考虑锅炉钢板的厚度.

[21]设 L 为长度, S 为 (吃水的) 表面积, T 为吨位, D 为船的排水量 (排水体积), 并令它以速度 V 跨越大西洋. 那么, 在比较两艘构造相似但大小不同的船时, 我们知道有 $L = V^2, S = L^2 = V^4, D = T = L^3 = V^6$; 还有 R (阻力) $= SV^2 = V^6$; H (马力) $= RV = V^7$; 因此航程所需用煤 $(C) = \dfrac{H}{V} = V^6$. 就是说, 用普通的工程语言来讲, 跨越大西洋的速度每增加 1%, 船的长度就必须增加 2%, 它的吨位或排水量要增加 6%, 它消耗的煤也要增加 6%, 它的马力, 从而也就是它的锅炉容量, 增大 7%. 它的储煤的仓库也就会随船的增大而相应地增大, 但是它的锅炉的增加趋向超过可获得的空间比例. 假设有一艘蒸汽船, 长 400 英尺, 重 2000 吨, 2000 马力, 速度 14 节. 相应地, 一艘 800 英尺的船应该产生出 20 节的速度 $(1 : 2 :: 14^2 : 20^2)$, 它的吨位将达到 16000, 它的马力达 25000 上下. 这样一条船可能要用四条螺旋桨推动, 而不是用一条, 每一条有 8000 马力. (尤其是还可以) 见 W. J. Millar, On the most economical speed to drive a steamer. *Proc. Edin. Math. Soc.* Ⅶ, pp. 27–29, 1889; Sir James R. Napier, On the most profitable speed for a fully laden cargo steamer for a given voyage. *Proc. Phil. Soc. Glasgow* Ⅵ, pp. 33, 38, 1865.

中发现肺部空间会增大, 就像一般在鸟中会这样, 我还不知道, 像在 "锅炉安装得过多的" (over-boilered) 船, 大小和动物差不多的, 是否会按超出其他部位的大小的比例增加. 如果是这样, 那么肌肉的工作机制就应该能够发出一个与身体的线性尺寸的立方成正比的力, 而呼吸机制只能以一个正比于所述尺寸的平方的速度提供能量储备, 这个特别的结果应该会得出, 例如在游泳中, 较大的鱼应该能够在速度冲刺中远远超过小的鱼; 但经过一年下来的总距离二者应该很接近. 而且也应该由此得出, 较小的个体与较大的个体相比, 疲劳曲线更陡, 耐久能力更小. 在长距离赛跑中就是这样, 优胜者并不总是跑在前面, 但在最后却以其巨大的冲刺速度获胜; 赛马的一个格言就是以此为基础的, 这就是 "好的大家伙总是好过好的小家伙". 按照同样的理由, 聪明的人都知道, 在 "大学划船代表队中, 稳健而又明智的赌注都是压在体重较大的那一队上".

再次考虑躯体和肢体运动的动力学问题. 移动一重量为 p 的肢体, 通过一段距离 s 所做的功 (W) 为 ps; p 随线性尺度的立方而变, 而在普通的移动中 s 总是像线性尺度一样变化, 即像肢体的长度那样改变:

$$W \propto ps \propto l^3 \times l = l^4.$$

但是所能做的功受到能取得的能量的限制, 而这个能量随肌肉的质量而变, 即随 l^3 而变; 在这个限制下不论是 p 还是 s 都不会按别的方式改变. 在动物变得越大时, 相应地肢体长得会越短; 蜘蛛、大蚊子, 以及像这种长肢体的生物不会长得很大.

我们来更仔细地考虑身体的实际能量. 一百年以前, 在斯特拉斯堡 (Strasburg), 有一个生理学家和一个数学家在研究热血动物的身体温度.[22] 他们说, 动物失去的热量必定与其表面积成正比: 而因为身体的温度必须保持恒定, 获得的热量必须与失去的相等. 这样一来, 看来由于辐射所失去的热量和由于氧化所获得的热量, 二者随动物表面积或者线性尺度的平方而变也是相似的. 但是这个结果是矛盾的; 因为一方面热量的损失固然很可能随表面积而变, 而由氧化所产生的热量则应该随动物的整个身体而变; 其中一个按线性尺度的平方而变, 而另一个则按线性尺度的立方而变. 因此失去与获得之比就像表面积与体积之比, 应该随着生物个头的减小而增加. 另一个生理学

---

[22] M. Rameaux et Sarrus, *Bull. Acad. R. de Médecine*, III, pp. 1094–1100, 1838–1839.

家, 卡尔·伯格曼 (Carl Bergmann),[23] 把这个情形向前迈进了一步. 顺便说一下, 是他首先提出, 真正的区别不在于热血动物与冷血动物之间, 而是在恒温动物与变温动物之间, 是他创造了词汇 *homœothermic* 和 *poecilothermic*, 我们今天还在用. 他努力得出这样的结论, 为了与表面的损失保持同步, 小动物比大动物 (按单位质量比) 要产生更多的热; 而这个额外的热量产生意味着消耗了更多的能量, 消费了更多的食物和做了更多的功.[24] 即使简化到如此的程度, 这个问题之后仍然迷惑了生理学家多年. 一种哺乳动物的组织和另一种的差不太多. 我们很难设想, 一种小的哺乳动物产生的热量比一种大的所产生的还要更多; 我们开始猜想, 决定氧化速度和热量输出的是神经激发, 而不是肌肉组织的能力. 在有些情况下, 这也可能是一个普遍规则, 小动物的脑子更大; M. 查尔斯·黎歇 (Charles Richet) 说, "动物越小, 体内的化学变化就越活跃, 脑的容积也越大".[25] 至于小的动物需要更多的食物这点是肯定的, 也是很显然的. 一只小的飞行昆虫所消耗的食物和氧是巨大的; 蜜蜂和苍蝇, 天蛾和蜂鸟, 靠花蜜为生, 这是最营养丰富的食物.[26] 人每天消耗的食物是其体重的十五分之一, 但是一只老鼠每天要吃掉比自己体重一半还多的东西; 它的生长速度比较快, 它吃得也比较快, 老年的到来也比人来得快. 比一只老鼠还要小得多的热血动物就不可能存在; 它不可能获得、也消化不了维持它的恒温所必需的食物, 因此不可能有像最小的青蛙或鱼类那样小的哺乳动物. 小个头的不利之处在于由热的传导引起的热损失加快, 比如在北极, 或者是热的对流加快, 比如在海中. 极北的地方是大鸟而不是

---

[23] Carl Bergmann, Verhältnisse der Wärmeökonomie der Tiere zu ihrer Grösse (动物的热经济学与其个头之间的关系), *Göttinger Studien*, I, pp. 594–708, 1847 —— 一篇非常有原创性的论文.

[24] 各种各样的哺乳动物每 24 小时内的新陈代谢活动已经被估算出如下:

	重量 (千克)	每千克消耗的热量 (卡)
豚鼠	0.7	223
兔子	2	58
人	70	33
马	600	22
大象	4000	13
鲸	150000	约为 1.7

[25] Ch. Richet, Recherches de calorimétrie, *Arch. de Physiologie* (3), VI, pp. 237–291, 450–497, 1885. 还参见 M. Elie le Breton, Sur la notion de "masse protoplasmique active"; i, Problèmes posés par la signification de la loi des surfaces, 同上, 1906, p. 606.

[26] 参见 R. A. Davies and G. Fraenkel, The oxygen-consumption of flies during flight, *Jl. Exp. Biol*, XVII, pp. 402–407, 1940.

小鸟的家园; 是熊而不是老鼠能够经历北极的整个冬季; 很少有海豚会生活在温水中, 而在海中也没有小的哺乳动物. 这个原理有时说成是伯格曼定律 (*Bergmann's Law*).

在热血动物中, 热量的保持和恒温的维持也引起了物理学家以及生理学家的兴趣. 多年前它们就引起了开尔文 (Kelvin) 的注意, [27] 导致他在一篇奇异的文章中证明了, 较大的身材如何靠覆盖来保暖, 而较小者只能更多地受冻. 如果有一道电流经过一条细的电线, 这条电线一部分被裹住了, 另一部分裸露, 这裸露的部分可以在受热下发光, 而对流气体流经被裹住的部分使其冷却而仍保持暗的. 非常小的动物的多毛的外皮容易看起来稀薄, 但是却能比粗毛外表更保暖.

把能量供应的问题暂时放到一边, 在遵守保持机器的机械效率原则下, 我们能找到相似性原理无数的生物学的示例. 全部都是我们以各种方式遇到的运动的生理学: 例如, 当我们看到一个金龟子背上一块比自重大很多倍的板子, 或者是一只跳蚤能跳好几英寸高. "一只狗," 伽利略说, "大概可以背起两到三只像自己这样的狗; 但是我相信一匹马连一匹像自己这样的马都背不起来."

这样的问题得到了伽利略和波勒利 (Borelli) 的令人称道的研究, 但是还是有许多作者仍然不知道他们的工作. 林奈 (Linnaeus) 指出, 如果大象的力量与鹿角甲虫成比例, 那么它就能够提起岩石、撬动大山; 柯尔比 (Kirby) 和斯潘思 (Spencer) 写过一篇著名的文章, 目的是要证明, 这种在昆虫身上被授予的能力已经在高等动物身上抑制住了, 理由是如果后者被赋予这种能力, 它们就会 "造成这个世界提早破坏." [28]

像这种由跳蚤的弹跳所提出来的问题, [29] 其本质上是生理学问题, 我们

---

[27] W. Thomson, On the efficiency of clothing for maintaining temperature, *Nature*, XXIX, p. 567, 1884.

[28] *Introduction to Entomology* II, p. 190, 1826. 柯尔比和斯潘思, 像许多其他不太知名的作者一样, 喜欢对那些不计较动力学原理的读者画 "大自然的奇景" 的通俗图画. 他们提出, 如果有一只像人一样大的白蚁, 那么它的洞穴隧道就会 "大到直径为三百英尺的空心圆柱"; 而如果一只爱吵闹的巴西昆虫像人一样大, 那么全世界都能听得到它的叫声, "所以罗马诗人荷马的《伊利亚特》中传令兵的洪亮声音与这种昆虫相比只能算是个哑巴!" 这是拟人化学说很容易得出来的结果, 因而也就是神话故事的一个共同特点, 忽略动力性征, 只谈相似性的几何方面的结果.

[29] 跳蚤是非常聪明的跳高者, 它向后弹跳, 是流线型的, 而且跳起后用它的两条长长的后腿落地. 参见 G. I. Watson, *Nature*, 21 May 1938.

对此感兴趣是因为: 随着个头的增大, 活动能力的持续减低会有对动物大小的可能成长设定极限的倾向, 正好像那些趋向于在自重的作用下把活的组织压碎的因子一样实在. 在跳跃的情形中, 我们要考虑到是突然的冲力, 而不是连续的张力, 而这个冲力应该由它所赋了的速度来度量. 这个速度正比于冲量 (x), 而反比于所推动的质量 (M) : $V = x/M$. 然而, 根据我们还没有谈到的 "波勒利定律", 冲量 (指冲量所做的功) 正比于产生它的肌肉的体积,[30]就是说 (在构造类似的动物中), 正比于整个身体的体积; 因为冲量一方面与肌肉的横截面成比例, 另一方面又正比于收缩所通过的距离. 由此可知, 不论动物的大小如何, 速度是一个常量.

更简单地来讲, 在跳跃中所做的功正比于质量和高度, $W \propto mH$. 但是为做此功能够获得的肌肉能量正比于肌肉的质量, 或者说 (在构造相似的动物中) 正比于动物的质量, $W \propto m$. 由此可知, H 倾向于为一常量. 换言之, 所有的动物, 假设它们的体形都相似, 各个部位的肢体比例相同, 那么它们跳起来的高度不是相对值相同, 而是实际值一样.[31]蚂蚱在跳跃上似乎设计得和跳蚤一样好, 而且它们能跳到的实际高度和跳蚤跳的不相上下; 但是跳蚤跳的高度是它们本身高度的约 200 倍, 而蚂蚱只能跳到自身高度的 20 ~ 30 倍; 与马或人相比, 不论是跳蚤还是蚂蚱, 都不是一个更佳而是更差的跳高选手.[32]

实际上, 波勒利仔细地指出, 在跳跃的动作中冲量不是像锤击那样是瞬时的, 而是花了一点点时间的, 在这段时间里肢体伸展开来, 动物就是靠这样划行向前; 肢体比较长的较大动物的这段时间就会比较长. 于是, 这个原理在某种程度上是对那个更一般的原理的一个修正, 有对较大动物方面的跳跃能力留下某种有利的相抗衡的趋向.[33]但是另一方面, 材料强度的问题

---

[30]就是说, 肌肉的可用能, 以每磅肌肉所提供的尺 – 磅 (ft.-lbs.) 为单位, 对所有动物都一样: 这还是一个假设, 当我们比较种类极其不同的肌肉时, 例如, 昆虫的肌肉和哺乳动物的肌肉, 还需要有相当的限定.

[31]Borelli, Prop. CLXXVII. Animalia minora et minus ponderosa majores saltus efficiunt respectu sui corporis, si caetera fuerint paria.

[32]当今跳高已经是一种有很高技巧的动作. 因为跳高者力图使他的重心在杆下过去, 而跳高者的身体则一点一点地越过去.

[33]还可见 (特别是), John Bernoulli, De Motu Musculorum, Basil, 1694; Chabry, Mécanisme du saut, J. de l' Anat. et de la Physiol. XIX, 1883; Sur la longueur des membres des animaux sauteurs, 同上. XXI, p. 356, 1885; Le Hello.De l'action des organes locomoteurs, etc., 同上. XXIX, pp. 65–93, 1893; etc.

马上就来了, 而应力与应变和弯矩的因素令大自然感到越来越难于为大的
动物配备, 与她曾为蚂蚱或跳蚤所提供过的那种杠杆的长度. 对柯尔比和斯
潘思似乎是 "昆虫的这一惊人的强度无疑是在它们的肌肉的结构和安排上
有某种特别的东西的结果, 而且主要是由于它们的异常大的收缩能力的结
果". 这个假设根据物理的理由不是必需的, 已经被菲力克斯·普拉托 (Felix
Plateau) 在一系列卓越的论文中彻底地否定了.[34]

从前例中的冲量我们可以过渡到, 在类似条件下在一给定力作用了一
段给定的时间所产生的动量: $mv = Ft$.

我们知道有
$$m \propto l^3, \quad \text{以及 } t = l/v,$$
所以
$$l^3 v = Fl/v, \quad \text{或者 } v^2 = F/l^2.$$

但是无论可获得的力为何, 动物只能作用与其肢体的强度成正比的力,
就是说, 与其骨骼、肌腱和肌肉的截面成正比; 而所有这些截面都正比于 l^2,
线性尺度的平方. 最大的力, 这是动物敢于作用的力, 于是也与 l^2 成正比;
因此
$$F_{\max}/l^2 = \text{常量}.$$

而动物能够可靠地达到的速度, 即 $V_{\max} = F_{\max}/l$ 也是一个常量, 或者
说, 与动物大小无关.

一股爆发力可能是在动物的能量范围之内, 但是训练教师和运动员都
知道, 这远远超出了安全的边界. 无论对运动员还是对赛马, 这个边界都是
很窄的; 二者均常有紧张过度的危险, 在这种情况之下他们可能 "拉伤" 肌
肉, 撕裂肌腱, 甚至导致骨头 "碎裂".[35]

幸运的是, 为了它们的安全动物并不按自己的比例往高跳. 设想一只
(质量为 m 的) 动物跳到一定的高度, 以致回到地面时速度为 v; 那么如果 c

---

[34] Recherches sur la force absolue des muscles des Invertébrés, Bull. A cad. R. de Belgique (3),
VI, VII, 1883, 84; 也见同上. (2), XX. 1865; XXII, 1866; Ann. Mag. N.H. XVII, p. 139, 1866;
XIX, p. 95, 1867. 参见 M. Radau, Sur la force musculaire des insectes, Revue des deux Mondes,
LXIV, p. 770, 1866. 这个问题已经得到 Straus-Dürckheim 的很好处理. 见 Considérations
générales sur l'anatomie comparée des animaux articulés, 1828.

[35] 参阅 The dynamics of sprint-running, A. V. Hill and others, Proc. R S. (B), CII, pp. 29–42,
1927; 或 Muscular Movement in Man, A. V. Hill, New York, 1927, ch. VI, p. 41.

为肢体截面积 (A) 上任一点处的碎裂应力, 极限条件为

$$mv = cA.$$

如果动物的大小改变而它们能跳到的高度不变 (或者说它们落到地面时的速度不变), 那么

$$c \propto \frac{m}{A} \propto \frac{l^3}{l^2}, \text{ 或 } l.$$

碎裂应力直接与动物的线性尺度成正比; 而这一动力学情形与量级的通常静力限制是一致的.

但是如果身材增大后的动物跳到相应增大的高度, 情况就会变得非常严峻. 因为最终落下的速度与所达到的高度的平方根成正比, 因而也就与动物的线性尺寸的平方根成正比. 于是, 和前面一样有

$$c \propto mv \propto \frac{l^3}{l^2} V,$$

所以

$$c \propto \frac{l^3}{l^2} \sqrt{l}, \text{ 或者 } c \propto l^{\frac{3}{2}}.$$

如果动物的跳跃能力与它的高度成正比, 那么碎裂应力就会这样增大, 使得其尺寸所受的限制会比只作静态考虑时得出的要大得多. 一个动物可以长到在动力学上不稳定的尺寸, 但在静力学上仍然是安全的 —— 在这样一个尺寸上动起来非常困难, 但坐在那里还是很稳当的. 一头大象比一只老鼠举止笨拙, 不是由于静力学上的原因, 而是由于动力学上的原因.

一个看起来简单的问题, 但远不如看起来那么简单, 存在于走路的动作中. 在走路中, 如果腿在重力的帮助下摆动, 就是说以钟摆速度摆动, 做功就会明显地经济很多. 肢体的锥形和关节, 脚踏在地上的时间, 以及各式各样的机械差别使情况变得复杂, 使得速度难以定义或难以计算. 但是我们可以靠计算我们走过的步子弄清楚, 腿的确是倾向于像钟摆那样以一定的速度摆动. [36] 所以, 按照同一原理, 不过摆越长摆动得就越慢, 割草人手中的大镰刀摆动得很均匀.

---

[36]确认肢体趋向于按钟摆时间那样摆动最早是由威伯 (Weber) 兄弟提出的 (*Mechanik der menschl. Gehwerkzeuge*, Göttingen, 1836). 若干后来的作者曾经批评过这个论点 (例如, Fischer, Die Kinematik des Beinschwingens etc., *Abh. Math. Phys. Kl. k. Sachs. Ges.* XXV–XXVIII, 1899–1903), 但是, 尽管如此, 从大的和主要的方面来看, 它基本上是正确的.

为了要走快, 我们 "迈开大步向前"; 我们迫使腿摆画一个较大的弧, 在我们缩短摆长并开始跑步之前并没有摆动或振动得更快. 现在来假设有两个相似的个人, A 和 B, 用相同的方式行走, 就是说摆动的角度相似 (图 1), 每走一步腿摆出的弧度, 或者说每一步的幅度会随腿的长度 (比如说 a/b) 而变, 从而也就会随高度或人的其他线度 (l) 而变. [37] 但是来回摆动的时间与摆长的平方根, 或 $\sqrt{a}/\sqrt{b}$ 成反比. 这样一来速度, 它由振幅/时间来度量, 或 $a/b \times \sqrt{b}/\sqrt{a}$, 也会随线性尺度的平方根而变, 这又再次得到了弗劳德 (Froude) 定律.

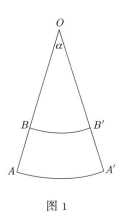

图 1

较矮的人, 或者说较小的动物, 比较大的走得要慢, 但是仅以与它们的线性尺度的平方根成比例地变慢; 而如果肢体的运动相似, 不论动物的大小如何 —— 例如老鼠的肢体如果不比马的肢体摆动得更快 —— 那么老鼠的行走速度就会和乌龟一样慢, 甚至会更慢. M. 德利索 (Delisle) [38] 曾看见一只苍蝇在半秒内走了 3 英寸; 这是一种很好的稳定步行. 当我们每小时步行 5 英里时, 我们每秒大约走 88 英寸, 或者说是 M. 德利索的苍蝇步长的 $88/6 = 14.7$ 倍. 如果我们的个头是我们目前高度的 $1/14.7^2$, 或 $1/216$ 倍 —— 比如说 72/216 英寸, 或者说三分之一英寸高, 我们走起来的跨步就会和苍蝇的一样. 顺便指出, 腿的数量不重要, 就像大马车上的轮子的数目一样.

但是腿还有复杂的杠杆系统, 我们通过它的各种操作获得各种不同的结果. 例如, 通过细心地举起我们的脚背 (instep), 可增大我们跨步的长度或幅

---

[37] 所以大人国里的人跨一步为 30 英尺, 或者说恰好是 2 英尺 6 英寸 (这大约是人跨半步的平均值) 的十二倍.

[38] 引自 Mr. John Bishop 在 Todd 的 *Cyclopaedia*, Ⅲ, p. 443 上的有趣文章.

度, 可以实质性地增进我们的速度; 我们惊奇地发现大自然是如何增长马和兔子, 还有灰狗、鸵鸟和袋鼠, 以及每一种跑得很快的动物的跖骨 (metatarsal) 关节, 或者说脚背杠杆 (instep-lever). [39]此外, 在奔跑中我们屈身, 缩短腿部, 以便适应摆动得更快的速度. [40]简而言之, 腿的关节结构使得我们能够在它摆动时把它作为可能最短的杠杆来使用, 而在它提供推力时又作为可能最长的杠杆来使用.

鸟类的情况有特殊的意义. 在奔跑、行走或游泳中, 我们考虑一个动物可能达到的速度, 以及增大个头所允许的速度的增加. 但是在飞行中速度必须达到一定的值 —— 一个飞鸟为了维持浮在空中所必须达到的 (相对于空气的) 速度, 而且随着它的个头的增大必须增大. 正如兰彻斯特 (Lanchester) 所指出的, 李利恩塔尔 (Lilienthal) 遭遇意外死亡 (在 1896 年的 8 月), 并不是由于他的机械设计或结构有内在的毛病, 而只不过是由于他的机器的动力有点儿不够, 不足以为其稳定提供所必需的速度.

二十五年前, 当本书完成之时, 飞鸟, 或者飞机, 被设想成一台机器, 它的倾斜的翅膀被带着水平向前把空气向下压, 从而从向上的反作用中获得支持力. 换言之, 我们设想飞鸟 (在单位时间内的) 把等于本身重量的向下的动量传递给一定量的空气, 而且是通过直接和连续不断的冲击方式来做这种传递. 于是向下的动量就正比于被推向下的质量, 也正比于推动的速度: 这一质量正比于翅膀的面积, 还正比于飞鸟的速度, 而该速度也正比于飞行速度; 因此动量随飞鸟的线性尺度的平方而变, 而且还随其速度的平方而变. 但是为了平衡其重量, 这一动量也还必须正比于飞鸟的线性尺度的立方; 因此飞鸟能够维持其飞行高度所必需的速度必须与其线性尺度的平方根成正比, 而所做的全部功必须与所说的线性尺度的 $3\frac{1}{2}$ 次幂成正比.

可以得出如下结论: 令 m 表示被压向下的空气的质量; M 为所交换的动量; W 为所做的功 —— 以上全部指在单位时间内; 飞鸟的重量记为 w, 其飞行速度记为 V, 其线性尺度记为 l, 假设飞鸟的形状不变.

$$M = w = l^3, \text{ 但是 } M = mV, \text{ 以及 } m = l^2V.$$

[39]一匹小赛马的 "胫骨" (cannon-bones) 比一匹大的拉车大马的相对要长, 而且在实际上可能要更长.

[40]这里还可能包含另一个因素, 因为在弯下并从而缩短腿部时, 我们把重心降到靠近关节, 就是说靠近关节以使肌肉能更快地移动它. 总之, 我们知道摆动理论不是全部, 只是对整个现象一个重要的第一步近似.

因此有 $M = l^2V^2 = l^3$, 从而有 $V = \sqrt{l}$ 以及 $W = MV = l^{3\frac{1}{2}}$.

事情的依据是, 或者似乎是, 能够做的功随着可以利用的肌肉的重量而变, 也就是说随着飞鸟的质量而变; 但是该做的功却随质量和距离而变; 所以飞鸟长得越大, 做所有功的条件就越不利.[41] 初看起来这种不相称似乎并不非常大, 但是还是值得一提. 这相当于说, 每当我们将飞鸟的线性尺度加倍, 它飞行的难度, 或者说为了能够飞行所必须做的功就得按 $2^3 : 2^{3\frac{1}{2}}$, 或者说按 $1 : \sqrt{2}$, 或者说按 $1 : 1.4$ 的比例增大. 如果我们取鸵鸟的线性尺度按 $25 : 1$ 的比例超过麻雀的, 这看来是恰当的, 这个比例将在 $25^{3\frac{1}{2}}$ 与 25^3 之间, 或者说在 5^7 与 5^6 之间; 换言之, 那只较大的鸟飞行的难度比那只较小的要大五倍.

但是这整个的解释加倍不合适. 首先, 它没有考虑到滑翔飞行, 在滑翔中能量取自风, 既没有用肌肉的能量, 也没有用引擎的能量; 而且我们看到较大的飞鸟, 如秃鹫、信天翁、塘鹅, 越来越依靠滑翔. 其次, 对由翅膀拍打空气的老的说法以及由向下传递动量而获得支持力的方式, 现在已经知道是不恰当的, 也是错误的. 由于飞行的科学, 或者说空气动力学, 已经从老的科学 —— 流体力学中产生; 二者处理的都是流体的特殊性质, 不论是水还是空气; 在我们的情形下我们只限于把空气考虑为一质量为 m 的物体, 被赋予速度 v, 忽略它的所有液体性质. 鱼或者海豚如何游泳, 还有鸟如何飞翔, 在某一点上都是类似的问题, 而且流线型在二者中都起着关键的作用. 但是鸟比空气要重得多, 而鱼和水的密度差不了多少, 所以保持漂浮的状态对一个来说不成问题, 而对另一个来说则是首要的问题. 此外空气是高度可压缩的, 而另一个 (对所有的意图和目的来说可以看成) 是不可压缩的, 而正是由于这个差别, 使得飞鸟, 或者说飞机, 能够获得特别有益之处, 它们帮助, 甚至促成飞鸟的飞行.

一个不变的事实是, 一只鸟, 为了反抗重力, 必须促使空气向下运动, 并由此获得向上的反作用力. 但是在翅膀下被推向下的空气只能引起整个力的一个小的可变的部分, 也许只有三分之一, 也许多一些, 也许少一些; 而其余的部分在翅膀的上方产生, 产生的方式很不简单. 因为, 当气流经过稍稍倾

---

[41] 这是由亥姆霍兹 (Helmholtz) 得出的结论, Ueber ein Theorem geometrischhähnliche Bewegungen flussiger Körper betreffend, nebst Anwendung auf das Problem Luftballons zu lenken, *Monatsber. Akad Berlin*, 1873, pp. 501–514. 它很快就受到了来自 K. Mullenhof 的 (有点轻率的) 批评和攻击, Die Grösse der Flugflachen etc., *Pflüger's Archiv.*, XXXV, p. 407; XXXVI, p. 548, 1885.

斜的翅翼时, 流线型的光滑表面允许它平滑地流过, 它绕着翅的前端或 "前缘" 弯曲通过, [42] 然后迅速地从翅翼上表面流过; 而气流通过翅翼的下面则相对较慢, 这可由翅翼的斜率相反证明. 而这就等于说, 气体有在翼下被压缩、而在翼上被稀薄化的倾向; 换言之, 在翅翼之上会形成一个部分的真空, 而且, 只要翅翼的流线型和入射角适当, 而且只要飞鸟在空气中飞翔得足够快, 不论它走到哪里这个真空都会跟随着它.

飞鸟的重量在任何时候都是向下作用的一个力; 我们可以设想有一个精细的气压计可以在飞鸟从头顶飞过时测量和显示气压. 但是要想计算升力我们还得考虑一大堆事; 我们要处理在它上面和下面的流线管, 以及围绕着翅翼前边沿和其他处的涡流; 还有以前是非常简单, 现在变得难以克服的困难的计算. 但是速度的原理必须永远是正确的. 飞鸟越大, 从翅翼上面流过的气流要走得越快以引起气体变得更稀薄, 或者说产生负压要求越来越大; 而在所要求做的功必须由飞鸟的肌肉提供时, 飞起来就会更困难. 普遍的原理和前面一样, 尽管定量关系不像过去那样容易算出来. 实际上最终的结果可能差别不大; 在航空技术中, 飞鸟用以支撑的 "总合力", 根据经验可说是, 与空气速度的平方成正比; 那么这与弗劳德定律相似, 这也恰好就是我们先前在比较简单和不太准确的背景情形中所得到的结果.

但是将较大的飞鸟与较小的飞鸟相比较, 和所有其他的比较一样, 只有在对比情形中其他因子保持一样; 而在复杂的飞行动作中, 这些变化是如此之大, 以致实际上很难把一只与另一只相比较. 因为不仅飞鸟会不断地改变其翅膀的倾角, 而且它还会改变每一根重要的羽毛的位置; 而且飞行的所有方式和方法变化如此巨大, 翅膀会张得很大, 又会缩得很小, 大自然在要求的机制中展现了如此之多的精炼和 "改进", 以致仅仅在大小上作比较变得虚假, 没有什么价值.

上述分析在航空技术中有实际的重要意义, 因为它们表明了, 我们的飞机的每一次增大都必须伴随着提高速度的准备. 一般来说, 一架飞机的最小速度, 或者说必需的速度随其线性尺度的平方根成比例地增大; 如果让它的长度增加到原来的四倍, 那么为了仍然保持浮在空中, 就得飞得像先前两倍

---

[42] 翅翼的弧形, 或者说 "向前倾斜的前缘", 以及它在上面造成的真空的作用, 最初是由 H. F. 菲利普斯 (Phillips) 先生认识到的, 他在 1884 年把这个思想变成一个专利. 不久之后这一事实又被李利恩塔尔和兰切斯特二人各自独立发现.

快.[43] 如果一架飞行机器重, 比如说, 500 磅, 稳定在每小时 40 英里, 那么一架类似的重量为, 比如说, 好几吨的飞行机器, 其速度确定如下:

$$W : w :: L^3 : l^3 :: 8 : 1,$$

这样有 $L : l :: 2 : 1$. 但是 $V^2 : v^2 :: L : l$. 因此

$$V : v :: \sqrt{2} : 1 = 1.414 : 1.$$

就是说, 这部较大的飞行机器必须达到速度为每小时 40×1.414 英里, 或者说约为 $56\frac{1}{2}$ 英里/小时.

一支箭就可说是某种飞行机器; 但是, 在一定范围内和一定的高速度下有可能取得 "稳定性", 因此达到像飞机那种方式的实际飞行; 它的飞行时间以及随其轨迹所达到的航程远高于一颗有同样初速度的子弹. 回到我们谈论的飞鸟, 再次将鸵鸟与麻雀相比, 我们发现我们对后者的实际速度所知甚少, 甚至毫无所知; 但是飞掠而过的最小速度估计在为 100 英尺/秒, 甚至更高 —— 比如说, 70 英里/小时. 为可靠起见, 而且也不会太离谱, 我们取 20 英里/小时为麻雀的最小速度; 而这样就会得出, 比麻雀的线度大 25 倍的鸵鸟要想飞 (如果它真能飞的话), 最小速度就得为 5×20 或 100 英里/小时.[44]

---

[43] G. H. Bryan, Stability in Aviation, 1911; F. W. Lanchester, Aerodynamics, 1909; 参见 (特别是) George Greenhill, The Dynamics of Mechanical Flight, 1912; F. W. Headley, The Flight of Birds, and recent works.

[44] 鸟有一个普通的速度和一个加强的速度. Meinertzhagen 假设褐雨燕的飞行速度为 68 英里/小时, 它与 Athanasius Kircher (*Physiologia*, ed. 1680, p. 65) 对燕子的 100 英尺/秒的老的估计一致. Abel Chapman (*Retrospect*, 1928, ch. XIV) 把褐雨燕滑翔或突然的俯冲速度定在超过 150 英里/小时, 而秃头鹫的这种速度则为 180 英里/小时; 但是这些高超的飞行家曾经以低到 15 英里/小时的速度飞翔. 大黄蜂或者大蜻蜓则可达到 14 或 18 英里/小时的速度; 但是大多数的昆虫为 $2 \sim 4$ 米/秒, 就是说 $4 \sim 9$ 英里/小时的速度是普通的速度 (参见 A. Magnan, *Vol des Insectes*, 1834, p. 72). 较大的双翅目昆虫非常爱格斗, 对于燕八哥、苍头燕雀、鹌鹑和乌鸦, 速度为 30 英里/小时. 一群迁徙的田凫的飞行速度约为 41 英里/小时, 比通常单只鸟飞行的速度快 $10 \sim 12$ 英里/小时. 兰彻斯特在理论思考的基础上估算了大海鸥的速度约为 26 英里/小时, 估算了信天翁的速度约为 34 英里/小时. 燕鸥, 一种飞行技巧很高的飞鸟, 曾被人看到以低至 15 英里/小时的速度飞行. 较大的双翅目昆虫飞得非常快, 但是它们的速度被过分夸大了. 据说鹿虻的飞行速度可以达到 400 码/秒, 或者说 800 英里/小时, 一个不可能的速度 (Irving Langmuir, *Science*, March 11, 1938). 这意味着压在苍蝇头上的压强有半个大气压, 可能足以把苍蝇压碎; 而要维持这个速度要耗费半个马力, 这样需要食物的消耗达到每秒要吃掉苍蝇自身重量的 $1\frac{1}{2}$ 倍! 25 英里/小时是一个比较合理的估计. 自然学家不应该忘记, 虽然它并不涉及我们现在议论的, 这就是飞机是仿照甲壳虫, 而不是仿照飞鸟来建造的; 因为鞘翅不是翅膀, 而是平面. 参见 *int al.*, P. Amans. Géométrie ... des ailes rigides, *C. R. Assoc. Franç. pour l'avancem. des Sc.* 1901.

关于必需速度的同样的原理, 或者说, 在飞行物体尺度与稳定飞行所必需的最小速度之间的必然关系, 可以说明许多观察到的现象. 它告诉我们, 为什么比较大的鸟在从地面升起时会特别困难, 就是说在获得足以支撑它们体重的水平速度时会特别困难; 这也就是为什么, 正如幕拉德 (Mouillard)[45]和其他人所观察到的, 比较重的飞鸟, 即使那些不过一两磅重的都很容易关在打开的小的鸟笼子里. 正如阿贝尔·查普曼 (Abel Chapman) 先生所说的, 它解释了为什么 "所有笨重的飞鸟, 如野天鹅和家鹅、大鸨和松鸡, 甚至黑色公松鸡, 飞起来显得比它们看起来要快," 而 "翅膀面积很大的轻型的鸟类, [46]如鹭鸶和鸱鹰, 根本不具有改变速度的能力." 因为事实是, 沉重的飞鸟必须飞得快, 否则就飞不起来. 这就告诉我们, 为什么非常小的鸟, 特别是那种像蜂鸟一样小的鸟, 还要小的昆虫就更不用说了, 都能够 "驻留飞行", 即相对于空气的速度小到几乎觉察不到就足以稳稳地把它们支撑住. 因为在所有这些情形中, 我们所说的速度都是相对于空气的速度, 这样我们就能理解, 为什么我们能够依靠观察鸟儿起飞的方向来判断风吹的方向.

鸟或昆虫的翅膀, 就像鱼的尾巴和划船人手中的桨, 在每一次搅动中都会造成一个漩涡, 这种漩涡倾向于 (就这样来讲) 粘住它, 并跟着它一起运动; 翅膀或木桨所遭遇到的来自涡旋的阻力, 远比来自流体的阻力大得多.[47]作为一个附带的结果, 我们还由此得知, 涡旋只在桨或翅翼的边缘处发生 —— 起作用的是它的长度, 而非宽度. 一支狭长的桨胜过宽大的桨, 而信天翁、褐雨燕和天蛾等的狭长的翅翼的高效也是归因于此. 由翅翼的长度我们可以近似地算出摆动的速度, 还有, 当然猜测性更高, 就是每一个涡旋的尺度, 以及最终还有每划一次的阻力或升力; 这个结果再次表明, 小尺度结构的优点以及在较大的机械或较大的生物上所存在的缺点.

一只飞鸟在其翅膀的每一次拍打中所作用的力等于其自身重量的一半, 为可靠起见我们就说是自身重量的四分之一, 可能大一些, 也可能小一些; 但是一只蜜蜂或一只苍蝇在每一次拍打中所作用的力相当于其自身重量的两到三倍, 这还是保守的估计. 如果一只鹳、一只海鸥或一只飞鸽靠翅膀的拍

[45] Mouillard, *L'empire de l'air; essai d'ornithologie appliquée à l'aviation*, 1881; transl. *in Annual Report of the Smithsonian Institution*, 1892.

[46] On wing-area in relation to weight of bird see Lendenfeld in *Naturw. Wochenschr.* Nov. 1904, transl. in *Smithsonian Inst. Rep.* 1904; also E. H. Hankin, *Animal Flight*, 1913; etc.

[47] 参见 V. Bjerknes, *Hydrodynamique physique*, II, p. 293, 1934.

打只能支撑自身重量的五分之一、三分之一和四分之一, 那么由此就得知, 其余的重量必须靠在两次翅翼的拍打之间的滑翔. 但是昆虫的翅膀很容易把它提升起来, 还绰绰有余; 因此滑翔飞行, 以及随之整个必需速度原理, 对较小的昆虫不适用, 对非常小的飞鸟也不适用; 因为蜂鸟能够像直升机那样 "悬停", 而且, 只要它愿意, 既可以向前飞, 也可以向后退着飞.

	重量 克米	翼长 米	拍打次数 每秒	翼尖速度 米/秒	涡旋半径 (推测值)	翼拍力度 克米	比力 F/W
鹳	3500	0.91	2	5.7	1.5	1480	2:5
海鸥	1000	0.60	3	5.7	1.0	640	2:3
鸽子	350	0.30	6	5.7	0.5	160	1:2
麻雀	30	0.11	13	4.5	0.18	13	2:5
蜜蜂	0.07	0.01	200	6.3	0.02	0.2	$3\frac{1}{2}:1$
苍蝇	0.01	0.007	190	4.2	0.01	0.04	4:1

(摘自 V. Bjerknes)

有一个小小精灵飞蝇 (Fairy-flies) 族群, 比我们所熟知的任何昆虫都要小, 它们把虫卵下在较大的昆虫的虫卵中, 其幼虫也靠大昆虫的虫卵来饲养; 它们的身长不过 $\frac{1}{2}$ 毫米, 而它们展开的两翅, 从翅尖到翅尖为 2 毫米 (图 2). 其中有的还有一个特点, 就是它们小小的翅膀是由一些毛发或鬃毛组成的, 而不是由连续的薄膜组成的. 它们如何作用于其周围的微量的空气, 我们只能猜测. 有可能这些微量的空气像一种黏性的液体一样反作用于翅膀的拍打; 但是在这种极小的生物的飞行模式和机制中无疑还有我们没有观察到的其他一些反常的东西.[48]

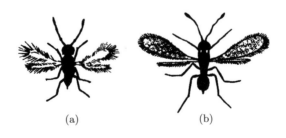

(a)   (b)

图 2 被 F. Enocx 放大 20 倍的小小精灵飞蝇

鸵鸟显然已经达到了这样一个大小, 而且恐鸟 [moa, 现已灭绝] 肯定也

---

[48]显然, 在大小的更小的数量级上, 布朗运动就足以使飞行成为不可能.

是这样, 在这个大小之下, 根据鸟的正常的解剖结构, 靠肌肉的作用来飞行在生理上就是不可能的. 这个道理对人也适用. 如果一只鸟像人一样大, 要想让它振翅在大气中飞行, 绝对不可能. 但是, 波勒利 (Borelli) 在讨论这件事的时候更加强调这样的事实, 即人的胸肌按比例与鸟类的相比小了那么多, 以致我们即使给自己配上了翅膀, 也别想靠自己微弱的肌肉能够扇动它们. 波勒利深入地研究了这一问题, 并且在他的书里的一章中谈论了命题: *Est impossibile ut homines propriis viribus artificiose volare possint.*[49]但是在滑翔飞行中, 风力和重力取代了肌肉的能量, 那就是另一回事了, 而其局限性则是另一类的了. 大自然中有多种飞行模式和机制, 鸟类飞行有其中一种或另一种, 而蝙蝠、甲壳虫、蝴蝶、蜻蜓等用的又是各不相同的另一些飞行方式; 滑翔似乎是鸟类的通常方式, 而麻雀和乌鸦的振翅飞行则是一种例外, 而非常规. 但是可以更可靠地来说, 滑翔和翱翔, 这时可以从风中取得能量, 是一种很少被小鸟采用的飞行方式, 但是对大的飞鸟越来越重要. 波勒利如此有说服力地证明了, 我们千万别指望靠 *propriis viribus* 来飞行, 在整个 18 世纪人们就不再试图飞行了. 凯莱 (Cayley), 温汉 (Wenham), 还有幕拉德 (Mouillard), 朗格勒 (Langley), 利联塔尔 (Lilienthal) 和莱特兄弟 (Wrights) —— 全都是鸟类的精心的学生 —— 是他们重新燃起了这一希望; [50] 而且只有在莱特兄弟学会了滑翔之后他们才开始想办法在滑翔机上增加动力. 莱特兄弟宣称, 飞行是一种实践和技巧的玩意儿, 滑翔的技巧已经达到了这一点, 已经不限于证实列奥纳多·达·芬奇 (Leonardo da Vinci) 想飞的企图. 鸟类利用风的水平加速的能力以及借助上升气流的本事显示出它们的无限的技巧和本能. 在撒哈拉炙热的大沙漠上到处都是热的上升气流, 鸟儿能够非常好地停留在一处, 或者又可以很快地滑翔到另一个地方; 所以我们能够看到大蜻蜓慢慢滑翔到离开热的沙漠表面几英尺高, 接着靠着翅膀每五秒左右的激烈扇动冲上原来的高度. 信天翁会利用巨浪背风面处的上升气流; 在较小的尺度上,

---

[49]Giovanni Alfonso Borelli, De Motu Animalium, I, Prop. CCIV, p. 243, edit. 1685. 论鸟的飞行的部分发表在 Royal Aeronautical Society, 作为它的 *Aeronautical Classics* 的第六期.

[50]乔治·凯莱爵士 (Sir George Cayley) (1774—1857), 英国航空技术之父, 是预见刚性飞机的可能性的第一人, 也是做滑翔飞行试验的第一人. 他预见了现代飞机所有的基本原理, 他的第一篇论文 On Aerial Navigation 发表在 *Nicholson's Journal* 的 1809 年的 11 月号上. F. H. 温汉 (1824—1908) 研究了鸟的飞行, 估算了表面积对重量和速度的必须达到的比例; 他认为 "能够成功地飞行的全部奥秘就在于要有一个适当的凹状的支撑表面." 见发表在 *Report of the Aeronautical Society*, 1866 上的论文 On Aerial Locomotion.

飞鱼也是这样; 而海鸥则沿着曲线飞行, 尽可能地利用在海面上不同高度处变化的风速. 西印度群岛的兀鹫艰难地拍打着才不过飞了几码, 随后抓住一股上升的气流轻易地盘旋几圈就翱翔到 2000 英尺的高度; 在这个高度上它可以毫不费力地待上一整天, 在太阳下山时才落下. 现代滑翔机比翱翔的飞鸟效率差多了; 对一个技巧高超的飞行员来说可以随意地在热带地区漫游一整天. [51]

此外飞鸟对空气压强的敏感度也可以由其他方面表示出来. 像鸭和山鸡这样一些比较重的飞鸟, 飞得低, 明显地要利用从地面反射回来的空气压强. 水鸡和河鸟在上下飞行时沿着溪流蜿蜒前行; 直线能够给它们更短的路程, 但不一定是太顺利的旅程. 有些小的飞鸟 —— 鹡鸰、啄木鸟, 还有一些其他的鸟 —— 飞行, 是靠着蹦跳; 在快乐地飞了一阵子之后, 收起它们的翅膀冲刺向前. [52] 飞鱼经常这样, 只不过是保持它们的翅膀张开而已. 它们之中最好的只用尾巴在水中滑行, 尾巴快速地摆动, 使鱼所达到的速度能在通过空气的滑行中得以维持. [53]

正如在人的情形中那样, 飞行很可能随着短期的滑行后就开始了, 在重力的作用下, 远远不能维持或作连续的运动. 始祖鸟的短翼长尾使它足以成为一个低速滑翔者; 而且我们还能看到非洲大杜鹃从它们的栖息处滑翔而下, 其翅膀和尾巴的比例和始祖鸟的很相像. 翼龙身材小、肌肉瘦, 但是翅膀狭长, 对普通的拍翅飞行来说, 远远超过了其机械效率的极限; 但是对滑翔来说, 它们几乎接近完美. [54] 任何物理上可能的事情, 大自然迟早会做. 在大气中巧妙而又安全地滑翔的可能性她是不会忽视的.

撤去肢体动作的所有差别不谈 —— 撤去机械上的差别或机构应用的方式上的差别 —— 我们现在就得到了出奇简单而又一致的结论. 对所有我们力图去研究的三种运动形式, 像在游泳中、在行走中和在甚至更复杂的飞行问题中, 在极其不同的条件下所获得的, 以及以各种不同的推理方式所达到

---

[51] Sir Gilbert Walker, *Nature*, Oct. 2, 1937.

[52] 为什么大个儿的鸟做不到这样, 兰彻斯特做过讨论. 见上引文献, 附录 IV.

[53] 见 Carl L. Hubbs, On the flight of ... the Cypselurinae, and remarks on the evolution of the flight of fishes, *Papers of the Michigan Acad. of Sci.*, XVII, pp. 575–611, 1933. 也见 E. H. Hankin, P. Z. S. 1920, pp. 467–474; 以及 C. M. Breeder, On the structural specialisation of flying fishes from the standpoint of aerodynamics, *Copeia*, 1930, pp. 114–121.

[54] 有一个古老的猜测, 说它们的飞行可能是归功于或者说得益于大气密度比我们的要较密, 这一点于是不再需要了.

的普遍结果, 都表明, 在任何一种情形下, 速度均趋向为与动物线度的平方根成正比.

由于前行的速度随个头的增大而缓慢地增大 (根据弗劳德定律), 而肢体摆动的频率却随身材的减小迅速地增加 (根据伽利略定律), 速度的某些这种随个头大小的减小而增加的结论对身体的有节律的动作都是对的, 尽管其理由不是总能说得清楚. 大象的心率比我们人类的要慢, [55] 狗的心率就要快些; 兔子的心脏更是扑扑地跳, 而老鼠和麻雀的心率就快得数不清了. 但是 "生命的速度" 本身 (由 O 的消耗和 CO_2 的产生来度量) 随着个头的增大而减慢; 一只老鼠存活的速度远比人类要快, 以致它的寿命只有三年, 而不是七十年.

从前面所有的讨论我们得知, 正如克鲁克斯 (Crooks) 有一次曾经指出的那样, [56] 我们的形状和动作全都受到这个地球上的重力强度的制约 (除了某些水生的动物之外); 或者, 正如查尔斯·贝尔爵士 (Sir Charles Bell) 在六十年前所指出的, 那些在地球表面运动的动物都是与它 [指重力] 的大小相配的. 如果地球的引力加倍了, 我们的两足形状就是一个错误. 而大多数地面上的动物都会像短腿的蜥蜴, 要么就得像大蛇. 鸟和昆虫的遭遇也类似, 尽管由于空气密度的增加会得到一点补偿. 另一方面, 如果重力减半, 我们就会变得更轻、更瘦、更活跃, 需要的能量、热量、血液更少, 心脏、肺部更小. 重力不仅控制了行动, 而且也影响所有的形状, 除了极少数器官. 树木在它的树叶或果实的负荷下会改变每一条曲线, 而由于树枝变得光秃, 轮廓也发生了改变, 披上的雪也会再次改变它的形态. 松垂的皱褶、下垂的胸脯, 还有许多其他的年老体衰的信号都是重力缓慢无情的亲手所为.

除了重力之外还有其他一些物理因素有助于限制动物能够长到的尺寸, 并规定了它能够生存的条件. 在池塘上滑行的小昆虫, 其运动受到水与空气之间的表面张力的控制, 其自由程度也受到这一表面张力的限制, 而这一表面张力的大小也就决定了它们能够达到的大小. 一个人从浴缸里爬出来湿得透透的, 只带了不过一盎司的水, 也许只比洗浴前重了百分之一; 但是一只打湿了的苍蝇的重量是一只干苍蝇的两倍, 会变得无能为力. 一只小小的昆虫会被一滴水禁闭住, 而一只苍蝇的双腿被一滴水裹住它就很难把它们

---

[55] 比如说, 每分钟 28 到 30 次.

[56] *Proc. Psychical Soc.* XII, pp. 338–355, 1897.

从水中拔出.

昆虫或甲壳虫类在不超过一定的大小时, 效能很高, 甚至螃蟹和龙虾绝不会超过某一中等的大小, 它们的结构似乎完全是在一个很狭窄的范围之内. 它们的身体位于一个空壳之内, 其中的应力随其尺寸的增大而增大要比前者快得多; 每一种中空结构、每一种半球形屋顶或圆柱体, 随其增大而削弱, 一听罐头很容易造, 而要造一座锅炉则是一件很复杂的事情. 锅炉需要用 "加强环" 或加强脊来加固, 龙虾的壳也是这样; 但是即使这种抵偿弱化效应的方法也有一个限度. 一座普通的大梁桥, 跨度不超过 200 英尺左右可以造得很结实, 但是要建造一座横跨福思湾的大桥在物理上就不可能. 巨大的日本蜘蛛蟹, *Macrocheira*, 张开来横跨 12 英尺. 但是大自然对付这个困难并且解决这个问题的办法就是, 保持身体小, 而用狭小的短管来构造细长的腿. 对小动物来说空壳很美妙, 但是对大动物大自然没有, 也没办法利用它.

在昆虫的情形中, 有其他的原因使它们保持小的尺寸. 在它们特殊的呼吸系统中血液并不将氧带入组织, 但是有大量的细小的管道, 或者说气管, 把空气导入体内的间隙. 如果我们设想它们甚至长到像螃蟹或龙虾那么大的尺寸, 那么就必须要有一个庞大复杂的导管系统, 在其中摩擦将会增加, 导致扩散减慢, 这样很快它们就会成为效率不高、不适宜的机制.

声带和听觉耳鼓的振动, 也和肢体一样有着共同的像单摆一样的运动, 其速度倾向于与线性尺度的平方根成反比. 根据我们在提琴、响鼓和风琴所得到的共同经验得知, 随着管道或薄膜或琴弦尺寸的减小, 声调, 或者说振动的频率, 会增加; 同样地, 我们会从大的野兽那里听到低沉的声调, 而从小动物那里听到尖叫声. 一根张紧的弦, 它的振动频率 (N) 依赖于它的密度和受到的张力; 在这两点相同时则反比于其长度和直径. 对相似的弦, $N \propto 1/l^2$, 对半径为 r、厚度为 e 的圆薄片, $N \propto 1/(r^2\sqrt{e})$.

但是对于灵敏的小鼓, 或者各种动物的耳膜, 振动频率随直径的变化远超过随厚度的变化, 这样我们可以又一次只写 $N \propto 1/r^2$.

设有一只动物是其他动物的 $\frac{1}{50}$, 声带以及其他器官都是这样; 那么它的声音的声调就会是许多其他动物的 2500 倍, 或者说比许多其他动物的要高十个或十一个八度, 在接受振动的耳膜方面也有同样的对比. 但是我们自己对音调的感受只能达到每秒 4000 次振动上下; 很少有人能听到老鼠或蝙蝠的吱吱的叫声, 而对于每秒 10000 次的振动我们全都一点也听不见. 且不说结构, 仅仅是大小就足以使少数鸟类和野兽发出的声音与我们的十分不同; 一只蜂鸟, 无论如何我们都知道, 可以整天不停唱歌. 一只小小的昆虫可以发出或者接受快得惊人的振动; 它的小小的翅膀一秒内可以振动几百次.[57]在一秒内对于它所发生的事情比对我们要多得多; 千分之一秒已经不再可忽略; 时间似乎已经按一个不同于我们的进程运行.

眼睛及其视网膜元件有其自身的大小范围和极限. 一只大狗的眼睛几乎不比一只小狗大; 一只松鼠的眼睛按比例比大象的眼睛大得多; 而一只知更鸟的眼睛只不过比鸽子或乌鸦的眼睛小一点. 由于视网膜内的杆状体和视锥细胞不会随着动物的大小而变, 但是它们的大小会由于光波干涉图案受到光学上的限制, 这种干涉图案限制了视网膜上形成图像的清晰度. 不错, 较大的动物可能需要较大的视野范围; 但这不会造成多大的差别, 因为在视网膜上只需要或者只用到其中的一小部分. 简而言之, 眼睛从来不嫌小, 也从来不需要很大; 除了动物的尺寸之外, 它还有自己的条件和限制. 但是昆虫的眼睛则是另一回事. 如果苍蝇有一只像我们一样的眼睛, 那么瞳孔就会太小, 以致衍射就会使得清晰地成像成为不可能. 唯一的办法只有用许多小的、相互独立的单眼联合起来成为一只复眼, 而在昆虫中, 大自然也正是采用了这个办法.[58]

我们的视觉范围局限于 "可见光" 波这个八度内, 它在太阳所辐射的光-热射线的整个范围内占相当大的部分; 太阳射线的另一个半八度或更多的部分延伸到紫外区域, 但是我们的眼睛最敏感的部分恰好就是那些经过水介质时被吸收最少的那部分. 某些古脊椎动物可能已经学会了看进海里, 大海只允许太阳的整个辐射的一部分进入, 这一部分仍然是我们的这一部分; 或者也许是眼睛本身的水介质足以说明选择性过滤. 在这两种情况下视网膜元件的尺寸与光的波长的关系 (或者说与它们的干涉图案的关系) 是如此之密切, 以致我们有很好的理由把视网膜看成在光本身的性质所加的限度内是最完美的; 这种完美性进一步被这样的事实所证明, 即只要几个光子, 也许只要一个光子就足以产生感觉.[59]昆虫的硬眼 (hard eyes) 敏感范围很广.

---

[57]翅膀振动的次数据说如下: 蜻蜓为 28 次/秒, 蜜蜂为 190 次/秒, 家蝇为 330 次/秒; 参见 Erhard, *Verh.d. d. zool. Gesellsch.* 1913, p. 206.

[58]参见 C. J. van der Horst, The optics of the insect eye, Acta Zoolog. 1933. p. 108.

[59]参见 Niels Bohr, Nature, April 1, 1933, p. 457. 也见 J. Joly, *Proc. R.S.* (B), XCII, p. 222, 1921.

蜜蜂有两个最适合的视觉条件, 一个与我们自己一致, 另一个, 也是主要的一个, 能适应到紫外区域.[60] 蜜蜂以这后一视觉能够看到被许多花所反射的紫外线, 这种花朵照片是用只让紫外线通过, 而不让其他频率的光波通过的滤光镜拍摄的.[61]

当我们谈到光, 谈到与光的波长数量级相当的大小时, 颜色的微妙现象就在手边. 有生命的物体的色彩来源是各式各样的; 那些来自化学的着色不在我们的讨论范围之内, 但是常常的情况是, 根本没有着色, 除非也许是作为一个屏幕或一个背景, 而其色调是适合于波长的尺度或大小的范围的. 在鸟类中这种 "光的色彩" 主要有两类. 一类包含某些鲜艳的蓝色, 是那种蓝色松鸦的蓝, 是印第安金丝鸟或金刚鹦鹉的蓝; 另一类包括珍珠母的、蜂鸟的、孔雀的和鸽子等的彩虹般的色彩; 对鸽子的灰色的胸脯来说, 表明在多种色彩之外还有一种, 正如西塞罗 (Cicero) 所说的. 松鸦的蓝色羽毛表明在薄薄的硬皮之下有一层珐琅质似的细胞, 而其细胞壁是像海绵似的充满了细小的气孔. 这些气孔的直径大约为 0.3 微米, 有些鸟种甚至还要更小, 已经离显微镜的观察力不远. 在更深的一层带有深褐色的色素, 但是根本没有蓝色的色素; 如果把羽毛浸入到折射率和羽毛一样的液体中, 这个蓝色就彻底消失了, 羽毛干后又再现出来. 这种蓝色就像是天空的蓝; 这就是 "丁德尔 (Tyndall) 蓝", 就像是由浑浊的液体, 充满尘埃云雾, 或是大小可以与光谱蓝端的波长相比拟的细小泡沫所显示出来的蓝色. 红色或黄色的长波可以通过, 较短的紫色光线被反射, 或者被散射; (天空的) 蔚蓝色有赖于颗粒的浓度, 而暗黑色的天幕则加强这个效果.

彩虹的色彩尤为美妙, 也更加复杂; 但是在孔雀和蜂鸟的色彩中我们确切地知道,[62] 它们就是牛顿环中的颜色, 是由覆盖在羽毛的羽小支上的平板或薄膜所产生. 这种色彩或多或少就是由厚度约为 $\frac{1}{2}$ 微米的薄膜所显示出

---

[60] L. M. Bertholf, Reactions of the honey-bee to light, *Journ. of Agric Res.* XLIII, p. 379; XLIV, p. 763, 1931.

[61] A. Kuhn, Ueber den Farbensinn der Bienen, *Ztschr. d. vergl. Physiol.* v, pp. 762–800, 1927; 参见 F. K. Richtmeyer, Reflection of ultra-violet by flowers, *Journ. Optical Soc. Amer.* VII, pp. 151–168, 1923; etc.

[62] Rayleigh, *Phil. Mag.* (6), XXXVII, p. 98, 1919. 对此整个课题的评述以及对它的许多困难的讨论, 见 H. Onslow, On a periodic structure in many insect scales, etc., *Phil. Trans.* (B), ccxi, pp. 1–74, 1921; 也见 C. W. Mason, *Journ. Physic. Chemistry*, XXVII, xxx, XXXI, 1923–25–27; *F. Suffert, Zeitschr. f. Morph. u. Oekol. d. Tiere*, I, pp. 171–306, 1924 (scales of butterflies); 还有 B. Reusch and Th. Elsasser in Journ. f. Ornithologie, LXXIII, 1925; etc.

的那种色彩; 当光线照射的角度越来越倾斜时它们就会向蓝端改变; 而如果你浸泡这个羽毛促使其薄膜胀大, 就会向红端改变. 孔雀羽毛上的羽小支宽又平, 光滑又透亮, 它的表皮层分裂成三层非常薄的透明薄膜. 三层合在一起几乎没有 1 微米厚. 蜂鸟华丽的色彩都在牛顿标度中有它们确定的位置, 而随不同入射角所展示的变化也被预言过, 并且得到了解释. 每一层薄膜的厚度到了显微镜可视的极限, 在这个细微尺度内的极小的变化或不规整都会使颜色的显示乱七八糟. 在有机物的大小中再也没有哪种现象比这种尺寸的恒定性更令人惊讶了; 再也没有哪种现象比这种精细的薄层能把它们的薄度确定的精准, 一片接一片地如此均匀, 在一个物种中是如此一致, 从一代到另一代保持得如此恒定.

一个简单一点的现象, 也是在整个形态学处处可以见到的现象, 这就是, 在其形状的改变过程中全身的表面积要与体积保持同步. 内衬上绒毛的发育 (这会大大增加它的表面积, 就像我们增加浴巾的有效面积一样), 内衬上各式各样的瓣状折叠, 包括鲨鱼消化道中的极不寻常的 "螺旋的重要性" (spiral value), 大型动物中的肾脏的小叶片,[63]肺部的气囊和气泡的呼吸表面积的巨大的增加, 在大型甲壳虫和软体虫的呼吸器的发育中, 尽管身体的总面积在较小的物种中对于呼吸已经足够 —— 所有这些以及还有更多都是这种情形, 其中或多或少会趋向于在质量与面积之间维持一个恒定的比例, 随着尺寸的增大会越来越偏离这个比例, 如果不是有这种表面形状的改变的话.[64]一颗多叶的树, 一块多草地皮, 一块海绵, 一盘珊瑚, 全都是类似现象的例子. 实际上, 在保持表面与身体的适当平衡方面有大量的进化例子.

在许多非常小的动物中, 还有在许多个体细胞中, 由于分子作用力的合力局限于表面层内, 这个原理变得非常重要. 在刚才所说的情形中, 作用力由于面积的增加而加强. 例如, 营养液或呼吸气体的扩散就会由于表面积的增大而减小得更快; 但是还有其他的情况, 其中表面积与质量之比可能改变系统的整个条件. 铁暴露在潮湿的空气中会生锈, 但是如果将铁磨成一堆碎屑, 那么它就会锈得比任何时候都快, 很快就会锈没了; 这只是一种在程度

---

[63]参见 R. Anthony, C. R. CLXIX, p. 1174, 1919, etc. 也见 A. Putter, Studien uber physiologische Ähnlichkeit, *Pflüger's Archiv*, CLXVIII, pp. 209–246, 1917.

[64]对于由于组织上的和解剖学上的剖分导致的表面积的增加的计算, 参见 E. Babak, Ueber die Oberflächenentwickelung bei Organismen, *Bioi. Centralbl.* xxx, pp. 225–239, 257–267, 1910.

上的差异. 但是一滴雨珠的球形表面和大洋的球形表面 (尽管二者在数学形式上恰好相似) 是两个完全不同的现象, 一个球形是由于表面张力, 而另一个导致那种质量 – 能量形式的是重力. 在波动的情况下这二者的对比就看得更清楚了: 对于小小的波纹, 它的形状和传播方式由表面张力所控制, 它的传播速度与其波长的平方根成反比, 而普通的大水波, 由重力所控制, 其速度则与其波长的平方根成正比. 类似地我们会发现, 所有非常小的器官的形状都与重力无关, 大多数是, 如果说还不能算主要是, 由表面张力所决定: 要么是作为表面张力持续作用于半流动物体, 要么是作为它在发展前期作用的结果, 带来一种形式, 随后的化学变化变得巩固而持久. 无论是在哪种情况下, 我们都在小的器官中发现了一个大的趋势, 即不论是取球形还是取其他的简单形式, 都是与普通的无生命的表面现象有关, 这些形式不会在大动物的外部形态中再现.

这是一个非常重要的事情, 也是相似性原理的一个重要示例, 这个原理我们在联系着它的几个表现时已经讨论过了. 我们现在就要得到一个结论, 它将影响到我们在本文中整个的讨论过程, 即, 在大有机体与小有机体的形状现象之间, 在类型上有一个本质的差异. 我之所以把本文称为生长与形状的研究, 因为在我们最熟悉的有机体形状的示例中, 例如在我们自己的身体中, 这两个因素不可分割地联系在一起, 而且也因为我们在此有理由认为, 形状是成长的直接结果: 是这样的成长, 它随方向的不同而有不同的生长速度, 靠着缓慢而不均等的增长, 已经产生了依次的发育阶段以及整个物质结构的最终形态. 但这绝不意味着在有生命的物质的细小部分的情形中形状与成长就是以这种直接而又简单的形式相互关联, 或这样相互补充. 因为在较小的器官中, 以及在较大器官的单个细胞中, 我们已经达到了这样一种大小的数量级, 这时分子之间的作用力在有利的条件下与重力竞争并终于超过重力, 而且还有一些其他导致对流的力, 它们是在较大的物质聚集体中重要的因素.

然而, 在讨论成长的速度时我们还需要更充分地讨论这个事情, 而且我们可以暂时离开一下, 以便谈论其他一些或多或少直接与细胞的大小有关的事情.

活细胞是一个非常复杂的能量场, 是许多种类的能量场, 表面能就是其中之一. 细胞的整个表面能绝不只局限于外表面; 因为细胞的结构是非常不均匀的, 而且它的所有的原生质气泡和其他一些可见的 (也有不可见的) 非均匀结构造成一个很大的内部表面系统, 在其中每一个部分有一个 "相" 与另一个 "相" 相接触, 相应地就有一部分表面能. 但是, 外表面仍然是系统的一个确定的部分, 自己成为一个特定的 "相", 而且尽管小, 我们还是能够知道系统全部能量的分布, 至少我们清楚, 那有利于平衡的条件会极大地受到表面积与质量之比的改变的影响, 而这是在细胞中所能产生的唯一的大小改变. 总之, 正在生长的细胞的分裂现象, 不论它是如何引起的, 恰好就是为了保持表面积与质量之比为相当好的常数所必需的, 也是保持或恢复系统的表面能与其他的力之间的平衡所必需的. [65]但是如果一个胚芽细胞分裂, 或 "分割成" 两个时, 它的质量并未增加; 至少是, 即使鸡蛋在分割时其质量或体积会有某种轻微的所谓增加倾向, 它也实在是太轻微了, 一般来说不可觉察, 而且还有人根本否定有. [66]因而鸡蛋从一个单细胞阶段生长或发育成两个或多个细胞的各个阶段是一种有点特别的类型的成长; 这是一种形式变化受限的成长, 表面积的增加不会伴随体积或质量的增加. 顺便说一下, 在肥皂泡的情形中, 如果它分解为两个泡泡, 体积实际上是减小了, 而表面积则是大大地增加了; [67]体积的减小是由于一个原因, 这个原因我们将来还会研究, 即由于较小的气泡曲率较大而引起压强的增加.

刚才所讲的这个原理的一个直接而又非同一般的结果就是, 所有的细胞都有一个倾向, 根据它们的种类的不同, 只在某个平均大小左右作细小的变动, 而且实际上有个大小上的绝对限制. 一个大的薄壁组织细胞的直径是小的十倍; 但是最高的显花植物的高度是最小的高度的一万倍. 简而言之, 大自然有其预定尺寸的材料, 而且不论它建造的房屋是大还是小, 用的砖块都是一样的. 甚至普通的液滴都会倾向于一个固定的大小, 其尺寸是表面张力的函数, 而且可以用来做它的度量 (正如昆克 (Quincke) 这样用过). 正如维尔丁·柯勒 (Wilding Köller) 和 V. 比耶克内斯 (Bjerknes) 告诉我们的, 在雨滴中这个原理得到了奇怪的示例. 雨滴的大小是分级的, 从极小的感觉不到的

[65]我们发现, 黄瓜的某些细胞在它们再次长到体积为 "休眠细胞" 的一半大时分裂. 这样一来, 休眠细胞、分裂细胞和下一代的细胞体积之比为 1:1.5:0.75; 而它们的表面积之比, 由于面积是体积的 2/3 次幂, 大约为 1:1.3:0.8. 于是比值 S/V 为 1:0.9:1.1, 或者说非常接近相等, 参见 F. T. Lewis, *Anat. Record*, XLVII, pp. 59–99, 1930.

[66]尽管整个鸡蛋的质量没有增加, 也不能说它的活的原生质部分在整个期间没有依靠消耗储备物质有所增加.

[67]参阅 P. G. Tait, *Proc. R.S.E.* V, 1866 and VI, 1868.

雾中的均匀液滴算起, 每一个是另一个的两倍, 它们在下落的过程中不断转动. 如果这二者转动的方向相反, 它们就会靠近, 并立即合起来; 但这只在这两个液滴肩并肩地下落时才会发生, 而且由于下落的速度与液滴的大小有关, 所以能够这样相遇、靠近并结合到一起去的总是一对大小相同的液滴. 这种大小一样或接近一样的一个极端的例子, 虽然远远超过了雨滴或细胞的大小的限制, 但还是有其相似性, 这就是在天上的星体的事实 (尽管这二者是如此不同), 甚至星云本身, 在质量上全都是非常接近相等. 万有引力把物质拉到一起, 凝结成我们的世界或星体; 但是以太的压力是一个导致崩溃的反向的力量, 在小尺度上可以忽略不计, 但在大尺度上非常强大. 在大小的很高的尺度上, 从大约 10^{33} 到 10^{35} 克的质量起, 这两种强大的宇宙力量达到相互平衡; 而全部星体的总的大小大约就在这个狭窄的范围之内.

萨克斯 (Sachs) (在 1895 年) 指出, 在活细胞中有一个倾向, 让细胞核在其周围聚集一定量的原生质.[68] 不久以后, 德日希 (Driesch) [69] 发现有可能通过将卵用人工的方法进行细分, 培养矮小的海胆的幼体, 这些幼体是它们原来通常尺寸的一半、四分之一, 甚至八分之一; 这些矮小的幼体所含细胞的个数也是正常个数的一半、四分之一或八分之一. 这一观察结果被经常重复, 得到了大量的证实: 洛布 (Loeb) 发现这种海胆的卵可以减小到一定的程度, 但不能再减小了.

在 Crepidula (一种美国 "滑动笠贝", 现在在我们自己的牡蛎养殖场里也常见到) 的发育过程中, 康克林 (Conklin)[70] 成功地培育了矮小的和巨型的个体, 其中后者的个头可以大到前者的二十五倍. 但是皮肤、消化道、肺部、肌肉和其他组织的单个细胞在其中一个中的大小和在另一个中的是一

---

[68] *Physiologische Notizen* (9), p. 425, 1895. 参见 Amelung, *Flora*, 1893; Strasbürger, Ueber die Wirkungssphäre der Kerne und die Zellgrösse, *Histol. Beitr.* (5), pp. 95–129, 1893; R. Hertwig, Ueber Korrelation von Zell-und Kerngrösse (Kernplasmarelation), *Biol. Centralbl.* XVIII, pp. 49–62, 108–119, 1903; G. Levi and T. Terni, Le variazioni dell' indice plasmatico-nucleare durante I' intercisis, *Arch. Ital. di Anat.* x, p. 545, 1911; 也见 E. le Breton and G. Schaeffer, *Variations biochimiques du rapport nucléo-plasmatique*, Strasburg, 1923.

[69] *Arch. f. Entw. Mech.* IV, 1898, pp. 75, 247.

[70] E. G. Conklin, Cell-size and nuclear size, *Journ. Exp. Zool.* XII, pp. 1–98, 1912; Body-size and cell-size, *Journ. of Morphol.* XXIII, pp. 159–188, 1912. 参见 M. Popoff, Ueber die Zellgrösse, *Arch. f. Zellforschung*, III, 1909.

样的.[71]同样的情况出现在普通睡莲的叶细胞和高大的 *Victoria regia* 树的树叶,以致还要更大的,日本 *Euryale ferox* 树的,几乎长达 3 米的树叶的叶细胞中.[72]德日希对这个 "固定细胞大小" 的原理给以特别的重视,但是它还是有自己的局限和例外. 在这些例外,或者说这些明显的例外中有,巨人的蕨藻 (Caulerpa) 的叶状扩张式的细胞,或者黏菌 (Myxomycete) 的巨型原质团. 一个的倒伏,或者另一个的分裂起着 (或者说有助于) 增加表面积与体积之比,细胞核倾向于增殖,液流保持内部与外部的物质相互接触.

在比较无论是高等动物的还是低等动物的脑细胞或神经节细胞时,我们又得到了这个大小限制性原理的一个极好的、甚至是我们更熟悉的示例.[73]在图 3 中我们画出了各种不同的哺乳动物,从小老鼠到大象,在相同位置处的神经细胞,全都是放大相同的比例画的; 我们看到它们的大小的数量级都是一样的. 在线度上大象的神经细胞大约是小老鼠的两倍,因此在体积上,或者说在质量上大约为八倍. 但是不考虑体型上的差异,大象的线性尺度与老鼠的线性尺度相比不会小于五十比一,那么较大的这个动物的身体就将是那个较小的 125000 倍这么大的一个数. 由此可知,如果神经细胞的大小之比也是八比一,那么在神经系统的相应部分,一个动物的单个细胞数目就会是另一个的 15000 倍. 简而言之,我们可以 (和恩里克斯 (Enriques) 一道) 把下面这一点当成一个普遍定律,即在大的或小的动物中,神经节细胞的大小在一个很窄的范围内变动; 还有就是,在所有观察到的各种不同种类动物的神经系统结构中,总会发现小的物种所具有的神经节比大的要简单,就是

---

[71]这样,大狗和小狗的晶状体的纤维大小是一样的, Rabl, *Z. f. w. Z.* LXVII, 1899. 参见 (特别是) Pearson, On the size of the blood-corpuscles in Rana, *Biometrika*, VI, p. 403, 1909. 托马斯 · 杨 (Thomas Young) 博士早在 19 世纪就发现这样的现象: "血液中的固体粒子其大小与整个动物的比例绝不会改变." *Natural Philosophy*, ed. 1845, p. 466; 还有雷文胡克 (Leeuwenhoek) 和斯提芬 · 黑尔斯 (Stephen Hales) 差不多在 200 年前就注意到了这一点. 雷文胡克实际上早就对人的血球的大小有了很好的想法,并且习惯于用它的直径 —— 大约为一英寸的 1/3000 —— 作为比较的标准. 但是尽管血球没有表现出其大小与动物大小之间有何联系,它们无疑与动物的活动性有关; 因为我们知道,在迟钝的两栖动物中血球是最大的,而在小鹿以及其他敏捷,跑得很快的动物中的血球最小 (参见 Gulliver, *P. Z. S.* 1875, p. 474, etc.). 这一关联可以用血球表面凝聚或吸收的氧来解释,这一过程由于它们体积小而导致的表面积的增加而增强.

[72]Okada and Yomosuke, *Sci. Rep. Tohoku Univ.* III, pp. 271–278, 1928.

[73]参见 P. Enriques. La forma come funzione della grandezza: Ricerche sui ganglinervosi degli invertebrati, *Arch. f. Entw. Mech.* xxv. p. 655, 1907–8.

说它的神经节所含的细胞元件数量要小一些. [74]像这样一些事实对细胞理论的影响一般来说不可忽视; 我们也要警惕过分夸大将生理过程与相关细胞的可见机制的关联, 而忽视了与系统的能量, 或者说与它们有关的力场的联系. 对机体的生命来说, 不只是组成它们的细胞的性质的总和: 正如歌德 (Goethe) 所说的,"有生命的东西虽然可以分解为部件, 但是人们再也不能把它们重新组合起来变成活生生的生命."

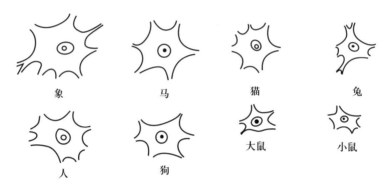

图 3　来自颈部的脊髓处的运动肌神经节细胞. 来自迈诺特 (Minot), 根据欧文 · 哈迪斯蒂 (Irving Hardesty)

　　在某些像轮虫这样的微小的有机体中 (这是在多细胞动物中平均大小为最小, 大小变动范围也是最窄的), 我们为它的细胞个数这么少, 还仍然能够构造出复杂的器官, 像肾、胃或是卵巢这些, 而感到惊讶不已; 我们有时能够数出它们有不多几个, 而在较大的动物, 即使不是较高等的动物中, 形成这样一个器官就得需要成千上万的单元. 我们已经谈到过精灵飞蝇, 它们好几十只的重量还比不过一只较大的轮虫的重量, 几十万只还要比一只蜜蜂轻. 它们的形状复杂, 而它们小小的躯体极其美丽; 但是我相信它们的细胞数量很少, 它们的器官组织极为简单. 我相信这些情况有助于表明, 把组织细分为细胞, 从构造或者说从动力的观点来看是如何重要和有益, 但是这个现象

---

[74]既然细胞体积的差别远小于相应动物之间的体积差别, 而且也远小于它们的面积的差别, 可是还有一个差别, 它曾经试图与下面的需要联系起来, 这是为了使较大动物的多细胞的神经节的每一个细胞能具有更复杂的分支的 "交换系统", 以便与众多的左邻右舍相互交流. 另一个解释是基于这样的事实, 即, 那种在整个生命期间不断地分裂, 趋向于使所有哺乳动物的大小均匀, 而那些不这样做的, 特别是神经节细胞, 会继续成长, 因而它们的大小就将会是生命持续长度的函数. 参见 G. Levi, Studii sulla grandezza delle cellule, *Arch. Ital. di Anat.e di Embriolog.* v, p. 291, 1906; 也见 A. Berezowski, Studien über die Zellgrösse. *Arch. f Zellforsch.* v, pp. 375–384, 1910.

并不像过去一度, 现在还常常, 赋予它那样的重要性.

正如萨克斯所指出的, 围绕着细胞核所能聚集的细胞质的数量是有限的, 所以波维利 (Boveri) 证实了, 细胞核的大小有其自身的限制, 而且在受精后的细胞分裂中, 每一个新的核和母核的大小一样; [75] 今天我们可以把这个结论转移到染色体上. 有可能一个细菌由于太小的原因而不能拥有细胞核, 还有像蓝藻, 或是蓝绿海藻这样的一些小植物也都是这样. 甚至带有其 "淀粉核" 的色素细胞看来都不可能在某个尺寸之下. [76]

这样一来, 确定或者调节机体或细胞的大小的根据, 部分是生理上的, 但是主要还是物理上的. 既然我们已经发现了机体大小增长的确定的限度, 那么我们现在就该来探讨, 是否这里也有个下限, 在它们之下机体就不可能存在.

一个普通大小的芽孢杆菌, 比如说, 长度为 1 微米. 一个人的长度 (或者说高度) 大约是它的一百万又四分之三倍, 即 1.75 米, 或者说 1.75×10^6 微米; 而人的质量约为芽孢杆菌质量的 5×10^{18} 倍. 如果我们要问, 会不会存在这样一种有机体, 它与芽孢杆菌相比小到的程度, 就像芽孢杆菌与人相比所小到的程度, 那么我们就可以很容易地回答, 这是不可能的, 因为我们很快就要达到这样一点, 这是分子的大小问题, 也就是物质的终极可分性的问题, 在这种情况下成为阻止进一步分下去的决定性的因素. 克拉克·麦克斯韦 (Clerk Maxwell) 七十五年前在其著名的《原子》(Atom) [77] 一文中谈过这个问题. 柯利 (Kolli 或 Colley), 一位俄罗斯化学家, 在 1893 年宣称, 精子的头部只有几个蛋白质分子的大小; 十年后厄勒拉 (Errera) 以极其巧妙的方法讨论了这个题目. [78] 但是用不着精细的计算我们就可以相信, 比较小的细菌或小球菌已经接近达到了我们能够设想具有有机结构的最小的尺度. 有一些小的细菌

[75] Boveri, *Zellenstudien*, V: Ueber die Abhängigkeit der Kerngrösse und Zellenzahl von der Chromosomenzahl der Ausgangszellen. Jena, 1905. 还可参见 (特别是) H. Voss, Kerngrössenverhältnisse in der Leber etc., *Ztschr. f. Zellforschung,* VII, pp. 187–200, 1928.

[76] 细胞核的大小可能会受到它所含的染色体的个数的影响, 甚至由它来决定. 有酿酒葡萄、报春花和茄属植物的巨型种类, 它们的细胞核所含染色体的个数是通常的两倍, 而一种小型淡水甲壳类动物矮型品种, 剑水蚤 (*Cyclops*), 只有通常个数的一半. 相反, 细胞质随着核物质的数量而变, 整个细胞异乎寻常地大, 或者异乎寻常地小; 在这种特例中我们看到了机体的大小与细胞的大小之间的直接关系. 参见 (特别是) R. P. Gregory, *Proc. Camb. Phil. Soc.* XV, pp. 239–246, 1909; F. Keeble, *Journ. of Genetics,* II, pp. 163–188, 1912.

[77] *Encyclopaedia Britannica,* 9th edition, 1875.

[78] Leo Errera, Sur la limite de la petitesse des organismes, *Bull. Soc. Roy. des Sc. méd. et nat. de Bruxelles,* 1903; *Recueil d'aeuvres (Physiologie génále),* p. 325.

是最小的可见有机体, 有一个关于流感病毒的小样本, *B. pneumosinter* (秦肺炎菌), 据说是它们中最小的. 它的大小只有 0.1 微米的数量级, 甚至更小; 我们在这里已很接近达到显微镜观察的极限, 因为可见光的波长工作区间只能从大约 400 纳米到 700 纳米. 最大的细菌, *B. megatherium* (大地獭属菌), 比众所周知的真性炭疽菌 *B. anthracis* (炭疽杆菌) 还要大, 它们的比例至少像大象与豚鼠之比.[79]

身体大小不再只是偶然的. 人, 要呼吸, 就不可能像一只昆虫那么小, 反之亦然; 只是偶尔, 就像在花金龟科大甲虫的情形中, 一只老鼠与甲虫的大小旗鼓相当. 哺乳动物的尺度降到 5 克左右就到此为止了, 甲壳虫的长度的下限大约是半毫米, 每一动物群体都有自己大小的上限和下限. 这样, 在离开我们的视觉下限不远的地方细菌的长系列就终止了. 还有更小的粒子, 超级显微镜只能部分地显示; 据说在这里, 或者说靠近这里, 就是所谓的病毒, 或者说 "滤过性病毒", 我们是由它们所引起的疾病, 比如像狂犬病、手足口病, 或者是烟草和马铃薯的花叶病, 才把它们带进我们的认识的. 这些微小的颗粒, 在数量级上是最小细菌的直径的十分之一, 没有可扩散内容, 包括水 —— 这就使得它们不同于所有生命的东西. 它们好像是核蛋白的惰性的胶状 (甚至是类晶状) 聚集体, 可能是普通蛋白质分子直径的十倍, 比巨型血红蛋白或血蓝蛋白分子大不了多少.[80]

伯杰林克 (Bejerinck) 把这种病毒称为传染病毒 (*contagium vivum*), 比较新的名字是 "传染性核蛋白" (infective nucleo-protein). 我们通过向下的一步就已经从有生命的物体走向了无生命的物体, 从细菌的尺度走向了蛋白质化学的分子尺度. 而且我们开始考虑, 病毒疾病不是由于 "能够在生理上复制和繁殖的有机体, 而只是由于一种特定的化学物质, 能够对原先存在的物质起触媒的作用, 从而产生越来越多的像自己的分子. 于是在植物中病毒的传播仅仅是一种自动触媒作用, 不涉及物质的输运, 只不过是一种已经存在

---

[79] 参阅 A. E. Boycott, The transition from live to dead, *Proc. R. Soc. of Medicine*, XXII (*Pathology*), pp. 55–69, 1928.

[80] 参见 Svedberg, *Journ. Am. Chem. Soc.* XLVIII, p. 30, 1926. 根据手足口病研究委员会的报告 (1937 年第五次报告) 手足口病的病毒的直径, 经逐级过滤测定, 约为 8 ~ 12 纳米, 而 Kenneth Smith 和 W. D. MacClement (*Proc. R.S.* (B), cxxv, p. 296, 1938) 对其他计算所得直径不超过 4 纳米, 或者说小于一个血蓝蛋白分子的直径.

物质状态的持续改变."[81]

但是, 毕竟我们所需要的是用列表来表示, 最小的有机体接近分子大小到了何种程度. 这同一张表还能表明每一种动物的主要种群有其平均的和特征的人小, 其范围排在两侧, 有时较人, 有时较小.

我们的大小列表不仅是一些孤立数据的罗列, 而是深入到了生物与世界之间的关系. 有一个区域, 还是一个窄的区域, 包括了老鼠和大象, 以及所有那些会走会跑的动物; 这就是我们自己的世界, 其尺度与我们的生活、我们的肢体以及我们的意识都是合拍的. 大鲸鱼靠着把体重交给海水来负担而长得超出了这个范围; 恐龙泡在沼泽地里, 而河马、海象、斯特勒 (Steller) 大海牛都会在河海中行走, 或者就生活在江河与大海之中. 会飞的东西比只会走和跑的东西要小; 飞鸟绝不会有较大的哺乳动物那么大; 有很少的几种鸟与哺乳动物不相上下, 但是昆虫在这个阶梯中就往下走了一步, 甚至好几步. 重力影响的减小有助于飞行, 但是会使走和跑起来不那么容易; 先要用爪子抓住, 然后钩住和吸住, 再用固有的毛发帮助牢牢地抓住立足点, 直至在墙上和天花板上的爬行和在地上走一样容易. 鱼类靠着浮力减轻重量, 使得它们大小的范围既超过又低于地面的动物. 比地面上所有的动物都小的, 小到超出了我们的视觉范围, 直至有生命物体的最小尺度的有原生动物、轮虫纲、孢子、花粉颗粒[82]和细菌. 所有这些, 除了其中最大的以外, 全都是在空气或水中漂浮而不是游动; 它们被空气或水浮起, 下落得特别慢 (正如斯托克斯定律所说明的).

生物有机体以及其他物体的线性尺度

	米	
(10000 千米)	10^7	地球周长的四分之一
(1000 千米)	10^6	奥克尼郡到大陆末端

---

[81] H. H. Dixon, Croonian lecture on the transport of substances in plants, *Proc. R.S.* (B), CXXV, pp. 22, 23, 1938.

[82] 花粉颗粒, 和原生动物一样, 大小有一个相当大的范围, 最大的, 比如像南瓜的花粉颗粒, 直径大约有 200 微米; 它们的传播要靠昆虫来携带, 因为它们的大小已经在斯托克斯 (Stokes) 定律的水平之上, 已经不能再飘浮在空气中了. 最小的花粉颗粒, 例如勿忘我的花粉, 直径约为 $4\frac{1}{2}$ 微米 (沃德豪斯 (Wodehouse)).

	10^5	
	10^4	
		珠穆朗玛峰
(千米)	10^3	
	10^2	巨树: 美国加利福尼亚州的红杉树 (sequoia)
		大鲸
	10^1	姥鲨
		象; 美洲鸵鸟; 人
(米)	10^0	
		狗; 老鼠; 老鹰
	10^{-1}	
		小的鸟和哺乳动物; 大昆虫
(厘米)	10^{-2}	
		小昆虫; 微型鱼
(毫米)	10^{-3}	
		微型昆虫
	10^{-4}	
		原生动物; 花粉颗粒
	10^{-5}	
		大型细菌; 人类血球
(微米)	10^{-6}	
		小型细菌
	10^{-4}	
		显微镜可视极限
		病毒, 或滤过性病毒
		巨型蛋白, 酪蛋白, 等等
		淀粉分子
(纳米)	10^{-9}	
		水分子
(埃)	10^{-10}	

微型昆虫, 原生动物; 花粉颗粒, 大型细菌; 人类血球 }

病毒, 或滤过性病毒, 巨型蛋白, 酪蛋白, 等等 } 胶体粒子

　　有一个大小很窄的范围, 在这个范围内重力和表面张力变得可以比较, 可以很好地相互平衡. 在这里一群小的植物和动物不仅居住在水的表面上, 而且与表面薄膜层本身紧密相连 —— 豉甲虫, 在池塘的水面上滑行的长足昆虫, 小咬和蚊虫的幼体, 浮萍 (Lemna), 小的芜萍 (Wolffia), 以及绿萍 (Azolla);

甚至在海洋中部, 一种小的昆虫 (*Halobates*) 还保留这个栖居地. 要想讲清表面张力起有利作用的各种方式, 这就说来话长了. 重力不仅限制了大小, 还会控制物体的形状. 在重力的帮助下, 四足动物有了前胸和后背, 有了站在地面上的肢体; 也有了在垂直于重力的平面上运动的自由; 有了前面和后面的意识, 才有它的头和尾, 及其双侧平衡. 重力同时影响了我们的身体和大脑. 我们的垂直的意识, 上和下的知识, 都是来源于此; 我们对所站立的水平面的观念, 以及在其上发现两个轴向与垂直方向的关系; 教会我们用三维空间来思考的也是重力. 我们的建筑受到重力的控制, 但是重力对蜜蜂的建筑影响甚微. 如果蜜蜂把空间看成是四维的, 而不是看成三维的, [83] 应该受到原谅, 甚至应该得到赞扬! 植物有其根和茎, 但是围绕着这根垂直轴, 或者说重力轴, 仍保持发散对称, 不受方向极性的干扰, 太阳的影响除外. 在动物中, 发散对称性只限于个头不大的生物; 而且在原生动物的小世界中, 球对称是常规的 —— 除非是通过增加一个外壳的负担让重力保持其支配作用. 那些游泳、行走或跑步、飞翔、爬行或漂浮的生物, 这样来说吧, 就是许许多多不同的生物, 全都是各自为政的世界里的居民和所有权人. 蜂鸟和天蛾可能偶尔在同一个世界中住在同一顶帐篷下; 但是大多数的哺乳动物、鸟类、鱼类、昆虫以及大海中的小生物, 不仅有自己的动物家园, 而且每一种还有自己的一个物理天下. 细菌的世界又是另一番景象, 胶体的世界亦复如此; 但是穿过这些小人国我们就要走出这个有生命体的王国了.

我们所说的那些力学原理可以应用于我们所熟悉的那种大小的物体; 但是较小的世界要受到其他一些适当的物理定律, 例如毛细现象的定律, 吸收的以及电荷的定律等的控制. 在尺度的遥远端头, 在空间的遥远深处, 是另一个世界, 它的巨大的尺寸在一个很窄的范围内. 当把球形星团的视直径对估计距离画在一条曲线上, 这条曲线很接近一条等轴双曲线 (rectangular hyperbola); 这意味着, 在相同精度的近似上, 它们所有的实际直径是相同的. [84]

---

[83] 就是说, 这相当于有四根轴在一点相交, 而且交角都相等 (所谓的四面体角), 蜂窝的底面角就是如此.

[84] 参见 Harlow Shapley and A. B. Sayer, The angular diameters of globular clusters, *Proc. Nat. Acad. of Sci.* XXI, pp. 593–597, 这一结论也近似地适用于漩涡星云.

　　我们可以这么容易地, 又可从多条路线, 从分子的大小[85]过渡到一棵红杉树或一条大鲸这么大的尺度, 这是一件很不平常的事情, 值得在这里停下来反思一下. 加法和减法, 这是古老埃及人的算法, 对这一计算不够强大; 但是在棋盘上摆麦粒的故事显示了所需的方法, 而且阿基米德和纳皮尔 (Napier) 精心研究出乘法算术. 所以就像阿基米德在计数大海中的沙粒数时那样, 通过向上和向下的简单步骤, 我们将大兽与小兽的大小相比较, 将它们与构成它们的原子相比较, 而且与它们所居住的世界相比较.[86]

　　以有机物的化学组成为基础的考虑告诉我们, 有机体的大小必定有一个下限, 其他从物理方面的考虑也得到同样的结论. 由于对相似性原理的讨论已经告诉我们, 在我们还远未达到无限小以前, 越来越小的有机体在它们所有的物理关系方面会经受巨大的变化, 并且最终必定将在其通常的发展和表现中, 达到与生命, 或者说我们所理解的生命, 不相容的状态.

　　例如, 我们知道, 表面张力, 或者说毛细现象作用力, 在大约 1/500000 英寸, 或者说在 0.05 微米, 的范围之内开始起作用. 肥皂薄膜, 或者水面上的一层油膜, 可以减薄到远远小于这个厚度; 我们知道在肥皂泡上的黑点由各种不同的测量方法测得的一致结果约为 6×10^{-7} 厘米, 或约为 6 纳米, 而雷利勋爵 (Lord Rayleigh) 和 M. 德沃克斯 (Devaux) 得到过厚度为 2 纳米的油膜, 甚至厚度仅为 1 纳米的油膜. 但是既然有可能让液膜存在于这种分子的大小之下, 那么肯定早在达到这种尺度之前就已经出现了这种条件而我们一点也不知道, 而且这也是不容易想象的. 芽孢杆菌存在于一个远离我们的世界中, 或者是在这样的一个世界的边缘, 而从我们的经验所提炼出的先入为主之见在那里都无效了. 即使是在无机的没有生命的物体中也有一个大小的程度, 小于它普通的性质就要修正. 例如, 在通常的条件下, 溶液结晶从围绕着一颗破碎的固体颗粒或盐的晶体开始, 但是奥斯特瓦德 (Ostwald) 证明

　　[85]我们可以 (按照 Siedentopf 和 Zsigmondi) 把这种最小的可见粒子称为胶状微分子 (microns), 比如像小细菌或乳香胶 (gum-mastich) 的悬浮的细微颗粒, 测得大小在 0.5~1.0 微米; 次胶状微分子 (sub-microns) 只能用超显微镜才能显示出来, 例如金胶体粒子 (2 ~ 15 纳米), 或者淀粉分子 (5 纳米); 亚胶状微分子 (amicrons), 小于 1 纳米, 不论用上述哪种方法都看不见. 水分子的大小可能约为 0.1 纳米.

　　[86]依照一个通常的习惯, 我们注意到, 我们只用了对数尺度来表示 10 的幂的约数, 而把之间留下的数, 如果有的话, 再用普通的数补入. 只要我们愿意, 没有什么能够阻止我们从头到尾使用分数指数, 并且, 把血球的直径说成是 $10^{-3.2}$ 厘米, 把人的高度说成是 $10^{2.25}$ 厘米, 或者把兰鲲鲸的长度说成是 $10^{1.48}$ 米. 这种方法, 隐含在莫契斯东 (Merchiston) 的纳皮尔的著作中, 首先是由沃利斯 (Wallis) 在 *Arithmetica infinitorum* 中提出的.

了, 有这样小的颗粒, 以致它们不能作为结晶的晶核 —— 这就等于说, 它们太小了, 小到已不再能具有 "晶体" 的形状和性质. 而且雷利勋爵又再次在他的薄油膜中注意到, 当薄膜薄到只有一层, 甚至是小于一层, 只是一层分子的紧密排列那样的东西时, 其物理性质会有惊人的变化, 简而言之, 这时它已不再有整体的 (in mass) 物质的性质了.

这些稀薄的薄膜现在叫作 "单分子层", 是脂肪酸的长链分子紧密堆积地站立, 就像蜂巢一样, 而薄膜的厚度就和分子的长度一样. 最近对油酸、棕榈酸以及硬脂酸这几种分子所作的测量得到它们的长度分别为 10.4, 14.1 和 15.1 厘米, 宽度分别为 7.4, 6.0 和 5.5 厘米, 全部还要乘上因子 10^{-8}; 与雷利勋爵和 M. 德沃克斯的最低估值非常符合 (F. J. Hill, *Phil. Mag.*, 1929, pp. 940–946). 但是这之后又证明了, 在脂肪酸的物质中, 长链分子不是竖立起来的, 而是斜靠在薄膜的平面上的; 而锯齿形的构造把它们锁在一起, 从而使得薄膜的稳定性得到增加; 而且靠第一节和第二节锯齿就可以锁住, 测得薄膜的面积精确地等于那种二型 (dimorphic) 排列. (参阅 C. G. Lyons and E. K. Rideal, *Proc. R.S.* (A), CXXVIII, pp. 468–473, 1930.) 这种薄膜可以提起来放到抛光了的金属表面上, 甚至放到一张纸上, 而且一张单分子层还可以叠加到另一张上面. 甚至复杂的蛋白质分子摊开形成一个氨基酸分子厚的薄膜. 单分子层的整个科目, 薄膜的本性, 无论是凝聚的还是张开来的, 或是气态的, 对杂质的惊人的高度敏感性, 以及一种液体在另一种上的伸展, 这些都通过欧文·兰米尔 (Irving Langmuir), 德沃克斯, N. K. 亚当 (Adam) 及其他人的工作变得非常有意思和重要, 并对分子大小的课题做出了新的阐述.[87]

一颗液滴的表面张力 (正如拉普拉斯 (Laplace) 所设想的) 是无数分子吸引力的一种叠加效果, 一种统计平均, 但是我们现在进入到了这样的尺度, 分子的个数已经不多了.[88] 当液滴半径的数量级与分子间距可以相比拟时, 物体的表面能开始随半径而改变; 这一能量的表达式在液滴或颗粒的半径小于 0.01 微米或 10 纳米时会趋于零. 在这个大小上颗粒的性质和特性将在这个地方发生突变; 那么这时我们还能把怎样的性质赋予像, 比如说, 0.05

---

[87] 参见 (特别是) Adam, Physics and Chemistry of Surfaces, 1930; Irving Langmuir, *Proc. R.S.* (A), CLXX, 1939.

[88] 参见由 Fred Vles 提出的一篇非常有趣的论文 Introduction à la physique bactérienne, *Revue Scient.* 11 juin 1921. 还可以参阅 N. Rashevsky, Zur Theorie d. spontanen Teilung von mikroskopischen Tropfen, *Ztschr. f. Physik*, XLVI, p. 578, 1928.

微米或 0.03 微米这样大小, 甚至更小的颗粒或机体呢? 这种东西很有可能是一种均匀的, 没有结构的物体, 由很少的几个蛋白分子或其他分子组成. 它的生命体征和功能极为有限; 它的特有的外向型的特性, 即使我们能够看到, 必定微乎其微; 它的渗透压和物质交换必定是反常的, 在分子的冲击下会受到猛烈的干扰; 它的性质和带离子的颗粒性质差不了多少, 能够使它表现出这样或那样的化学反应, 引发这样或那样的干扰影响, 或者产生这样或那样的病态效应. 如果它有感觉, 那它的感受一定是很奇怪的; 因为它能感觉, 它一定会把温度的降低看成是周围分子运动的减低, 而且如果它能看, 那么它一定会看到周围充满了各式各样的色彩, 就像在房间里充满了彩虹.

　　纤毛的大小差不多就是这样一个数量级, 以致它的物质大多数, 且不说是全部, 都是处于表面层的条件下, 表面能必定会在纤毛作用中起主要的作用. 纤毛或鞭毛 (对我来说) 是一种自成一类的 (suigeneris) 状态下的物质的一部分, 有它自己的性质, 正像薄膜和喷射流有它们自己的性质一样. 正如萨瓦 (Savart) 和普拉托 (Plateau) 在有关喷射流和薄膜上已经告诉我们的, 总有一天物理学家会给我们解释纤毛和鞭毛的性质. 可以肯定的是, 只要我们想把它们放大到另一个尺寸, 忘掉了与它们所属的尺度相联系着的新的特殊性质, 我们就绝不可能理解这些非比寻常的结构. [89]

　　正如麦克斯韦提出的, "分子科学让我们直面生理学的理论. 它不让生理学家设想有无限小的结构细部 (就像莱布尼兹猜想的那样, 一个位于另一个之内, 以至无限), 可以用来为存在于一些最小的器官中的性质和功能的无限多样性提供解释." 就是由于这个原因, 麦克斯韦, 以并非不适当的严肃性, 摒弃了泛生论 (pangenesis) 以及类似的遗传学说的倡议, 这种倡议 "企图把整个奇异的世界置于像细菌这样小, 又这样没有任何可见结构的物体之中." 但是实际上倒也用不着麦克斯韦的批评来表明达尔文的泛生论会遇到大量物理学上的困难: 这些毕竟是像德谟克里特斯那样古老, 也不过就是普罗米修斯的无限可分下去的粒子 (particula undique desecta), 这是从我们的贺拉 (Horace) 中读到过、也好笑过的东西.

　　在我们作长远的漫游时我们会有很多机会遇到许多物理行为的普通法则被颠覆的情况. 斯托克斯分析过一个我们熟悉的情况, 这就是, 周围介质

---

[89]双壳类软体动物鳃上的纤毛, 大小很特别, 长约为 20 微米到 120 微米. 它们是一些三角形的薄板, 而不是丝状; 它们在底部的宽度从 4 微米到 10 微米, 但厚度不到 1 微米. 参见 D. Atkins, *Q.J.M.S.*, 1938, 以及其他论文.

的黏度会对小于一定尺寸的东西有比较强的作用. 一滴水, 直径为一英寸的千分之一 (25 微米), 在静止的空气中下降的速度不会快于大约每秒一英寸半; 在其尺寸减小时, 它受到的阻力随半径的减小而增大, 而 (不像是在较大的物体时那样) 不会随表面积而变, 而它的 "临界" 或收尾速度随半径的平方, 也即与液滴面积成正比而变. 云雾中的一颗小液滴可能是那个大小的十分之一, 下落的速度就会慢一百倍, 比如说, 每分钟一英寸; 如果直径再小到这个直径的十分之一 (比如说 0.25 微米, 或者说像一个小微球菌的两倍那样大), 下落的速度很难能达到每两小时一英寸. [90] 不仅尘埃粒子是这样, 孢子[91]和细菌, 根据这个原理, 在空气中的下降都很慢, 但是所有的小物体在流体中都会遇到与它们的运动成正比的很大的阻力. 在盐水中还会有一个比在淡水中较大的摩擦系数的附加影响;[92] 即使像硅藻和有孔虫类这样比较大的生物体, 尽管它们背上了重重的燧石或石灰质的壳, 也似乎作好了掉入海水中的准备, 而且下沉得非常慢.

当我们谈到一件东西与另一件东西的接触, 它们之间可能还有一定的距离, 不仅还可以测得出来, 甚至比我们设想的距离还要大. 两块抛光了的玻璃板, 或者钢板, 一个放在另一个的上面仍然还有约 4 微米的距离 —— 相当于最小尘埃粒子的平均大小; 当小心谨慎地把所有的尘埃粒子排除之后其中一块板就慢慢地下沉到与另一块只相距 0.3 微米, 这是抛光表面极小的不平整表观分离距离. [93]

布朗运动也应该算进来 —— 这是罗伯特·布朗 (Robert Brown) 在一个多世纪以前研究过的一个不寻常的现象.[94]他是洪堡特的植物学的第一人,

---

[90]阻力依赖于粒子的半径、黏度和下降的速度 (V); 这个阻力要克服的有效重量依赖于重力、粒子与介质相比的密度及其质量, 它与 r^3 成正比. 阻力 $= krV$, 而有效重量 $= k'r^3$, 当此二者相等时, 我们就得到了临界速度或收尾速度, 于是有 $V \propto r^2$.

[91]A. H. R. Buller 发现真菌的孢子 (*Collybia*), 大小为 5×3 微米, 下落的速度为每秒半毫米, 甚至为每分钟超过一英寸; *Studies on Fungi*, 1909.

[92]参见 W. Krause, *Biol. Centralbl.* I, p. 578, 1881; Flügel, *Meteorol. Ztschr.* 1881, p. 321.

[93]参见 Hardy and Nottage, *Proc. R.S.* (A), CXXVIII, p. 209, 1928; Baston and Bowden, 同前. CXXXIV, p. 404, 1931.

[94]*A Brief Description of Microscopical Observations ... on the Particles contained in the Pollen of Plants; and on the General Existence of Active Molecules in Organic and Inorganic Bodies*, London, 1828. 还可以参阅 *Edinb. New Philosoph. Journ.* v, p. 358, 1828; *Edinb. Journ. of Science*, I, p. 314, 1829; *Ann. Sc. Nat.* XIV, pp. 341–362, 1828; etc. 布朗运动还曾被一些人欢呼地说成是支持了莱布尼兹的单子理论 (theory of Monads), 这是一个一度曾植根如此之深, 受到的信任如此之广, 以致甚至在施沃恩 (Schwann) 的细胞理论中约翰·弥勒 (Johannes Müller) 和亨勒 (Henle) 把细胞说成是 "有机单子"; 参见 Emil du Bois Reymond, Leibnizische Gedanken in der neueren Naturwissenschaft *Monatsber. d. k. Akad. Wiss.*, Berlin, 1870.

细胞核的发现者.[95]这是植物学家们对物理学做出过贡献或协助做出过贡献的主要的基本现象.

由与压碎的花粉颗粒所得出的细小的颗粒粒子的转动和甚至移动相伴随着的杂乱无章的运动, 布朗已经证明了它们并没有生命意义, 而且不论是怎样的细小颗粒都会有, 这一现象许多年来都没有得到解释. 在布朗所写之后的三十多年里, 有人说这是 "由于, 或者是直接由在液体中不断发生的热变化, 或者是由在固体粒子与液体之间的某种未知的化学变化受到了热的间接激发的结果."[96]这些话写出来不久之后, 克里斯第安·维纳 (Christian Wiener) [97]把这一现象归之于液体的分子运动, 并且欢呼它是后者的原子 (或分子) 结构的可见证据. 我们现在知道, 这实际上是分子对这种颗粒物体的碰撞或打击没有在当时近似地在各个方向相等, 以致平均抵消掉.[98]这种运动在粒子大小在 20 微米左右时开始显现, 会被那些 10 微米附近的粒子显示得更好, 而且会被某种称为胶体悬浮颗粒或者其粒子直径恰好在 1 微米以下的乳化液粒子显示得特别好.[99]撞击使得我们的粒子的行为就像不是普通大小的分子, 而这种行为有好些种显现的方式.[100]首先, 我们有粒子的轻微颤动; 其次, 它们的运动, 一会儿向后一会儿又向前, 总之, 一些直线的间断路径; 第三, 粒子还会转动, 而且它们越小转动得就越快; 根据理论, 也得到了观察的验证, 我们发现直径为 1 微米的粒子每秒平均转过 $100°$, 而直径为 13 微米的粒子每分钟仅转过 $14°$. 最后, 一个非常有趣的结果出现了, 在液体的一层中, 粒子不是均匀分布的, 而且在重力的影响之下也不降落到底部. 因

---

[95] "核" 最早是在兰花的表皮中看到的; 但是 "这个叶脉间的网隙 (areola), 或者也许可以说成是细胞的核, 并不限于表皮", 等等. 见他的论兰花和萝科中的受精的论文 *Trans. Linn. Soc.* XVI, 1829–33, 还有 *Proc. Linn. Soc.* March 30, 1832.

[96] Carpenter, *The Microscope*, edit. 1862, p. 185.

[97] 参见 *Poggendorff's Annalen*, CXVIII, pp. 79–94, 1863. 有关这个不平凡的人的叙述, 见 *Naturwissenschaften*, XV, 1927; 还可见 Sigmund Exner, Ueber Brown's Molecularbewegung, *Sitzungsber. kk. Akad. Wien*, LVI, p. 116, 1867.

[98] Perrin, Les preuves de la réalité moléculaire, *Ann. de Physique*, XVII, p. 549, 1905; XIX, p. 571, 1906. 实际上分子的碰撞频繁到不可想象; 我们看到的只是残余的涨落.

[99] 维纳为这一现象正好在粒子的大小与所用光的波长大小相当时变得非常清楚这一点感到震惊.

[100] 有一个全面但仍然是初等的叙述, 参见 J. Perrin, *Les Atomes*; 还可参见 Th. Svedberg, *Die Existenz der Moleküle*, 1912; R. A. Millikan, *The Electron*, 1917, etc. 布朗运动的现代文献 (by Einstein, Perrin, de Broglie, Smoluchowski and Millikan) 非常多, 主要是由于这个现象的价值表现在确定原子大小和电子的电量上, 以及, 正如奥斯特瓦德 (Ostwald) 所说的, 在原子理论的实验证明上.

为在这里重力和布朗运动是一对相互竞争的力量, 力求达到平衡; 这就好像是大气中的气体分子所受到的重力被气体分子的适当的运动所撑住. 正如在大气中达到了平衡的时候气体分子的分布将会使气体的密度 (因而也就是单位体积内的分子的个数) 随着气层的逐层的上升而呈几何级数地下降, 所以我们的液体中在那狭窄限度的小部分内的粒子在我们的显微镜下的分布也是这样.

这只是这种现象在涉及最简单形式的粒子的情况下得到了理论的研究,[101]而且我们可以肯定, 更复杂的粒子, 例如螺旋菌的扭曲身体, 会有其他的, 甚至是更复杂的表现. 至少很清楚的是, 正如在罗伯特 · 布朗之前时代中那些使用显微镜的科学家从来也不怀疑这些都是有生命的现象, 所以我们也很有可能容易在某些情形中把一种现象与另一种弄混. 说实在的, 没有最细心的审查, 我们无法确定, 这些细小的有机物的运动到底是有内在的生命 (在超出一种物理机制或工作模型的意义上) , 还是没有. 例如, 肖丁 (Schaudinn) 曾经建议把无生气的螺旋体 (*Spirochaete pallida*) 的震荡性的运动归因于细小到看不见的 "震荡膜"; 而多弗兰 (Doflein) 对这同一标本是这样讲的 "它常常是固守在一个地方作一种特有的颤动." 由多弗兰所描绘的抖动或颤动, 以及由肖丁所描绘的振动或转动, 这两种运动正好都是可以很容易地解释为布朗现象的重要组成部分.

既然一方面布朗运动可以以一种假象模拟有机体的实际运动, 反过来的说法也在一定程度上是对的. 有一个人, 在一个夏日的早上睡醒时瞧着苍蝇在天花板上起舞. 这是一种非常奇特的舞蹈. 起舞者既不转动, 也不盘旋, 既不结伴, 也不独舞; 但是它们一会儿前进, 一会儿又后退; 它们似乎在向前推推搡搡, 又在往后退退缩缩; 在两次退缩之间, 它们以短促突击的飞行方式到处乱撞, 在每一次短促的飞行之后又突然往后退.[102]它们的运动是没

---

[101]参见 R. Gans, Wie fallen Stäbe und Scheiben in einer reibenden Flüssigkeit? *Münchener Bericht*, 1911, p. 191; K. Przibram, Ueber die Brown'sche Bewegung nicht kugelförmiger Teilchen, *Wiener Bericht*, 1912, p. 2339; 1913, pp. 1895–1912.

[102]正如 1873 年克拉克 · 麦克斯韦对布拉德福 (Bradford) 的英国协会所提出的, "再没有比一群蜜蜂更有意思的了, 在这群蜜蜂中每一个个体都在乱飞, 先是向某个方向飞, 接着又向另一个方向飞, 而蜂群作为整体, 要么是不动的, 要么是在空中缓慢航行."

有规律, 飘忽不定的, 互相独立, 没有一个共同的目的.[103] 这不过就是布朗运动的一个大大放大了的图像, 或者说假象; 这两个案例之间的相同的地方在于它们的完全无规性, 但是这本身就是一个紧密的类似. 我们可以在拥挤的集市中看到类似的事情, 当然要假设这熙熙攘攘的人群没有什么要紧的事情. 相同地, 卢克勒修 (Lucretius), 在他之前还有埃皮居鲁斯 (Epicurus), 注意到光线中尘埃颗粒的胡乱颤动, 并且在它们之间看到了与原子的永恒运动相似的表现. 这种相同的现象又再次在显微镜下得到了见证, 在显微镜下一滴水中充满了草履虫, 或者像纤毛虫这样的东西; 而且在这里这一类似还接受了数字上的检验. 用一支铅笔跟随着每一个小游虫的运动轨迹, 每隔几秒 (按着一个节拍器的拍子) 点下它的位置, 这样卡尔·普尔兹布兰姆 (Karl Przibram) 发现从一公共基线算起的依次相继两步之间的距离以相当大的准确度遵守 "爱因斯坦公式", 就是说, 遵守那个可以应用于布朗运动这一情形的 "机遇定律" 的特殊形式.[104] 这一现象 (自然) 只是类似于, 绝不是说它就等同于, 布朗运动; 因为这些小小的主动性的有机体, 不论是小昆虫, 还是纤毛虫, 它们的运动范围都远远大于那些在被动的冲击之下运动的微小粒子; 尽管如此, 普尔兹布兰姆 (Przibram) 还是倾向于认为, 即使这些比较大的纤毛虫也是已经足够小, 使得分子的冲击, 即使不是它们的无规而又杂乱运动的实际原因, 也是一个激发.[105]

乔治·江斯通·斯通尼 (Geoge Johnstone Stoney), 一个了不起的人物, 电子的概念和名字就是他提出来的, 走得比这更远; 因为他认为分子的碰撞可能就是细菌的生命能量之源. 他设想运动得比较快的分子深入到有机体的微小体内的深处, 以使后者能够利用这些重要的能量.[106]

我们快到这一讨论的末尾了. 首先, 我们发现, "尺度" 对物理现象有明显的作用, 大小的增加或减小可能意味着会完全改变静态或动态平衡. 最终,

---

[103] 然而在这种看似无规的漫游中可能有一定的偏重或方向; 参见 J. Brownlee, *Proc. R.S.E.* XXXI, p. 262, 1910–11; F. H. Edgeworth, *Metron*, I, p. 75, 1920; Lotka, *Elem. of Physical Biology*, 1925, p. 344.

[104] 这就是说, 在任何方向上粒子位移的平方平均正比于时间间隔. 参见 K. Przibram, Ueber die ungeordnete Bewegung niederer Tiere, *Pflüger's Archiv*, CLIII, pp. 401–405, 1913; *Arch. f. Entw. Mech.* XLIII, pp. 20–27, 1917.

[105] 真正证明了的只是, "纯粹概率" 已经控制了这些小有机体的运动. 普尔兹布兰姆已经做过一个类似的观察, 观察到, 如果纤毛虫不是太拥挤在一起, 在通过一个小孔从一个容器扩散进入另一个容器时, 其速度非常接近于分子扩散的普通定律.

[106] *Phil. Mag.* April 1890.

我们开始看到在尺度上会有间断性, 定义不同的相, 在其中有不同力起主要作用, 不同的状态占优势. 生命所能具有的大小范围与物理科学所研究的范围相比的确很窄; 但是它还是宽到足以包括这样三种相异的条件, 它们分别是人、昆虫和芽孢杆菌可以生存和发挥各自部分作用的条件. 人受到重力的控制, 地球是人安身立命的地方. 水虫发现池塘的表面是它生死攸关之地, 既有危险的纠缠, 又有不可或缺的支撑. 在芽孢杆菌生活的第三个世界中, 重力被遗忘了, 液体的黏性, 即由斯托克斯定律所定义的阻力, 由布朗运动造成的分子冲击, 无疑还有离子化了的介质中的电荷, 所有这一切构成了它生存的物理环境, 并对有机体产生直接的影响和作用. 起主要作用的因素已不再是我们那种尺度了; 我们已经到了世界的边缘, 我们对这个世界没有任何经验, 我们对它的所有的先入之见都必须重新改造.

不确定性原理

  物理知识的限度在那里? 要是在一个半世纪以前, 这个问题的答案要比今天乐观得多. 事实是, 我们面临一个表观的矛盾: 尽管在过去的五十年里物理学取得了巨大的进步, 我们却无法找出有关物理系统的某些东西, 它们是 18 或 19 世纪任何一个有自尊的科学家都会很自信地肯定能够找得到的. 我们当前知识中的最可靠的部分就是, 知道哪些是我们无法知道的.

  让我举例来说明老观点和更为现代的观点之间的差异. "于是我们应该," 拉普拉斯 (Laplace) 这样写道, "把宇宙当前的状态看成是它前一时刻状态的结果, 看成是紧随其后的状态的原因. 设想在某一时刻有一种智慧能够掌握推动宇宙的全部的力以及组成它的存在物在这一时刻的状态 —— 一种充分大的智慧, 大到足以对这些数据进行分析 —— 它就能把宇宙中各种巨大物体的运动以及极其轻微的原子的运动全都包括在同一个公式之中; 对它来说, 没有什么事情是不确定的, 而且未来和过去一样, 都会呈现在它眼前."[1]拉普拉斯并不是想说人类的大脑能够做这种分析, 但是他的意思是说, 没有理论的壁垒堵住这条路. 我们可以把他的观点与当代卓越的数学家和物理学家爱德蒙·惠塔克爵士 (Sir Edmund Whittaker) 的观点做一对比. 惠塔克收集了一系列的陈述, 它们都肯定 "达成某种事情的不可能性, 尽管我们有无限多的方式试图去达到."[2]这种 "无能为力公设" (Postulates of Impotence) 包括了在相对论中 (作为自然的普遍定律) 的 "认知绝对速度的不可能性" 这样的论断在内; 还有这样的公设, 说的是, 不可能 "在任何时刻确定, 一个特定的电子与某个在先前某一时刻所观察到的特定的电子是否是同一个电子";

---

[1] Pierre Simon Marquis de Laplace, *A Philosophical Essay on Probabilities*, 译自法文第六版, F. W. Truscott 和 F. L. Emory 译, New York, 1917, p. 4.

[2] Sir Edmund T. Whittaker, *From Euclid to Eddington*, Cambridge, 1949, pp. 58–60.

实质上是由已故米尔恩 (E. A. Milne) 提出宇宙学理论中的原理, 即 "不可能确定一个人在宇宙中的位置"; 以及由海森伯 (Heisenberg) 提出的著名的不确定性原理 —— 量子力学中的一个公设 —— 它说的是, 不可能 "在准确地测量一个粒子的位置的同时准确地测量它的动量." 必须注意到, 惠塔克的这些公设既不是实验事实的表述, 也不是逻辑的必然. 每一个只不过是表达了一种信念, 认为做某种事情会失败. 这至少是一种比拉普拉斯要谦逊得多的立场. 他不是一个谦逊的人.

海森伯原理涉及的是测量某些物理量所能达到的准确度, 是指理论上的, 而不是说实际的精确限度. 长期以来人们都以为测量的精度只受到所使用的仪器和测量方法的局限, 而当这些得到改进时测量的精度就会得到相应的改进 —— 没有极限. 海森伯表明, 这种对测量的绝对完美的信任在涉及非常小的粒子时并未得到证明. 观察一个电子的位置和速度, 这个观察本身的干扰就足以产生测量的误差. 结果发现, 如果确定一个粒子的位置越精准, 那么确定其速度或动量就会越不精准; 反之亦然. 根据海森伯, 这两个量的误差之积最好不会小于 $h/2\pi$, 其中 h 为普朗克 (Plank) 量子常数, 这是在自然中所能遇到的最小的能量包.[3]

威廉·布拉格爵士 (Sir William Bragg) 曾经写过一篇生动描述不确定性大失败的文章. "假设有了世界上最精确的仪器设备, 在某个司令部里有关于气体的信息集合, 意味着每一个分子已经送来了一个消息, 它必定是一以太波, 因为这是消息能够从一地传到另一地的唯一方式. 把光照在其上来迫使它发送这种波, 必定是一个粗暴的灾难性的过程. 分子受到了剧烈的冲击, 分子已不再是原来的分子了. 再者, 我们也不能准确地说出这个冲击是如何影响它的, 除非它在将来再发出一个消息. 这又要给它另一个冲击, 尽管我们已经成功地发现了它过去已经做过了什么, 但是在预测它的未来方面, 我们还是和以前一样糟. 由于光照在其上而引起冲击, 会发出关于它在何处的虚假消息, 认识到这一点很重要; 接收这个消息的仪器设备可以做到我们所想要的精确度, 冲击和它没有任何关系."[4]

布拉格清楚地表明, 我们在这里, 面临的是物理学的一个根本性的原则. 但它未必也是哲学的一个根本性的原则, 正如爱丁顿 (Eddington) 和其他人

---

[3] "能量包" 只是一种说辞; h 的量纲是能量乘时间, 等于动量乘长度.

[4] Sir William Bragg, *The Physical Sciences*, *Science*, March 16, 1934.

所认为的. 爱丁顿把海森伯的结论称为不确定性原理 (principle of indeterminacy).[5] 这里的 "不确定性" 的意思不仅是指我们作为观察者不能准确地说出在微小尺度的世界里所发生的事情这一事实 —— 就是说 "每当我们确定某种在当下的事情的时候, 我们就损害着某种别的事情" (如布拉格所言) —— 而且还是指, 这个世界中的粒子不遵循因果规律. 如果我们不能描述整个因果链条 —— 那么, 好, 这里就没有任何因果关系; 一种奇怪的推理. 它的诉求在于为逃离僵硬的决定论的拉普拉斯宇宙提供一个出口. 牧师们, 正如伯特朗 · 罗素 (Bertrand Russell) 和苏珊 · 斯特宾 (Susan Stebbing) 已经指出的, 会对由此带来的慰藉感到特别庆幸. 宣称电子们能享受到自由意志 —— 不管这是什么意思 —— 是令人高兴的新闻; 它几乎把正式的宗教在从伽利略到达尔文时代所遭受的一系列打击全都抵消掉了.

罗素是对的, 他说我们对不确定性原理太小题大做了.[6] 这不是要轻视它对物理的重要性. 但是重要的是不能把事情搞乱, 牢牢记住这个重要的公设是针对观察者, 而不是针对所观察到的结果来说的. 说一个心理学家的测试会干扰被检测人, 不论测试是如何细心地实施, 这不等于说他的精神行为不能确定. 类似地, 海森伯原理 "并未做任何事情去证明自然的过程是不能确定的. 它只是证明了, 旧的空间 – 时间这套装备已经不能适应现代物理学的需要了, 后者, 无论如何已从其他途径得知."[7]

下面两篇文选讨论我们已经考虑过的问题. 第一篇是摘自海森伯的《量子论的物理原理》(*The Physical Principles of the Quantum Theory*) 的一个短篇, 这本书是以作者 1929 年在芝加哥大学的讲稿为基础的.[8] 书中的讨论是针对高年级的学生的, 但是我所选定的部分摘录将会使平均水平的读者对不确定性, 和另一个根本的概念, 那就是由伟大的丹麦物理学家尼尔斯 · 玻

---

[5] Sir William Dampier, *A History of Science*, Fourth Edition, Cambridge, 1949, p. 397.

[6] Bertrand Russell, *Human Knowledge, Its Scope and Limits*, New York, 1948, p. 24. 对涉及的哲学问题, 见 W. H. Watson, *On Understanding Physics*, Cambridge, 1938. 正如从 Watson 的这本书以及后来的研究可以看到, 海森伯自己对不确定关系表述不是当前唯一的.

[7] 这一段接着讲: "空间和时间是希腊人发明的, 并且令人赞叹地为他们的目标服务直至 20 世纪. 爱因斯坦用一种可以用希腊神话中的半人半马的怪物来形容的东西来替代, 他将其称为 '空间 – 时间', 它很好地干了几十年, 但是现代的量子力学已经表明, 需要一种更为基础的重建. 不确定性原理只是这一必要性的一个例示, 而并不是确定自然过程的物理规律失败了." Bertrand Russell, *The Scientific Outlook*, London, 1931, pp. 108–109. 也见 L. Susan Stebbing, *Philosophy and the Physicists*, Penguin Books, Middlesex, England, 1944.

[8] Werner Heisenberg, *The Physical Principles of the Quantum Theory*, Chicago, 1930.

尔 (Niels Bohr) 所提出的互补性, 有一个好的观念. 第二篇是从埃尔温·薛定谔 (Erwin Schrödinger) 写的一本小册子中选出的.[9] (我在本卷的别的地方相当长地谈到过薛定谔) 本文以生动而又流畅的方式谈论了那些实验物理和数学物理在关于我们的物理世界的图像上所带来的各种深刻改变. 薛定谔讨论了物理模型的本质, 连续性和因果性的概念 —— 或者说是这些概念现在仍然保留着的那种老的令人感到舒适的说法 —— 以及以波动力学著称的数学规则, 他是这一学科的奠基人. 这些都写得极其出色, 如果你从头到尾把它读完了, 我敢说, 你头脑中的世界图像会比任何以前的更加清晰, 更加使人为之绝倒.

关于海森伯的一个简短的注记: 他 1902 年生于慕尼黑, 在那里接受早期教育. 在慕尼黑大学他有幸师从阿诺尔德·索默菲尔德 (Arnold Sommerfeld), 这是一位著名的德国物理学家, 对量子论和相对论都做出过突出的贡献. 后来海森伯到哥廷根在马克思·玻恩 (Max Born) 的领导下工作, 在那里他与尼尔斯·玻尔第一次相遇. 他们密切地合作了一个时期; 在拥有莱比锡大学的物理教席时期, 他们把大部分时间花在这个丹麦物理学家的实验室中. 海森伯的新量子力学, "仅以可以观察到的量, 也即以原子发出和吸收的辐射为基础," 在 1925 年就形成了.[10]这篇文章以及后来几篇证明爱尔兰科学家威廉·罗万·哈密顿 (William Rowan Hamilton) (1805—1865) 所表述的经典力学方程的有效性的文章是物理学的现代革命的关键论文. 他的论不确定性的论文发表于 1927 年; [11]他获得了 1932 年的诺贝尔物理学奖. 海森伯在 20 世纪 30 年代与纳粹的过火行为做过公开的斗争, 并因其观点遭到攻击; 在美国很多学校给他提供了职位, 但他拒绝移民. 战争时期他曾为德国的原子弹计划工作过. [12]

---

[9]Erwin Schrödinger, *Science and Humanism; Physics in Our Time*, Cambridge, 1951.

[10]关于这个理论以及相关成就的一个值得称赞的非数学的总结, 请见 A. S. Eddington, *The Nature of the Physical World*, Cambridge, 1928, p. 206. 不过在接受爱丁顿的所有具有不可抗拒的说服力的哲学猜想时请加小心.

[11]*Zeitschrift für Physik*, Vol. 43, p. 172 及以后.

[12]关于海森伯与纳粹之间的关系以及他在原子弹制造中的失败这些有趣的叙述, 见 A. Goudsmit, *Alsos*, New York, 1947.

一个粒子可以有一定的位置, 或者它也可以有一定的速度, 但是在严格的意义上它不可能有此二者 ……. 自然容忍我们对它的秘密做深入的探查只是有条件的. 我们对位置的秘密弄得越清楚, 速度的秘密就会隐藏得越深. 它提醒人们记住, 天气预告百叶箱里的那个男人和那个女人: 如果一个出去了, 另一个就得进来 ……. 这两个未知量的乘积总是等于一个基本作用量的整数倍. 我们可以就不确定性在此二者中进行分配, 但是我们绝不可能把它弄走.

—— 维尔纳·海森伯 (Werner Heisenberg)

啊, 我们切勿, 切勿怀疑
那些无人有把握的东西.

—— 希勒尔·贝洛克 (Hilaire Belloc)

18 不确定性原理

维尔纳·海森伯

不确定性关系的示例

不确定性原理谈的是, 在量子理论中所处理的各种物理量, 在当前可能的认识中, 在同一时刻所具有的值不确定性的程度; 它并不限制, 例如, 对单独位置测定的准确度或单独速度测定的准确度, 因此, 如果一个自由电子的速度精确地知道了, 那么它的位置就完全不知道. 这样这个原理告诉我们, 随后对位置的每一次观察都会将其动量改变一个未知且不可确定的量, 从而使得在完成实验之后我们对电子运动的知识受到不确定性关系的限制. 这也许可以这样简单而又普遍地来说, 即每一次实验都会破坏前一次实验所获得的有关这个系统的某些知识. 这一表述清楚地表明了, 不确定性关系不是针对过去的; 如果电子的速度开始已经知道了, 然后把位置准确地测量出来, 在测量前的位置可以计算出来, 那么对于这些过去的时间 $\Delta p \Delta q$ 就比通常的极限值要小, 但是这一对过去的知识是纯粹猜测性的, 因为它绝不可以

(因为不知道由位置的测量所引起的动量改变) 作为对电子的未来进程做计算时的初始条件, 因而也就不能承受实验的检验. 这种对电子过去历史的计算是否能给以任何物理上的实在性是属于个人的信心的事.

确定自由粒子的位置. 用一个装置来测量粒子的位置会毁坏我们对它的动量的知识, 作为这种事件的第一个例子, 我们来考虑显微镜的使用.[1]令粒子以离显微镜的这样一个距离通过, 使得由它散射出的光进入物镜的光椎张角为 ϵ. 如果用以照射粒子的光的波长为 λ, 则根据决定任何光学仪器分辨率的光学定律, 粒子的 x 坐标的测量的不准确度为

$$\Delta x = \frac{\lambda}{\sin \epsilon}. \tag{1}$$

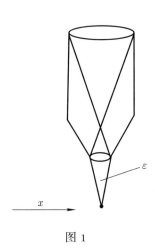

图 1

但是要想这样的测量成为可能, 至少要有一个光子被电子散射并通过显微镜抵达观察者的眼睛. 电子从这个光子得到一个康普顿 (Compton) 反冲, 其数量级为 h/λ. 这个反冲不能准确地得知, 因为在散射入显微镜的光束内的光子的方向不能确定. 于是反冲在 x 方向的不准确度的大小为

$$\Delta p_x \sim \frac{h}{\lambda} \sin \epsilon, \tag{2}$$

由此得知, 对于运动来说在实验之后有

$$\Delta p_x \Delta x \sim h. \tag{3}$$

---

[1] Niels Bohr, *Nature*, 121, 580, 1928.

对这样的想法可能会有人提出反对意见; 反冲的不确定性是由于光束内光子路径的不确定性引起的, 我们可以想办法使显微镜可以移动并测量从光子接收到的反冲, 从而来确定路径. 但这并不能规避不确定性关系, 因为这就立即会产生显微镜的位置问题, 而我们发现它的位置和动量照样要遵守方程 (3). 如果通过运动着的显微镜能够同时观察到电子和固定的标尺, 就不必考虑显微镜的位置, 而这似乎可以避开不确定性原理. 但是这样一来就至少需要观察两个光子 —— 一个来自电子, 一个来自标尺 —— 而且这样测量显微镜的反冲就再也不足以确定由电子所散射的光的方向. 这样下去没有止境.

玻尔的互补性概念[2)]

随着爱因斯坦相对论的提出人们第一次认识到, 我们的物理世界必定是不同于由日常生活经验所孕育的理想世界. 已经越来越清楚地知道, 通常的概念只能应用于那些光速在其中实际上可以看成无限大的过程. 由于实验技术在近代的精密化所带来的实验资料要求我们必须改革旧的观念、建立新的观念, 但是由于人类的思想在调整以适应扩大了的经验和概念的范围上总是显得迟钝, 相对论在一开始似乎是抽象得令人厌恶. 虽然如此, 它在一个令人感到困扰的问题的解决上所取得的简单性还是赢得了普遍的承认. 正如我们已经说过的, 清楚地知道原子物理中的两难只有进一步将老的而又受到珍重的概念重新结合起来才能解决. 其中最重要的就是这样的思想, 即自然现象所遵守的严格的定律 —— 因果性原理. 事实上我们对自然的通常描述, 以及确切的定律的思想, 是以这样的假设为基础的, 即可以在不明显地影响现象的条件下对它们进行观察. 要将一确定的原因与一确定的结果相搭配时, 只有当此二者都能在不引入外部的元素干扰它们的相互联系时才有意义. 因果性定律, 由于其本身的独特性质, 只能对孤立系统才有确切的定义, 而在原子物理中甚至连近似的孤立系统都见不到. 这应该是能预料得到的, 因为在原子物理中我们所处理的个体是 (就我们目前所知) 最终的和不可见的. 不存在无穷小的东西我们能够借助它们来做观察而不产生可观的扰动.

加到物理理论上的第二个传统要求就是, 它必须把所有现象都解释成

2)Niels Bohr, *Nature*, 121, 580, 1928.

为对象之间存在于空间与时间中的关系. 这个要求在物理学的发展过程中已经逐渐放宽了. 例如法拉第和麦克斯韦把电磁现象解释成一种以太的应力和应变, 但是随着相对论的推出, 这种以太就被非物质化了; 然而电磁场仍然被表示为空间 – 时间中的一组矢量. 热力学甚至是这样一种理论的一个更好的例子, 对其中的变量我们不能给以简单的几何诠释. 由于对一个过程的几何描述或运动学描述隐含着观察, 因此对原子过程的这样一种描述就排除了因果律的严格的有效性 —— 反之亦然. 玻尔[3]已经指出了, 就是由于这一点不可能要求量子理论同时满足这两个要求. 它们代表着原子现象中互相排斥而又互相补充的两个侧面. 这一状况清楚地反映在已经建立起来的理论之中. 存在着一系列严格的数学定律, 但是它们不能解释为表达了存在于空间和时间中的对象之间的直接关系. 这个理论的可观察的预测可以近似地用这种语言来描述, 但不是唯一的 —— 波动图像和粒子图像二者具有同等的近似有效性. 过程图像的这一不确定性是 "观察" 这个概念的不确定性直接带来的结果 —— 不可能做到非随意地判定, 哪些对象被认为是被观察的系统部分, 哪些是观察者的设备部分. 这就使得处理单个物理实验常常有可能采用十分不同的解析方法. 稍后会给出若干这种例子. 即使考虑了这种随意性, "观察" 的概念严格来讲仍然属于从日常生活经验借来的那一类概念. [4]只有当由不确定性原理加在空间 – 时间描述上的限制得到了相应的注意之后才可以将它们运用到原子现象上.

这里讨论的普遍关系可以总结成下述图解形式:

经典理论

用空间和时间的语言来描述现象的因果关系

量子理论

或者 用空间和时间的概念描述现象 但是 描述有不确定性关系	另一类 与统计有关的	或者 用数学定律表示因果关系 但是 不可能在空间和时间中对现象做物理描述

---

[3]同前.

[4]几乎不用指明, 这里使用的 "观察" 不是指观察在照相底板上的谱线, 等等, 而是指观察 "在单个原子中的电子", 等等.

只有试图将空间 – 时间描述与因果性之间的这一基本互补性关系纳入我们的概念框架, 我们才能判断量子理论 (特别是变换理论的) 方法相容性的程度. 把我们的思想和语言塑造成能适合所观察到的原子物理学的事实, 是一件很困难的事, 就像相对论在当年那样. 在后一情况中, 证明回归到空间与时间问题的古老的哲学讨论是有利的. 同样地, 回顾对认识论是如此重要的, 关于将世界的主观方面和客观方面分开的困难性的基本讨论也是有益的. 现代物理所特有的许多抽象概念在过去的几个世纪里就在哲学中有过讨论. 在那个时代这些抽象讨论被那些只关心实在的科学家们当成只不过是精神操练而弃之不顾, 但是在今天我们在实验技术的进步下不得不对它们进行严肃的考虑.

不可能把现代物理学陷入那种以完全的决定性预测任何事情的罗网中去,因为它一开始就是跟概率打交道.

—— 亚瑟·斯坦利·爱丁顿爵士 (Sir Arthur Stanley Eddington)

19　因果性和波动力学

埃尔温·薛定谔

……当我们的心灵之眼深入到距离越来越小、时间越来越短之际,我们发现自然的行为是如此异于我们周围那些用眼睛看得见、用手摸得着的物体,以至于按照我们的大尺度经验所形成的模型从来没有哪个能是"真的".一个这种类型的模型能够完全令人满意的情况不仅实际上不可能达到,甚至无法想象.或者更准确地说,我们当然可以设想,但是不管我们怎么设想它,它都是错的;也许不是十分像"三角圆"这样无意义,但是肯定比一头"有翼的狮子"更甚.

连续描述和因果性

我想更清楚地来谈谈这一点.从我们在大尺度上得到的经验,从我们的几何学和力学的 —— 特别是天体力学的 —— 概念中,物理学家们已经提炼出一个毫不含糊的要求,要求对任何物理事件的一个真正清楚和完整的描

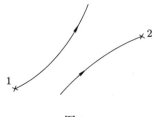

图 1

述必须满足: 它应该能够准确地告诉你, 在空间中的任一地点和时间上的任一时刻发生了什么 —— 当然, 是指在你想描述的物理事件所覆盖的空间区域和时间区间之内. 我们可以把这个要求称为描述的连续性公设. 看来无法满足的正是这个连续性公设! 似乎在我们的世界图像中存在间隙.

这一点与我先前所说的粒子, 甚至是原子, 缺乏个体特性 (individuality) 有关. 如果我观察到一个粒子现在在这里, 过了一会儿在很靠近先前位置的地方观察到一个类似的粒子, 我不仅不能肯定它是否是 "那同一个", 而且这句话没有绝对意义. 这似乎是荒谬的. 这是因为我们已太习惯于认为, 在任何时候在这两次观察之间, 前一个粒子必定会在某个地方, 它必定会沿着一条路径, 无论我们是不是知道. 同样地, 第二个粒子必定是从某个地方来的, 在我们做第一次观察时它必定曾经在某个地方待过. 所以在原理上必须确定, 或必定可以确定, 这两条路径是否是同一条 —— 也就是说它是否是同一个粒子. 换言之, 我们假定了 —— 按照那种用于摸得着的物体的思维习惯 —— 我们能够把粒子保持在不间断的观察之下, 由此来肯定其一致性.

我们必须摈弃这种思维习惯. 我们一定不能承认有连续观察的可能性. 观察必须看成是分立的、不相连接的事件. 在两次观察之间存在间隙, 这是我们填补不了的. 会有这样的案例, 如果我们承认有连续观察的可能性, 我们就一定会把一切都推翻. 这就是为什么我说, 不要把粒子看成一个永恒的个体, 而要把它看成是一个瞬时的事件更好些. 有时这些事件形成一条链, 造成一个永久事物的假象 —— 但这只是在很特殊的情况, 而且在每一个单独的情况下只能存在很短一段时间.

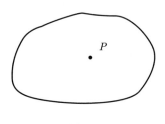

图 2

让我们回到我以前讲过的更为普遍的表述, 即经典物理学家的朴素的理想不能实现, 即他要求在原则上有关在空间中的每一点和时间上的每一时刻的信息至少是可以想象的. 这个理想的破灭带来了严重的后果. 因为在这个描述的连续性的理想没有受到怀疑的时代, 物理学家们已经应用它为他们的科学表述了因果性原理, 以非常清晰而又准确的方式 —— 这是他们能够使用它的唯一形式, 通常的说法太含糊, 也不精准. 在这种形式中包含了 "近作用" 原理 (或者说, 不存在超距作用), 具体如下: 在任一点 P 处在一给定时刻 t 的物理状况毫无歧义地由围绕着 P 的某一区域内、在先前仕一时刻, 比如说 $t-\tau$ 时的物理状况所决定. 如果 τ 很大, 就是说如果这个前一时刻在很久以前, 那就需要知道在包围着 P 的一个宽广的区域内以前的状况. 但是当 τ 不断变小时, "影响区域" 也就变得越来越小, 在 τ 变成无限小时它也变成无限小. 或者, 用白话说, 尽管不够精确: 任何地方在任一时刻所发生的事情, 仅仅且毫无歧义地依赖于邻近 "刚过的前一时刻" 所发生过的事情. 整个经典物理学都是基于这个原理之上. 实现这个原理的数学工具在所有情况下就是一组偏微分方程 —— 所谓的场方程.

　　显然, 如果连续 "无缝的" 描述的理想破灭了, 因果原理的这个精确描述也就破灭了. 这时我们在概念的序列中遇到新的, 在关于因果方面从未有过的困难时不必惊讶. 我们甚至会遇到 (这你知道), 在严格的因果性中存在缝隙或裂纹. 这是不是最后的结论还很难说. 有些人认为这个问题还绝没有完 (顺便提一下, 这些人中就有阿尔伯特·爱因斯坦). 稍后我将告诉你一个 "紧急出口", 是目前用来避开这个需要谨慎处理的情况的. 暂时我还想讲几件有关连续描述的经典理想方面的事.

连续统的错综复杂性

　　不管失去它可能是多么痛苦, 失去它也许是失去了某种非常值得失去的东西. 这对我们来说似乎很简单, 因为连续统的概念对我们来说似乎很简单. 我们不知怎么的对它所蕴含的困难视而不见. 这是由于早年儿童时期某种适当的环境引起的. 比如像这样的有限概念, "在 0 与 1 之间的所有的数", 或 "在 1 与 2 之间的所有的数", 我们都已非常习惯. 我们就是在几何上把它们想成是任何一个点, 如 P 或 Q 离开 0 点的距离 (见图 3).

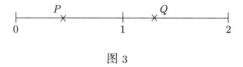

图 3

在像 Q 这样的点中还有 $\sqrt{2}(=1.414\cdots)$. 有故事说像 $\sqrt{2}$ 这样的数困扰

了毕达哥拉斯及其学派, 几乎让他们到了筋疲力尽的程度. 从早期童年起就习惯了这种奇怪的数, 我们必须注意防止形成古代智者的低级的数学直观. 他们的困惑是值得高度称许的. 他们明白, 指不出哪个分数的平方会严格等于 2. 你可以指出很接近的近似, 例如, $\frac{17}{12}$, 它的平方 $\frac{289}{144}$, 很接近 $\frac{288}{144}$, 也就是 2. 我们可以预计用分子和分母分别大于 17 和 12 的分数做到更接近, 但是你绝不可能做到准确等于 2.

连续区域的概念, 在今天对数学家来说是太熟悉了, 是一种十分言过其实的事物, 外推到远远超过我们所能达到的地方. 那种观念, 即你应当能够真正指出任何物理量 —— 温度、密度、势函数、场强度等诸如此类的任何量 —— 在一个连续区域, 比如说在 0 和 1 之间, 内的所有点上的精确值, 是一个大胆的外推. 我们所做的从来就只是确定数量十分有限的点上的值, 然后 "画一条光滑曲线通过它们". 对许多实际目的来说这样就已经足够好了, 但是从认识论的观点来看, 这与所设想的准确的连续描述是完全不同的. 我还可以补充一点, 即使在经典物理学中也有些量 —— 举例来说, 温度或密度 —— 它们公然不承认能做准确的连续描述. 但是这一点是源于这些量所代表的概念 —— 即使是在经典物理学中它们也只有统计的意义. 然而我目前不想谈论它的细节, 这样会产生误解.

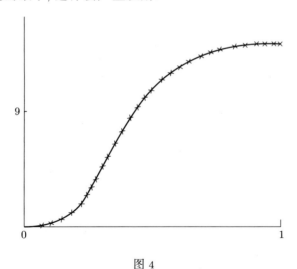

图 4

要求有连续的描述受到数学家们的鼓励, 数学家宣称他们能够指出某些简单的智力构作的连续描述. 例如, 仍取 $0 \to 1$ 的区域来讲, 把在这个区域

内的变量叫作 x, 我们宣称有, 比如说, x^2 或 $\sqrt{x}$, 这样的概念一点也不含糊.

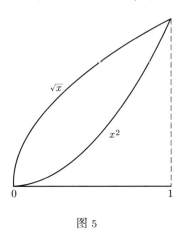

图 5

曲线为抛物线的片段 (互为镜像). 我们认为对这种曲线的每一点都有完全的知识, 或者这样说, 给定水平距离 (横坐标), 我们能够以所要求的任意精度指出其高度 (纵坐标). 但是注意用语 "给定" 和 "以所要求的任意精度". 第一个用语的意思是, "只要有需要的, 我们就能给出答案"—— 我们不可能事先将所有的答案都为你准备好. 第二个用语的意思是, "即使这样, 我们不能把给你一个绝对准确的答案作为一条法则". 你必须告诉我们你所要求的精度, 比如, 达到 1000 小数位. 那么, 只要你留给我们足够的时间, 我们就能给你答案.

$$\begin{array}{ccccccc} 0 & \frac{1}{9} & \frac{2}{9} & \frac{1}{3} & \frac{2}{3} & \frac{7}{9} & \frac{8}{9} & 1 \end{array}$$

图 6

物理上的依赖关系总是可以用这种简单类型的函数来逼近 (数学家把这种函数称为 "解析的", 意思是指某种像 "它们可以被分解开的" 东西). 但是假设物理上的依赖关系就是这种简单类型, 是一个大胆的认识论上的一步, 而且可能是不允许的一步.

然而主要的概念上的困难在于, 要求有巨大数量上的 "答案" 是由于即使是在最小的区域内也含有巨大数量的点. 这个数量 —— 比如说在 0 与 1 之间的点的个数 —— 是出奇地大, 以致即使你把 "几乎它们的全部" 都拿走了, 它也几乎没有减少. 让我用一个令人印象深刻的例子来说明这一点.

　　再次来观察直线段 $0 \to 1$. 我想来描述这样一个点的集合, 当你 [从这个线段] 取走其中一部分, 去掉它们, 排除它们, 使它们无法达到 —— 或者无论你想怎样称呼它, 我就用 "取走" 这个词, 总是还会有这个点的集合留下来.

　　首先取走中间的三分之一, 包括其左边界点, 也就是从 $\frac{1}{3}$ 到 $\frac{2}{3}$ 的这些点 (但保留下 $\frac{2}{3}$ 这个点). 对其余的三分之二照样取走各自的 "三分之一", 包括它们的左边界点, 但是把右边界点留下. 再对留下的 "九分之四" 做同样的操作. 由此类推.

　　如果你真的这样做下去, 你很快就会有这样的印象, "不会有什么东西留下来". 的确, 我们是在每一步取走了余下的三分之一. 现在设想所得税稽查员对你收入的每一英镑征走 6 先令 8 便士, 对余下的每一英镑再征走 6 先令 8 便士, 照此类推, 直至无限, 你肯定会同意, 你不会剩下多少了.

　　我们来分析我们的案例, 对于还有多少点能留下, 你一定会感到吃惊. 遗憾的是, 这还需要做一点儿准备. 在 0 与 1 之间的数可以表示成十进制分数, 例如

$$0.470802\cdots,$$

你知道它表示的就是

$$\frac{4}{10} + \frac{7}{10^2} + \frac{0}{10^3} + \frac{8}{10^4} + \cdots.$$

我们在这里习惯用数 10 纯粹是一种偶然, 是由于我们有 10 个手指这个事实. 我们可以用任意其他的数, $8, 12, 3, 2, \cdots$, 当然对那些小于我们所选的 "基数" 的数, 我们需要另一套数字符号. 在十进制中, 我们需要十个符号, $0, 1, \cdots, 9$. 如果选 12 作为基数, 我们就必须为 10 和 11 发明单独的符号. 如果用 8 作为基数, 符号 8 和 9 就成为超编的数了.

　　非十进制分数至今也没有完全被十进制赶走. 二进制分数, 就是那种以 2 为基数的数制, 非常普遍, 特别是在英国. 有一天当我问我的裁缝, 刚才在他那里定制的法兰绒的长裤需要多少布料时, 他回答道 —— 这让我感到吃惊 —— $1\frac{3}{8}$ 码. 很容易看出它就是二进制的

$$1 \cdot 011,$$

相当于二进制分数

$$1 + \frac{0}{2} + \frac{1}{4} + \frac{1}{8}.$$

同样在股市交易中股票开价不是用先令和便士, 而是以英镑的二进制分数, 例如 $£\frac{13}{16}$, 这用二进制记号就是

$$0 \cdot 1101,$$

意即

$$\frac{1}{2} + \frac{1}{4} + \frac{0}{8} + \frac{1}{16}.$$

注意, 在二进制中只会出现两个符号, 即 0 和 1.

为我们目前的目的, 我们首先需要三进制分数, 它的基数是 3, 只使用三个符号 0, 1, 2. 这时, 举例来说, 记号

$$0 \cdot 2012 \cdots$$

表示

$$\frac{2}{3} + \frac{0}{9} + \frac{1}{27} + \frac{2}{81} + \cdots.$$

(加上一些点我们意图是允许分数延向无限远, 就像在 2 的平方根这个例子中一样.) 现在让我们回到描述那个 "几乎消亡" 的数集的问题上来, 也就是在图 6 中所构造的那个集合. 稍做仔细的思考就会看出, 我们所取走那些点, 在它们的三进制表示中全都会在某处含有 1 这个数字. 的确是这样, 在第一次取走中间三分之一时, 我们就去掉了所有那些其三进制分数开头为

$$0 \cdot 1 \cdots$$

的数. 在第二步时我们去掉的数其三进制分数的开始部分

$$要么是 0 \cdot 01 \cdots, 要么是 0 \cdot 21 \cdots.$$

照此类推. —— 这种考虑方式表明还有些东西留下来了, 也就是所有那些其三进制分数不含 1, 只含 0 和 2 的数, 举例来说

$$0 \cdot 22000202 \cdots$$

(其中的点代表只有 0 和 2 的数字串). 其中, 当然包含了那些被取走的区间的右边界点 (例如, $0 \cdot 2 = \frac{2}{3}$, 或 $0 \cdot 22 = \frac{2}{3} + \frac{2}{9} = \frac{8}{9}$); 这些边界点是我们决定

留下的. 但是还有更多的点, 例如, 二元分数 $0 \cdot 2\dot{0}$, 即循环小数 $0 \cdot 20202020\cdots$ 直至无穷. 它就是无穷级数

$$\frac{2}{3} + \frac{2}{3^3} + \frac{2}{3^5} + \frac{2}{3^7} + \cdots.$$

为了求出其值, 设想把它乘以 3 的平方, 就是 9. 这样其第一项给出 $\frac{18}{3}$, 即 6, 而余下的项又给出原来的级数. 因此 8 乘以我们的级数就是 6, 所以这个数为 $\frac{6}{8}$ 或 $\frac{3}{4}$.

　　还有, 再次回想我们已经 "取走" 的区间大有囊括在 0 与 1 之间的整个区间的趋势, 人们会倾向认为这留下来的集合, 与原来的集合 (包含着 0 与 1 之间所有的数) 相比所包含的数必定 "极为稀少". 但是结果却极为惊人: 在某种意义上, 剩下的集合所含的数仍然和原来的集合一样多. 的确, 我们可以通过一夫一妻式的结合, 把它们的相应成员成对地联系起来, 好像是, 使原来集合中的每个数与剩余集合中的一个确定的数相对应, 双方都没有一个多余的数留下 (数学家把这称为 "一一对应"). 这是如此令人迷惑不解, 以致我相信, 许多读者会开始以为他肯定是误解了我的话, 尽管我费了很大的劲尽量做到使这些话不要模棱两可.

　　怎样才能做到这一点呢? 不错, "余下的集合" 是由所有只含数字 0 和 2 的三进制的分数来表示: 我们就来举一个普遍性的例子

$$0 \cdot 22000202\cdots$$

(其中的点代表只有 0 和 2 的数字串). 将这个三进制的分数与下述二进制的分数相对应

$$0 \cdot 11000101\cdots,$$

后者是由前者将每一个 2 都换成 1 而得到的. 反之, 从任何一个二进制的分数, 你也可以通过将它的数字 1 换成数字 2 来得到我们称之为 "余下的集合" 中的一个确定的数的三进制的表示. 因为原来的集合中的任何一个数, 即 0 与 1 之间的任何一个数, 是由一个, 也是仅由一个[1]二进制分数所代表, 可见在这两个集合的数之间的确是有完全的一对一配对.

---

[1] 我们已经不言而喻地排除了这样一种平凡的重复, 例如在十进制中的 $0.1 = 0.0\dot{9}$, 或者 $0.8 = 0.7\dot{9}$.

[也许用例子来说明这一 "配对" 会有用. 例如, 我的裁缝用的二进制的数

$$\frac{3}{8} = \frac{0}{2} + \frac{1}{4} + \frac{1}{8} = 0 \cdot 011$$

所对应的三进制数就是

$$0 \cdot 022 = \frac{0}{3} + \frac{2}{9} + \frac{2}{27} = \frac{8}{27};$$

这就是说, 原来集合中的数 $\frac{3}{8}$ 对应着剩余集合中的数 $\frac{8}{27}$. 反之, 取走一个三进制的 $0 \cdot 20$, 就意味着, 正如我们已经算出过的, 取走了 $\frac{3}{4}$. 相应的二进制数 0.10 意即下述无穷级数

$$\frac{1}{2} + \frac{1}{2^3} + \frac{1}{2^5} + \frac{1}{2^7} + \frac{1}{2^9} + \cdots.$$

如果你将此数乘以 2 的平方, 即 4, 就会得到: 2+ 同一个级数. 换言之, 三乘以这个级数等于 2, 所以这个级数等于 $\frac{2}{3}$; 就是说, "剩余集合" 里的数 $\frac{3}{4}$ 与 "原来集合" 中的数 $\frac{2}{3}$ 相对应 (或者说 "相配对").]

关于我们这个 "剩余集合" 的非同一般之处就是, 尽管它没有包含可测区间, 可是它仍然具有与任何一个连续区域一样广阔的外延. 这两种性质惊人的组合, 用数学家的语言来表达, 就是说我们这个集合尽管 "测度为零", 但是它仍然具有连续统的 "势"(potency).

我把这个案例呈现在你们的面前, 为的是让你们感觉到, 这个连续统是有一些奇异的东西, 所以对我们试图用它来做对自然的精确描述时所遭受到的明显的失败不必太过惊讶.

波动力学的权宜之计

现在我来试着让你对物理学家们在当前为克服这一失败所做的努力的方法有所了解. 人们可以把它说成是 "紧急出口", 尽管原来的意图并非如此, 而是想把它作为一个新的理论. 当然, 我这里说的是波动力学. (爱丁顿说它 "不是一个物理理论, 而是一种计谋 —— 而且也是一个好计谋".)

情况大致是这样的. 观察到的事实 (有关粒子和光以及所有各式各样的辐射和它们之间的相互作用) 似乎是在空间与时间中做连续描述这一经典

理想的代表. (让我用在一个例子上得到的启示向物理学家来解释我的思想：玻尔在 1913 年关于光谱线的著名理论要假设原子从一个状态突然转移到另一个状态, 而在这样做的时候发出一列长达几英尺的光波, 包含了几十万个波, 要求有一个相当长的时间来形成. 在这一跃迁时期内对原子没有任何信息可以提供.)

所以观察到的事实无法与在空间与时间中的连续描述相协调; 它看起来根本不可能, 至少在许多情况中是这样. 另一方面, 从一个不完全的描述 —— 从在空间与时间中有间隙的图像 —— 我们不能得出清晰而无模棱两可的结论; 这就导致了模糊的、随意性的、不清晰的思想 —— 而这是我们要不惜一切代价必须避免的! 该做什么呢? 现在要采取的方法可能让你吃惊. 它是这样的: 我们要给出一个在空间与时间中连续而不留下任何间隙的、完全的、与经典理想相一致的描述 —— 对某种东西的描述. 但是我们没有宣称这个 "某种东西" 就是所观察到的, 或者是可观察到的事实; 而且我们更不会宣称这样就描述了自然 (物质、辐射等) 实际是什么. 事实上我们应用这个图像 (所谓的波动图像) 时充分认识到, 它什么都不是.

在这个波动力学的图像中没有间隙, 在因果性方面也没有间隙. 这个波动图像与完全确定性的经典要求是一致的, 应用的数学方法就是场方程的数学方法, 尽管有时它们是高度推广了的场方程.

但是, 正如我前面讲过的, 我们认为它既不描述可观察的事实, 又不描述自然真的像什么, 这种描述又有什么用呢? 是这样, 我们相信它能给我们有关所观察的事实以及它们之间的相互关系的信息. 有一种乐观的观点, 即, 认为它能给我们在有关可观察事实以及它们之间的相互关联上所能得到的全部信息. 但是这个观点 —— 它可能是对的, 也可能是错的 —— 只不过是在能让我们感觉到在原则上能拥有所有可以得到的信息这个虚荣上, 是乐观的. 它在另一方面的乐观性, 可以说是认识论上的乐观性. 我们在有关可观察事实之间的因果性关联方面的信息是不完全的. (必定会在某处露马脚!) 由波动所消除的间隙已经撤退到波动图像与可观察事实的联系上. 后者与前者不是一对一的对应. 有大量模棱两可的存在, 而且, 正如我已经讲过的, 有些乐观的悲观主义者或悲观的乐观主义者认为, 这种模棱两可是本质的, 这是没办法的事.

这就是目前的逻辑状况. 我深信我已经准确地描绘了它, 虽然我十分清楚, 没有实例整个讨论会沦为苍白 —— 只是纯粹的逻辑讨论. 我还担心我给了你物质波动理论的一个太不好的印象. 我应当修正两点. 波动理论不是昨天的理论, 也不是二十五年前才有的理论. 它第一次是作为光的波动理论出现 (惠更斯 (Huygens) 1690 年). 在将近一百年的时间里²⁾光波被认为是无可辩驳的实际, 作为某种真实存在的东西, 它已经在光的衍射和干涉的实验中得到了毋庸置疑的证明. 我相信, 即使今天的物理学家 —— 当然不是指实验物理学家 —— 也没有准备好支持下述命题: "光波实际上并不存在, 它们只是知识的波动" (大意引自金斯 (Jeans)).

如果你观察一个狭窄的光源 L, 一条发光的渥拉斯顿 (Wollaston) 线, 只有一毫米的千分之几粗, 观察用的是一台显微镜, 它的物镜被一块刻了两条狭缝的屏挡住, 你将 (在与 L 共轭的像屏上) 发现一组彩色条纹, 它严格和定量地与这样的思想一致, 即一给定颜色的光是一种波长很小的波动, 紫光的波长最短, 红光大约是它的两倍. 这个实验是几十个紧扣住这个观点的实验中的一个. 那么为什么这个波的真实性变得可疑起来了呢? 有两个原因:

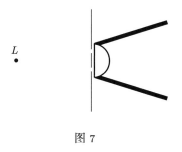

图 7

(a) 类似的实验也曾用一束阴极射线 (来代替光) 做过; 而阴极射线 —— 大家都这样说 —— 显然是由单个的电子组成的, 它们在威尔逊 (Wilson) 云室中产生 "径迹".

(b) 有许多理由认定光本身也是由单个的粒子 —— 叫作光子 (photons, 来自希腊语 $\phi\varpi\varsigma =$ 光), 组成的.

人们也许可以用这样的论点来反对这一点, 即, 无论怎么说, 在这两种情况中, 如果你想说明干涉条纹的话, 波的概念都是不可避免的. 而且你还可以这样辩说, 粒子不是可以鉴别的对象, 它们可以被看成好像是在波阵面内类似事件的爆发 —— 波阵面就是靠这种事件显示给观察者. 这些事件 ——

_____

²⁾不是在紧随其后的一百年. 牛顿的权威遮蔽了惠更斯的理论大约有一个世纪.

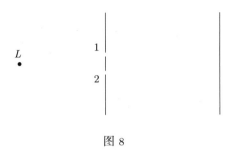

图 8

所以人们可以这样说 —— 在某种程度上是偶然发生的, 而这也就是为什么在观察之间没有严格的因果联系的原因.

让我来详细地解释, 为什么在光束和阴极射线这两种情形中的现象, 不能用单个、独立、永恒地存在着的颗粒来说明. 这也可以作为一个说明我所谓的在我们的描述中存在着 "间隙", 以及我所谓的粒子 "没有单独性" 的例子. 为了论述方便起见我们将把实验装置简化到极致. 考虑一个小小的点状粒子源, 它向四面八方发射出粒子, 再有一面带有两个小孔的屏, 孔上装有快门, 所以我们可以做到, 先只开一个孔, 然后只开另一个, 再以后开两个. 在屏后有一块感光板, 用于收集来自开孔的粒子. 在将感光板冲印之后它就会显示出, 让我这样假设, 打击在其上的单个粒子的记号, 这是打击粒子对可感光的溴化银颗粒作用的结果, 以致在冲印后显示出一个黑斑. (这非常接近实际.)

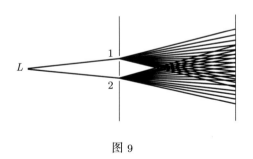

图 9

现在让我们先只打开一个孔. 你可能以为, 在经过一段时间的暴露之后我们可能得到紧紧围绕着一个点的一簇. 并不是这样. 显然粒子偏离了它们从开口处出来时的直线. 实际上你得到的是一个相当宽的黑斑分布, 虽然在中部最密, 偏转角较大时就较稀. 如果单独打开第二个孔, 你显然会得到一个类似的图案, 只是围绕着另一个中心.

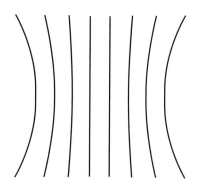

图 10 图中实线表示斑点比较少或没有的地方, 而在两条线之间则是粒子出现的最多的
地方. 中部的两条平行直线与两条狭缝平行

现在让我们同时打开两个孔, 并将感光板暴露和前面一样长的一段时间. 如果这样的想法是正确的, 即, 单个独立的粒子从粒子源飞到两个孔之一后, 在该处发生偏转, 然后沿另一条直线飞行直至被感光板捕获 —— 你想你会得到什么呢? 显然你会预料得到前两个图案的叠加. 于是在两扇面重叠的区域内, 如果在靠近图案的一给定点在第一次实验时你得到, 比如说, 每单位面积 25 个斑点, 而在第二次实验中再得到 16 个, 那么在第三次实验中你会预期发现 $25 + 16 = 41$ 个. 结果并非如此. 记住这两个数, 你可能找到在 81 个到只有 1 个之间的任何个数 (为了避免争议起见, 我们忽略概率的波动), 这要看准确的地点是在感光板的何处. 这要由这个点到这两个孔的距离之差来决定. 结果我们在重叠区得到由斑点稀少的条纹所隔开的一条条的暗纹. (注: 数字 1 和 81 是这样得到的

$$(\sqrt{25} \pm \sqrt{16})^2 = (5 \pm 4)^2, \text{ 即 } 81 \text{ 和 } 1.)$$

如果有人要坚持单个独立粒子的概念, 认为它们互不相关地连续飞行, 要么穿过这个狭缝, 要么穿过那个狭缝, 那你就得假设有某种十分可笑的东西, 即在感光板的某些地方粒子互相摧毁一大部分, 而在另一些地方它们又 "产生了子孙后代". 这不仅可笑, 而且也是能够用实验反驳的. (令粒子源极其微弱并让暴露时间很长. 这样并不改变图案的花样!)

这样看来我们必须放弃能够对在感光板上分解其上的一颗溴化银颗粒而呈现自己的粒子, 反向追踪它直至粒子源的历史的想法. 我们无法说出粒子在击中感光板之前究竟在哪里. 这是在描述可观察事件中的典型的间隙, 也是粒子没有独立性的非常典型的表现. 我们必须用粒子源发出球面波的语言来思考, 每一个波前都通过两个开口孔, 并在感光板上产生干涉图案——但是这个图案对观察却以单个粒子的形式表现出来.

亚瑟·斯坦利·爱丁顿爵士

1938 年爱丁顿在一次塔勒讲演 (Tarner lectures) [1]中是这样开头的: "我认为在宇宙中一共有

$$15747724136275002577605653961181555546804$$
$$4717914527116709366231425076185631031296$$

个质子和相同数目的电子." 在听众中即使是那些最心不在焉的人也不可能对这句开门见山的话无动于衷. 至于这句话告诉了我们多少有关宇宙的知识很值得怀疑, 但是它却让我们对爱丁顿有了不少了解. 他曾经是他那个时代最伟大的天文学家, 具有高超的数学技巧和对哲学思考的强烈倾向. 他向外行解释科学的散文措辞清晰, 表现出恰当和富于幻想的无与伦比的创造性. 他是一个极为害羞的人, 但在推进自己的理论上却有着神秘主义者的勇气和充分的自信. 上面那个非常大的数就代表了爱丁顿追求建立一个囊括全宇宙的理论的年代的结束, 将这个数乘以 2 就得到粒子的总数为: $2 \times 136 \times 2^{256}$. 爱丁顿把这个数记为 N, 称为**宇宙数** (*Cosmical Number*), 并把它看成是自己的最高成就. 今天没有多少科学家信服他的理论, 但是没有人否认它在智力上的宏伟壮观.

亚瑟·斯坦利·爱丁顿 (Arthur Stanley Eddington) 在 1882 年生于韦斯特墨兰 (Westmorland) 的肯达耳 (Kendal), 双亲都是贵格教徒 (Quaker). 他的父亲是当地教友学校的校长, 在亚瑟两岁时死于伤寒; 留给他的母亲的是贫穷, 但是他的母亲仍然设法把他送进了私立学校. 有报道称他是一个很特殊的孩子, 在五岁的时候就能背诵 24×24 的乘法表, 在十岁前就是一个使用望

---

[1]Sir Arthur Eddington, *The Philosophy of Physical Science*, Cambridge, 1939, p. 170.

远镜的老手. 在富于竞争性的考试中赢得了多种奖学金之后先后进入了曼彻斯特的欧文斯学院和剑桥的三一学院. 1906 年被任命为格林尼治皇家天文台的首席助理, 1907 年当选为三一学院的研究员 (Fellow). 在只有三十岁的时候, 天文学的布鲁姆职位 (Plumian chair) 就对他虚席以待. 在 1944 年死于癌症前他一直待在这个位置上.

　　爱丁顿对天文学的第一个主要贡献是将恒星大气中的施瓦尔茨希尔德 (Schwarzschild) 辐射平衡理论推广到恒星内部.[2) 在一篇发表于 1917 年论述这个课题的论文中爱丁顿对恒星结构和演化的特征作了一个漂亮的阐述. 他给自己提出的问题的核心就是, 恒星的质量和亮度之间的关系. 一个低密度的巨大恒星, 由于其陡峭的温度梯度迫使 "以太波", 从 X 射线到可见光射线, 从其中射出, 它也可以是一颗非常亮的星体. 可是在恒星的预期亮度与实际观察到的亮度之间存在巨大的差异, 观察到的发光度比预期发光度差几百万倍, 这是常规的理论所解释不了的. 爱丁顿证明了, 辐射波 "在它们的行进中遭遇到原子和电子会受阻和弹回去", 从而泄露到星体表面上的就大大减少了. 他还证明了, 辐射压力抵消着万有引力, 支撑着恒星上表层巨大的重量. 在这一恒星结构解释的基础上, 他论证对所有普通星体, 在质量和发光度之间存在一个惊人的相关. 质量越大, 源源涌出的能量就越多.[3) 他断定, 太阳的物质, 尽管比水还要更致密, 实际上是一种理想气体. 甚至更为令人难以置信的是, 一颗像天狼星这样的星体平均密度的数字高达 53000. 这样 "所预言的谱线的爱因斯坦移动" 不久就被观测所证实. 在《恒星的内部结构》(*Internal Constitution of the Stars*) (1926 年) 一书中总结了前十五年的出色

　　[2) 这里关于爱丁顿的科学研究纲要参照的是: J. G. Crowther, *British Scientists of the Twentieth Century*, London, 1952, pp. 140–196; 在 *Nature*, Vol. 154, 1944 年 12 月 16 日上由 Harold Spencer Jones 爵士, E. A. Milne, E. N. daC. Andrade 等所撰写的爱丁顿讣告, H. C. Plummer 在 *Obituary Notices of Fellows of the Royal Society* (皇家学会人物讣告), Vol. 5, 第 113 页之后; Sir Edmund Whittaker, *Eddington's Principle in the Philosophy of Science*, Cambridge (England), 1951.

　　[3) 发出的能量正比于某个处于质量的三次方到四次方的量. 例如, 质量仅为太阳两倍的一颗星体发出去的能量却是后者的十二倍.

的天文学研究成果.[4]

爱丁顿在一开始就对相对论有兴趣. 它正好切中他的宇宙学爱好, 而且他也是很少几个能掌握其数学难点并能充分理解这个理论意义的人之一. 荷兰物理学家德·希特 (De Sitter) 在 1915 年送给他一篇爱因斯坦的广义相对论的论文; 在一段时间里这是在英国能找到的唯一的一本. 作为一名贵格教徒, 爱丁顿不参与任何战争, 从而有时间能投入到这个新思想中去. 他在 1918 年为伦敦物理学会所作的《关于引力的相对性理论的报告》(Report on the Relativity Theory of Gravitation), 只有九十一页, "却是一篇阐述简明而又优美的上乘之作". 他 "不仅重新表述了爱因斯坦的研究和德·希特的阐述, 他还在自己的物理和数学思想和幻想中尽情地展翅飞翔."[5] 1919 年他作为领队者之一带领一支考察队远赴圭亚那海湾的普林西比岛, 以便在日食时检测和证实爱因斯坦提出的光线会受到物质 [的吸引而] 弯曲的预言. 在他撰写的著名的书籍《空间, 时间和引力》(Space, Time and Gravitation) (1920 年) 中有对这个理论的一个半普及性的讲述 —— 下面会有从中的一个摘录. 他在《相对论的数学理论》(The Mathematical Theory of Relativity) (1923 年) 一书中既提供了一个全面专业的分析, 又陈述了他自己对这个论题的贡献, 即 "以平行移动的概念为基础的", 对外尔 (Weyl) 的电磁场与引力场 [的统一] 理论的一个推广.

爱丁顿继续他在恒星的结构和组成方面的研究, 研究了像在稀薄气体中参与能量交换的电离和俘获过程, 以及像造父变星的亮度脉动这样一些问题. 但是近年来, 他把精力集中到开展对相对论的宇宙学方面的研究以及对统一量子理论与相对论的研究. 他的目的是, 从一些重要的数字之间设定的关系中去寻求一个包罗万象的原理, 这些数字有, 例如, "地球的曲率半径, 河外星系的退行速度常数, 宇宙中的粒子数和一些物理常数, 比如, 质子与电子的质量比, 质子与电子之间的万有引力与电力之比, 精细结构常数和光

---

[4]在 E. A. Milne, *Sir James Jeans, A Biography*, Cambridge (England), 1952 中处处可以见到有关爱丁顿对气态恒星的辐射平衡的研究以及他与金斯之间的科学争论等方面的有趣的讨论. 米勒说, 爱丁顿对一定量的气体的平衡态及从其表面发出的能量辐射速率所作的计算是一流的科学研究. 但他并没有准确地理解他的成就的实质. 他所求得的整个就是, 一颗恒星要能成为一颗气体星体的条件. 而他自己所 (错误地, 米勒这样讲) 宣称的是现存恒星的发光度及其内部的阻光度. 这一争议只有留给专家们去评判. 我很高兴能弃权.

[5]Crowther, 前引文献, p. 161.

速." 爱丁顿希望把这个原理引进科学, 并且是他的最后著作《基本理论》
(*Fundamental Theory*) 的核心议题, 埃克曼 · 惠塔克爵士对这个原理给出过
一个令人赞叹的简明的陈述.[6]我们可以把物理学中的结论分为两类: 一类
是定量的结论, 例如, "电子, μ 介子, π 介子, τ 介子和质子的质量, 按比例约
为 $1, 200, 300, 1000, 1836$"; 又如 "电子与质子之间的万有引力和电子与电子
之间的万有引力之比为 2.2714×10^{39}"; 再一类是定性的结论, 例如, "光速与
光源的运动无关," 又如, "不可能通过将一任意物体的温度降到低于周围物
体的最低温而产生机械功." 爱丁顿宣称, 在这种定量结论与定性结论之间
有如下的关系: "物理中的所有定量命题, 就是说, 科学中那些常数的准确的
纯数字的值可以用逻辑推理从定性结论推得, 用不着利用从观察得到的定
量数据."[7]爱丁顿还给出了这个原理的一个更加戏剧性的陈述: "有一个知识
分子, 他不熟悉我们这个宇宙, 但是熟悉人类用以解释其感觉器官所感受到
的内容的那个思想体系, 一定能够得到我们靠实验所获得的物理学的知识.
他不一定能推导出我们经验中的事件和客体, 但是一定能推导出我们以它
们为基础所作的推广. 例如推断出镭的存在及其性质, 但是却得不出地球的
尺寸."

大家都承认, 他的结论还没有 "得到公认". 这个理论深奥而又复杂; 许
多学生都被它的哲学架势拒之门外. 爱丁顿不肯妥协. 他相信它的那些常数
千真万确、绝对准确, 他的理论就像三段论一样, 放之四海而皆准. 在他去世
前不久写给天文学家赫伯特 · 丁歌 (Herbert Dingle) 的信中, 他拒绝接受人们
把他的方法说成是 "晦涩的" 批评. 他说, 爱因斯坦 "也曾一度被认为是晦涩
的 …… 我真的并不认为我曾达到过像狄拉克 (Dirac) 那样的晦涩程度. 但
是在爱因斯坦和狄拉克那里人们却认为去深究晦涩是值得的. 我深信他们
有一天会觉悟, 理解到我是对的, 到那时 '解释爱丁顿' 将成为一种时尚."

我倾向米勒的观点. 他所宣称的统一理论有些是 "漂亮的", 有些是 "明
显的胡诌". 总之, 显然它是 "一个天才的作品, 难免有令人生厌的东西; 不
管它是否能成为一件伟大科学成就载入史册, 它毕竟还是一件出色的艺术
品."[8]

---

[6]Whittaker, 前引文献, pp. 1–3.
[7]Whittaker, 前引文献, p. 3.
[8]引自 Crowther, 前引文献, p. 194.

*****

爱丁顿是一个身材颀长、清秀的男子, 皮肤白皙, 有着一对深陷而又引人注目的双眼. 他性格内向, 但并非不友善和不好接近. 他喜爱好的书籍、侦探小说、纵横填字谜、高尔夫球和独自骑自行车作短途旅游, 骑行的速度快得有折断脖子的危险. 他是这样害羞, 这样不善言辞, 以致在公众面前即席讲话对他来说就像是受罪. 有一位国外卓越的天文学家, 多年来热切希望能与他会见, 终于如愿以偿了. 后来他说, "从来没有比这令我感到更惊讶的了. 他能够说 '是', 也能够说 '不', 而这就是他能够说的全部." 但是他精心准备好的演讲, 无与伦比. 克劳瑟 (Crowther) 把他描写成 "一个能讲寓言、妙喻、佯谬和隽言的大师." 像金斯 (Jeans) 一样, 他知道如何用戏剧性的数量对比让听众或读者目瞪口呆, 但是他的库存比金斯的更广泛, 更富于诗意, 充满着幽默. 原子由重核和电子 "腰带或圆环裙" 组成. 恒星中的原子, 由于碰撞把它的圆环裙剥下来了, "这些赤身裸体的野人对于我们这个地球上秩序井然的原子的阶级差别一无所知." 他设计了一个肥鱼种族围绕着海底的一个土墩 (它们是二维生物, 所以看不到这个土墩) 沿弯曲的路径游动的寓言故事来解释空间 – 时间曲率; 他那打字猕猴的故事是对概率概念的极好说明. 在太阳色球层中的钙是这样突出, 就是因为它的原子学会了 "驾驭太阳光线的艺术"; 他把实在描绘成 "一个没有它的幻影保姆就活不下去的小孩." 他引用一只大象从多草的山坡上滑下来作为应用于严密科学中的抽象过程的例子. 他抱怨道, 这种快乐的开疆拓土变成了操练, 把一块重达 2 吨的东西推上倾斜角达 60° 有摩擦的斜面, 以致 "诗意渐渐从问题中消退 ……, 留给我们的就只是一些仪表指针读数了." 这就是爱丁顿的一些颇为有名的比喻; 它们是他用以唤醒公众意识到现代科学卓越的、缺少幻想而有革命精神的意义时所采用的技巧中的一个不可缺少的部分.[9] 爱丁顿对新宇宙学 —— 对他自己的理论一样不亚于对别人的理论 —— 半挖苦式的评价, 反映在他的一本书的序言里引自《失乐园》(Paradise Lost) 的几行诗中:

---

[9] 正如我在别处所写的这种评注 (见论及金斯的评注, p. 2278). 爱丁顿的形而上学的观点, 拟人化的比喻, 他的个性和他的神秘主义受到苏珊·斯特宾 (Susan Stebbing) 和其他一些人的强烈批评. 在这方面我看他不像金斯那样喜欢冒犯人; 我同意斯特宾教授所说的, 他的模糊表述还真不少, 而且那些最模糊的东西相当糟糕. 但是我不完全同意她的批评方式, 部分是因为他的神秘主义给我的感觉并不全是胡扯, 部分是因为, 即使是胡扯也是迷人的.

也许要笑他们猜测得过分离奇,
他们后来会模拟天体,测量星宿时,
妄自猜想怎样使用那庞大的构架,
怎样建筑、怎样拆毁、发明一套学说.[10]

---

[10] 节选自朱维之的译本,上海译文出版社, 1984 年. —— 译注

力求简化, 并置以怀疑.

—— 阿弗烈·诺夫·怀海德 (Alfred Horth Whitehead)

20 自然的常数

亚瑟·斯坦利·爱丁顿爵士

宇宙和原子

看神秘飞向数学!

—— 波普 (Pope), 《愚人记》(Dunciad)

I

我在前面几章已经解释了那种把我们引向认为遥远天体会有一个系统的退行运动的理论, 以及根据天文观测已经发现我们所知最远的天体正在快速地退行. 这一胜利的不足之处就是, 这个理论并没有指出这个退行速度可能有多大. 这就好像指示一个探险家去找寻一种有躯干的生物, 他带回来的却是一头大象 —— 可能还是一头白象. 这个条件可以同样好地被一只苍蝇所满足, 不会给他的近邻, 挖掘时间的进化论者, 带来困惑. 所以这里有极大的争议.

我想排除疑云的唯一办法就是对原来的预言加以补充, 表明物理理论不仅要求有退行, 还要求有特定的退行速度. 仅凭相对论不能给出任何更多的信息; 但是我们有其他的来源. 这是指物理学中的第二次伟大的近代发展 —— 量子理论, 或者说 (按其最新的形式) 波动力学. 通过将这两个理论结合起来我们就能进行我们所需要的对退行速度的计算.

这是一个新的探险, 而且我不会力求做得很精确, 或者一蹴而就. 我要求自己在这里看不到有什么严重的错误; 再要求别人也看不到这里的错误, 除非有什么新的情况出现, 或是有某个能人出来指出我们曾是多么瞎了眼. 但是科学可能有两种意外的过失; 我们可能一开始就在错误的轨道上, 或者也可能是在追随正确的道路中犯了临时性的错误. 如果在本章中我能证明, 无论如何我没有犯第一种错误, 我就感到满足了.

按照我们在这里提出的观点, 我们能够用纯理论计算旋涡星云的退行速度应如何. (至于说它们之间的万有引力的约束作用相对来说不重要这一点, 是一个尚待研究的保留题目, 不过宇宙目前的状态看来满足这个条件.) 由于在公式中的一些小的因子目前还悬而未定, 现在还暂时不能确定; 我们把结果暂时定在每百万秒差距在每秒 500 千米到 1000 千米之间. 在此计算中没有用到任何天文观测, 所有数据都可以在实验室中找到. 因此当我们把望远镜和摄谱仪对准遥远的星云, 发现它们的退行速度就在上述范围之内时, 我们为此感到惊讶.

德·西特 (De Sitter) 和勒梅特 (Lemaître) 原来的预言没有指明该现象是否要到在星云距离甚或还要大到 10^6 或 10^{60} 倍的地方才能看得到. 对会出现的效应有多大, 没有任何一点概念. 可是在新的研究中, 量的大小的范围确定得这样窄, 以致理论预测的效果与观测的结果是否符合没有什么可怀疑的. 我们的天文观察家不会受到责备, 说是把一头大象错当成一只苍蝇带回了家; 而且 (如果我再进一步扩大这个的隐喻) 即使它是一头白象, 也不是骗人的东西.

任何理论上的迈进一步需要从尽可能多的方向加以检测. 如果这里采用的理论思想只会有一个应用, 即, 计算星云的退行速度, 这就给 "胡乱捏造" 留有一定的空间. 实际上无意识的捏造的危险是被大大夸大了; 在这些物理学的基本方程中有一种艺术神性, 是不能亵渎的. 但是如果同一个步骤又能导致另一个问题得到解决, 自然会加强我们的信任. 在目前的情况下正好是这样, 相关联的问题为质子与电子之间的关系, 特别是它们的质量比. 在此有可能对理论做出精确的观察检测.

这样一来我们处理的不是一个孤立的问题, 而是一个理论, 它能同时确定两个主要的物理常数, 即宇宙常数, 并通过它确定星云的退行速度, 以及质子与电子的质量比. 我不能在这里给出这个论点的数学部分. 我只想表明所有必需的物理概念会自动地出现, 只待数学家来用符号把它们表示出来,并将答案算出来. 通过对后一任务的初步尝试我们就得到了相当的保证不大可能会有严重的困难出现.

II

我们一直在仔细考虑星系的系统 —— 这是所能想象到的最大尺度的现象. 现在我要转向尺度的另一个极端, 深入到原子的内部.

关联的环节就是宇宙常数. 迄今为止我们遇到它都是以它作为一个散射力之源, 它使宇宙胀大, 把星云推到远而又远. 在原子中其性能则完全是不同的, 要调整以电子为卫星系统结构的尺度. 我相信, 这一巨大与渺小的结合是我们理解电子与质子行为的关键.

宇宙常数在数值上等于 $1/R_e^2$ 或者 $3/R_s^2$, 可见它实际上是世界曲率的度量; 代替它我们可以考虑宇宙的初始半径 R_e, 或者更好一些考虑虚无空间的恒定的曲率半径 R_s. 在本章中凡是提到 "曲率半径", 或用到记号 R 而未指明是哪种的, 都是指 R_s. 作为在真空中的半径, 它在物理学中的头等重要性就像真空中的光速所具有的一样. 我首先要来解释, 为什么我们预期曲率半径会在原子理论中扮演一个重要的角色.

长度是相对的. 这一点是爱因斯坦理论的原理之一, 这已经是物理学中的常识了. 但是爱因斯坦所考虑的相对性远非初等形式的相对性; 按照他的观点, 长度是相对于对观察者作运动的参照系来说的, 因此随某个星体或行星运动的观察者所认知的长度就不会准确地等于随另一个星体运动的观察者所认知的长度. 但是长度还有一种更明显的方式成为相对的量. 长度的认知总是意味着将它与一标准长度相比较, 因此长度总是相对于比较标准来说的. 我们经验所感受到的只是长度之间的比例. 设想宇宙中所有的长度全都加倍了; 我们的经验不会有任何改变. 我们甚至不能给所设的改变赋予任何意义. 这就好比在一次国际会议上决议今后一英镑应认定为两英镑, 一美元为两美元, 一马克为两马克, 等等 —— 这等于是空话.

在《格列佛游记》中, 小人国里的人大约是六英寸高, 他们的最高的树大约是七英尺, 他们的牛群、房屋、城市的大小都是按同样的比例. 在大人国, 那里的人高得就像一座宝塔; 一只猫大得超过一头公牛的三倍; 玉米长得高达 40 英尺. 实质上小人国和大人国是一样的, 斯威夫特 (Swift) 就是按照这个原理来编他的故事的. 需要一个外来的格列佛 —— 外部的长度标准

—— 来产生区别.

在物理学中通常讲, 在正常态下氢原子的大小是一样的, 或者说其电荷分布相同. 但是我们说它们大小相同是指的什么意思? 或者换一种问题提法 —— 如果我们说两个正常态下的氢原子大小不一样, 结构一样, 但尺寸不同, 我们是什么意思? 这又是一个大人国与小人国的差别问题; 要想给出这种差别的意义, 我们需要一个格列佛.

物理学的格列佛通常认为是一段金属杆, 称之为国际米; 但它不是一个旅行家; 我看它从未离开过巴黎. 我们把它看成好像是我们的格列佛, 但是它从未外出旅游过; 而正如外尔教授首先指出过的, 旅游可是这个故事中的关键部分.

显然位于巴黎的米尺标杆不是真正的格列佛. 它是那种有一定实际用途的实用器具之一, 但是把理论意义的光辉弄得模糊不清. 真正的格列佛应该是无处不在. 所以我采取这样的原理, 就是当我们在当前的物理学的基本方程中遇到米尺 (或者是以米为基础的常数) 的时候, 我们的目的是必须将它扔到一边, 而代之以一个自然地处处存在的标准. 那么这种用真实的标准表示的方程就会显示出它们是如何引出的.

寻求无处不在的标准并不困难. 实际上, 当爱因斯坦告诉我们引力定律为 $G_{\mu\nu} = \lambda g_{\mu\nu}$ 之时, 他就告诉了我们这种标准是什么样的. 几年前我曾经证明了, "我们所谓的, 在空间任何地点沿任何方向的一米, 就是指空间 – 时间在该处沿该方向的曲率半径的一个定常的部分 $\left(\sqrt{\dfrac{1}{3}\lambda}\right)$." 换言之, 米尺实际上正好就是所考虑之处曲率半径的一个适当的小部分; 所以用米尺来度量就等于用曲率半径来度量.

世界曲率的半径才是真正的格列佛. 它是无处不在的. 在任何地方曲率半径作为一个比较标准而存在, 如果存在差别, 就可由它来指出, 就好像格列佛发现的在小人国与大人国之间存在的差别一样. 如果我们愿意我们也可以用它的一个小的部分, 米, 来承担这个任务, 不过要记住, 这种米尺只在它作为曲率半径的一小部分的能力上是处处有效的. 如果可能, 我们应该努力忘却, 我们曾经为了方便起见, 在某些局域内已经把这个米尺固化为金属杆的这件事.

说两个正常态下氢原子在这个宇宙的任何地方大小均相同, 现在我们要来给出这个命题的直接意义. 我们的意思是说, 它们中的每一个在它所处的地方伸展开的范围都是空间 – 时间曲率半径的一个相同的部分. 此处的原子是此处的半径的某一确定的部分, 天狼星上的一个原子是天狼星那里半径的同样大小的一部分. 此处半径的长度是否绝对与在天狼星处的半径一样这个问题不会出现, 而且说真的我认为这种比较没有意义. 我们说它们的米数总是相同的; 但是我们这样说无异于我们说米总是有相同的厘米数.

于是可见在所有我们的测量中, 我们实际上是将长度和距离与在同一地点的世界曲率半径相比较. 设我们接受万有引力定律, 这个可不是假设; 它就是把定律从符号翻译成语言. 它不仅仅是建议了一种测量长度的理想方式; 它揭露了我们实际上已经采用了的体系的基础, 我们在时间测量和大地三角测量中所认定的力学定律和光学定律都是依据它.

不难看出, 为什么我们的实际标准是这一理想标准 (曲率半径, 或者说它的次级单位) 的具体化. 由于曲率半径对我们的基本物理方程来说是长度单位, 任何由物理方程的常数所确定的伸展范围用该单位来表出, 长度也是恒定的. 这样一来, 如果一种物理理论, 它会得出, 正常态氢原子不论在何处, 只要用曲率半径来度量其大小均相同, 那么它同样会得出, 一条固体杆在特定的状态下, 不论何处, 只要用曲率半径来度量, 其大小也是相同的. 原子用实际的米尺来度量具有不变的大小, 这一事实就是 "如果 [两个] 物体与同一种物体的比例不变, 那么它们相互之间的比例也是不变的." [1]

直接使用曲率半径作为长度单位 (而不是用次级单位) 所带来的简化是, 这样所有长度都成为在我们的世界图像中的角度. 任何长度的测量就将是 "空间" 从一个极端向另一个极端的 "倾斜". 不错, 这些角度并不在实际的空间中, 而是在为了得到一个图像而加上去的虚拟维中的; 但是引进这种图像的理由是, 它能表示解析关系, 而且这些角度在数学方程中的表现类似于空间角度.

将我们研究的第一阶段作一个总结: 如果在最基本的物理方程中我们采用曲率 R_s 作为单位以取代当前使用的任意单位, 那么我们就将在把这些方程约化到更简单的形式的道路上至少迈开了第一步. 我们知道有很多方程, 当我们用真空中的光速作为速度的单位时就会得到简化; 我们期待, 当用真空中的世界曲率半径作为长度单位时也会得到相应的简化. 在方程以

---

[1] 更全面的解释见《物理世界的本质》(*The Nature of the Physical World*), 第 7 章.

这种方式避免了不必要的复杂化时, 检测它的真实意义就会容易得多. 只要我们还不知道 R_s 与我们通常的单位之间的比例, 我们就无法完成这个转变; 但是对旋涡星云的观测为我们提供了可以暂时看成是 R_s 的近似值, 所以现在我们可以继续推进我们的计划.

III[2)

在初等几何中我们一般都把空间设想为由无限多的点组成. 如果把它设想成由距离组成的一个网络, 我们就会更接近空间的物理意义. 但是这样做走得还不够远, 因为我们已经看到, 进入物理经验的只是距离之比. 为使空间能够严格地对应于物理实际, 它必须能够做到由距离比构造起来.

纯粹几何学家不受这种思考的约束, 他随心所欲地发明种种空间, 只有点而没有距离, 或者发明一些仅由绝对距离构成的空间. 在把他的研究用于描述物理领域的空间时, 我们要从中选出适合上述要求的部分. 正是由于这个原因我们必须摒弃他所提供的第一份选择 —— 平直空间. 没有绝对长度就无法构造平直空间, 或者至少得有一种比较异地长度的先验的观念, 这种观念几乎与绝对长度的观念无法区分.[3)

平直空间, 由于没有任何面貌特征, 在其本身的内部没有认知长度和大小的要求, 即, 没有一个无处不在的比较标准. 一个不能满足空间功能的空间还有什么用呢? 就是说, 一个不能为所有那些空间的物理关系 —— 长度、距离、大小等提供一个参照体系的空间, 还有什么用呢? 由于它不能为长度提供一个参照系, 把它称为空间是叫错了. 不管几何学家采用何种定义, 物

[2)本节主要是对在 II 中所阐述的原理做一点补充. 如果觉得太难, 可以略去. 主要的论点会在 IV 中再提到.

[3)在相对论前理论 (pre-relativity theory), 以及在爱因斯坦理论的原始形式中, "异地长度的比较" 是被认为由公理所设定的; 就是说, 小人国中的人与大人国中的人在高度上存在真实的差异, 这与这两个岛之间的任何物理联系无关. 他们都在同一个宇宙 —— 为相同的意识所认知的现象 —— 这一事实与比较没有关系. 这样一种无限的可比较性很难与绝对长度的观念相区别. 在以这一公理为基础的几何中, 空间只完成了它本身任务的一半; 如果我们承认这种最常见的空间关系, 大小的比例, 是先验地存在着的, 不能像在分析别的关系时那样用场的理论来分析, 那么我们想用场来表示客体之间的相互关系的目的就会遭受挫折. 外尔摒弃这种异地可比性的公理, 并且咋一看来这种可比性在他的方案中不可能存在. 但是不论是在外尔的理论, 还是在作者对它所作的推广 (仿射场论) 中, 比较异地的长度还是有可能的, 不过不是作为在几何之外的、先验的概念, 而是依靠场来提供这种必需的、无处不在的标准.

理学家必须把空间定义成有这种特征的东西, 在它的每一点上有一个内蕴量, 它可以用作标准, 以便识别位于该处的物体的大小.

用以识别长度和距离的比较标准究竟是空间的内蕴量, 还是宇宙的其他物理性质, 甚至是宇宙之外的一种绝对标准, 这样的问题不会出现. 因为无论如何, 这个比较标准 根据事实本身 (ipso facto) 是物理学的空间. 因此物理空间是不可能没有特征的. 用几何语言来讲, 空间的特征就是用它的曲率 (包括超曲率) 来描绘; 正如我们已经解释过的, 这里没有真的向新的维度中弯进去的物理意思. 于是我们没有别的选择, 只能到曲率或超曲率半径中去寻求长度的自然标准.

对纯粹几何学家来说, 曲率半径是一种不期而遇的特征 —— 就像柴郡 (Cheshire) 猫的龇牙. 对物理学家来说它可是一种不可或缺的特征. 对物理学家去讲猫的龇牙不过是一种偶然, 那是太过于牵强. 物理学就是要谈事物之间的相互关联, 比如猫与其龇牙之间的相互关联. 在这个案例中, "没有龇牙的猫" 和 "没有猫的龇牙" 同样都要当作纯粹数学幻想扔到一边.

如果一旦承认处处都存在这样一种曲率半径可以用来作为比较标准, 而且空间距离就直接或间接用这种标准来表示, 那么不用另外的假设就可以导出万有引力定律 ($G_{\mu\nu} = \lambda g_{\mu\nu}$); 同时还相应地由此得以确立宇宙常数 λ 以及相应的宇宙斥力的存在. 既然是以这样一种方式建立在物理空间的根本的必要性之上, [4] 宇宙常数的地位对我来说是不可动摇的; 而且即使有一天相对论名誉扫地了, 宇宙常数也会是最后崩溃的堡垒. 拿掉宇宙常数就好比是敲掉空间的底部.

说空间未必就是最后的概念, 不过是老生常谈; 因为在物理的相对论性的观点看来, 每一个概念都是一个过渡性的概念, 正如在一个封闭宇宙中一样, 其中星系组成一个没有中心、没有外部的系统, 所以物理学的概念连成一个没有边界的体系; 我们的目标不是要达到最后的概念, 而是要去完成一个完整的关系的循环. 我们已经得到结论, 一个无处不在的比较标准必定是空间的一个特征, 因为空间的功能就要取得这样一个标准, 但是我们可以进

---

[4] 这个必然性的要求是这样的, 即比较标准是空间中的一个内蕴量 —— 因为不论内蕴于其中的是何种标准, 根据事实本身是空间. 除了曲率半径之外, 空间还可能有其他的特征量 —— 例如, 度量各种超曲率的量. 尽管这种提议还有点牵强, 我认为, 其中之一有可能取而代之也不是不可能. 这将得出一种不同的引力定律; 但是仍然还会依赖于米尺与自然比较标准之比的宇宙常数. 实际上宇宙项 $\lambda g_{\mu\nu}$ 仍然保持不变; 要修正的是 $G_{\mu\nu}$.

一步追问, 空间以及包含于其中的标准又是如何起源的.

　　原子在其中被看成是有一定的位置和大小的这种空间, 是一个过渡性的概念, 用来表示原子与 "宇宙的其余部分" 之间的关系. 因此, 我们一会儿说, 原子的延伸度由空间的曲率所控制, 一会儿又说, 它由来自宇宙其余部分中的相互作用力所控制, 这并不矛盾. 我们必须记住, 我们只有在原子或其他客体在与宇宙的其余部分相互作用, 从而引起最后作用于我们的感官的现象之时, 才能感觉到它们的存在. 我们赋予原子的位置和尺寸都是与相互作用的效应相联系着的符号; 因为说一个原子是在 A 处, 而不是在 B 处, 没有任何意义, 除非它能使某一事物在 A 处, 或是在 B 处有某种不同. 在考虑这种相互作用时不必分别去处理宇宙的其余部分中的每一个粒子和每一个能量单元 (every element of energy); 不然的话, 物理学的进步就不现实了. 对绝大部分来说取其平均就足够了. 宇宙中大量各式各样的粒子会形成几乎是无穷无尽的位形变化 (change of configuration); 在研究它们与原子的相互作用时我们只需保留少数几种较广类型的平均变化. 于是 "宇宙的其余部分" 就被理想化成某种只具有不多的几种变化类型或者说不多的几个自由度的事物. 这可以用电学理论为例来说明, 在这个理论中亿万个带电粒子间的相互作用被与一电场的相互作用所替代, 而这种场被六个数所唯一确定. 同样地, 宇宙的其余部分与原子的相互作用也被理想化成与一度量场, 或者 —— 给它一个通常的名字 —— 空间, 之间的相互作用. 那极少的几种无法用平均来抹平的变化类型就保留在空间曲率中.

　　在概念上我们必须把为了某种目的而被看成是宇宙的其余部分的空间, 与被宇宙的其余部分所占有的空间, 加以区分, 尽管这两种空间总是恒等的. 如果我们不用 "空间" 这个词, 而是用 "度量场", 这一区分就会容易得多; 因为 (通过与电场的类比) 我们认识到, 场与物质有着双重关系, 就是说, 它是由物质产生, 又反作用于物质.

　　我们其余的工作就是去揭露这种将 "宇宙的其余部分" 理想化成含有曲率半径的度量场的细节.

IV

　　物理学的最基本的方程之一就是氢原子的波动方程, 就是说, 一个质子和一个电子的波动方程. 这个方程确定了原子的大小, 或者说它的电荷的分布. 显然那无处不在的长度标准 R 必定会进入这个方程.

可是通常所写出的方程中没有这个 R. 这是因为我们是通过实验得到这个方程的, 并且使用像电子电荷、普朗克 (Planck) 常数、光速等这样一些量来表示的. 半径 R 尽管在里面, 但是被掩盖起来了. 我们必须揭开捂住这个的盖子.

第一眼看去这似乎有不可克服的障碍. 氢原子的半径的数量级大约为 10^{-8} 厘米, 而自然单位 R 的数量级为 10^{27} 厘米; 这样氢原子的半径用自然单位来表示数量级就是 10^{-35}. 我们的想法是, 通过引进自然单位我们会得到一个简化的方程; 但是如果方程的解为 10^{-35}, 它能是一个非常简单的方程吗? 显然其中必有一项或多项具有巨大的数值系数. 如果方程的确是处于其最基本的形式, 那么它的每一个系数必定有某种简单的意义 —— 它之所以是它的某种明显的适当理由. 看到有 4π 这一类的系数, 我们不应感到奇怪, 因为它有一种简单的几何意义; 同样如果看到有等于维数或自由度的数目的系数, 也用不着奇怪, 它是来自对一系列对称项的求和. 但是对一个像 10^{35} 这样大的数, 我们能赋予它怎样的简单的意义呢?

我只能想到一个大数, 在任何情况下都与我们的问题有关的, 这就是, 在宇宙中的粒子 (质子和电子) 的个数. 的确还没有什么办法能把一个大数揉进物理世界的结构之中. 当然, 我这里指的是纯数, 而不是指由我们的厘米 – 克 – 秒计量制随意引进的那种数. 我们现在要来探求那种认定宇宙中的粒子数 N 会在波动方程的系数中出现的直接理由; 但是即使没有这些理由, 系数的巨大数值也足以暗示 N 会出现.

当我们将一个质子与一个电子之间的作用力和它们之间的万有引力相比较时就会看到这个同样大小的比例的另一个侧面呈现出来. 根据经典理论这个比值为 2.3×10^{39}. 我长时期地想过, 这个数一定与在宇宙中的电子和质子的总数有关系,[5] 我期待别人有与此相同的观点. 由于 N 约为 10^{79}, 上述比值与 $\sqrt{N}$ 有相同的量级.

会出现 N 的直接理由是, N 实际上是宇宙自由度的有效数值. 在经典理论中这个数值还会比 N 大一些, 因为这 N 个粒子中的每一个都有几个自由度; 但是有一个众所周知的互斥原理, 它禁止粒子进入别的粒子已经占有的轨道, 从而限制了它的自由度. 因此波动力学则从另一端来处理这个问题,

---

[5] 见《相对论的数学理论》(*Mathematical Theory of Relativity*), p. 167.

并将 N 定义为存在于宇宙之中的独立的波动体系 (wave-system) 的数目, 从而也就等于宇宙能量的组成个体的数目. 很有可能发现这样得到的数字 N 不是随意的, 而是有某种确定的理论基础; 不过这纯粹是猜测, 就目前来说我们把它看成是在设计实际宇宙时一个随意性的要素.

我们的原子处于一个含有 N 个自由度的宇宙之中, 并与之相互作用着. 我们通过把它设想成处于一个自由度比较小的, 比如说 n, 曲率半径为 R 的空间之中, 并与之相互作用着, 从而将问题简化和理想化. 在这个简化的形式中, "宇宙的其余部分" 通过量 R 进入到氢原子的方程中. 我以为我们应当期待数值 N 和 n 也会在这个方程中出现, 记载着这是用一个自由度为 n 的空间来替代自由度为 N 的宇宙而得到的. 对于四维的空间 – 时间 (space-time), 得到这个数 n 的值为 10. 目前我们暂时不来谈它, 稍后再说.

在确定了 N 和 R 会成为氢原子方程中的系数之后, 我们下一步就是要来探讨它们将以何种形式结合进去. 当然, 因子 N 是将来自每一个粒子或波动体系的贡献总和的结果; 问题是, 要总和起来的贡献的性质是什么, 它们又怎能包含着 R? 我并不自以为取得了为解决这个问题所必需的物理眼力. 如果我们有这样一幅图像, 我们似乎能够从中看到这些单个的贡献是怎样自行加到了一起, 就如同一百个厘米是怎样自行加成一米一样, 无疑这就够令人满意了. 不过如果这种洞察得不到, 我们也不是得不到指引我们可以用伦理观念或者用 "好形式" 来作向导, 所以这种类型的研究可以用物理的眼光来作向导, 也可以用解析的形式来作向导. 波动力学和相对论二者都是具有非常严格的好形式. 只有某些种类的实体 (entities) 才可以加到一起. 把任何别的大小加起来就会是用词不当 (solecism). "这无法完成."

在相对论中, 唯一能够加起来的东西是作用不变量 (action-invariant).[6] 包含 R 的作用不变量是高斯曲率, 它正比于 $1/R^2$. 在量子理论中, 能够加起来的实体是动量的平方, 或者把它们用符号写出来就是 $\partial^2/\partial x^2$. 为了从 R 构造出一个有相同量纲的量, 我们必须取 $1/R^2$.[7] 因此我把要加的个体取为 $1/R^2$, 或者是与 $1/R^2$ 成正比的量; 所以求得的组合为 N/R^2.

这样就给了我们可以称之为 "调整后的自然长度标准", 即 $R/\sqrt{N}$. 通过用 $R/\sqrt{N}$ 来替代 R 作为我们的单位, 就把因子 N 吸收进去了, 这样它就不

---

[6] 其他张量只有它们在空间的同一点时才可以加起来 —— 这个条件在此显然不满足.
[7] 在量子理论中这一导向性的作用没有在相对论中那么明显, 因为前者通常使用混合单位制 (动力学和几何学的). 作为纯几何的相对论就避免了这个复杂性.

会再给我们添麻烦了. 调整后的标准长度约为 3×10^{-13} 厘米, 所以它对于处理电子现象不会不适合.

现在我们可以回过头来讨论我们的问题了, 这就是要揭露在我们所熟悉的波动方程中, 长度的自然标准是如何被隐藏着的. 不过这次我们要探寻的不再是原来的标准 R, 而是调整后的标准 $R/\sqrt{N}$.

我认为我已经证实了, 调整后的标准在波动方程中被化妆成了表达式 $e^2/(mc^2)$. 此处 e 为一个电子或一个质子的电荷, m 为一个电子的质量, c 为光速. 这个表达式的量纲是长度, 实际上 $\frac{2}{3} e^2/(mc^2)$ 在电子当年被认为比今天更重要的时候就常被称为 "电子的半径". 对应于这一认定就会有方程

$$\frac{R}{\sqrt{N}} = \frac{e^2}{mc^2}.$$

我不能在此讨论这个认定的裁判, 这会导致要深入量子理论的原理之中. 但是我可以这样说, 这是非常直接的一个认定. 表达式 $e^2/(mc^2)$, 或者说它的倒数更确切一些, 在波动方程中孤零零地站在一旁, 形成一个单独的项. 研究者们只顾忙于对其他的项作变换、解释、建立相应的理论, 而把它抛在一旁; 它一直是被当作一个压仓物了.

可能有人会问, 就这么直接认定是不是太简单了? 就算在原则上承认这个认定, 难道不会出现一个数值系数 —— 比如说 $\frac{1}{2}$, 或者说 2π, 或者还可能有更复杂一些的东西 —— 那种当我们从不同路径达到同一结果时常常会出现的因子? 允许会有; 不过目前这个直接的认定在我看起来是对的. [8] 然而我还要补充讲一下, 我还不能肯定在这个公式中是将 N 取为电子的数目, 还是取为电子加质子的数目, 所以因子 $\sqrt{2}$ 还是悬而未决的. 为确定起见我取 N 仅为电子数; 质子数必定近似地, 也可能严格地, 与电子数一样.

根据膨胀宇宙的相对论我们有

$$\frac{N}{R} = \frac{\pi}{2\sqrt{3}} \frac{c^2}{Gm_p},$$

其中 m_p 是质子的质量. [9]

---

[8]除非有某种总共达到小于百分之一的修正, 这将在第 V 节中来解释. 这个认定的数学基础见 *Proceedings of the Royal Society*, vol. cxxxiii A, p. 605, 以及 *Monthly Notices of the R. A. S.*, vol. xcii, p. 3.

[9]这源自爱丁顿先前所给出的公式. —— 编者注

于是我们由相对论求得 N/R, 而由波动力学又求得 $\sqrt{N}/R$. 将这两个结果结合起来我们就分别得到了 N 和 R. 所得 N 的数值约为 10^{79}. 从 R 的值立即可以得到星系的退行速度的极限值为 c/R. 这样得到的结果与所观察到的星云的退行速度的一致性我们已经提到过了.

下面是丁格尔 (Dingle) 教授对这个理论所作的总结:

他以为他看见了电子在飞

它们的电荷和质量结合在一起.

他再次张望, 原来是

宇宙的生命线.

他说, 那么它的居民数

必定是 10^{79}.

V

按照我们的想法, 在用波动方程检测了调整后的自然标准之后, 下一步就该来探讨我们的结果对质子和电子的理论有何影响. 因为在鉴定标准为 $e^2/(mc^2)$ 的过程中我们已经采取了一个步骤, 它把宇宙与原子联系了起来; 这样我们就不仅应该在宇宙中检验观察结果, 而且也应该到原子内部去作检验.

在波动力学中, 通常说一个粒子的动量为

$$\frac{ih}{2\pi}\frac{\partial}{\partial \chi}.$$

因子 $\dfrac{h}{2\pi}$ 是由于我们对长度和单位的选择不当所造成的不必要的复杂化. 我们应该另选一个质量的自然单位, 它以这样一种方式与长度单位相关联, 以使动量直接就是 $i\partial/\partial\chi$. 在方程中 i 的意义是 (字面上它是 -1 的平方根), 方程的两侧代表的是波, 尽管它们振幅相等, 但是相位相差四分之一个周期. 当电子的质量用这个自然单位来表示时, 我们把它记为 m_e. 作了这个单位变换之后, 上一部分最后的公式就变为

$$\frac{hc}{2\pi e^2}m_e = \frac{\sqrt{N}}{R}. \tag{A}$$

我们趁这个机会把两边的分数上下颠倒一下, 因为它们在波动方程中实际上就是这样的.

系数 $hc/(2\pi e^2)$ 有时被称为精细结构常数, 是一个纯数; 大家都知道它的数值接近 137. 在我看来, 我认为它就严格等于 137, 这正好是与一对电荷的波动方程相联系着的自由度的个数. 对其真实值究竟是 137.0, 还是 137.3, 一直有许多讨论; 这两个值都声称是从观测得到的. 后者, 称之为 "光谱值", 许多物理学家都偏向这个值. 但是把这些值说成是观测值是一种误导, 因为观测只是一个平台 (substratum); 特别是光谱值是基于相当复杂的理论, 肯定不能当成观测的 "硬事实".

尽管我相信 $hc/(2\pi e^2)$ 的值是 137, 但是我还是要把 m_e 的实际系数取为 136. 这意味着我略微修改了原来认定的值, 插进去一个因子 136/137. 做出这一改变的理由是, 在这 137 个自由度中有一个, 即对应于径向运动的自由度, 只在某些问题中出现, 在别的问题中不出现, 而在哪种问题中会出现看来还是个问题. 精细结构常数是在两个电荷相互作用的问题中引进的, 在这里 137 个自由度都起作用; 两个电荷之间距离的变化是可以被认知的, 因为曲率半径 R 提供了一个距离的比较标准. 但是我们现在研究的是一个电子的质量的公式, 而这个质量是来自与 "宇宙的其余部分" 的相互作用. 宇宙的 N 个粒子实际上已经通过引进调整因子 $\sqrt{N}$ 简化成一个粒子了, 所以这个问题也可以说像两个粒子的问题, 不过这里不再有外部的长度比较标准. 追踪这两个问题之间的类比, 我们发现, 与两个电子之间距离变化相类似的将会是空间曲率半径的改变. 但是就其本质来说 R 不可能改变, 因为它是距离的标准单位. 因此这里没有 137 个自由度的类似物; 于是我们决定应该对第一次的认定值, 其中没有这种小小的不同, 加以改变以表示这个正确的自由度的个数.

要不是我们知道还有别的径向自由度被禁止的情况, 而且 136/137 这个因子也已被观测所证实, 人们很可能对引进这样一个古怪的因子会犹豫不决. 这种情况出现在一个质子进入到一个几乎是刚性的氦核的时候. 我们发现它的质量或能量减小一个比例, 非常接近 136/137; 这样的减小称为包装分数 (packing-fraction). 这种这样的消失在氦核和在度量场的情况下本质上是一样的; 在前一种情况下不能径向膨胀是因为氦核是刚性的, 在后一种情况下不能膨胀则是因为它的半径是长度标准.

因此在当下我们的结果是

$$136 m_e = \frac{\sqrt{N}}{R}. \tag{B}$$

但是对此又有严厉的反对声. 这个结论对电子和质子有失公允, 偏向电子, 而对质子则只字未提. 质子被推定与电子一样重要. 但是我们能用什么来替代 $\sqrt{N}/R$ 才能给质子的质量 m_p 一个同等重要的方程呢?

对电子和质子要求同等对待的呼声, 不偏不倚地满足它们的诉求的唯一方法就是使基本方程成为二次方程, 从而对每一个各有一个根. 我们不想改变已经得到的部分, 那是我们花了那么大的力气一点一滴检验得来的; 所以我们假设下述式子

$$136m - \sqrt{N}/R = 0 \tag{C}$$

能够正确地给出这个方程的最后两项, 但是在开头的地方要有含 m^2 的一项.

众所周知, 即使只给了一个二次方程的最后两项我们对这个方程的根也能有所获悉. 最后两项系数之比等于两根之和除以两根之积. 因为我们要求方程的两个根为 m_e 和 m_p, 所以必定有

$$\frac{m_e + m_p}{m_e m_p} = \frac{136R}{\sqrt{N}}$$

$$或 \quad \frac{136 m_e m_p}{m_e + m_p} = \frac{\sqrt{N}}{R}. \tag{D}$$

这是鉴定方程的另一种变化; 但是这次在数值上是一个很小的变化. 将 (D) 与 (B) 比较可以看到是插入了一个因子 $m_p \div (m_p + m_e)$. 我们知道 m_p 是 m_e 的 1847 倍, 所以这个因子就是 1847/1848 或 0.99946. 数值上这个变化微不足道; 但是质子再也没有什么好抱怨的理由了, 因为在 (D) 中质子和电子得到了完全不偏不倚的对待.

下一步就是完成构造那个二次方程, 它的最后两项已经在 (C) 中给出了. 由于我们已经完成了调整后的标准的认定问题 (我们最后用已知实验量给出它的方程为 (D)), 现在我们同样可以采用它作为我们的长度单位. 正如我们已经解释过的, 这种单位选择应该使方程约化到可能的最简单形式. 这意味着现在 $R/\sqrt{N}$ 可以取作单位. 因此 (C) 中的两项为 $136m - 1 = 0$, 而要完成的二次方程为

$$?m^2 - 136m + 1 = 0.$$

在问号那个位置我们应该放进去什么数呢? 你可能还记得有一个数是 $n = 10$, 这是我们曾经许诺要放进波动方程[10]的. 这里是我们的机会. 我们取这

---

[10] 波动方程是通过将质量 m 置换为一个微分算子而形成的.

个方程为

$$10m^2 - 136m + 1 = 0. \tag{E}$$

作为对比, 我们再次引进厘米作为长度单位来写下这个方程, 它就是

$$10m^2 - 136m\frac{\sqrt{N}}{R} + \frac{N}{R^2} = 0. \tag{F}$$

你看到数 $n = 10$ 作为最后一项中 N 的对立项出现在第一项中, 这显然是它们的恰当的关系.

尽管我们现在还不能给出这个方程的一个斩钉截铁的 (clear-cut) 的理论, 但是论证可以推进到比这份浮面上的素描要远得多. 由于系数 136 代表的是自由度个数, 在方程 (E) 中其余系数极有可能也会是自由度, 我想这一点会得到大家的同意. 很有可能每一个自由度都具有一份隐藏的能量或循环动量, 类似于在普通动力学中的可遗坐标所提供的那样. 从这个动力学观点来处理这个问题, 我们几乎立即就得到 $10m^2$ 这一项, 但是要看出有 $136m$ 这一项的理由就会困难得多.

于是, 泛泛地讲, 我们有两条解决问题的路线. 但是它们至今尚未相遇和融合, 像它们最终必定会做的那样. 由于一条路线给出线性项, 而另一条路线给出平方项, 显然十分肯定的是, 我们似乎已经前进到足以得出正确的方程的地步.

解方程 (E) 或 (F) 我们就能求得两个根 m_p 与 m_e 之比. 结果为 1847.60. 质子与电子的质量比的观测值[11]据说为 1847.0, 其可能误差为半个单位. 可见一致性是相当完美的.

方程 (F) 的解给出

$$135.9264m_e = \sqrt{N}/R,$$

$$0.073569m_p = \sqrt{N}/R. \tag{G}$$

这是对调整后的标准 $R/\sqrt{N}$ 最终鉴定的另一种形式. 原始的认定是 $137m_e = \sqrt{N}/R$; 所以在为了预言星云退行速度而得出的 $\sqrt{N}/R$ 的数值大小上, 没有

---

[11] 也有一个光谱值低大约 10 个单位, 是用 137.3 代替 137 作为精细结构常数得到的; 但是这没有什么关系. 我们在前面的阶段决定用 137 了. 我们就不想让我们的计算结果与那种只有用不是 137 的值来算时才能得到的结果相一致. 换句话说, 我们的理论自然不能与偏转值和光谱值二者都一致, 因为这二者是不同的; 但是它必须始终如一地与一组值相一致; 而不能一会儿与这一组相一致, 一会儿又与另一组相一致.

什么值得考虑的东西. 公式也同样好使. 正常情况下我们用它们来计算天文结果, 采用物理学家所确定的 m_p 或 m_e 的值; 但是我们也可以用它们作为测定电子和质子质量的天文学方法.

要测量电子的质量, 对漩涡星云的距离和速度进行天文观测是一个适当的方法. 结果, 在必要时对星系的相互吸引加以修正后, 可以说是, 每百万秒差距 600 千米/秒, 这是 c/R; 而且由于光速 c 为 300000 千米/秒, 我们得到 $R = 500$ 百万秒差距, 这等于 1.54×10^{27} 厘米. 余下的步骤牵涉一些对方程的代数处理, 用不着在这里详细讲; 一旦得知 R 以后, 这些方程就可以求解了, 在求得 N 后就可以得到 $\sqrt{N}/R$. 于是电子和质子的质量就可由方程 (G) 得到. 它们在那里是用质量的自然单位表示的; 如果我们知道普朗克常数 h, 我们就可以把它们转化为克. 我担心由这个方法所达到的精度不会令现代物理学家满意, 但是我们也不会超过 2 倍左右.

也许你会反对说, 这并不是真正在测量电子的质量; 就算它是对的, 那它也是高度的迂回推论. 但是难道你以为物理学家是把一个电子放到天平上去称它的重量的吗? 如果你去读一读质量的光谱值是如何确定的讲述, 你就不会认为我的方法过分复杂. 不过, 我当然并不是真的要把它推向跟别的去比; 我只是想, 事物之间的相互联系充满生气.

我们能够证明, 二次方程的两个根代表两个符号相反的电荷. 为了验证这一点必须将电场引进到问题中来. 根据狄拉克理论, 这一点可以依靠在方程中引入一个与电势有关的常数项 (即一个不含微分算子 $m = id/ds$ 的项). 由于这只会改变二次方程的第三项, 两个根之和 $m_p + m_e$ 不会变. 换言之, 由场加给 m_e 的质量或能量与由场加给 m_p 的质量或能量相等但相反 —— 在同一电场中它们具有相等而相反的势能.

我们认为基本的波动方程的确是一个二次方程的这个结论新近由于中子的发现而得到了意外的支持. 首先提出两个电荷 (一个质子和一个电子[12]) 的波动方程是一个线性方程这一设想的人, 是狄拉克, 发现它的解的完全集合代表的是 (如果不说是严格地, 也可以说是近似地代表了) 一个氢原子的各种可能状态. 但是从最近的实验发现存在另一种态, 或者说另一组态, 质子和电子在其中结合得特别紧密, 形成一种非常小型的原子. 这种原子叫作中子. 显然目前对质子和电子的波动方程不可能是正确的方程, 因为它的解

---

[12] 注意我们的方程 (E) 是对一个质子或一个电子的 —— 而不是对两个电荷的.

中不能给出中子态. 正如对一个电荷我们需要一个二次方程, 其两组解对应于电子和质子, 所以对两个电荷我们也要有一个二次方程, 它的两组解对应于氢原子和中子. 我期待这样继续下去会得到更复杂的系统, 这时的两个解能对应于两个电荷的核外和核内的结合.

对当下的理论的支持是双重的. 首先, 这种两个电荷的理论表明, 从方程的普遍形式来看它和我们的一个电荷的理论是一致的. 其次, 由于物理常数的 "光谱值" 是建立在不完整的两电荷理论的基础之上的, 因此对这二者之间的微小不合和在我们的理论中所发现的微小的价值, 都应该给以足够的重视.

可能更加重要的是, 我们能看到前面其他的问题. 因此有必要来研究在氢原子和中子方程中的附加项, 并且证明额外的解与所观测到的中子的性质一致. 这会给检验带来新的机会, 而且在必要时对现在的结论加以修正.

VI

对那些在现代科学上的兴趣主要是指向其哲学意义的读者来说, 我想, 膨胀宇宙的理论不会带来什么新的启示. 除了偶尔在有的时候外, 我有意避免问题带有哲学意味, 我甚至认为读者的注意力, 和我自己的一样, 是集中在探讨问题的严格的科学进展上, 他会把所有像这里所发展的物理模式是怎样与人们的生活和意识相适合这样的问题暂时搁置起来. 过早地被这种问题所纠缠造成对研究的损害是一种不幸.

我们也许会出现一种不安的感觉, 我们再也没有广阔的空间领域和广阔的时间周期来处理了. 但是常常有抱怨说, 天文学上的测量太广阔, 以致难以想象; 而如果我们根本没法想象它们, 那么在这里或那里砍掉几个 0, 对我们的一般感观几乎不会有什么影响. 实际上我认为一个对包含着一万个百万百万百万颗星体的宇宙不满意的人很好理解. 就是说, 他好像只是为了愉快地进行哲学思索而需要它们; 对科学研究来说, 这一切割当然是严肃的事, 正如我们在时间尺度这个情形所看到的.

这个新理论并未包含这样明显的提议, 说这个世界会比我们所预料的更快达到末日. 宇宙的弥散不在乎像我们这个银河系这种小尺度的聚集. 我们预料由于能量的退降成不可用的形式, 宇宙将最终完全退化; 但是这个遥远的时日并未被宇宙膨胀的存在明显地带近.

看来宇宙的膨胀是与热力学退化平行的另一个为期一天的过程 (another one-day process). 我们不得不想, 这两个过程是有密切联系的; 但是, 如果是这样, 这个联系至今还没有找到.

关于宇宙的热力学退化的地位, 自从我四年前[13]对它讨论以来还没有什么实质性的改变. 在国外有一种印象, 好像是这个结论已经被近期在宇宙射线上的研究所动摇. 就我来讲, 这是不可能的; 对在这一联系中所推出的宇宙射线理论而言, 它恰好就是我现在所倡导的理论, 即, 宇宙射线提供了在那被弥散物质所占据的遥远区域内, 氢原子正在构成更高位元素的证据.[14]我还不能完全肯定最近得到的证据是否可以解释为对它的支持; 但是如果是, 正如密立根 (Millikan) 博士所坚持的, 我就没有什么理由改变我的观点. 带电粒子走到一起形成复杂的原子并因而散发出一些能量到宇宙射线中, 这一步骤在方向上显然和其他的能量散佚过程是一样的 —— 例如星云物质走到一起形成星体, 并随之将能量以辐射热的形式散走. 这又是对普遍的退化向最终的热力学平衡态, 贡献了一个实例. 密立根经常把最终构造原子的过程叫作宇宙的 "卷上" (winding-up) 过程; 但是 "上" 和 "下" 是相对的用语, 在将他的描述与我的描述比较时也许需要坐标轴的变换.

我想给哲学读者提个醒, 告诉他们, 为什么科学家总是沉迷于把我们现有的不完全的这些知识外推到离开我们的经验非常遥远的领域 —— 为什么要写一些有关世界的开始和终结的事. 让我们的理论接受这样的条件, 一点点微弱的不当就会被无限放大, 看来这很可能是一场毫无报偿的灾难. 但这正是检验的原则. "作这样的预测的真正理由并不在于它们有可能实现, 而是它们会在当代科学的身上投下光辉, 从而指出它在什么地方还需要作补充."[15]

我想, 对外推到最遥远的未来, 当前的科学体系还没有暴露出任何肯定的弱点 —— 特别是在大部分物理科学所依赖的热力学第二定律方面. 不错, 外推告诉我们, 物质的宇宙总会有一天达到死一般的平静和一致性, 从而实质上走到了终点; 在我看来这倒是幸运地避免了梦魇一般的永恒重复. 是朝向过去的反向外推给了我们一个真正的理由, 让我们怀疑在当前的科学概念中是不是存在弱点. 宇宙的开始似乎提出了不可克服的困难, 除非我们同

[13]《物理世界的本质》(*The Nature of the Physical World*), 第 IV 章 (1928 年).
[14]《恒星的内部构造》(*Internal Constitution of the Stars*), p.317 (1926 年).
[15]皮亚焦 (H. T. H. Piaggio) 教授.

意用坦白的超自然的观点来看待. 我们暂时就只能这样了. 但是我在别的地方提到过把科学研究的范围限制到一个有界限的领域内的危险. 如果不诚实地面对问题的复杂性, 我们就可能去想, 只要把它们扫过了边界, 其困难就被解决了. 往后扫了又扫, 成堆的困难不断增大, 直至变成一个越不过去的壁垒. 也许就是这个壁垒我们称之为 "宇宙的开始".

VII

现在我已经告诉了你 "一切就是和刚发生一样".

这个故事我们能相信多少?

科学有它的展示室和工作室. 我肯定地认为, 今天的公众已经不满足于在布满测试产品的展示室中转来转去; 他们要求到工作室中去看那里在做什么. 欢迎你们进来; 但是不要用在展示室中的标准来判断你看到的那些东西.

我们已经在科学大厦的底层工作室中转了一圈了, 其中光线暗淡, 有时还绊倒过. 对我们有误解, 也没有时间去澄清. 工人们和他们的机器被阴暗所笼罩. 但是我想有些东西在这里成型 —— 可能是某种相当大的东西. 当它们完成为去展示而修饰后是什么样子我一点也不知道. 但是我能观察当时的设计和用于加工的新式工具; 我们还可以默想那些使我们抱有希望的小小的成就.

遥远星系光线轻微地变红, 数学想象在球面空间中的一场历险, 对所有测量的基础原理的反思, 自然在其模式中对某些数, 例如 137, 的奇异选择 —— 所有这些还有其他一些碎片已经连接在一起形成了一幅图景. 就好像一个航海家看到了远处的海岸, 我们瞪大双眼盯着远方的景致. 稍后我们可以更全面地解析它的意义. 它在雾中改变; 有时我们似乎聚焦在物质上, 有时它更像一幅远景, 不断地延伸, 直至我们猜想它究竟是不是可能有终结.

我得再次求助于对这个编造者打破砂锅问到底了 ——

我看到了一幅极为罕见的景象. 我做了一个梦, 要讲这个梦是什么已超过了人的智力: 如果人到处去阐述这个梦, 他就不过是一头驴子 …… 我想我曾经是, —— 我想我已经是, —— 但是如果有人提出要去讲我想我已经做了什么, 那么他就不过是一个傻瓜, ……

它将被称为底部之梦, 因为它没有底.

当牛顿看见一个苹果落下, 他发现了

证明地球最自然急速转圈的一种方式

就叫作引力;

这是亚当之后

能够抓住落下, 又能抓住苹果的第一人.

—— 拜伦 (Byron)

自然和自然的规律在黑暗中隐藏:

上帝说 "让牛顿出来! " 世界就一片光亮.

—— 亚历山大·波普 (Alexander Pope) (牛顿墓志铭)

情况没有持续: 魔鬼吼道 "嘿!

让爱因斯坦出来! " 现状就得以恢复.

—— 约翰·柯林斯·斯奎尔爵士 (Sir John Collings Squire)

21　引力的新定律和老定律

亚瑟·斯坦利·爱丁顿爵士

我不知道世人会把我看成一个怎样的人, 但是, 在我自己看来, 我曾经只是一个在海边玩耍的小孩, 不时地去寻找一些比普通的更光滑的碎石, 比一般的更美丽的蚌壳来得到快乐, 而真理的大海就躺在我面前而未被发现.

艾萨克·牛顿爵士 (Sir Isaac Newton)

难道还有什么理由对牛顿的引力定律不满吗?

从观察的角度上来讲, 它已经承受了最严格的检验, 而且已经被认为是精确自然定律的完美典范. 那些可能说会不成立的情形几乎是微不足道的. 月亮的运动还有某些不规则的情况没得到解释; 但是天文学家们曾经普遍还在其他方向找寻 —— 也应该继续找寻 —— 这些分歧的原因. 只有一个失败已经导致对定律的严重质疑; 这就是水星近日点运动与理论的不一致. 这种分歧小到何等程度可以用以下事实来判定, 这就是, 曾经提议过把距离的平方改成距离的 2.00000016 次方就足够了. 此外似乎还有可能, 尽管不大像, 那引起黄道带的光的物质很可能其质量就足以导致这个效果.

反对把牛顿定律看成精确定律的最重要的理由就是它已成为模棱两可的了. 定律涉及两个物体的质量; 但是质量依赖于速度 —— 这是在牛顿时代还不知道的事. 我们是要用可变的质量呢? 还是用归结为静止时的质量呢? 也许一个老练的法官, 他把牛顿的命题解释成最后的意愿和遗嘱, 就能够做出决断, 但是这几乎不能说是解决在科学理论中的重要问题的方法.

再者, 定律中的距离是一种相对于观察者的量. 那么我们是假设观察者随着太阳一起运动, 还是随其他物体一起运动, 还是静止于以太或静止于某种引力介质之中呢?

常常有人强调, 牛顿的引力定律比爱因斯坦的新定律简单得多. 这可是与观点有关; 从四维世界的观点来看, 牛顿定律可是远为复杂. 此外, 我们会看到, 如果要排除模棱两可, 牛顿定律的表述必须大大扩充.

曾经有人试图在狭义相对论的基础上来扩充牛顿定律. 要得到一个确切的修正, 这样做还不够. 利用等价原理, 或力的相对性, 我们已经达到了在上一章所提出的确定的定律. 在读者的头脑里可能已经产生这样的问题, 为什么一定要把它叫作引力定律呢? 也许可以相信它是一个自然定律; 但是空间 - 时间弯曲程度与相互吸引力又有什么关系呢? 这是真实的, 还是表观的?

设想有一种扁平鱼类曾经生活在只有二维的海洋中. 人们注意到, 一般情况下鱼都会沿直线游行, 除非有某种明显的东西扰乱它们的自由行程. 这似乎是一种非常自然的行为. 但是在某个区域里所有的鱼好像都被妖术蛊惑了一般; 有的通过这个区域时改变了它们的游行方向; 有的毫无规律地转来转去. 有一条鱼发明一种涡旋理论, 说在这个区域内存在着涡旋, 这种涡旋把一切都带着沿曲线转动. 慢慢又提出了一个好得多的理论; 它认为所有的鱼都被拉向一条特别大的鱼 —— 一条太阳鱼 —— 它躺在这个区域的中心睡觉; 这就是使它们的路径发生偏转的原因. 这个理论一开始听起来并不见得会特别令人信服; 但是它却被所有类型的实验检验以惊人的准确性所证实. 发现所有的鱼都具有这种与其大小成正比的吸引能力; 引力定律特别简单, 但是我们发现能够以科学研究中前所未有的精确度阐释一切运动. 有的鱼发牢骚说, 它们不理解离开一段距离怎么还会受到这样的影响; 但是大家都同意, 这种影响是经过海洋来传递的, 而且当对水的性质有了更好的了解之后可以对此有更好的理解. 当然, 几乎每一条想解释这种引力的鱼开始都会提出某种机制来在水中传递这种作用.

但是有一条鱼它设想了另一种完全不同的计划. 它被这样一种事实深深吸引, 就是不论鱼的大小, 尽管偏转较大的鱼要用较大的力, 它们总是取相同的路径. 因此它把注意力从集中在力上转向集中到路径上. 而这样它做到了对整个事情的一个惊人的解释. 在围绕太阳鱼所在地方的周围有一个山丘. 扁平鱼因为是二维生物无法直接感受到这一点; 但是每当有一条鱼游过山坡时, 即使它尽了最大的努力去沿直线游, 它还是稍稍打了一点儿弯. (旅游者越过一座山的左面的山坡, 如果他想保持原来相对于指南针所指的方向, 他就得有意识地维持偏离开左面.) 这就是在该区域中所受到的神秘的引力, 或者说路径的神秘弯曲, 的秘密所在.

这个比喻故事还不够完善, 因为它只提到了单单在空间中的山丘, 而我们要处理的是在空间 – 时间中一串山丘. 但是它用图像解释了我们生活在其中的世界的曲率是如何给我们一种吸引力的假象, 而且实际上只能通过某种像这样的效应才能被发现. 现在来讨论这个结论是怎样具体做出的.

爱因斯坦定律, 以 $G_{\mu\nu} = 0$ 的形式, 表述了由吸引物质的任意分布所产生的引力场所应满足的条件. 牛顿定律的一个类似的形式曾经由拉普拉斯 (Laplace) 表示成著名的表达式 $\nabla^2 V = 0$. 如果我们不是提出在空无一物的区域内在最一般的条件下何种空间 – 时间才能存在这样的问题, 而是问, 在围绕着单个有吸引作用的粒子区域内存在着的空间 – 时间是什么类型的, 就会得到这个定理的一个更富于启发性的形式. 就像牛顿所做过的那样, 我们把单个粒子的效应分离出来 ⋯⋯.

我们只需考虑二维空间 —— 这对行星的所谓的平面轨道就足够了 —— 加上时间作为第三维度. 空间的其余维度, 如果需要, 可以用对称性条件随时加上. 经过一长串的代数计算, 结果得到围绕一个粒子有

$$ds^2 = -\frac{1}{\gamma}dr^2 - r^2d\theta^2 + \gamma dt^2, \tag{1}$$

其中 $\gamma = 1 - \dfrac{2m}{r}$.

量 m 是粒子的引力质量 —— 但是假设我们现在还不知道这一点. r 和 θ 是极坐标, 或者这样说更确切, 它们是在不是真正的平直空间中最接近极

坐标的东西.

事实上 ds^2 这个表达式原先只是作为引力场的爱因斯坦方程的一个特解求得的; 它是山丘的一种变种 (显然是最简单的变种), 它的弯曲不超过一级程度. 在适当的条件下世界有可能处于这样一种状态下. 为了找出这些条件是这样的, 我们需要追踪这个方程带来的一些后果, 找出当 ds^2 是这种形式时任何粒子是如何运动的, 然后来检验是否有我们知道的情形能观察到这些结果. 只有在我们确认了这种形式的 ds^2 的确能对应于对位于原点的质量为 m 的一个粒子所观察到的主要效应时, 我们才有权利认为这个特解正是我们希望寻求的那个.

如果我们能够指出引起这个特解的物质位于何处, 那么它就是对此方法一个足够好的例证. 在 (1) 式成立的地方不可能有物质, 因为这是一个对虚无空间成立的定律. 但是如果我们试图去接近原点 ($r = 0$), 奇异的事情就会发生. 如果我们取一支量杆, 沿径向放置, 开始用它沿一条矢径在其上标记出等长度, 逐渐接近原点. 保持时间不变, 而对径向测量 $d\theta$ 为零, 于是公式 (1) 就简化为

$$ds^2 = -\frac{1}{\gamma}dr^2$$
$$\text{或} \quad dr^2 = -\gamma ds^2.$$

我们从大的 r 开始. 渐渐地我们就达到一个点, 在该处有 $r = 2m$. 但是 γ 在此处按照其定义应该等于 0. 所以, 无论我们测得的 ds 有多大, 都有 $dr = 0$. 我们可以继续向前移动量杆, 一次又一次地经过它自身的长度, 但是 dr 还是等于零; 就是说, 我们不会再减小 r. 这里有一个神奇的圆圈, 没有测量能把我们带入其中. 设想有某种东西阻碍我们靠得更近, 就说有一个物质颗粒填满了其内部, 这也不是不自然的.

实际是因为, 只要我们保持空间 – 时间的弯曲只达到一级程度, 我们绝不可能修平山丘的顶峰. 结果必定是一座无限高的烟囱. 不过我们代替烟囱把它修改成一个曲率比较大的小区域. 这个区域不可能是空无一物的, 因为应用于虚无空间的方程在这里不成立. 于是我们把它描绘成含有物质 —— 这个做法实际上相当于物质的定义. 那些熟悉流体力学的人可能会想起流体的无旋转动的问题; 条件在原点不可能得到满足, 因此必须把充满涡旋丝的区域割掉.

对在方程 (1) 中的坐标 r 和 t 也要讲几句. 它们相当于我们平常的径向距离和时间 —— 正如非欧几何中的任何变量都可以与预设的欧氏空间的普通用语相对应. 于是我们仍然把 r 和 t 称为距离和时间. 但是给坐标以名称并未比 ds^2 的公式给它们更多的信息 —— 而在这个案例中给出的恰是相当少的信息. 如果出现了有关 r 和 t 的准确含义的任何问题就必须以方程 (1) 为参照来求得解决.

引力场中平直性的短缺由系数 γ 偏离 1 来表示. 如果 $m = 0, \gamma = 1$, 空间 – 时间就是绝对平直的. 即使在已知最强的引力场中, 这个偏离也极其小. 对太阳来说, 量 m, 称之为引力质量, 只有 1.47 千米, 对地球则为 5 毫米. 对任何实际问题 $2m/r$ 必定都极其微小. 可是也就是在这样小的 γ 差异上正是整个引力现象之所依 ……

懂数学的读者不难证明, 对一个速度不大的粒子, 它的指向太阳的加速度近似地等于 m/r^2, 和牛顿定律一致 ……

发现一个粒子的引力场的几何学导致牛顿引力定律这一结果非常重要. 它表明, 根据理论所提出的定律 $G_{\mu\nu} = 0$, 至少近似地与观察相吻合. 牛顿定律只在速度较小时才适用这一点不是什么缺点; 所有行星的速度与光速相比都很小, 而在本章开始所提出的某些修正可能在速度可以与光速相比拟时就必需了.

另一个需要注意的重要之点是, 引力的吸引作用只不过是直线轨迹的几何变形. 这与迫使循轨的是何种物体或影响体无关, 变形引起在所考察那部分的空间 – 时间的 "精神图象" 与 "实际形象" 之间的一般差异. 所以光线的路径也和物质的路径一样会受到干扰. 这一点包含在等价原理之中; 否则我们就能通过光学实验将在电梯中的加速与由引力引起的真正的加速区别开来; 在这种情况下那种观察到光沿直线传播的观察者就可被说成是绝对地没作加速运动的, 这样相对论也就不存在了. 一般来说物理学家已经准备好承认引力对光的影响类似于它对物质的作用; 因此光是否也有 "重量" 这个问题就经常被提出来.

作为 dt^2 的系数出现的 γ 是牛顿引力特征的根源; 而作为 ds^2 的系数出现的 $1/\gamma$ 则是新定律偏离旧定律主要之处的根源. 这种分类看起来似乎正确; 但是牛顿定律有模棱两可之处, 很难准确地讲与它的分歧究竟在哪里.

现在我们把时间项当成充分讨论过了而放在一边, 单独来考虑空间项[1]

$$ds^2 = \frac{1}{\gamma}dr^2 + r^2d\theta^2.$$

这个表达式表明在一个吸引粒子的周围单独考虑的空间是非欧的. 这是某种完全在旧引力理论范围之外的东西. 时间只能用某种运动着的物体来研究, 无论它是自由粒子还是时钟的某些部分, 从而空间 – 时间的非欧特性可以通过引入一种好像是适当地虚构的力场来考虑, 适当地修正运动来体现. 但是空间可以用静态的方法来研究; 理论上它的非欧特性可以通过用刚性标尺作精密测量来证实.

如果我们将测量标尺横向放置来测量一名义半径为 r 的圆周, 那么由公式可知测得的长度 ds 等于 $rd\theta$, 所以我们沿这个圆周走一圈时, θ 的增量为 2π, 从而测得圆周的长度为 $2\pi r$. 但是当我们将量尺沿径向放置, 则测得的长度 ds 等于 $dr/\sqrt{\gamma}$, 它总是大于 dr. 这样一来在测量直径时我们得到的结果大于 $2r$, 每一部分都大于 r 相应的变化.

于是如果让我们画一个圆, 放一个重粒子靠近其中心, 以产生一个引力场, 并用一刚性标尺测量其周长和直径, 测得的周长与测得的直径之比将不会等于下述著名的数值

$$\pi = 3.14159265358979323846264338 3279\cdots,$$

而是稍稍小一些. 或者如果我们在这个圆内画一个内接六边形, 则其边长不会严格等于圆的半径. 把粒子放在中心的附近, 而不是就放在中心上, 以免测量直径时穿过粒子, 从而使这个实验成为实际可行. 但是尽管是实际, 用这种方法来确定空间的非欧特性并不实际可行. 能够达到的测量精确度不够. 如果将一个重达一吨的质点放在一个半径为五码的圆内, π 值的短缺也仅为二十四位至二十五位小数之内.

把结果表成这种形式是有用的, 因为它表明当相对论物理学家谈论在引力场中的空间不是欧氏的时候, 他不是在谈形而上学. 他的表述有直白的物理意义, 这是我们有一天会知道如何用实验来检验的. 而在此期间我们可以用间接的方法来检验它 ……

---

[1]我们在这里改变了 ds^2 的符号, 从而当 ds 为实数时意味着所测得的是空间, 而不是时间.

[一个物体经过一重粒子的附近, 由于空间的非欧性质, 其路径要发生弯曲.]

路径的这一弯曲是附加在由牛顿引力引起的弯曲之上的, 后者依赖于公式中含 γ 的第二项. 正如已经解释过的, 一般来说它比后者远小得多, 只能看成是对牛顿定律的一个微小的校正. 这二者以同等的重要性出现的唯一情形就是当这个轨迹是光波, 或是一个以接近光速运动的粒子的轨迹时; 这时 dr^2 的数量级增大到和 dt^2 同一量级.

总之, 一束光在经过一重粒子近旁时会弯曲, 首先是因为时间与空间的结合具有非欧的特性. 这一弯曲等价于牛顿引力所导致的, 可以在假设光具有和普通物质一样的重量的基础上用普通的方法来计算. 其次是由于单独空间的非欧特性引起的弯曲, 而这一弯曲附加在由牛顿定律所预测的弯曲之上. 那么如果我们能够观察到一束光所弯曲的大小, 就能对到底是应该遵循爱因斯坦的理论, 还是应该遵循牛顿的理论做出判决性的检测 ⋯⋯

不难证明, 一束光在距离太阳中心为 r 处经过时的总偏转 (以弧度计) 为 $\dfrac{4m}{r}$, 而在牛顿理论的基础上算得的同一束光的弯曲却为 $\dfrac{2m}{r}$. 对于一束擦过太阳表面的光这一偏转的数值为

$$1''.75 \text{ (爱因斯坦理论)},$$
$$0''.87 \text{ (牛顿理论)} \cdots\cdots$$

弯曲会影响太阳附近星体位置的观察, 于是这种观察的唯一机会是在日全食的情况下, 这时月亮会把刺眼的光亮遮掉. 即使这样, 还有延伸到太阳光盘之外的日冕发出的大量光线. 因此必须要有一颗很亮的星在太阳附近, 这样才不会淹没在日冕的炫光之下. 这些星的位移只能相对于其他星体来测定, 这些其他星体最好远离太阳, 而且不大会移动; 因此我们需要相当数量的外部明亮的星体作为参照点.

在迷信的年代, 一个自然哲学家想做一个重要的实验会去咨询占星师, 请他确定一个做实验的吉祥的时刻. 今天一个查询星体的天文学家有更好的理由宣称, 一年中称量光线的最佳日子是 5 月 29 日. 理由是: 太阳在它沿黄道的一年运行中, 穿过星体密集程度各不相同的星空, 但是在 5 月 29 日这一天, 它是位于一块十分特殊明亮的群星 —— 毕宿星团的一部分 —— 的中央, 这是一年中所遇到的最好的星场 (star-field). 如果这个问题是在另一个

历史时期被提出来, 那么为了让太阳在这个幸运的日子里发生日全食, 就可能必须等上好几千年. 但是拜神奇的好运之托, 居然在 1919 年的 5 月 29 日发生了日全食. 由于日食的一个奇怪序列, 一个类似的机会会在 1938 年重现; 我们有幸在这个最佳的周期之中. 并不是说在别的日食时期就不能做这个检验; 但是工作肯定会困难得多.

　　皇家天文学家协会在 1917 年 3 月提醒注意这个非比寻常的机会; 皇家学会和皇家天文学会的一个委员会开始着手准备作这种观察. 两个远征队被派分赴在日全食线上的两个不同地点, 以减低由于恶劣天气带来的失败风险. 克罗默林 (A. C. D. Crommelin) 博士与达维荪 (C. Davidson) 先生带领一队赴巴西北部的索布拉 (Sobral), 另一队由科廷汉姆 (E. T. Cottingham) 与作者带领赴西非几内亚海湾中的普林西比亚 (Principe) 岛.

　　要记住爱因斯坦理论所预测经过太阳边缘的光线偏转为 1″.74, [2]偏转量随割线离开太阳中心的距离成反比下降. 单是牛顿偏转量就是这个量的一半, 0″.87. 最终的结果 (要归结到太阳的边缘) 以及 "可能偶然误差" 算得在索布拉和普林西比亚分别为

索布拉: 1″.98 ± 0″.12,

普林西比亚: 1″.61 ± 0″.30.

通常允许的可靠限度在平均值任何一侧大约为可能误差的两倍. 那么在普林西比亚的感光板上的证据恰好足以排除 "偏转一半" 的可能性, 而在索布拉的感光板上的结果则以实际的肯定性排除了这种可能性. 在普林西比亚所得到的资料上的值不会高于在索布拉的值的约六分之一; 看到这些结果是用两种不同的仪器在不同的地点以不同的鉴定方式得到的, 就肯定很难对这一爱因斯坦理论的验证提出什么批评来.

　　对在索布拉用四英寸透镜的结果的最佳检定就是对不同星体测量结果惊人的内在一致性. 理论上的偏转应该随离太阳中心的距离成反比的变化; 因此如果我们分别画出每一颗星体的平均径向偏移相对于距离的倒数的关系, 那么中心点应该在一条直线上. 如图 1 所示, 其中虚线为爱因斯坦的理论预言, 偏差位于测定的偶然误差的范围之内. 斜率为其一半的直线代表的是半偏转, 显然是不能被接受的.

---

[2]对光线从无限远到无限远预测的偏转量刚好超过 1″.745, 而从无限远到地球正好要小一些.

我们已经看到了,轻飘飘的光波作为一种探索空间的非欧性质的工具具有极大的优越性. 但是还有一个关于兔子和乌龟的古老的寓言故事. 慢慢游荡的行星有些性质切不可忽视. 光波几分钟越过区域,做出自己的报告;行星则化上好儿个世纪,在同一块地方一次义一次地来回转. 它每转一次就揭露了空间的一点点秘密,对空间的知识就这样慢慢积累起来.

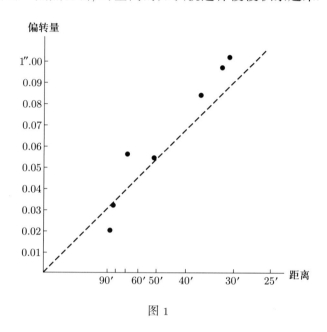

图 1

按照牛顿定律,行星围绕着太阳在一条椭圆轨道上运行,如果没有别的行星打扰它,这个椭圆就会保持永远不变. 按照爱因斯坦的定律,行星的路径非常接近一个椭圆,但它并不完全闭合;而在下一轮的回转中这条路径会沿着行星转动方向稍稍向前进动一点点. 因此这个轨道就是一个非常缓慢地转动着的椭圆.

爱因斯坦定律所精确预言的是,在行星转过一圈的过程中,轨道在经历这一圈的一部分时会向前进动一个等于 $3v^2/C^2$ 的量,其中 v 为行星的运行速度,C 为光速. 地球的运行速度为光速的 1/10000;因此在转过一圈 (一年) 后地球轨道离开太阳最远的那一点将移动一圈的 3/100000000,或者说,$0''.038$. 我们无法检测出一年里的这一差异,但是我们可以把它们加起来,至少加个一百年. 那么这就可以观察到了,但是还有一个问题 —— 地球的轨道非常胖,非常接近圆,所以我们无法足够精确地指出它究竟指向何方,它的最尖的拱点又是如何运动的. 我们可以选一颗速度更高的行星, 使得这一效应得到加强, 这不仅是因为 ν^2 增大了, 而且还因为转一圈的时间缩短了; 但是也许尤为重要的是, 我们需要一颗其轨道是很扁的椭圆的行星, 从而使得我们容易观察到它的拱点是如何运动的. 在水星的情况下这两个条件都得到了满足. 它是运动得最快的行星, 其轨道进动量达到每世纪 43″; 此外它的偏心率比其余七个行星的任何一个都要大得多.

正好水星的轨道有一个长期以来没有得到解释的进动. 它引起了勒威耶 (Le Verrier) 的注意, 在成功地从天王星受到的扰动预言了海王星的存在之后, 他想水星的反常运动是不是也可能是由于内部的一颗行星引起的, 并且事先把它叫作 Vulcan. 但是尽管做了深入的探寻, Vulcan 始终没有出现, 在爱因斯坦得到他的引力理论前不久被大家接受的数字如下: 实际观察到的进动是每世纪 574″; 由所有已知行星的微扰产生的进动计算所得为每世纪 532″. 还有额外的每世纪 43″ 仍未得到解释. 尽管这个量很难指望达到一弧秒, 但它至少比可能的偶然误差大三十倍.

来自牛顿引力理论的与实际的巨大不合就这样与爱因斯坦所预计的每世纪 43″ 相吻合了.……

相对论已经经历了对整个物理学的主要内容的检验. 它已经把伟大的定律统一起来了, 其表述之精密, 其应用之准确, 已经在人类的知识中赢得了今天物理学所拥有的骄人的地位. 然而就事物的实质来说, 这一知识还只是一个空壳 —— 一些符号的形式体系. 它是结构形式的知识, 而不是内容的知识. 整个来讲物理世界就是运转这个未知的内容, 它们必定是我们意识中的材料. 这里有物理世界一个深层的暗示, 可是还不能用物理学的方法抵达. 此外, 我们已经发现凡是在科学进步到最远的地方, 我们的意识 (mind) 从自然得到的回报只不过是意识已经输进了自然的东西.

我们已经在未知的大海岸边发现了一个奇怪的脚印. 我们已经设计了各种深刻的理论, 一个接一个, 来说明其来源. 最后我们重建踩出这个脚印的生物. 你瞧! 原来是我们自己.

关于相对论

    相对论已有五十年之久了, 但是我们还是对它不习惯. 在半个世纪里它都没能成功地改变我们的思维习惯. 长时间以来许多人都把它当成是哲学家的神话故事; 另外有些人则把它看成是一种毫无希望的抽象, 那是数学家们在上面消磨生命的东西. 近来我们认识到在爱因斯坦的著作中所包含的思想有非常重要的意义. 这就增加了我们对这些思想的尊敬, 尽管这无助于我们对它们的理解. 当然我们不再, 用路德 (Luther) 的经典的话来说, 像一头牛用眼睛瞪着一扇新的大门那样, 但这表示的更多的是一种顺从, 而不是理解.

    这个理论至今仍是一个天外来客, 这一事实并不是由于对它的忽视. 为普通读者写的相对论的书已经出了很多本. 主流科学家们, 其中有些是极有才华的科普作者, 已经设计了巧妙的类比来厘清这个理论的物理的和哲学的面貌. 爱因斯坦也曾在这种处理上一试身手. 爱丁顿和金斯在这个题目上写过出色的著作, 但由于其中有时出现的他们自己的隐喻令人敬而远之. 贝特让德·罗素 (Bertrand Russell) 写的《相对论 *ABC*》是一本可读的著作; 我还强烈推荐两本写得一点也不装腔作势的小册子, 现在已经绝版而被人遗忘了, 它们是: 詹姆斯·赖斯 (James Rice) 的《相对论》[1]和由一位著名的澳洲物理学家蒂林 (J. H. Thirring) 写的《爱因斯坦理论的思想》[2]. 但是这些著作中即使是最好的也无法满足一个已掌握了相对论初步知识的认真读者. 基本观点和佯谬做了细致周到的讲述; 随身携带的量杆、光信号以及多变的时钟都展示了: 其效果就像一个魔术师的表演. 这个机巧在身边看的人一清二楚, 但是读者并不熟悉它们. 他是得到了享受, 也许会深受感动, 但

---

[1]Robert M. McBride Company, New York, 没有日期.
[2]Robert M. McBride Company, New York, 1922.

是肯定不会得到启示.

　　是否人们就应由此得出结论说, 这个理论很难用简单的语言说清楚? 我不这样认为. 它是一个革命性的理论, 但也不过就是与哥白尼 (Copernicus) 和伽利略 (Galileo) 的理论一样. 它是抽象, 但还不如负数和自由企业的概念抽象. 它是不符合常识, 但是疫苗接种和住在地球对立面的人会头脚颠倒这些观念一开始也是这样.[3] 相对论的初学者在学习上的失败我认为是由于一个双重的误解: 科普作家确信他能不用数学把这个论题讲清楚; 而读者又确信这个论题用数学是绝对讲不清楚的. 他们二者都错了, 但读者至少还有爱因斯坦站在他这一边. 爱因斯坦在他的数学老师, 赫尔曼·闵可夫斯基 (Hermann Minkowski), 把狭义相对论建造成一个 "世界几何" 系统的时候说道, "自打数学侵入相对论之后, 我自己就再也不能理解它了."[4]

　　有一个故事, 讲的是在牛津大学有个学生, 在考试之后被问到他是如何证明二项式定理的, 他兴致勃勃地回答道, 在他还证明不了这个定理的时候, 他设法使它看起来相当可信. 相对论的通俗讲述也就是这样. 它们把其中的思想讲得让人感觉可信, 却避免谈对理解和信服来说准确的、实质性的东西. 不用数学的相对论就好比是 "无痛牙科", "滑雪不摔倒". 这两个比喻引自克莱门特 V. 迪雷尔 (Clement V. Durell) 所写一书的序言, 下面的章节就是选自该书. 迪雷尔是一位英国数学家, 写过不少教科书, 是温切斯特 (Winchester) 学院的高级数学教师, 作为教师享有很高的声誉, 他所著的《可读的相对论》是一本迄今为止在这方面供非专业人士阅读的最好著作. 迪雷尔并不认为爱因斯坦的思想可以像从山坡滑下来那样容易理解. 相对论要求那些企图真正理解它的人有一定的素养和训练. 它要求读者思想集中, 有冒险精神和对那些与你所钟爱的信仰相矛盾的观念不会反感. 但是理解这个理论并不需要预先受过广泛的数学训练. 迪雷尔说, "本书力求做到在一般人的标准数学知识所许可的条件下保证高度的准确性. 这一点所带来的局限是显然的, 但是想要把这个题目置于普通教育的范围内则是不可避免的. 可是只要有了这些数量不多的数学知识以及, 更好一些的话, 有意愿去算出一些数字的例子以检验对这个理论所特有的概念的理解程度, 这样就有可能使爱因

---

[3] 见 J. E. Turner, Relativity without Paradox, *The Monist*, 1930 年 1 月刊上有对这些问题的一个有趣的讨论.

[4] Arnold Sommerfeld, To Albert Einstein's Seventieth Birthday, *Albert Einstein, Philosopher-Scientist,* Paul Arthur Schilpp 编, Evanston, 1949.

斯坦的宇宙观能和牛顿的宇宙观一样成为普通人的智力装备."

《可读的相对论》只用了初等的 —— 真正初等的 —— 代数和几何, 既阐述了狭义相对论, 又阐述了广义相对论. 我敢保证, 即使那些只愿意读数学而不愿意练习的人, 只要他们暂时放弃一下他们的偏见, 接下去的几页就会许可他们进入观念的奇境作特别令人满足的漫游. 这时他们能够说他们懂得了相对论这一点, 已经是次要的了.

从此以后，空间自身以及时间自身都消失了，仅仅成为影子，只有二者的一种组合才有独自存在的权利.

—— 赫尔曼·闵可夫斯基 (Herman Minkowski)

如果我的相对论被证明是成功的，德国就会宣称我是德国人，而法国就会宣称我是一个世界公民. 要是我的理论不真实，法国就会说我是德国人，而德国就会说我是一个犹太人.

—— 阿尔伯特·爱因斯坦 (在 Sorbonne 国际会议上的讲话，巴黎)

22　相对论

克莱门特 V. 迪雷尔

Alice 镜中世界漫游记

" '我不相信那个,' Alice 讲.

'你不能相信吗?' 王后以一种怜悯的口气讲道, '再试一次: 闭着眼睛, 做一次深呼吸.'

Alice 笑了: '试也没有用,' 她这样讲道; '一个人不会相信不可能的事.'

'我看你还是做得不够,' 王后说, '在我年轻的时候, 我一天要这样做半小时. 是啊, 有时我在吃早饭前相信过多达六件不可能的事情.' "

—— 镜中世界漫游记 (*Through the Looking-Glass*)

大自然会骗人吗?

科学家们在跟大自然玩游戏的时候, 遇到了一个非常在行的对手, 他不仅制订了适合自己的游戏规则, 而且还可能迷惑来访的团队或者暗中破坏他们的计划. 如果空间具有能够扭曲我们的视觉、变形我们的量杆, 以及还能篡改我们的时钟这些性质, 我们有没有办法查出事实如何? 我们是否能够指望交叉检验终究能解开这种伪装? 加内特 (*Garnett*) 教授[1]利用刘易斯·卡罗尔 (*Lewis Carroll*) 的想法, 给出了一个极有教益的示例, 说明大自然能够误导我们, 而且看来不会有任何被暴露的危险.

我们最终也只能依赖我们的感官给出的证据, 自然要用人造的设备反复实验和无休止的质问来检验和澄清. 正如 George Greenhill 爵士讲的一则轶事所表明的, 观察常常会被当作不适当的解释:

在 Cooper's Hill 工程学院的一次会议结束的时候, 举行了招待会, 科学系举办了展览. 一位年轻的女士走进了物理实验室, 在一面凹面镜前看到了自己的倒立着的像, 对她的伙伴天真地讲道: "他们把那面镜子挂倒了." 要是这位女士再向前走过镜子的焦点, 她就会发现, 工友们不应该受责怪. 如果大自然欺骗了她, 那么至少进一步的实验迟早会把这个欺骗揭穿.

凸 面 镜

现在我们来跟踪加内特教授所描述的 Alice 在镜中的某些奇遇. 作为预备知识, 必须列举出在凸面镜中的反射的若干性质. 为了方便那些希望知道这些性质是怎样得到的读者, 它们的证明放在附录中, 证明只用到了相似三角形和一点点初等代数知识.[2]

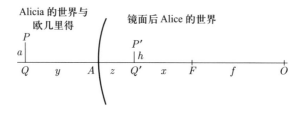

图 1

A 为一半径很大的凸面镜的顶点; *O* 为其中心, *OA* 为其中央半径或轴; *OA* 的中点 *F* 为其焦点. *PQ* 为一位于镜外的物体, 它与轴垂直, 高度为 *a* 英尺, *P'Q'* 为 *PQ* 在镜中的像. 将有关的各种长度标记如下, 以英尺为单位.

$$OF = FA = f; \quad FQ' = x; \quad Q'A = z; \quad AQ = y; \quad P'Q' = h.$$

---

[1] *Mathematical Gazette*, 1918 年 5 月.
[2] 见附录习题一

我们有下述公式:

$$\frac{1}{z} = \frac{1}{y} + \frac{1}{f}; h = \frac{ax}{f}; x = f - z.$$

这些公式所带来的结果很容易了解.

由于 $\frac{1}{z} = \frac{1}{y} + \frac{1}{f}$, 还易见, 有 $\frac{1}{z} > \frac{1}{y}$, 从而有 $y > z$. 此外还有 $\frac{1}{f} < \frac{1}{z}$, 从而有 $z < f$ 或 $z < AF$.

因此像 $P'Q'$ 总是比物 PQ 更接近镜面, 并且离开镜面不会远过焦点 F.

再者, 由于 $h = \frac{ax}{f}$, 像的高度正比于像离开焦点 F 的距离 x, 这样一来, $P'Q'$ 越靠近 F, $P'Q'$ 的长度即像的高度就越小.

镜面后的生活

" '现在他正在做梦,' Tweedledee 说道: '你认为他梦着什么啦?'

'没人猜得到,' Alice 回答道.

'不知道吗? 是梦着你!' Tweedledee 喊了起来, '如果停止梦着你, 你想你会在哪里?'

'当然就在我现在所在的地方,' Alice 这样说.

'不是!' Tweedledee 轻蔑地顶了一句, '你哪里也不在. 不是嘛, 你只是在他梦里的一种东西!'

'如果国王被弄醒了,' Tweedledum[3]补充讲道, '你就会灭了 —— 噗的一声 —— 活像一支蜡烛!'

'我是真人!' Alice 说着, 开始哭了起来.

'靠哭你一点也不能更像真人一些,' Tweedledee 这样评说."

现在我们不打算把 Alice 当成梦中的东西, 而是把她当成一个在我们的世界中到处游荡的拟 Alice 在一面凸面镜中的像. Alice 像对 Tweedledee 做过的那样, 激烈地主张自己是一个独立存在的自由实体, 但是我们在镜外看, 就会看到她跟随着这个拟 Alice 一起运动、娱乐. 我们以后就把这个拟 Alice 叫作 *Alicia*. 我们来把我们对 Alice 的生活方式的观察与她自己的看法相比较.

---

[3]Tweedledee 和 Tweedledum 是难以区别的两个人. —— 译者注

Alice 的生活

Alicia 高 4 英尺, 宽 1 英尺. 她背朝镜面, 从 A 点开始起步, 所以她与 Alice 是背对背, 大小完全相同. Alicia 拿了一把尺, 对着镜面放置, 与镜面完全接触而与之叠合, 因而与 Alice 拥有的相应尺子一样.

现在 Alicia 以每秒一英尺的恒定速率沿着轴朝离开镜面的方向走去. 这时 Alice 会怎么样?

设镜面的半径为 40 英尺, 从而 $AF = FO = f = 20$ 英尺. 再设 $a = PQ =$ Alicia 的高度 $= 4$ 英尺 (见图 1).

在经过 (比如说)5 秒之后, $AQ = y = 5$. 那么

$$\frac{1}{z} = \frac{1}{y} + \frac{1}{f} = \frac{1}{5} + \frac{1}{20} = \frac{5}{20} = \frac{1}{4}.$$

所以

$$AQ' = z = 4 \text{ 以及 } x = Q'F = f - z = 20 - 4 = 16.$$

所以

$$P'Q' = h = \frac{ax}{f} = \frac{4 \times 16}{20} = \frac{32}{10} = 3.2 \text{ 英尺}.$$

如果这时 Alicia 回过头来望一望, 她就会注意到, 与她走过 5 英尺对比, Alice 只走过 4 英尺, 而且 Alice 的高度也缩到了 3.2 英尺.

Alice 的量尺, 垂直放置的, 也收缩了: 它的长度现在实际上是

$$\frac{1 \times x}{f} = \frac{1 \times 16}{20} = 0.8 \text{ 英尺}.$$

Alice 拒绝接受她变小了这个观点, 为了说服 Alicia, 她拿出量尺, 用它来测量自己, 而且洋洋得意地证明她仍然是 4 英尺高 ($3.2 \div 0.8 = 4$).

Alicia 还注意到, Alice 也没有她原先那样宽, 实际上她的宽度现在也已缩成 0.8 英尺; 不错, 宽度仍然等于 Alice 的一英尺, 但是量尺在任何位置与轴垂直, 现在也只有 0.8 英尺长了.

垂直于轴的收缩比

我们看到, 随着 Alice 进一步远离镜面, 她会继续收缩. 在任何与轴垂直的方向上的收缩比为 $\frac{h}{a}$, 它又等于 $\frac{x}{f}$, 因而与 Alice 离焦点 F 的距离 x 成

正比.

显然 Alice 不可能检测到这个收缩, 因为 Alice 的尺子也收缩了, 其收缩的比例刚好与 Alice 的身体和 Alice 的衣服的收缩比一样. 事实上, Alice 的世界中的一切, 不论它们是由什么东西做成的, 都完全一样地收缩. 因此我们把这个收缩说成是空间的性质, 而不是物质的性质. 空间施加的这种形式的影响对所有进入空间的事物都是一样的. 于是我们就说, 在 *Alice* 的世界中空间的规律之一就是, 在任何与轴垂直的方向上的自动收缩比与离开焦点的距离 x 成正比.

沿轴向的收缩比

现在 Alicia 把她的量尺沿轴放倒, 自然 Alice 也会仿效她这样做.

图 2 中 Q 和 S 为 Alicia 的量尺上的两个相邻的刻度点, 使得 $QS = 0.1$ 英尺, 而 $AQ = 5$ 英尺, 从而 $AS = 5.1$ 英尺. 在 Alice 的量尺上相应点的标记

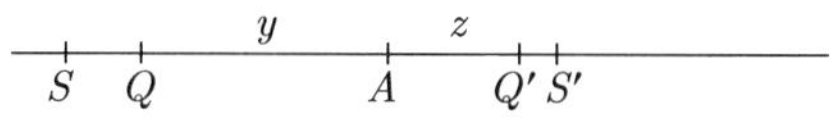

图 2

为 Q'、S'. 我们已经证明了, 如果 $AQ = y = 5$, 那么 $AQ' = z = 4$. 进一步, 如果 $AS = y = 5.1$, 那么 $AS' = z$ 可如下算出:

$$\frac{1}{z} = \frac{1}{y} + \frac{1}{f} = \frac{1}{5.1} + \frac{1}{20} = \frac{20 + 5.1}{5.1 \times 20} = \frac{25.1}{102}.$$

所以

$$AS' = z = \frac{102}{25.1} \approx 4.064 \text{ (近似值)}.$$

所以

$$Q'S' = AS' - AQ' = 0.064 \text{ 英尺}.$$

所以在 Q' 点沿轴的收缩比为

$$\frac{Q'S'}{QS} = \frac{0.064}{0.1} = 0.64.$$

但是在 Q' 点垂直于轴方向的收缩比已经证明为 0.8.

由于 $0.8^2 = 0.64$, 这就告诉我们, 在同一地点沿轴向的收缩比是垂直于轴向的收缩比的平方.

图 3

于是 Alicia 注意到 Alice 在朝离开镜面的方向移动的过程中, 还在前后方向上不断变薄, 而且这个变薄的速率比变矮的速率更快.

举例来讲, 如果 Alice 转身朝侧面站立, 并将其左臂朝向镜面伸出, 右臂则朝反向伸出, 那么她左手的手指就会比她右手的手指长一些和胖一些, 但总的效果是使她右手的手指显得臃肿些 —— 一种生冻疮的效果 —— 因为与另一只手比, 它缩短比变细更厉害一些.

Alice 的几何

当 Alicia 迈着相同的步伐, 以均匀的速率离开镜面之际, Alice 也在向相反的方向走去; 但是 (在 Alicia 看来) Alice 的步子迈开得越来越小, 因此她前行得越来越慢; 并且, 不论 Alicia 走多远, Alice 本人走得不会超出 F 之外. 当然 Alice 以为她能走过的距离是没有限制的, 而且, 不管 Alicia 把点 F 叫作什么, Alice 可是把它看成是在无穷远处的点. 如果 Alice 沿着地平线走, 她认为她的头顶和她的脚跟是沿着平行线移动的; 实际上它们所沿直线表述的是 Alice 的平行的概念. Alicia 所看到的这种直线实际上是交于 F 的. 如果 Alice 沿轴铺设一铁路轨道, 那么轨道线也会是这样的.

设想 Alicia 骑在一辆自行车上沿轴朝离开镜面的方向驶去, 这时 Alice 的自行车的轮子会如何?

沿轴方向的收缩大于垂直于轴方向的收缩. 从而, 不仅 Alice 车子的轮子比 Alicia 的要小, 而且 Alice 车子的前轮也会比其后轮小: 此外, 两个轮子

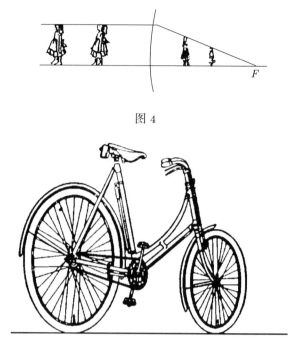

图 4

图 5

的外形接近为椭圆, 它的竖向的直径大于其水平直径, 而且尽管轮子在转动, 竖向的辐条总是比其他任何辐条要长些, 而水平的辐条总是比其他任何辐条要短些; 其结果就是, 当辐条从水平方向转向竖直方向的过程中就会膨胀, 然后在它们从竖直方向转向水平方向时又要收缩.

Alice 本人, 在经过仔细测量之后因她的自行车非常正常而感到满意, 但是 Alicia 却认为它是极不稳定的. 空间不允许对 Alice 生活中的力学作任何质疑: 关于这一点请读者参阅前面提到过的加内特教授的文章.

剧中的傻瓜

本章的目的不是要提出说我们生活在一个镜中的世界, 而是要指出, 看来我们没有方法能够弄清楚, 这是否是事实. 当大自然制定她的空间规律时, 她能够用符咒把居住在其中的居民镇住, 只要她有心想这样做. 但是大自然愿意回答科学家们提出的某些实验问题, 这一事实鼓励了他们去想, 空间与时间的这些规律有可能会逐渐被揭露出来. 本章的目的就在于指出, 这一研

究并不简单, 而且结果是令人吃惊的.[4]

光 的 速 度

"对以太首先要认识到的是它的绝对连续性. 一条深海中的鱼, 可能没有办法理解水的存在; 它浸在里面太和谐了: 这就是我们与以太的关系的情况."

　　　　　　　　　　——Oliver Lodge 爵士,《以太与实在》(*Ether and Reality*)

以 太

那些在 19 世纪从事物理研究的人因做出具有深远意义和重大的发现而得到了巨大的报偿. 光、电、磁和物质已经这样紧密地连接在一起, 以至于在现在看来它们都必须用一种单一的媒介, 以太, 来加以解释.

什么是以太这个问题, 无疑在未来的多年里仍将是各个不同物理学派之间进行尖锐争论的一个题目. 最初它是作为光线的载体而被假设存在的. 实验表明, 光以大约 300000 千米/秒的速率在空间中穿行, 这样光线从太阳到地球只需要大约 $8\frac{1}{3}$ 分钟.

根据波动理论, 光线是以一种波的运动形式在以太中传播. 韦伯 (Weber)、法拉第 (Faraday)、麦克斯韦, 还有其他一些人, 确立了一个值得注意的事实, 这就是, 电磁辐射是一种波动, 它的传播速度严格等于光的传播速度, 因此猜想它用的是同一种媒介作为载体. 更近一些的研究已经证明了, 电荷是不连续的, 而构成物质的原子很可能本身又可以分解为一组带电的粒子; 构成每一个原子的粒子组中同时含有带负电和带正电的两种粒子, 带负电的叫电子, 带正电的叫质子; 各种原子之间的不同就在于其中的带电粒子的数目和分组的不同. 每一个原子都可以看成是一个小型的超微太阳系, 其中电子画出一条绕着中心核的轨道.

以太要看成是一种连续的媒介, 它充满整个空间, 它实际上就可认为是空间: 物质、电等则是不连续的. 但是当将以太看成就是空间时, 我们也必须赋予空间若干物理性质, 以便它能成为物理现象的载体. 有些物理学家赋予它重量和密度. 但是如果接受爱因斯坦的观点, 它就没有这种本质的机械

---

[4]见附录习题二.

特性. 爱因斯坦坚持认为, 相对于以太的运动是没有意义的, 以太无处不在、无时不在. 这不是说以太是静止的, 而是静止或运动的性质再也不能应用到以太上, 就像我们不能说人在镜中的像有质量这个性质一样, 尽管我们看到的反射光线可以有, 也确实有, 质量.

绝 对 运 动

如果在一辆列车中的一位乘客看见另一辆列车经过他, 又如果运动是匀速的, 眼前也看不到路标, 他就不可能判定, 运动着的是他自己的列车还是另一辆列车, 还是这两辆车都在动. 这是大家都有的经验. 测量这两辆列车的相对速度不难, 但是不看着地面以它作为测量的参考, 就不可能弄清楚, 我们想讲的列车的速度指的是什么.

又如, 有两个气球在云层上漂流, 擦肩而过, 一个气球中的观察者倾向认为自己处于静止, 另一个气球运动着经过他. 即使他获得了精确的地面观察, 他也只能算出他相对于地球的速度. 天文学家可以继续不断地工作, 告诉他地面上的观察点相对于太阳的速度, 再告诉他太阳相对于 "固定恒星" 之一的速度. 但是即使做到了所有这些, 也不能让他求出他的真正的, 或者说绝对速度. 有什么理由能把哪个恒星看成是固定不动的呢? 我们知道, 它们相互之间也是在做相对运动; "固定不动" 这个词实际的意思到底是什么? 我们这个宇宙到底有没有什么东西可以标记为真正静止? 科学家们不喜欢所有的运动测量必须是相对的这个思想; 这似乎是在流沙上建造宇宙的力学架构. 这样一来, 当物理学的研究要求存在充塞整个空间的媒质时, 以太就受到了欢迎, 不仅是因为它能为光和电服务, 而且因为它看来还能为绝对速度的测量提供一个标准的参照系. 于是科学家们开始着手来测量地球通过以太的速度. 1887 年由迈克耳孙 (*Michelson*) 与莫雷 (*Morley*) 所做的实验就具有这个目的, 并因此可以用来作为描述爱因斯坦的 (狭义) 相对论的基础的基本实验. 以后我们就把它简称为 M.-M. 实验. 用一个简单的类比可以把这个实验的思想讲清楚.

在流水中划船

一条小溪, 两岸平行, 宽 90 英尺, 水流的速度为 4 英尺/秒. 两个人从一

岸边的 A 点出发; 其中一人直接划到对岸的 B 点, 再返回到 A 点, 另一人则顺流划过 90 英尺到 C 点, 然后划回到 A 点. 他们划船的速度相对于水都是 5 英尺/秒. 试比较他们所用的时间.

我们把这两个划船的人分别称为 T 和 L, 因为在溪流中 T 横向 (transversely) 划船, 而 L 则纵向 (longitudinally) 划船. 现在 T 为了达到 B 必须将他的船指向上游, 沿着这样的直线 AP, 使得在 $AP = 5$ 英尺时 (即等于在一秒内他相对于水划过的距离), 水流会将它向下带过 4 英尺 (即小溪在一秒内流过的距离), 从 P 带到 Q, 这时 Q 恰好是 AB 上的一个点, 而且 $\angle AQP$ 为直角.

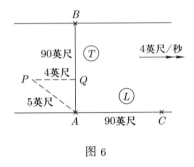

图 6

根据毕达哥拉斯 (Pythagoras) 定理有 $AQ^2 + 4^2 = 5^2$, 所以 $AQ^2 = 25 - 16 = 9$, 所以 $AQ = 3$ 英尺. 由此可知小船沿 AB 方向每秒前进 3 英尺. 所以

$$\text{小船从 } A \text{ 到 } B \text{ 要用 } \frac{90}{3} = 30 \text{ 秒}.$$

类似地, 从 B 返回 A 也是花 30 秒. 所以

$$\text{划到对岸再返回的总时间} = 60 \text{ 秒}.$$

现在来看 L, 他在划向 C 的过程中相对于水的速度是 5 英尺/秒, 并且水又每秒将他向前带进 4 英尺; 于是他前进的速度是 $5 + 4 = 9$ 英尺/秒. 所以

$$\text{从 } A \text{ 到 } C \text{ 的时间} = \frac{90}{9} = 10 \text{ 秒}.$$

但是当他从 C 逆流而上时, 他前进的速度只有 $5 - 4 = 1$ 英尺/秒, 所以

$$\text{从 } C \text{ 到 } A \text{ 的时间} = \frac{90}{1} = 90 \text{ 秒}.$$

所以顺流而下至 C 再返回的总时间 $= 10 + 90 = 100$ 秒. 所以

$$\frac{L \text{ 顺流而下再返回的时间}}{T \text{ 横跨至对岸再返回的时间}} = \frac{100}{60} = \frac{5}{3}.$$

所以顺流上下所花的时间比横向划过去再划回来同样的距离所花的时间要多. 但是这个例子的研究也表明, 如果我们知道了船相对于水的速度, 又知道了沿这两种不同方向划过相同距离的时间比, 我们就能算出溪水流动的速度.

迈克耳孙－莫雷实验

我们从实验得知, 光总是以 300000 千米/秒的速率在以太中穿行. 让我们假设在某一时刻地球以速率 u 在以太中沿方向 $C \to A$ 运动, 那么从一个地球上的人的观点看来以太会以 u 千米/秒的速率沿 $A \to C$ 的方向经过 A. 图 7 中 AC 和 AB 是两根长度相等、互相垂直的刚性杆, 在它们的端点 C 和 B 处分别装上了面对着 A 的镜子. 在 A 点同时发出两束光, 一束沿 AC, 另一束沿 AB; 这两束光会射到镜子上, 并反射回到 A. 这两束光的运动相当于上述例中船的运动. 既然其传播模式是以太中的波, 所以每一束光都以 300000 千米/秒的速率相对于以太流运动, 就好像船以 5 英尺/秒的速率相对于水运动一样. 而且以太流本身也以 u 千米/秒的速率沿 $A \to C$ 的方向运动, 也正如水流以 4 英尺/秒的速率运动一样.

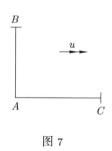

图 7

我们已知道, 顺流上下走过比横跨溪流往返相同的距离要用更多的时间. 从而光线从 C 回到 A 的时刻应该比光线从 B 回到 A 的时刻要晚一些. 这样的话, 如果我们测量这两束光线所花的时间之比, 就能算出以太流的速率 u 千米/秒, 这与地球穿行于以太中的速率相等, 但方向相反.

M.-M. 实验就是为了测量这两个时间的比值而设计的: 关于所采用装置的详细讲述读者可参考任何一本光学的教科书. 令实验者惊讶的是, 二者竟然打了个平手, 从 C 返回的光线与从 B 返回的光线同时抵达 A.

我们知道, 地球以 30 千米/秒的速率画出一条绕太阳的轨道, 因而在经过六个月的时间间隔之后 [地球在轨道上运动的] 速度将会有 60 千米/秒之差, 所以即使地球偶然在某一时刻在以太中处于静止的状态, 六个月后它也不可能仍处于静止. 但是在经过六个月的间隔后重复这个实验得到的结果仍然是平手.

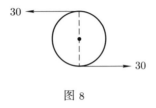

图 8

同时为了防止由于两杆 AB 和 AC 的不等长引起的误差, 转动两杆使 AB 沿假设的以太流方向, 而 AC 则横穿过此方向, 然后再重复实验; 但是也没有检查到时间的差别. 进一步, 令 AB 取各种不同的方向做实验, 也没有得到任何不同的结果. 最近做的实验, 精度大为增加, 以至于速度小到 $\frac{1}{3}$ 千米/秒都能检测得出来. 于是这里就出现了一个与理论推出的结论相矛盾的实验结果. 显然, 是理论有某种错误的地方. 科学家被迫去寻求某种说明, 或者对理论做出某种修正, 以使计算结果能与观察一致.

这个哑谜的答案是什么?

让我们回到船这个例子上来, 在这个例子中船相当于 M.-M. 实验中的光线. 两船都在前面所述的条件下启动, 而且都惊讶地发现他们同时返回起点. 怎么才能使这点与计算所得到的结果一致起来呢?

首先提出来的想法是, L 相对于水划船的速度比 T 的要快; 可是这一点必须抛弃, 因为在 M.-M. 实验中相当于划船的速度是光通过以太的速度, 而我们知道它是常量 300000 千米/秒.

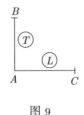

图 9

接着提出来的是, 可能是这个过程标记得有错误, 测量不细心, 实际上 AC 的长度比 AB 的短. 但是这个观点站不住脚, 因为在 M.-M. 实验中当把刚性杆 AB 与 AC 对调后, 仍然没有时间差.

于是菲茨杰拉德 (Fitzgerald) 提出, 两杆 AB 和 AC 是不等长, 但不是出于错误的测量, 而是因为当小溪上的一条刚性杆沿着溪流的方向从一个地点移到另一个地点时会自动导致杆的长度的收缩. Alice 的奇遇已经向我们表明了, 这样一种收缩是不可能被测量揭露出来的, 因为用来测量 AC 的量尺本身也收缩了, 而且收缩的比例和杆的一样.

假设在行船的那个例子中有这样的法则, 即当顺流测量沿溪流的方向的距离时, 测量的一英尺会缩短至 $\frac{3}{5}$ 英尺. 当我们 [船上的人] 用量尺量 AC 得出 90 英尺时, 一个局外人 (Alicia) 就会说 AC 实际为 $\frac{3}{5} \times 90 = 54$ 英尺, 而不是 90 英尺. 因而顺流运行的时间是 $\frac{54}{9} = 6$ 秒, 而逆流返程的时间为 $\frac{54}{1} = 54$ 秒. 所以他总共所花的时间将为 $6 + 54 = 60$, 这与 T 所花的时间完全一样.

这一设想的现象称为 "菲茨杰拉德收缩". 当然, 收缩的数值与溪流的速度有关; 在溪流的速度为 4 英尺/秒, 划船的速度为 5 英尺/秒的情况下, 收缩已表明为 $\sqrt{1 - \frac{4^2}{5^2}} = \sqrt{\frac{9}{25}} = \frac{3}{5}$. 读者从这样的书写可以看出, 在其他情况下, 这一数值该如何.

在 1905 年, 爱因斯坦提出了另一种解释.

爱因斯坦的假设

爱因斯坦制订了两个普遍的原理, 或者说公理:

(i) 不可能检测出通过以太的匀速运动.

(ii) 在所有形式的波动中, 波的传播速度与波源的速度无关.

下面我们来研究这两个公理意味着什么.

(i) 测量一个物体相对于另一个物体的速度没有任何困难; 一切速度的概念本质上都是相对速度的概念, 无论是别的物体相对于我们的速度, 还是我们自己相对于某一其他物体的速度. 例如, 一个人盯着他开车所沿的路面就可能是在估计自己相对于路面的速度. 但是查问我们相对于以太的速度则毫无意义; 以太没有任何一部分会不同于其他部分; 我们能够认出以太中的物质, 但对于以太本身我们无法认出其中的某一部分来. 而如果我们无法在以太中做出位于其中何处的标记 (就这样讲吧), 那么一个物体在以太中运动这句话不具有任何信息, 换言之, 这句话没有任何意义.

(ii) 第二个公理也许更加实际. 设想有一辆机车在一个十分晴朗的日子里沿一条铁轨匀速运动. 如果机车的驾驶员向前扔出一块石头, 那么在铁路线上的人所观察到的石头的速度就会等于投手所给予的速度 + 机车的速度. 机车运动得越快, 石头就会运动得越快, 尽管投手作用上去的力和原先一样. 因此石头相对于空气的速度依赖于源的速度, 即依赖于机车上的人的速度.

现在假设机车拉响警笛, 笛声被一个在铁路线上远处的人听见了. 我们知道, 声音以波动的形式在空气中传播, 传播的速度大约为 1100 英尺/秒. 笛声声波的运动有别于石头的运动: 它在空气中传播的速度与机车在拉响警笛时刻的速度无关, 即与声源的速度无关. 列车的速度会影响声波的音调, 即它的音律, 但是波抵达到人所需的时间不会受到机车运动速度的影响. 这样一来, 如果一个运动中的粒子发出一束光, 那么光波在以太中传播的速度就与发出这束光的粒子的速度没有任何联系.

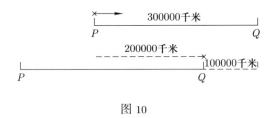

图 10

P 和 Q 表示相隔 300000 千米的两个地点, 并且相互刚性地连接在一起. 我站在 P 这个地方, 沿 PQ 方向发出一束光线, 再来测量它抵达 Q 所需的时间. 如果 PQ 静止于以太之中 (暂时假设这句话有意义), 这个时间将会是 1 秒. 可是如果观察得到的结果仅仅是 (比如说) $\frac{2}{3}$ 秒, 那我就能算出光线本身在以太中只前行了 $\frac{2}{3} \times 300000 = 200000$ 千米, 而且为了能在同一时间, 即 $\frac{2}{3}$ 秒与光束相遇, Q 也因此向前走了 $300000 - 200000 = 100000$ 千米. 这样一来刚性杆就是在以 $100000 \div \frac{2}{3} = 150000$ 千米/秒的速率运动着. 但是这与公理 (i) 相矛盾, 因为这条公理规定了不可能发现这种性质. 于是我们就被迫得出这样的结论, 测量 [光在以太中] 飞越这一段距离 [300000 千米] 所花的时

间在任何情况下永远是 1 秒. 这样一来, 爱因斯坦的两条公理合在一起就含有下述重要的结论:

任何人用实验测量光在真空中的速度时总会得到相同的结果 (当然是在实验所限定的误差范围内). 真空中的光速, 正如每一次实验所测得的, 是一个绝对常数.

这个结论对任何一个仔细考虑其含义的人来说都可能会引起震惊; 靠研究与之相关的船的问题也不能减少这一震惊.

当然, 注意到以太中的光波与空气中的声波间的根本差别是很重要的. 如果一个观察者在测量声速时得到的值与标准值 (约为 1100 英尺/秒) 不一致, 他就能够立即算出他通过空气的速度. 他没有什么理由不能这么做, 而且他能将所得的结果与用其他各种方法得到的结果对比. 但是以太就是另一回事; 观察者无法测出他通过以太的速度包含着这样的事实, 即, 他所测到的光波的速度与标准测量值一致.

爱因斯坦假设的应用

谁都无法意识到他在以太中的运动. 一个局外人 O 测量一个人 L 离他而去的速度毫无困难; 它等于 L 算出的 O 离他而去的速度, 但方向相反; 如果他们每人把所测得的这一速度表为光速的分数, 则它们的数值相等, 符号相反. 因此, 相对速度不会引起困难. 但是 O 和 L 一样, 每人都认为自己在以太中静止, 并在此基础上做出自己的测量. 于是他们必定会被认为是从不同的观点来看这个世界.

为了解释这两船之谜, 我们必须分别从这个剧中的每一个角色的立场上来考虑, 这几个角色分别是划手 T 和 L, 还有局外人 O, 我们把这个人看成是在 T 和 L 开始划船时在他们之上保持不动者. 为了使得与 M.-M. 实验的类似更紧密, 想象河岸已经消失, 而我们见到的是无边无涯的水域, 看不到任何地标的迹象 —— 这正是以太概念所要求的.

O 说这个没有任何标记的海洋以 4 英尺/秒的速度正沿着 $A \to C$ 的方向运动; 为了证明这一点, 他把一块软木放置在水上, 立即观察到它以 4 英尺/秒的速度沿 AC 方向运动. 而 T 和 L 则认为水是不动的; 他们坐在各自的船中, 将一块软木放在水面上, 它会停留在他们所放的地方; 当然, O 会讲这两块软木漂流速度与船的速度一样. 此外, T 和 L 都认为 O 在以 4 英尺/秒

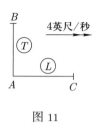

图 11

的速率沿 $C \to A$ 的方向远离他们; 他们认为 O 扔下的那块软木仍然是静止着的, 是 O 自己离它而去.

光速为一个绝对常数, 或者说, 每个人所测到的光速与任何其他人所测到的值都相同, 当把这一命题应用到船上时就意味着, 当 T, L 和 O 测量每条船在水面上划行的速度时, 会得到相同的结果, 因为这里船代替了 M.-M. 实验中的光束. 我们已经把这一共同测量的速度取为 5 英尺/秒.

在这些情况下我们的问题就是, 解释一个肯定的观察结果, 即那些船 (即光束) 的确在同一时刻回到 A 点这一事实.

把 AB 和 AC 看成两条漂浮在水面上的厚木板. T 和 L 认为这两条木板是静止的, 就如他们认为水是静止的一样; 而 O 认为木板在随着水漂流, 正如 T 和 L 也是在漂流一样.

T, L 和 O 都各有一把量尺; T 沿 AB 方向握住其量尺, L 则沿 AC 方向握住其量尺, O 通过将他的量尺叠放在 T 的量尺之上以互相比较, 他们两人都注意到这两把尺是一样的. 只要 T 的量尺保持与溪流垂直, 就会与 O 的量尺一致; 但是我们将会发现, 当 L 将他的量尺与 T 的比较之后沿着 AC 方向放到溪流之中时, O 就会认为它会收缩, 尽管 L 和 T 二者都觉察不到它会这样, 而且必定会始终觉察不到这一事实, 因为他们根本不知道存在溪流带着他们一同前进.

利用该问题的数据, T 和 L 通过直接测量切实地弄清楚了 AC 和 BC 都是 90 英尺长. T 和 L, 他们谁也不知道小溪的存在, 接着来计算他们分别至 B, C 并返回到 A 的时间, 这两种情况下的结果都是 $\frac{2 \times 90}{5} = 36$ 秒. 当结束旅程时他们的时钟就应该指到这个数值, 因为否则的话他们就会推断这是受到了溪流的影响, 并且算出其速度.

现在 O 来计算 T 的旅程所花的时间. 根据前面的论点, 他看到 T 沿 AB 往返的速度为 3 英尺/秒, 从而整个行程所花的时间为 $\frac{2 \times 90}{3} = 60$ 秒. 因此

O 会说, 当 T 的钟该记录 60 秒时, 它只记录了 36 秒; 这样一来, 按 O 的看法, T 的钟走慢了.

而我们知道, T 和 L 花在他们的旅程上的时间精确地相等. 于是, 按照 O 的时钟, L 也是花了 60 秒, 但是根据前面的论点, O 看见的是, L 从 A 到 C 前行的速度是 9 英尺/秒, 而从 C 返回 A 的速度则为 1 英尺/秒. 这样一来, 如果还有 $AC = 90$ 英尺, 他所花的时间总计为 $\frac{90}{9} + \frac{90}{1} = 10 + 90 = 100$ 秒; 但是在 O 看来他所花的总时间仅为 60 秒. 所以在 O 看来, AC 的长度只有

$$\frac{60}{100} \times 90 = 54 \text{ 英尺}.$$

[作为复核, 请注意有 $\frac{54}{9} + \frac{54}{1} = 6 + 54 = 60$ 秒.]

L 用他的量尺量得 90 英尺这是事实, 于是 O 就被迫做出结论, 认为 L 的量尺只有 $\frac{54}{90} = \frac{3}{5}$ 英尺长, 这样 O 就会说, 当 L 把他的量尺沿溪流的方向放入溪流中时, 溪流会促使它收缩到 $\frac{3}{5}$ 英尺.

还有, 既然 L 也记录他的旅程所花时间为 36 秒, O 就会认为 L 的钟走慢的程度和 T 的钟一样.

可以将这些结果总结如下:

O 断定: (i) 在 T 和 L 的世界里的钟走得慢, 他们的钟把实际上有 5 分钟的时间间隔记录成 3 分钟 (60:36=5:3);

(ii) 一根 1 英尺的量尺当沿垂直于溪流的方向 AB 放置时长为 1 英尺, 但当沿顺流的方向 AC 放置时则只有 $\frac{3}{5}$ 英尺.

T 和 L 断定: (i) 他们的钟走的快慢是正常的;

(ii) 他们的量尺不论如何放置始终是 1 英尺长.

谁对?

说他们都对似乎是很荒谬的事. 不过, 让我们来探讨一下, L 是怎样看 O 的. 设 O 和他的兄弟 O' 在紧靠海面的上空画出两条路径, AD 和 AB, 各长 90 英尺, 沿 CA 和 AB 方向, 位于海洋的上空.

那么 L 会说在空中有一股 4 英尺/秒的气流带着 O 和 O' 沿 $C \to A$ 的方向运动; 当然, O 和 O' 会说, 空气是静止的, 而 L 随着流水沿 $A \to C$ 的方

向以 4 英尺/秒的速率漂流着.

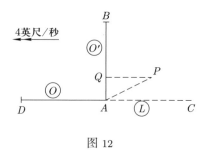

图 12

现在再假设 O 和 O' 在空气中以 5 英尺/秒的速度 (即相对于空气的速度) 飞过. O' 飞到 B 再飞回到 A, O 与 O' 同时从 A 点出发, 先飞到 D, 再飞回到 A. 他们两个人都在同一时刻返抵 A. 这就是在 M.-M. 实验中所确立的事实, 这需要解释.

显然 T (L 也一样) 对 O 和 O' 的看法, 与 O 所形成的对 T 和 L 的看法是完全一样的. 数字计算也完全一样, 就不必在这里重复了. 其结果可表述如下:

L 和 T 会说: (i) O 与 O' 世界中的钟变慢; 一个实际上为 5 秒的时间间隔他们所记录到的却是 3 秒;

(ii) 一根 1 英尺长的量尺当沿与气流垂直的方向 AB 放置时是 1 英尺长, 但是当将它沿气流方向 AD 放置时就只有 $\frac{3}{5}$ 英尺长.

O 和 O' 会说: (i) 他们的钟测时间是正常的.

(ii) 他们的量尺不论沿哪个方向放置, 都是 1 英尺长.

由此可见, 任何可以用来支持 O 或 O' 看法的论点显然都可以同样有效地用来支持 T 和 L 的看法. 我们也因此必须认为这两种观点是同等正确的. 我们也因此被迫做出这样的结论, 即, 这两个世界, O 和 O' 的世界以及 T 和 L 的世界, 每一个都有各自的时间测量标准和各自的长度测量标准. 如果其中一个世界相对于另一个世界动起来, 他们的时间和空间的测量标准就会自动地变得不相同.

假设有两个观察者走到一起互相校对他们的时钟以保证它们走的快慢一致, 再相互校对他们的量尺以保证其长度相同, 再假设随后他们以一个均匀的速率沿着一条直线 AC 相互分开. 现在设想在 AC 直线上两个不同的地点在两个不同的时刻发生了两次爆炸. 这两个观察者, 在对声音的传播所花的时间作了适当的考虑之后, 能够测出这两个事件之间的时间间隔和它们的发生地点之间的距离. 但是他们测量的结果并不一致, 无论是有关时间间隔或是有关距离都不一致, 这是因为他们的时间标准和长度标准都各不相同.

的确有一个测量, 他们会保持一致的结果, 这就是光的速度: 他们用各自的钟和各自的尺对光速进行实验测定, 将发现光波以 300000 千米/秒的速度进行传播.[5]

附注: 有关 M.-M. 实验的进一步重复确认了不存在以太流这种说法还需要加以评定. 1925 年米勒 (*Dayton Miller*) 教授宣称他在 Wilson 山顶所作的实验已经证实存在以太漂移, 其速度从海平面为零直至 10 千米/秒之间不等. 可是米勒教授的实验这一解释没有得到大家的支持, 而由 M.-M. 实验所主张的结论仍然得到普遍的接受.

时　钟

"Alice 极其惊讶地向四周张望. '不是吗? 我确信我们一直都在这棵树下! 一切都和先前一样!'

'自然是这样,' 女王说, '你为什么会这样?'

'哦, 在我们的国家里,' Alice 说道, '如果你跑得很快, 跑了很久, 像我们正在做的那样, 你大概会跑到另一个国家里去.'

'一种落后类型的国家!' 女王讲, '可是在这里, 你看, 要保持在原来的地方你得使劲跑. 如果你想跑到别的国家去, 你就必须跑得双倍快!'"

——《镜中世界漫游记》

在不同地点的观察

如果有好几个观察者在记录一连串事件发生的时间, 想要交换他们观察到的结果, 他们就必须比较他们的时钟. 这些时钟最好应该同步, 但是能够注意到它们与某个标准时钟的差别也就足够了. 标准英国时钟所记录的时间就是所谓的 "格林尼治 (Greenwich) 时间".

[5]见附录习题三.

如果观察者的钟都在同一地点, 将时钟调到同步就是很简单的事, 但如果观察站相距很远, 直接比较就不可能, 我们被迫依靠间接的方法, 而这些方法就不一定是无懈可击的. 把时钟从一个观察站运到另一个观察站的办法不是一个可靠的办法, 因为运输过程本身可能导致时钟运行的快慢产生误差. 最好的方法是, 从一个标准的基站向所有其他的观察站发出信号, 再用这些信号来将各个时钟调到同步, 或记录下它们与标准时钟的误差; 实际上天天都在这样做, 格林尼治天文台每天中午都会发出无线电信号. 无线电信号以光速传播, 因此对我们所涉及在地球上的距离, 相对于这个速度来说就比较小, 信号的传播时间通常可以忽略不计. 但是对于大的距离, 比如地球离太阳的距离, 信号传播所花的时间就着实可观, 在调整时钟时就不可忽略. 不过我们会看到, 这个过程包含着另一个困难, 我们无力将它排除. 这一点最好用一个数字的例子来说明. 为了避免出现很大的数字并使本章中的算术运算可以借用上一章的相似运算, 我们来引进一个 (暂时性的) 新的长度单位:

$$60000 \ \text{千米} \ = 1 \ \text{leg}.$$

于是光速就是 5 leg/秒.

两个时钟的同步

设有两个观察者 A 和 C, 相对静止, 他们所处位置相隔的距离, 用他们自己的量尺来测, 为 75 leg; 这个距离大约为月亮到地球距离的 12 倍. 我们来研究 A 和 C 试图将他们的时钟对准的过程.

由于光线以 5 leg/秒的速率传播, A 和 C 将算得他们各自发出的光线越过他们之间的距离传到对方所花的时间为 $\dfrac{75}{5} = 15$ 秒. 他们商量好, 在 A 的时钟刚好记录 0 点的时刻, A 立即给 C 发去一个光信号, 而 C 在收到信号的瞬时立即将其反射回 A.

于是 C 把他的钟调到 0 点 15 秒, 但是在 A 的信号抵达前暂时先不开动. 一旦 C 收到信号就立即开动他的钟, 并且相信他的钟现在和 A 的一致了. A 也是这个看法, 当他看见他的钟指着 0 点 15 秒时心想, "这时 C 正好收到我的信号." 在 A 看来, 当从 C 返回的信号抵达 A 的时刻, 他的 (A 的) 钟指着 0 点 30 秒, 这就说明这一点是无可置疑的事实. 我们知道, A 必定是在这一时刻收到返回的信号, 因为否则的话 A 就能够算出他在以太中穿行的速度, 而这一点我们知道是不可能的. 同样地, 当 C 看见他的时钟指着 0 点 30 秒时会想, "这时 A 正好收到反射回去的信号." 这个想法会被以下事实所确认, 即, 如果 A 随即把信号反射回 C, 根据和前面一样的理由, 它就会在 C 的时钟指着 0 点 45 秒时抵达 C.

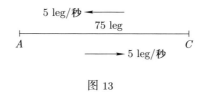

图 13

由 C 的钟所指示的在 C 处发生事件的时刻不会有什么歧义, 由 A 的钟所指示的在 A 处发生事件的时刻也不会有什么歧义. 但是, 不幸的是, 一件在 C 处发生的事件由 A 处的钟指示其发生时刻, 就有很大的不确定性, 或者, 反过来也一样. 如果 A 和 C 的钟是真正同步了, 就不会有这种不确定性. 但是如果有理由怀疑 A 和 C 以为他们已经成功地将时钟调成同步的想法是错的, 那么他们谁也没有办法用各自的钟来确定在对方处所发生事件的时刻. 尽管当 A 看到他的钟的读数为 0 点 15 秒时, 他认为这个时刻他的信号正好抵达 C, 可是他没有直接的办法来证实这句话是对的. 而且, 借助于征集目击者的证据, 对 A 的钟所记录的信号抵达 C 时的时刻, 我们将会得到不同的但又同等可信的结论.

一个旁观者的意见

现在我们请来一位旁观者 O, 他认为 A 和 C 的世界沿 $A \rightarrow C$ 的方向以 4 leg/秒的速度远离他而去. 每一个人都认为自己是静止不动的. 因此在下面探询 O 的意见时我们必须认为 O 处于静止, 而认为 A 和 C 是在作离开 O 的运动. 但是如果我们要探询 A 和 C 的看法, 我们就要把他们看成处于静止, 而把 O 看成是离开他们向反向运动.

设当 A 发出第一个光信号时他正好经过 O, O 也在这时把他的钟调到 0 点. 把 O 与 A 和 C 的世界联系起来的最简单的办法就是设想 A 将他的时间信号与 M.-M. 实验的表现结合起来.

A 画出一条与 AC 成直角的路径 AB, 并运动到其长度用他的尺来量为

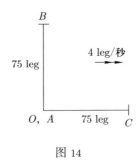

图 14

75 leg, 再在 B 处以通常的方式放置一面镜子 [镜面与 AB 垂直]. 在他向 C 发出一个光信号的同时他还向 B 发出另一个光信号, 我们知道, 这两束光反射回到 A 是在同一时刻.

现在 O 和 A 都一致认为 AB 的长度是 75 leg, 因为他们的尺沿跨越溪流的方向长度相同. 而且 O, A 和 C 都一致同意光通过以太的速度为 5 leg/秒.

图 15 表示的是 O 对射向 B 处镜面的光线所经历路程的看法.

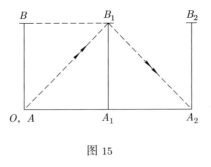

图 15

在光信号射到 B 处的镜面瞬间, AB 杆已经运动到位置 A_1B_1, 所以从 O, A 发出并射到在 B_1 处的镜面的光线就是沿 OB_1 传播; 而在它返回 A 时, AB 杆又运动到位置 A_2B_2, 故光线返回的路径为 B_1A_2.

AB 杆以 4 leg/秒的速度前进, 光信号以 5 leg/秒的速度沿 OB 传播. 假设向前的过程花了 t 秒, 则 $OB_1 = 5t$ leg, $BB_1 = 4t$ leg, $OB = 75$ leg, 所以根据毕达哥拉斯定理,

$$(5t)^2 = (4t)^2 + 75^2.$$

所以 $25t^2 - 16t^2 = 75^2$ 或 $9t^2 = 75^2$ 或 $3t = 75$. 所以

$$t = \frac{75}{3} = 25 \text{ 秒}.$$

所以按照 O 的时钟, 往返所花时间总计为 $2 \times 25 = 50$ 秒.

但是根据 M.-M. 实验光线从 C 返回到 A 和它从 B 返回到 A 是在同一时刻. 所以按照 O 的时钟, 光线从 C 回到 A 是在 0 点 50 秒.

但是当光线从 C 回到 A 时, A 的时钟却记录的是 0 点 30 秒. 所以光线返回到 A 的时刻 O 说用他的钟测得的是在 0 点 50 秒, 而用 A 的钟测得的则是在 0 点 30 秒.

这样一来, 尽管 O 的钟和 A 的钟在 0 点时对准了, 但从此以后就不一致了. 因此我们可以说, O 与 A 的时钟不再同步了.

接下来我们来探讨有关 O 对第一个信号抵达 C 的时间的看法.

O 认为光线从 A 至 C 是以 5 leg/秒的速率奔向目标 C, 后者以 4 leg/秒的速率向后退, 于是光线以 $5 - 4 = 1$ leg/秒的速率逼近目标 C. 但是在返程中光线以 5 leg/秒的速率向目标 A 前进, 同时后者又以 4 leg/秒的速率迎着光线, 于是光线就以 $5 + 4 = 9$ leg/秒的速率逼近目标 A. 在这两个行程中光线达到目标要走过的路程是一样的 (A 和 C 都认为这一距离为 75 leg; O 的看法则与他们不同, 但我们不必停下来探讨 O 对这个距离的估值), 因此去程 $A \to C$ 所花的时间是返程 $C \to A$ 的时间的 9 倍, 所以总时间的 $\frac{9}{10}$ 花在去程上, $\frac{1}{10}$ 花在返程上. 这一离开再返回所花的总时间按 O 的时钟为 50 秒.

所以 O 讲, 去程 $A \to C$ 耗时 50 秒的 $\frac{9}{10} = 45$ 秒, 而返程 $C \to A$ 耗时 50 秒的 $\frac{1}{10} = 5$ 秒.

所以 O 讲, 按照 O 的时钟光线 0 点 45 秒抵达 C.

还有, 由于 A 所记录到的离开再返回的总时间为 30 秒, 我们用同样的方式可以说明, 按 A 的时钟, O 会说, 光线抵达 C 的时刻为 0 点 27 (= 30 的 $\frac{9}{10}$) 秒.

此外, 当光线抵达 C 时, 我们知道 C 的时钟记录的是 0 点 15 秒, 并在此时开动.

于是由光线抵达 C 构成的事件的发生时刻由 O 所记录的结果如下:

O 的时钟	A 的时钟	C 的时钟
0 点 45 秒	0 点 27 秒	0 点 15 秒

这是 O 对这个过程的看法. A 当然不会同意 O 的看法; 当 A 的时钟指

着 0 点 27 秒的时刻, A 认为这早已超过了 C 收到信号的时刻.

不过 O 会说 C 的钟调整得比 A 的钟晚了 $27 - 15 = 12$ 秒.

我们能够很容易地继续计算 O 所记录到的其他事件发生的时刻. 考虑光线从 C 返回 A 到达的时间.

C 向 A 发出一束光线, 然后在经历总共 $\frac{2 \times 75}{5} = 30$ 秒的时间间隔 (按 C 的时钟) 之后再接收到从 A 反射回来的光.

而 O 会说, 从 C 到 A 的时间只是从 C 到 A, 再从 A 到 C 的总时间的 $\frac{1}{10}$.

因此 O 认为光线从 C 到 A 用 C 的时钟测得的 30 秒的 $\frac{1}{10} = 3$ 秒. 但是光线离开 C 时 C 的钟指着 0 点 15 秒; 因此按照 O 的观点, 当光线抵达 A 时 C 的钟指着 0 点 $(15 + 3 =)18$ 秒.

于是由光线回到 A 所构成的事件的发生时刻由 O 所记录的结果如下:

O 的时钟	A 的时钟	C 的时钟
0 点 50 秒	0 点 30 秒	0 点 18 秒

比较一下 O 所记录到的这两个事件是很有意思的.

	O 的时钟	A 的时钟	C 的时钟
事件 I (光线抵达 C)	0 点 45 秒	0 点 27 秒	0 点 15 秒
事件 II (光线回到 A)	0 点 50 秒	0 点 30 秒	0 点 18 秒
两事件的时间间隔	5 秒	3 秒	3 秒

这样一来, O 就会说, A 的钟和 C 的钟走的快慢是一样的 (每只钟所记录的两事件的时间间隔都是 3 秒), 但它们都走慢了 (它们所记录的 3 秒时间间隔实际上有 5 秒长), 而且 C 的钟调准得比 A 的钟落后了 12 秒.

别的旁观者会怎么想

我们知道 O 所做的这些计算是以 A 和 C 的世界以 4 leg/秒的速度远离 O 而去为基础的. 现在假设有另外一个旁观者 P, 他注意到 A 和 C 的世界沿着 $A \to C$ 方向以 (譬如说) 3 leg/秒的速度远离他而去. 那么 O 用来算得他的记录结果的论证方法也同样可以用来计算 P 对各种事件所记录的结果, 但是计算数字有所不同, 而且 P 对 A 和 C 的时钟行为的判断在数字上与 O 的看法也不一样. P 会说 A 和 C 已不再同步了, 而且对 C 的钟落后 A 的钟多少估值也不同, A 和 C 的两只钟走慢了多少的估值也会有不同的数字. 必要的计算留给读者去做, 见脚注 5. 这就是说, 每一个旁观者都各自有一套时间标准; 他对两事件之间的时间间隔的判断与另一个相对于他运动着的观察者所得出的判断是不一样的. 这与在上一章中所说的是一致的. 但是我们刚才所讲的例子还表明了, 不可能使放置在两个不同地点的钟同步. 尽管对在这两个钟处于静止的世界中的居民来说, 他们相信他们已经可靠地完成了钟的同步, 处于其他各个世界中的观察者不仅不承认他们已经做到了这一点, 而且他们之间对这两个钟的差别的数量看法也不一致. 就是说, 钟的对准不可能保证得到普遍的赞同, 或者说, 不可能得到两个以上不同世界中的居民的赞同.

同 时 事 件

如果在 A 和 C 相信已经把他们的时钟校准同步了之后, 在 A 处发生了一事件, 在 C 处发生了另一事件, 他们都记录了在各自身边所发生的那件事的时刻, 而且这两个记录又相同, 那么 A 和 C 就会说, 这两个事件是同时发生的. 但是从我们例子中的数据来看, 可见 O 会说在 A 处的事件发生在 C 处的事件之前, 因为对 O 来说, 在 A 的钟读数为 0 点 27 秒之时, C 的钟读数只有 0 点 15 秒. 所以如果 A 和 C 都说他们身边的事件发生在 0 点 27 秒, O 则会说当在 A 处的事件发生的时候 C 的钟只读到 0 点 15 秒, 从而 C 处的事件, 定于 0 点 27 秒发生, 这个时候还没有发生. 实际上这两件事的时间间隔用 A 或 C 的钟的快慢所测得为 $27 - 15 = 12$ 秒, 它用 O 的钟的快慢来度量就相当于 20 秒, 因为 O 的钟的 5 秒相当于 A 的钟或 C 的钟的 3 秒. 于是 O 就会说, A 处的事件发生的时刻比 C 处的事件发生的时刻提前了 20 秒 (按 O 的钟算).

这样一来, 在 A 和 C 看来是同时发生的两事件, O 会认为是在经历了一段时间间隔发生的, 而其他旁观者会同意 O, 说它们不是同时事件, 但在这两事件的时间间隔的长度上, 却与 O 意见不一致. 因此一般地说在不同地点发生的两件事是同时的这样的说法, 就没有任何意义. 如果有某一个世界的时钟标准使得它们为同时, 就会有另一个世界的时钟标准要求它们之间有一定的时间间隔. 由于没有任何理由偏向这些观察者中的某一个, 我们就不能说这些不同的意见哪一个更准确. 于是只单单说两件异地发生的事件为同时这样的表述没有意义, 除非我们也明确了所谈论的是在哪一个世界, 在其中已经规定了时间测量.

空间和时间的结合

时间本身不再是一个绝对概念了; 它是测量它的那个世界的一个性质, 每一个世界都有自己的标准.

自然每一个人都有自己的时间量尺 (time-rule) 和自己的距离量尺 (distance-rule), 他把它们看成是绝对的, 因为他认为自己的世界是处于静止的. 但是从某种意义上来讲, 这是一个幻觉, 因为一转移到另一个世界, 这二者都要改变; 时间测量的改变与距离测量的改变是捆绑在一起的. 正如我们已经看到的, 旁观者们在发生事件的两个地点的距离的看法上就与 A 和 C 的看法不一致, 他们相互之间也不一致, 就像对两事件之间的时间间隔的看法一样. 在此我想引用闵可夫斯基 的一段著名的话: "从现在开始空间和时间将下降到仅仅是影子的地位, 只有这二者的一种结合才有权取得独立的, 或者说, 绝对的存在" —— 就是指这样一种存在, 即, 所有旁观者都给予相同的认识, 对它采用相同的测量标准. 我们在后面将看到这种结合会采取何种形式.[6]

两个世界之间的代数关系

"科学的进步就在于发现事物之间的内在联系, 在于以坚韧不拔的机智努力证明, 在这个永恒变动的世界中所发生的种种事件只不过是不多的几个叫作定律的普遍关系的事例而已. "

——怀特黑德 (A. N.Whitehead),《数学导论》

推　广

我们在上面的讨论中已经用数字的实例表明了, 任何目击者都会认为,

---

[6] 见附录习题四.

距离和时间的测量标准, 从一个世界转到另一个世界是各不相同的. 除非我们从数字举例过渡到普遍公式, 否则我们不能真正理解这种变化的实质. 因此从现在开始我们来讨论, 如何用代数形式来表达两个以均匀的速度作相对运动的世界之间的这种关系. 以后就可以把这些公式应用于求解一些具体的数字案例.

如果引进一个新的长度单位:

$$300000 \text{ 千米 (即 5 leg)} = 1 \text{ lux}.$$

这将能使我们的工作得到简化. 于是光的速度就是 1lux/秒.

问题的提出

我们在本节中将要提出求解的问题做仔细的叙述, 这将有助于读者.

A 和 C 的世界正在以 u lux/秒的均匀速度沿着 $A \to C$ 的方向作离开 O 的运动; 在 A 经过 O 的瞬间, A 和 O 都把他们的钟调到 0 点. A 和 C 相互之间处于静止, 他们测得二者相距 x_1 lux. A 和 C 认为他们的钟已经同步了.

有一事件 (事件 I) 在按 A 的钟为 0 点的时刻发生于 A; 另一事件 (事件 II) 在按 C 的钟为 0 点 t_1 秒的时刻发生于 C. 因此, 在 A 和 C 的世界中这两事件距离间隔为 x_1 lux, 而时间间隔为 t_1 秒. 对于这两个间隔的测量 A 和 C 是完全一致的. 每一个人都认为自己和另一个人二者均静止于以太之中. 他们所作的距离测量一致是因为他们可以用同样的尺子来测量 AC; 他们对时间的测量一致是因为, 否则的话他们就能推出他们共同的世界穿过以太的速度.

接下来讨论 O 的观点. 他会说, 事件 I 在 0 点时刻发生于 O 处, 而在 C 处的事件 II 发生的时刻用他自己的钟来测量为 (比如说) 0 点 t 秒. O 认为自己是静止的, 而 A 和 C 则远离他而去. 因此 O 认为这两事件之间的距离间隔就是当事件 II 发生时 C 离开他的距离. 设 O 测得这一距离为 x lux. 那么 O 就会说, 这两事件之间的距离间隔为 x lux, 而时间间隔为 t 秒.

简言之, 在两事件之间的间隔由 A 或 C 所记录的为 x_1 lux 和 t_1 秒, 而由 O 所记录的则为 x lux 和 t 秒.

联系 x, t 与 x_1, t_1 的公式是怎样的?

　　在对付这个普遍性的问题之前, 我们先来明确 O 对 A 或 C 所采用的距离量尺以及他们的时钟的运行和同步方式的看法.

量　　尺

　　A 沿着自己的世界相对于 O 的运动方向画出一段长度为 x_1 lux 的 AC. 在 O 看来 AC 的长度等于多少?

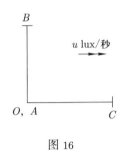

图 16

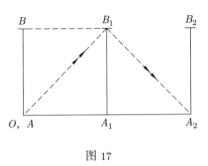

图 17

　　设 O 正看着 A 做 M.-M. 实验. A 和 C 认为 AC 和 AB 的长度均为 x_1 lux, O 承认 AB 的长度为 x_1 lux, 但 AC 的长度则不一样, 比如说是 z lux.

　　O 会讲, AB 杆在以 u lux/秒的速度作远离他而去的运动, 所以当射向 B 的光线抵达它时 AB 已经运动到新的位置 A_1B_1 了; 因此光线的路径为 AB_1. 类似地, 光线返回到 A 时 AB 已经运动到 A_2B_2, 所以返程为 B_1A_2.

　　设从 A 到 B_1 或者从 B_1 到 A_2 所花的时间由 O 的钟测得为 k 秒. O 计算如下:

　　$AB_1 = k$ lux (光线以 1 lux/秒的速度沿 AB_1 传播).

　　$BB_1 = ku$ lux (AB 以 u lux/秒的速度前行).

　　$AB = x_1$ lux (O 同意 A 对溪流宽度测量的结果).

所以根据毕达哥拉斯定理有 $k^2 = k^2u^2 + x_1^2$, 所以 $k^2 - k^2u^2 = x_1^2$ 或 $k^2(1-u^2) = x_1^2$, 所以

$$k^2 = \frac{x_1^2}{1-u^2}.$$

按照 O 的时钟从 A 到 B 再返回的总时间为 $2k$ 秒. 所以按照 O 的时钟从 A 到 C 再返回的总时间为 $2k$ 秒.

但是 O 也可以像下面这样来推理:

从 A 到 C, 光线以 1 lux/秒的速度射向距 A 为 z lux 的目标 C, 而这个目标又以 u lux/秒的速度退行. 这样一来, 光线以 $(1-u)$ lux/秒的速度奔向目标. 所以按 O 的时钟从 A 到 C 需要 $\dfrac{z}{1-u}$ 秒.

类似地, 从 C 到 A 光线以 1 lux/秒的速度向距离为 z lux 的目标 A 传播, 而此目标又以 u lux/秒的速度迎着光线运动. 这样一来, 光线就是以 $(1+u)$ lux/秒的速度奔向目标.

所以按 O 的时钟从 C 到 A 的时间为 $\dfrac{z}{1+u}$ 秒, 所以从 A 到 C 返回的时间为

$$\frac{z}{1-u} + \frac{z}{1+u} = \frac{z(1+u) + z(1-u)}{(1-u)(1+u)} = \frac{z+zu+z-zu}{1-u^2} = \frac{2z}{1-u^2} \text{ 秒}.$$

但是用 O 的时钟测来去的总时间为 $2k$ 秒. 所以

$$\frac{2z}{1-u^2} = 2k \text{ 或 } z = k(1-u^2),$$

所以 $z^2 = k^2(1-u^2)^2$, 但是由前可知 $k^2 = \dfrac{x_1^2}{1-u^2}$. 所以

$$z^2 = \frac{x_1^2}{1-u^2}(1-u^2)^2 = x_1^2(1-u^2),$$

所以 $z = x_1\sqrt{1-u^2}$. 于是 O 就会讲, 一沿运动方向的长度由 A 和 C 测得为 x_1 lux 时, 实际上为 $x_1\sqrt{1-u^2}$ lux; 或者按比例来说, A 和 C 测得 1 lux 的长度在 O 看来实际为 $\sqrt{1-u^2}$ lux.

可是 $\sqrt{1-u^2}$ 必定小于 1; 从而 O 会认为, A 和 C 所使用的量尺, 当沿运动方向放置时, 就会收缩; 而这个收缩比就是 $\sqrt{1-u^2}$.

O 将 A 的时钟以及 C 的时钟与 O 的时钟相比较

我们讲过的数字实例已经表明, 人人都会同意, A 的时钟走的快慢和 C 的时钟是一样的. 其理由可以叙述如下:

　　在每一个论点中都有一个要害之点, 这就是, 每一个观察者都认为自己静止于以太之中, 他所做的一切观察都必定会证实这一点. 他所做的一切测量都无法透露出他通过以太的速度. A 和 C 认同他们相距为 x_1 lux, 因此他们认为时间信号从他们之中的一个传到另一个再返回所需时间为 $2x_1$ 秒, 而他们的时钟就应该读出这个数字. 但是从 A 向 C 发出一个信号然后再收到从 C 返回的信号这个实验等同于从 C 向 A 发出信号然后再接收返回的信号这个实验. 这个实验中记录时间的两个钟: A 的钟和 C 的钟所记录的都是 $2x_1$ 秒. 因此 A 的钟和 C 的钟走时的快慢必定是一样的. 我们已从数字举例中得知, O 是承认这一点的, 但是认为它们都走慢了, 而且时间也没有调整到同步. 现在让我们来计算由 O 所估算得到的 A 的钟和 C 的钟的时差数值.

　　为了进行钟的同步, A 提出在他的钟为 0 点时向 C 发出一束光. 既然他们一致认为 AC 为 x_1 lux, 他们算得信号抵达 C 需要 x_1 秒. 因此 C 在光线抵达他时把钟调整到 0 点 x_1 秒并将其开动.

　　我们刚才已经看见用 O 的钟测得从 A 到 C 需要 $\dfrac{z}{1-u}$ 秒, 而光线发出再返回的总时间则为 $\dfrac{2z}{1-u^2}$ 秒. 因此 O 说光线发出到 C 所花的时间占总时间的比为

$$\frac{z}{1-u} \div \frac{2z}{1-u^2} = \frac{z}{1-u} \times \frac{(1+u)(1-u)}{2z} = \frac{1+u}{2}.$$

而所记录的往返总时间为 $2x_1$. 因此 O 就会认为, 当光线抵达 C 时, A 的钟应记录的是 0 点 $\left(\dfrac{1+u}{2} \times 2x_1 = \right) x_1(1+u)$ 秒. 但在此时刻 C 的钟调到 0 点 x_1 秒并开动.

　　所以 A 的钟超前 C 的钟的秒数为

$$x_1(1+u) - x_1 = x_1 + x_1 u - x_1 = x_1 u \text{ 秒}.$$

因此当 A 和 C 以为他们已经把钟同步好了, O 却会说, A 的钟比 C 的钟提前了 $x_1 u$ 秒.

　　这两只钟走时的差值与 AC 的长度 x_1 的数值有关. 这样一来, C 在 A 和 C 的世界远离 O 的运动方向上离 A 越远, 在 O 看来 A 的钟比 C 的钟就超前得越多. 例如, 假设 A 和 C 的世界沿着正东的方向远离 O. 那么 A 的钟就比任何一个位于 A 的东方的钟超前, 而比任何一个位于 A 的西方的钟落

后. 这两个结论都包含在上面给出的命题中, 因为, 如果 C 在 A 的西面, x_1 就是负的, 而一个钟超前另一个钟若干负的秒数, 自然也就是落后于该钟一个正的秒数.

因此我们必须认为在 AC 运动的路线上每一个地点都有自己的钟: A 和 C 的世界的居民认为所有这些钟都已经同步好了, 但是 O 认为每一只钟记录的是当地时间, 它们与 A 的钟的差值就由上述公式给出. 我们可以用下图来表示这个事实, 它表示的是, 当取 A 通过 O 的时刻作为 A 的钟和 O 的钟的 0 点时, 按照 O 的观点的当地时间.

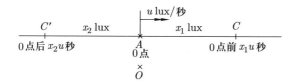

图 18 图中所示的距离为 A 和 C 的测量结果

时钟运行的快慢

有两事件, 由 A 和 C 测得它们之间的时间间隔为 1 秒. 这一时间间隔由 O 用自己的钟来测量是多少?

仍用我们前面所用的记号, 我们知道, O 认为用 O 的钟, 从 A 到 C 来回所花的时间为 $2k$ 秒, 其中 $k^2 = \dfrac{x_1^2}{1-u^2}$ 或 $k = \dfrac{x_1}{\sqrt{1-u^2}}$.

但是 A 认为从 A 到 C 来回一趟的时间用 A 的钟测得为 $2x_1$ 秒, 而且 O 也应认同这一点.

所以 O 认为 A 的钟上的 $2x_1$ 秒相当于 O 的钟上测这同一段时间区间所得到的 $2k$ 秒 $= \dfrac{2x_1}{\sqrt{1-u^2}}$ 秒.

所以 O 认为 (按比例) A 的钟上的 1 秒相当于 O 的钟上测这同一段时间区间所得到的 $\dfrac{1}{\sqrt{1-u^2}}$ 秒. 非常重要的是要记住, 这是 O 关于 A 的钟行为的看法的表述.

由于 $\sqrt{1-u^2}$ 小于 1, $\dfrac{1}{\sqrt{1-u^2}}$ 大于 1, 因此 O 就会说 A 的钟走慢了. 但是, A 也自然会说, O 的钟走慢了. 我们的结论始终是与站在哪个立场上来观察这些事件的过程有关的.

两事件之间的时间间隔和距离间隔

我们已经在前面详细地讲述了两事件的那些数据. 图 19 表示的是 O 对事件的观点.

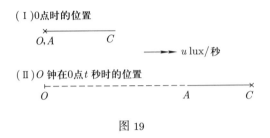

图 19

事件 I 在 0 点时刻发生在 A, 这时 A 正好经过 O. 事件 II 在 O 的钟为 0 点 t 秒时发生在 C. A 和 C 说这两事件之间的距离间隔为 x_1 lux, 就是说, 他们测得 AC 的长度为 x_1 lux. O 会说事件 I 发生在 O, 而事件 II 在 O 钟的 0 点 t 秒时发生于位置 C. 因此 O 就会说这两事件之间的距离间隔为 x lux, 这是他测量 (II) 中 OC 的长度. O 也会说他测量 (II) 中 OA 的长度为 ut lux, 因为 A 是以 u lux/秒的速度作离开他的运动.

所以 O 说用他的尺测得 $AC = (x - ut)$ lux.

现在 A 测得 AC 的长度为 x_1 lux, 而 O 认为由 A 所测得 1 lux 的长度实际上是 $\sqrt{1 - u^2}$ lux. 于是 O 会说 AC 实际上是 $x_1\sqrt{1 - u^2}$ lux. 所以 $x_1\sqrt{1 - u^2} = x - ut$, 所以 $x_1 = \dfrac{x - ut}{\sqrt{1 - u^2}}$.

这个关系极其重要.

同样地, 设在 C 处的事件 II. 用 C 的钟记录的是发生在 0 点 t_1 秒. 那么 A 和 C 应该同意这两事件之间的时间间隔为 t_1 秒.

可是现在 O 会说, A 的钟比 C 的钟提前了 $x_1 u$ 秒. 所以 O 会认为, 当事件 II 发生的时候, A 的钟上的时间为 0 点 $t_1 + x_1 u$ 秒. 但是我们知道, A 的钟上的 1 秒相当于 O 的钟的 $\dfrac{1}{\sqrt{1 - u^2}}$ 秒的时间间隔.

所以当事件 II 发生的时候, O 的钟上的时间应该为 0 点 $\dfrac{t_1 + x_1 u}{\sqrt{1 - u^2}}$ 秒; 但是 O 的钟这时为 0 点 t 秒, 所以 $t = \dfrac{t_1 + x_1 u}{\sqrt{1 - u^2}}$, 所以 $t_1 + x_1 u = t\sqrt{1 - u^2}$; 又有

$x_1 = \dfrac{x - ut}{\sqrt{1 - u^2}}$, 所以

$$t_1 = t\sqrt{1 - u^2} - \frac{u(x - ut)}{\sqrt{1\ \ u^2}} = \frac{t(1 - u^2) - u(x - ut)}{\sqrt{1\ \ u^2}} = \frac{t - u^2t - ux + u^2t}{\sqrt{1\ \ u^2}},$$

所以 $t_1 = \dfrac{t - ux}{\sqrt{1 - u^2}}$.

这个关系也极其重要. 下面我们把上面确立的结论重述一下, 相信对读者会有帮助.

有两事件, 按照 A 和 C 的测量, 其距离间隔为 x_1 lux, 其时间间隔为 t_1 秒, 而按照 O 的测量, 其距离间隔为 x lux, 其时间间隔为 t 秒. A 和 C 的世界以 u lux/秒的速度离开 O 的世界运动, 并以 A 离开 O 运动的方向为距离的正方向. 那么 A 所记录的数据与 O 所记录的数据之间由下述公式相联系:

$$x_1 = \frac{x - ut}{\sqrt{1 - u^2}}; \quad t_1 = \frac{t - ux}{\sqrt{1 - u^2}}.$$

这样一来, 如果知道了某一个世界所记录的两事件之间的距离间隔和时间间隔, 我们就可以算出这两事件在另一个沿这两事件的连线相对于前者作匀速运动的世界中的间隔值.

A 对于 O 所记录结果的看法

我们在前几章中已经指出过, 没有哪一个观察者, 他所记录的结果要比别的观察者的结果该受到更多尊敬. 因此证明刚才所获得的公式与此观点是一致的这一点就显得很重要了. 采用和前面一样的记号和坐标轴, A 会说 O 是在以 $(-u)$ lux/秒的速度离开他运动. 这时 A 认为这两事件之间的距离间隔与时间间隔分别为 x_1 lux 和 t_1 秒.

所以刚才所得到的公式表明

$$O \text{ 的距离间隔应该 } = \frac{x_1 - (-u)t_1}{\sqrt{1 - u^2}} = \frac{x_1 + ut_1}{\sqrt{1 - u^2}};$$
$$O \text{ 的时间间隔应该 } = \frac{t_1 - (-u)x_1}{\sqrt{1 - u^2}} = \frac{t_1 + ux_1}{\sqrt{1 - u^2}}.$$

所以刚才所得到的公式应该等价于

$$x = \frac{x_1 + ut_1}{\sqrt{1 - u^2}} \text{ 和 } t = \frac{t_1 + ux_1}{\sqrt{1 - u^2}}.$$

除非它们是这样, 否则就不会有相对论所要求的 O 与 A 之间的交互关系. 我们可以把这个问题表述如下:

已知 $x_1 = \dfrac{x - ut}{\sqrt{1 - u^2}}$ 和 $t_1 = \dfrac{t - ux}{\sqrt{1 - u^2}}$, 证明 $x = \dfrac{x_1 + ut_1}{\sqrt{1 - u^2}}$ 和 $t = \dfrac{t_1 + ux_1}{\sqrt{1 - u^2}}$.

(i) 我们有

$$
\begin{aligned}
x_1 + ut_1 &= \frac{x - ut}{\sqrt{1 - u^2}} + u\frac{t - ux}{\sqrt{1 - u^2}} \\
&= \frac{x - ut + ut - u^2x}{\sqrt{1 - u^2}} = \frac{x(1 - u^2)}{\sqrt{1 - u^2}} \\
&= x\sqrt{1 - u^2},
\end{aligned}
$$

所以 $x = \dfrac{x_1 + ut_1}{\sqrt{1 - u^2}}$.

(ii) 我们有

$$
\begin{aligned}
t_1 + ux_1 &= \frac{t - ux}{\sqrt{1 - u^2}} + u\frac{x - ut}{\sqrt{1 - u^2}} \\
&= t\sqrt{1 - u^2},
\end{aligned}
$$

所以 $t = \dfrac{t_1 + ux_1}{\sqrt{1 - u^2}}$.

我们由此看到了, 那些表达 A 对 O 的世界看法的关系式与表达 O 对 A 的世界看法的关系式是不矛盾的, 而且就可以从它们推导出来.

光 的 速 度

在这些联系两个世界的公式中引入了表达式 $\sqrt{1 - u^2}$, 如果 $u > 1$, 就是说, 如果一个世界相对于另一个世界运动的速度超过光速, 它就是虚数. 于是我们就可以说, 我们不可能遇到一个物体, 它的运动速度能够大过光速. 这样在我们全部的结果中 u 都代表一个在 -1 与 $+1$ 之间的分数. 习惯上我们用 $\dfrac{1}{\beta}$ 来表示 $\sqrt{1 - u^2}$, 或者说, 令 $\beta = \dfrac{1}{\sqrt{1 - u^2}}$, 从而有 $\beta > 1$. 在这种情况下可以将我们的公式写成下述标准形式:

$$
x_1 = \beta(x - ut), \quad t_1 = \beta(t - ux)
$$

或

$$
x = \beta(x_1 + ut_1), \quad t = \beta(t_1 + ux_1),
$$

其中 $\beta = \dfrac{1}{\sqrt{1-u^2}} > 1$.

这样前面的结论就可以叙述如下:

(i) 一条随 A 一起运动且沿运动方向放置的直线, A 测得其长度为 1 lux 时, O 说它的长度为 $\dfrac{1}{\beta}$ lux.

(ii) A 的钟所记录到的历时 1 秒的时间间隔, O 说它是 β 秒. [7]

附 录

习题一

1. BAC 为一凸面镜, 它的半径 AO 与物体 PQ 相比很大. 发自 P 与轴平行的光线与镜面交于 N, 然后沿连接 N 至焦点 F 的连线反射; 从 P 射向中心 O 的光线方向不会受到镜面的改变; 于是 P 的像就位于 NF 与 PO 的交点 P' 处, 从 P' 点作 OA 的垂线 $P'Q'$, 则 $P'Q'$ 就是 PQ 的像. 焦点 F 位于 OA 的中点. 由于镜面的半径很大, 其曲率就很小, 于是 NA 就可以看成是与 OA 垂直的直线.

(i) 证明 $\dfrac{FO}{PN} = \dfrac{FP'}{P'N} = \dfrac{FQ'}{Q'A}$.

(ii) 从而, 用图 20 中的符号, 证明 $\dfrac{1}{z} = \dfrac{1}{v} + \dfrac{1}{f}$.

(iii) 证明 $\dfrac{P'Q'}{NA} = \dfrac{Q'f}{AF}$, 并由此证明 $h = \dfrac{ax}{f}$.

(iv) 从而证明 $x = f - z = \dfrac{fz}{y}$, 以及 $\dfrac{z}{y} = \dfrac{x}{f}$.

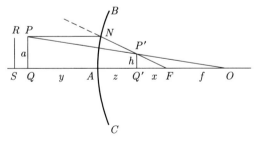

图 20

2. 如果在图 20 中 PQ 沿轴移动一个短的距离至 RS, 再假设 RS 的像是

---

[7] 见附录习题五.

$R'S'$, 再令 $AS = y_1$, $AS' = z_1$, 利用公式 $\dfrac{1}{z} = \dfrac{1}{y} + \dfrac{1}{f}$ 证明

$$\frac{Q'S'}{QS} = \frac{z_1 - z}{y_1 - y} = \frac{zz_1}{yy_1} \approx \frac{z^2}{y^2} = \frac{x^2}{f^2} = \left(\frac{h}{a}\right)^2 .$$

你推出的长度收缩比是什么? 请那些熟悉微积分的读者证明 $\dfrac{\delta z}{z^2} = \dfrac{\delta y}{y^2}$, 并解释所得结论.

3. 当 Alice 把手表 (i) 面对着镜面放, (ii) 平放在地面, 对表指针的运动, Alicia 会怎么想?

4. Alice 取一个陀螺, 令其轴垂直于地面转动起来; 对 Alicia 会有什么不寻常的地方?

5. 镜轴 $A \to O$ 正对着东方. Alice 的高度已变得只有 Alicia 高度的一半, 转过来朝东北方向走. 她的方向在 Alicia 看来将如何?

6. Alice 认为她已经用叠合的方法证明了两个给定的三角形全等. Alicia 会承认她的观点吗?

习题二

[在此练习中仍设 Alicia 高为 4 英尺, 腰围 1 英尺宽, 6 英寸厚; 焦距仍为 $f = 20$ 英尺.]

1. 当 Alicia 运动到离开镜面 10 英尺的时候, 证明 Alice 只运动过了 6 英尺 8 英寸, 而且她的高度为 2 英尺 8 英寸, 宽为 8 英寸. 当 Alice 用自己的量尺来测量她的高度时, 结果将如何?

2. 当 Alicia 运动到离开镜面 20 英尺时, 证明 Alice 只运动过了 10 英尺. 在此位置 Alice 的高度及宽度各如何?

3. 当 Alice 的高度缩到 1 英尺时 Alicia 在何处? 这时 Alice 的宽度又为何? 将她的量尺竖直放置时长度是多少? Alice 的高度是几个量尺高?

4. 用题 1 中的数据, 求出 Alice 的腰的厚度. 用 Alice 的量尺量结果又如何?

5. 用题 2 中的数据, Alice 沿轴向的收缩比是多少? 沿轴向和垂直于轴向的收缩比之间的关系为何?

6. Alicia 位于离开镜面 20 英尺处, 手中拿着一个 1 英寸的立方体, 其棱边与轴平行或垂直. Alice 手中拿着的立方体是怎样的?

7. 当 Alice 的高度缩成 1 英尺时, 她的腰的尺寸将如何?

8. 当 Alice 向离开镜面的方向运动时, 她的形状以及实际的大小是否会改变?

习题三

1. 某人的量尺实际只有 10 英寸长; 该人测得一条篱笆的长度为 12 码, 它的真实长度是多少? 一条真实长度为 20 码的篱笆, 这个人会说它是多长?

2. 一根量尺收缩到其固有长度的 3/4. 用这根量尺测得一条直线的长度为 y 英尺, 它的真实长度是多少? 如果用这根尺来量一条真实长度为 z 英尺的直线, 得到的结果将如何?

3. O 说, 有两件事发生的时间相隔 12 秒, 发生的地点相距 18 英尺. 如果 O 的时钟每走过 1 小时, L 的时钟仅将其记录为 45 分钟, 而 L 的尺用 O 的尺来量则只有 8 英寸, 那么这两件事发生的相隔时间和发生地点相距的距离由 L 来测, 结果将如何?

4. 设有一条小溪以 3 英尺/秒的速度流动, 有一人能以 5 英尺/秒的速度在水面上划行. 溪流的宽度为 40 英尺. 求下述两种情况下划行所需的时间: (i) 垂直划过小溪再返回, (ii) 顺流下行 40 英尺再返回.

5. 按照第 4 题中的数据, 如果该人用垂直划过小溪再返回所花的时间作顺流下划再返回的划行, 则他向下划过多远就必须返回?

6. 已知步枪发出的子弹在第一秒内运行 1100 英尺. 有一颗子弹从列车上沿铁路线方向射出, 这时正好有一个人在前方 1100 英尺处, 这时没有风. 在列车的下述三种运行情况下, 试问是子弹还是爆炸的噪声首先抵达该人? 这三种情况是: (i) 列车朝着该人行驶, (ii) 列车处于静止, (iii) 列车朝远离该人的方向行驶.

7. 设有一小溪以 u 英尺/秒的速度流动, 有一人能以 c 英尺/秒的速度在水面上划行. 溪流的宽度为 x 英尺, 该人用垂直划过小溪再返回所花的时间作顺流下划再返回的距离为 x_1. 试证:

(i) $\dfrac{2x}{\sqrt{c^2 - u^2}} = \dfrac{x_1}{c + u} + \dfrac{x_1}{c - u}$;

(ii) $x_1 = x\sqrt{1 - \dfrac{u^2}{c^2}}$.

习题四

1. A 和 C 测得他们相隔的距离为 50 leg; 一位旁观者 P 注意到 A 和 C 的世界沿方向 $A \to C$ 以 3 leg/秒的速度离他而去. A 在自己的时钟为 0 点时经过 P, 这时 P 的时钟也调到 0 点, 这时 A 向 C 发出一束光信号以便与 C 的时钟同步; 这个信号会反射回到 A. 下述两事件发生的时刻在这三个时钟上所记录的数据由 P 来估算, 结果将如何?

(i) 光线抵达 C, 以及 (ii) 信号返回到 A.

2. 如果 A 与 C 相距为 75 leg, 重做题 1 中的问题.

3. 数据仍为题 1 中所述, D 为 A 和 C 的世界中的一个人, 他与 C 在 A 的不同的侧面, 离开 A 的距离为 100 leg. 如果 A 和 D 的钟同步, 求他们的时钟在 P 看来的差异, 数字以秒计,

(i) 在 A 的时钟上, (ii) 在 P 的时钟上.

4. 重做题 1, 不过这回假设 A 和 C 的世界以 3 leg/秒的速度沿 $C \to A$ 的方向离开 P, P 和 A 与前面一样于 0 点时在同一地点.

5. 仍然用题 1 中的数据, 如果有一发生在 A 处的事件 I 和一发生在 C 处的事件 II, 而且又如果 A 和 C 根据他们的时钟的记录认为这两事件发生在同一时刻, 那么这两事件中 P 会认为哪一个先发生? 再以题 4 中的数据重做这个问题.

6. 有两事件 I, II 同时发生在 A 和 C 的世界中两个不同的地点. 一个旁观者 O 说 I 发生在 II 之前. 是否可能存在另一个旁观者, 他认为 II 发生在 I 之前?

7. 采用题 1 中的数据, 试求出 P 对 A 离开 C 的距离的估值.

习题五

1. A 的世界以 3/5 lux/秒的速度向正东作远离 O 的运动. O 对以下问题有何看法:

(i) A 的量尺有多长?

(ii) A 的钟走的快慢为何? 而 A 对 O 的量尺和时钟的看法又会如何?

2. A 和 C 相对静止, 相距 5 lux, 已经把他们的钟对准同步了; A 和 C 的世界以 7/25 lux/秒的速度沿 $A \to C$ 方向离开 O 而去. A 经过 O 的时刻正好是 O 钟的 0 点, 这时 A 钟也正好是 0 点. 这时对 A 钟和 C 钟的时差 O 会怎

么说? D 是在 A 和 C 世界中的这样一个地方, 使得有 $DA = 10$ lux, $DC = 15$ lux. 在 O 看来 D 钟与 A 钟的时差是多少? 在 O 的钟指着 0 点 25 秒时, O 会说 A, C, D 的钟的读数各为多少?

3. 用题 1 中的数据. A 记录到两事件发生的时间间隔为 5 秒, 相距 3 lux, 其中事件 II 在事件 I 的正东. O 所测得的这两事件的时间间隔和距离间隔应各为多少?

4. 用题 3 中的数据, 假设事件 II 位于事件 I 的正西, 再求解这个问题.

5. 已知 $x_1 = \dfrac{x - ut}{\sqrt{1 - u^2}}$ 和 $x = \dfrac{x_1 + ut_1}{\sqrt{1 - u^2}}$, 证明 $t_1 = \dfrac{t - ux}{\sqrt{1 - u^2}}$ 和 $t = \dfrac{t_1 + ux_1}{\sqrt{1 - u^2}}$.

6. 如果事件 I 为由 A 发出一个光信号, 事件 II 为由 C 接收到这个光信号, 采用通常的记号, 证明

(i) $x_1 = t_1$,

(ii) $x = t$. 从 O 的观点来看这意味着什么?

7. 利用题 5 中的方程, 证明, $x^2 - t^2$ 总是等于 $x_1^2 - t_1^2$.

《数学概览》(Panorama of Mathematics)

(主编: 严加安　季理真)

1. Klein 数学讲座 (2013)
(F. 克莱因　著/陈光还、徐佩　译)

2. Littlewood数学随笔集 (2014)
(J. E. 李特尔伍德　著, B. 博罗巴斯　编/李培廉　译)

3. 直观几何 (上册) (2013)
(D. 希尔伯特, S. 康福森　著/王联芳　译, 江泽涵　校)

4. 直观几何 (下册)　附亚历山德罗夫的《拓扑学基本概念》(2013)
(D. 希尔伯特, S. 康福森　著/王联芳、齐民友　译)

5. 惠更斯与巴罗, 牛顿与胡克:
数学分析与突变理论的起步, 从渐伸线到准晶体 (2013)
(В. И. 阿诺尔德　著/李培廉　译)

6. 生命 · 艺术 · 几何 (2014)
(M. 吉卡　著/盛立人　译, 张小萍、刘建元　校)

7. 关于概率的哲学随笔 (2013)
(P.-S. 拉普拉斯　著/龚光鲁、钱敏平　译)

8. 代数基本概念 (2014)
(I. R. 沙法列维奇　著/李福安　译)

9. 圆与球 (2015)
(W. 布拉施克　著/苏步青　译)

10.1. 数学的世界 I (2015)
(J. R. 纽曼　编/王善平、李璐　译)

10.2. 数学的世界 II (2016)
(J. R. 纽曼　编/李文林　等译)

10.3. 数学的世界 III (2015)
(J. R. 纽曼　编/王耀东、李文林、袁向东、冯绪宁　译)

10.5 数学的世界 V (2018)
(J. R. 纽曼　编/李培廉　译)

11. 对称的观念在 19 世纪的演变: Klein 和 Lie (2016)
(I. M. 亚格洛姆　著/赵振江　译)

12. 泛函分析史 (2016)
(J. 迪厄多内　著/曲安京、李亚亚　等译)

13. Milnor 眼中的数学和数学家 (2017)
(J. 米尔诺　著/赵学志、熊金城　译)

14. 数学简史 (2018)
(D. J. 斯特洛伊克　著/胡滨　译)

15. 数学欣赏: 论数与形 (2017)
(H. 拉德马赫, O. 特普利茨　著/左平　译)